Preparation and Corrosion
Resistance of Amorphous Nanocrystalline
Metallic Coatings

非晶纳米晶涂层
制备与腐蚀

王勇　孙丽丽　著

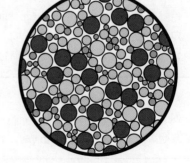

化学工业出版社
·北京·

内 容 简 介

　　本书是一本介绍非晶纳米晶涂层制备与腐蚀研究的学术专著，全书围绕非晶纳米晶涂层应用的各类腐蚀环境，结合笔者十多年的工作积累，系统总结而成，具有一定的理论性，又不失实用性。全书主要介绍非晶合金腐蚀性能、非晶纳米晶涂层的制备方法、不同介质中的腐蚀行为、冲刷腐蚀和空泡腐蚀规律、载荷作用下的腐蚀性能特征以及涂层夹杂相局域溶解计算方法等内容，另外还概括了非晶纳米晶涂层腐蚀相关领域的研究进展和发展概况。

　　本书内容属于材料科学研究领域，包含了材料、电化学、力学多个学科的交叉与融合，可供从事相关专业学习和研究的本科生、研究生、教师和研究人员参考使用。

图书在版编目（CIP）数据

　　非晶纳米晶涂层制备与腐蚀/王勇，孙丽丽著. —北京：化学工业出版社，2021.2
　　ISBN 978-7-122-38078-4

　　Ⅰ.①非⋯　Ⅱ.①王⋯②孙⋯　Ⅲ.①非晶态合金-纳米材料-涂层-制备②非晶态合金-纳米材料-涂层-腐蚀
Ⅳ.①TM271

　　中国版本图书馆 CIP 数据核字（2020）第 244600 号

责任编辑：赵卫娟　　　　　　　　　　　文字编辑：张瑞霞

责任校对：赵懿桐　　　　　　　　　　　装帧设计：李子姮

出版发行：化学工业出版社（北京市东城区青年湖南街 13 号　邮政编码 100011）

印　　装：北京新华印刷有限公司

787mm×1092mm　1/16　印张 21½　字数 504 千字　　2021 年 4 月北京第 1 版第 1 次印刷

购书咨询：010-64518888　　　　　　　　售后服务：010-64518899

网　　址：http://www.cip.com.cn

凡购买本书，如有缺损质量问题，本社销售中心负责调换。

定　　价：168.00 元

前言

　　非晶态合金是一类远离平衡态、结构无序的刚性固体物质，具有许多特异物理、化学性质，其形成、结构和性能的研究及其应用开发在世界范围内受到广泛的关注和重视，并被誉为继钢铁和塑料后材料领域的第三次革命。铁基非晶合金由于高的强度和耐蚀性、高的玻璃形成能力、低廉的价格及简单的制备工艺等，有望作为新型的工程材料得以应用。缺乏塑性形变是限制块体非晶合金作为结构材料应用的主要技术瓶颈。采用热喷涂技术制备的非晶纳米晶涂层材料具有优异的物理、化学性能，且成本低，被认为是改善其塑性和断裂韧性的重要手段。超音速火焰喷涂(HVOF)和活性燃烧高速燃气喷涂(AC-HVAF)技术的出现，使得制备铁基非晶纳米晶涂层得以实现，这无疑将拓宽铁基非晶纳米晶涂层的应用领域。高性能耐蚀耐磨铁基非晶纳米晶涂层的制备和开发，已成为非晶合金走向工业化应用的突破口之一，将成为工业领域一种极具应用价值的材料，为工业界带来巨大的效益。

　　腐蚀是指材料与环境间的物理和化学相互作用，使材料性能发生变化，导致材料、环境及其构成系统受到损伤。腐蚀、磨损和断裂问题是材料使用过程中面临的主要威胁，严重制约着工程设施安全运行。腐蚀造成环境污染，直接威胁人们的生活质量；腐蚀导致灾难性事故，直接威胁人们的安全；腐蚀不断损害和威胁着中华民族留下的无数文物瑰宝。腐蚀不仅是材料安全、经济、生态文明、国计民生问题，更是节约资源问题。2016 年 10 月国际腐蚀工程师协会（NACE）"全球腐蚀调研项目研究报告"指出，腐蚀失效占 GDP 的 3.4%。2014 年我国腐蚀总成本超过 2.1 万亿元人民币，约占当年 GDP 的 3.34%。正确适当的防腐措施则可以降低腐蚀损失 15%~35%。每年 4 月 24 日为"世界腐蚀日"，腐蚀防控力度已然成为一个国家文明和繁荣程度的反映。因此大力发展防腐新材料，对于保障工程安全与可靠性、减少重大灾难性事故的发生、延长装备的使用寿命具有重大意义。

　　非晶材料远离平衡态、结构无序，成分和结构均匀性使得其在腐蚀环境中具有比晶体材料更为优异的耐点蚀能力。随着该类材料工程化应用推进，对腐蚀问题的关注显得尤为重要。非晶态合金具有单相均匀的结构特征及成分设计的灵活可控性，这些为深入研究腐蚀问题提供了全新的视角。热喷涂在制备非晶纳米晶涂层过程中，孔隙、缺陷的出现不可避免地影响了涂层的微观结构，进而影响涂层的腐蚀行为。目前在非晶纳米晶涂层制备工艺、腐蚀行为、冲蚀与空蚀、载荷和腐蚀耦合环境中的服役行为以及点蚀机理等方面，仍缺少系统的研究著作，相关的研究无论是理论上还是实际应用中都还有许多悬而未决的基本科学问题。本书的部分研究成果将促进高质量铁基非晶纳米晶涂层的制备技术发展以及拓展其在海洋装备、航空航天、油气田开发等重要工业领域的应用。

本书结合了笔者在中国科学院金属研究所、同济大学、英国曼彻斯特大学以及东北石油大学求学和工作期间，在非晶纳米晶涂层制备与腐蚀研究领域十多年的潜心研究成果，基本包含了非晶纳米晶涂层在使用过程中可能应用的各种腐蚀环境。本书的研究成果，除了涉及笔者博士论文、博士后出站报告外，还涉及笔者指导的硕士研究生李洋、李柯远、管轶鑫、李明宇、康庆鑫、迟骋远等的部分研究成果。本书第1、2、3、7、8章由王勇撰写，第4、5、6章由孙丽丽撰写。撰写时参考了国内外非晶合金以及腐蚀研究的相关文献、部分国家标准，还介绍了一些相关研究领域的最新成果，以使内容具有一定前沿性。在此对相关专家、学者表示衷心的感谢。

本书内容系统，涉及面广，数据翔实。主要包括8章内容，第1章主要介绍非晶合金，包括非晶合金、非晶纳米晶涂层概况、研究及应用等内容。第2章主要介绍非晶合金腐蚀性能，包括非晶合金在中性和酸性溶液中腐蚀、非晶合金成分影响腐蚀性能等内容。第3章主要介绍非晶纳米晶涂层制备，包括HVOF和AC-HVAF非晶涂层制备，以及封孔处理对非晶涂层腐蚀性能的影响等内容。第4章主要介绍非晶纳米晶涂层腐蚀性能，包括非晶涂层在NaCl和H_2SO_4溶液、$AlCl_3$溶液、酸性溶液、压裂液和三元复合驱采出液中腐蚀、盐雾腐蚀、电偶腐蚀及高温腐蚀等内容。第5章主要介绍非晶纳米晶涂层冲刷腐蚀性能，包括非晶涂层在海水和压裂液中冲刷腐蚀研究等内容。第6章主要介绍非晶纳米晶涂层空泡腐蚀性能，包括非晶涂层在海水和压裂液中空蚀性能等内容。第7章主要介绍载荷作用下非晶纳米晶涂层腐蚀性能，包括残余应力、恒载荷和动载荷作用下非晶涂层的腐蚀性能等内容。第8章主要介绍非晶纳米晶涂层夹杂相局域溶解计算，非晶纳米晶涂层多尺度仿生疏水结构构筑及耐蚀性能研究，主要包括非晶涂层氧化物夹杂相局域溶解第一性原理计算，以及氧化物夹杂相局域溶解分子动力学计算等内容。

特别感谢国家自然科学基金(51401051和51974091)、中国博士后科学基金(2014M551447)、黑龙江省自然科学基金(QC2013C056和LH2019E021)、黑龙江省博士后科研启动金(LBH-Q16036)等对笔者在本领域研究的持续资助。

一部优秀的著作需要付出著者的大量心血，虽然著者字斟句酌，但不足和纰漏在所难免，学术观点也不尽相同，希望并欢迎读者斧正。

2020 年 12 月

目录

■ 第1章　非晶合金概述 _____ 001

　1.1　非晶合金 / 001
　　1.1.1　非晶态合金与金属玻璃 / 001
　　1.1.2　铁基非晶态合金 / 003
　　1.1.3　腐蚀与电化学 / 004
　　1.1.4　铁基非晶态合金耐蚀性能 / 008
　1.2　铁基非晶纳米晶涂层制备 / 009
　　1.2.1　铁基非晶涂层 / 010
　　1.2.2　超音速火焰（HVOF）喷涂原理 / 010
　　1.2.3　高速三电极等离子喷涂 / 013
　　1.2.4　活性燃烧高速燃气（AC-HVAF）喷涂原理 / 014
　1.3　铁基非晶纳米晶涂层性能 / 015
　　1.3.1　铁基非晶态合金的力学性能 / 015
　　1.3.2　铁基非晶涂层的耐蚀性 / 016
　　1.3.3　铁基非晶涂层的研究及应用 / 017
　参考文献 / 018

■ 第2章　非晶合金腐蚀性能 _____ 022

　2.1　非晶合金在中性和酸性溶液中腐蚀 / 022
　　2.1.1　非晶合金制备 / 023
　　2.1.2　非晶结构表征 / 026
　　2.1.3　电化学腐蚀行为 / 027
　　2.1.4　钝化膜的电子特征 / 032
　　2.1.5　钝化膜的成分和结构表征 / 034
　　2.1.6　AFM表面形貌观察 / 040

2.1.7 非晶合金钝化特征及腐蚀机理 / 041

2.2 成分影响非晶合金腐蚀性能 / 048

2.2.1 非晶条带制备 / 049

2.2.2 条带的非晶结构表征 / 050

2.2.3 硬度的影响 / 051

2.2.4 电化学腐蚀行为 / 052

2.2.5 钝化膜表征 / 053

2.2.6 合金元素与耐蚀性及硬度的关系 / 054

参考文献 / 058

第3章　非晶纳米晶涂层制备　063

3.1 HVOF 喷涂非晶涂层制备 / 063

3.1.1 HVOF 喷涂涂层制备过程 / 064

3.1.2 涂层喷涂结构和形貌表征 / 065

3.1.3 涂层物相分析 / 066

3.1.4 涂层显微硬度 / 068

3.1.5 电化学腐蚀行为 / 069

3.1.6 HVOF 喷涂参数影响 / 070

3.1.7 非晶结构对腐蚀性能的影响 / 072

3.1.8 HVOF 喷涂参数对硬度的影响 / 073

3.2 AC-HVAF 非晶涂层制备 / 074

3.2.1 AC-HVAF 非晶涂层制备过程 / 075

3.2.2 制备工艺对非晶涂层结构特征的影响 / 076

3.2.3 厚度对非晶涂层性能的影响 / 081

3.2.4 AC-HVAF WC 涂层结构和性能研究 / 083

3.3 HVOF 法和 AC-HVAF 法制备非晶纳米晶涂层比较 / 086

3.3.1 非晶结构特征 / 086

3.3.2 耐蚀性特征 / 087

3.3.3 硬度特征 / 089

3.4 封孔处理对 HVOF 非晶纳米晶涂层腐蚀性能的影响 / 089

3.4.1 封孔涂层制备 / 090

3.4.2 封孔涂层的微观结构特征 / 091

3.4.3 封孔涂层的硬度 / 092

3.4.4 电化学腐蚀行为 / 093

3.4.5 长期浸泡腐蚀 EIS 特征 / 096

3.4.6　Mott-Schottky 曲线特征 / 099

3.4.7　均匀腐蚀与点蚀作用 / 101

参考文献 / 104

第 4 章　非晶纳米晶涂层腐蚀性能　　　　　　　　　　　107

4.1　HVOF 非晶纳米晶涂层在 NaCl 溶液中腐蚀 / 107

4.1.1　HVOF 非晶涂层 / 107

4.1.2　涂层微观结构表征 / 108

4.1.3　涂层在 NaCl 介质中的电化学腐蚀行为 / 111

4.1.4　腐蚀形貌分析 / 115

4.1.5　钝化膜成分 XPS 分析 / 115

4.1.6　涂层缺陷对腐蚀抗力的影响 / 116

4.1.7　成分对钝化性能的影响 / 118

4.1.8　非晶结构对腐蚀性能的影响 / 119

4.2　HVOF 非晶纳米晶涂层在 H_2SO_4 溶液中的腐蚀 / 120

4.2.1　非晶涂层组织与结构特征 / 120

4.2.2　非晶涂层在 NaCl 和 H_2SO_4 溶液中的钝化行为 / 122

4.2.3　非晶涂层在 H_2SO_4 溶液中的钝化膜特征 / 124

4.3　AC-HVAF 非晶纳米晶涂层在 $AlCl_3$ 溶液中腐蚀 / 127

4.3.1　AC-HVAF 非晶涂层的制备 / 127

4.3.2　非晶涂层在 $AlCl_3$ 溶液中的腐蚀行为 / 127

4.4　AC-HVAF 非晶纳米晶涂层在酸中的腐蚀 / 129

4.4.1　非晶涂层在 H_2SO_4 中的腐蚀行为 / 129

4.4.2　非晶涂层在 HNO_3 中的腐蚀行为 / 130

4.4.3　非晶涂层在 HAc 中的腐蚀行为 / 132

4.5　AC-HVAF 非晶纳米晶涂层在压裂液中的腐蚀 / 134

4.5.1　套管钢在压裂液中的电化学腐蚀行为 / 135

4.5.2　硬质合金在压裂液中的电化学腐蚀行为 / 143

4.5.3　AC-HVAF 涂层在压裂液中的电化学腐蚀行为 / 146

4.5.4　AC-HVAF 涂层在压裂液中腐蚀机理研究 / 147

4.5.5　非晶涂层钝化膜成分分析 / 149

4.6　AC-HVAF 非晶纳米晶涂层在三元复合驱溶液中的腐蚀行为 / 152

4.6.1　不同温度对腐蚀性能的影响 / 152

4.6.2　不同碱浓度对腐蚀性能的影响 / 153

4.6.3　不同表面活性剂浓度对腐蚀性能的影响 / 154

4.6.4　不同聚合物浓度对腐蚀性能的影响 / 154

4.6.5　不同配比的 ASP 溶液对腐蚀性能的影响 / 155

4.7　AC-HVAF 非晶纳米晶涂层盐雾腐蚀行为 / 155

4.7.1　非晶纳米晶涂层盐雾腐蚀行为 / 156

4.7.2　盐雾腐蚀试验形貌分析 / 156

4.8　AC-HVAF 非晶纳米晶涂层电偶腐蚀 / 158

4.8.1　电偶对在浸泡时的腐蚀行为 / 159

4.8.2　不同阴/阳极面积比对电偶腐蚀的影响因素 / 159

4.8.3　温度对电偶腐蚀的影响 / 161

4.9　AC-HVAF 非晶纳米晶涂层高温腐蚀性能 / 162

4.9.1　常温和高温二氧化碳腐蚀 / 163

4.9.2　温度对非晶纳米晶涂层电化学腐蚀的影响 / 164

4.9.3　Cl^- 浓度对非晶纳米晶涂层电化学腐蚀的影响 / 165

4.9.4　高温二氧化碳腐蚀性能分析 / 165

参考文献 / 169

第5章　非晶纳米晶涂层冲刷腐蚀性能　　　　　　　　172

5.1　冲刷腐蚀研究 / 172

5.1.1　摩擦磨损 / 172

5.1.2　冲刷腐蚀 / 173

5.1.3　冲刷腐蚀影响因素 / 174

5.1.4　冲刷腐蚀研究方法 / 176

5.1.5　冲刷腐蚀损伤的防护研究 / 177

5.2　HVOF 非晶纳米晶涂层在海水中冲刷腐蚀研究 / 180

5.2.1　HVOF 非晶涂层冲刷腐蚀影响因素 / 181

5.2.2　冲刷腐蚀形貌和表面粗糙度分析 / 183

5.2.3　钝化膜在冲刷腐蚀过程中的作用 / 185

5.2.4　硬度对冲刷腐蚀速率的影响 / 186

5.2.5　冲刷腐蚀机理 / 186

5.2.6　冲刷与腐蚀交互作用 / 187

5.3　AC-HVAF 非晶纳米晶涂层在海水中冲刷腐蚀研究 / 188

5.3.1　AC-HVAF 和 HVOF 非晶涂层性能特征 / 190

5.3.2　AC-HVAF 非晶涂层电化学腐蚀行为 / 191

5.3.3　AC-HVAF 非晶涂层冲刷腐蚀行为 / 194

5.4　AC-HVAF 非晶纳米晶涂层在压裂介质中冲刷腐蚀研究 / 199

5.4.1 AC-HVAF 非晶涂层在压裂液中冲刷腐蚀影响因素 / 201

5.4.2 冲刷腐蚀条件下的电化学腐蚀行为 / 207

5.4.3 压裂液中材料冲刷腐蚀临界流速研究 / 211

5.4.4 冲刷腐蚀形貌及机理 / 214

参考文献 / 224

第6章　非晶纳米晶涂层空泡腐蚀性能　　　　　　229

6.1 空泡腐蚀 / 229

6.1.1 空泡腐蚀影响因素 / 230

6.1.2 空泡腐蚀研究方法 / 230

6.2 HVOF 非晶涂层在海水介质中的空泡腐蚀性能 / 232

6.2.1 HVOF 非晶涂层空泡腐蚀失重 / 233

6.2.2 HVOF 非晶涂层空泡腐蚀损伤形貌 / 234

6.2.3 HVOF 非晶涂层空泡腐蚀机理 / 234

6.3 AC-HVAF 非晶涂层在压裂液中的空泡腐蚀性能 / 235

6.3.1 空泡腐蚀失重 / 236

6.3.2 空泡腐蚀条件下电化学腐蚀行为 / 241

6.3.3 空泡腐蚀对腐蚀的影响 / 245

6.3.4 腐蚀对空泡腐蚀的影响 / 246

6.3.5 硬度和耐蚀性对空泡腐蚀性能的影响 / 247

6.3.6 空泡腐蚀形貌及机理 / 248

参考文献 / 258

第7章　载荷作用下非晶纳米晶涂层腐蚀性能　　　261

7.1 力学作用下涂层腐蚀性能 / 261

7.1.1 外载荷作用对非晶涂层腐蚀的影响 / 261

7.1.2 残余应力对非晶涂层腐蚀的影响 / 262

7.1.3 外载荷和腐蚀耦合作用对非晶涂层性能的影响 / 264

7.2 残余应力作用下 AC-HVAF 非晶纳米晶涂层腐蚀行为 / 264

7.2.1 不同残余应力非晶涂层制备 / 264

7.2.2 应力涂层非晶特征 / 265

7.2.3 残余应力涂层电化学腐蚀行为 / 267

7.2.4 残余应力涂层浸泡腐蚀行为 / 269

7.2.5　应力涂层钝化稳定性 / 271

7.3　恒载荷作用下 AC-HVAF 非晶纳米晶涂层腐蚀行为 / 275

7.3.1　恒载荷试样制备 / 275

7.3.2　非晶纳米晶涂层恒载荷作用下腐蚀行为 / 276

7.3.3　非晶涂层恒载荷作用下腐蚀断裂行为 / 281

7.4　动载荷作用下 AC-HVAF 非晶纳米晶涂层腐蚀行为 / 286

7.4.1　慢拉伸涂层制备 / 286

7.4.2　非晶涂层在动载荷作用下的腐蚀行为 / 287

7.4.3　非晶涂层在动应变作用下的腐蚀行为 / 289

7.4.4　非晶涂层在慢拉伸作用下的腐蚀断裂行为 / 291

参考文献 / 294

第8章　非晶纳米晶涂层夹杂相局域溶解计算　　　　296

8.1　第一性原理概述 / 296

8.1.1　密度泛函理论 / 297

8.1.2　平面波与赝势方法 / 300

8.2　分子动力学模拟概述 / 301

8.2.1　分子动力学基本思想 / 302

8.2.2　分子运动方程式的数值解法 / 302

8.2.3　原子作用力的计算方法 / 304

8.2.4　周期性边界条件 / 305

8.2.5　分子动力学积分步长的选取 / 305

8.2.6　力场 / 305

8.2.7　系综简介 / 307

8.3　氧化物夹杂相局域溶解第一性原理计算 / 307

8.3.1　非晶涂层点蚀机理 / 307

8.3.2　夹杂相局域溶解 / 308

8.3.3　计算模型与方法 / 309

8.3.4　晶格结构 / 310

8.3.5　结构的稳定性 / 311

8.3.6　重叠聚居数分析 / 311

8.3.7　态密度分析 / 312

8.4　氧化物夹杂相局域溶解分子动力学计算 / 313

8.4.1　计算机模拟方法 / 314

8.4.2　电化学行为 / 314

8.4.3 局域腐蚀形貌 / 317

8.4.4 局域溶解分子动力学模拟 / 318

8.4.5 氧化物夹杂局域溶解机理 / 323

8.5 非晶纳米晶涂层多尺度仿生结构调控和腐蚀性能 / 325

8.5.1 非晶纳米晶仿生疏水涂层构筑 / 325

8.5.2 非晶纳米晶仿生疏水涂层耐蚀性能 / 326

参考文献 / 328

第1章　非晶合金概述

1.1　非晶合金

1.1.1　非晶态合金与金属玻璃

按照物质内部原子的排列结构模型，自然界的物质可以分为有序结构和无序结构两大类。晶体为典型的有序结构，而气体、液体和诸如非晶态固体都属于无序结构。晶体由原子或原子基团呈周期性排列而成，具有长程有序结构；而非晶体中原子的排列缺乏周期性，只是在几个原子的范围（$10\sim15\text{Å}$，$1\text{Å}=10^{-10}\text{m}$）内存在一定的有序度，因而具有长程无序、短程有序的特征，呈现出类似于液态的结构特点，如图 1-1 所示。常见的非晶态固体包括氧化物玻璃（如 SiO_2）、有机聚合物（大部分工程塑料）和一些半导体单质（如硒、锗等）。

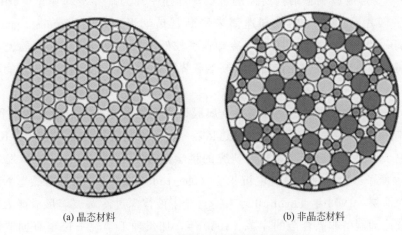

(a) 晶态材料　　　　　　　　　　　　(b) 非晶态材料

图 1-1　晶态与非晶态材料的原子排列结构

非晶态合金（amorphous alloys）是指以金属元素作为主要成分，并保持金属特性的非晶态固体，在三维空间成拓扑无序排列，并在一定温度范围保持这种相对稳定状态的合金。它是熔体在连续冷却过程中仍保持液态的"混乱"结构的物质，冷却后得到的原子并非像晶体那样按一定的规律排列，而是长程无序的结构，通常又称非晶合金为金属玻璃（metallic glasses）。与晶态金属材料和普通氧化物玻璃相比，金属玻璃具有很多优异的性能[1,2]。与其他非晶态材料一样，其原子排列相对混乱，缺乏周期性，因而具有均匀、各向同性的结构特征。这消除了晶态金属中因存在晶界、位错、缺陷等带来的对材料性能的不利影响，表现出许多优异的性能，如接近理论值的高强度、高弹性极限（图 1-2），优异的磁各向同性以及优良的耐腐蚀性能等，因此受到广泛关注。

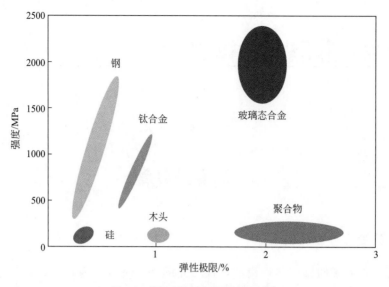

图 1-2　非晶合金强度和弹性极限[3]

理论上来讲，只要冷却速率足够快，熔体冷却过程中能够避开结晶的发生，而在玻璃化转变温度冻结，任何金属或合金都可以形成玻璃结构。许多快速凝固技术被用于金属玻璃的制备，尤其是熔体甩带（melt-spinning）技术的应用使得许多合金体系能够获得条带或薄片状金属玻璃[3,4]。形成玻璃态结构所需的最低冷却速率称为临界冷却速率（critical cooling rate）。人们一般用合金的临界冷却速率来判断其玻璃形成能力（glass forming ability，GFA）的强弱[5]。而实际上，只有临界冷却速率较低的合金成分才能在实验上形成非晶态结构，纯金属和普通合金成分往往需要极高的临界冷却速率（≫10^6K/s），才能获得非晶态结构。

1934 年 Kramer[6]在用热蒸发法制备金属膜研究超导性能时，借助气相沉积法（vapor deposition）制备出非晶态合金 Sb，是历史上第一次报道制备出非晶态合金，Kramer 也成为最早应用电子衍射来进行非晶态材料研究的科学家。1950 年 Brenner 等[7]发现，当 P 含量超过 10%（原子分数）时，通过电沉积法（electrodeposition）制备非晶态 Ni-P 合金膜，形成超硬表面涂层。1958 年 Turnbull 等人[8]讨论了液体深过冷对玻璃形成能力的影响，揭开了通过连续冷却制备非晶合金的序幕。1960 年，加州理工学院一位很有创造性的冶金学家 Pol Duwez[9]采用熔体急冷法，成功制备了 Au-Si 非晶态结构合金，这是非晶合金制备历史上一个重要的里程碑。Pol Duwez 也被公认为是液相急冷技术制备非晶态合金的创始人，是第一位从研究者的角度明确研究液相快速冷却在冶金上的重要性。

若玻璃形成临界尺寸超过 1mm，则称为块体金属玻璃（bulk metallic glasses，BMG）。1984 年，Turnbull 等人[10]在哈佛大学成功制备了直径 8mm 的 Pd40Ni40P20 块状非晶合金，标志着块体金属玻璃问世。众多研究者潜心于非晶合金的研究，如日本广岛大学 Yo-shinori Isomoto Oka，日本东北大学 Akihisa Inoue、Koji Hashimoto，美国弗吉尼亚大学 John R. Scully，美国劳伦斯·利弗莫尔国家实验室（LLNL）Joseph Farmer，韩国延世大学 Do Hyang Kim，韩国科学技术院 Eric Fleury，美国橡树岭国家实验室 Chain T. Liu，挪威皇家科学院 Marit Bjordal，中国香港理工大学 CHENG Fai Tsun、H. C. Man 等。

此后，众多块状金属琉璃被开发问世。目前，已经开发的非晶合金体系种类众多，从早期的贵金属系 Au-($Au_{49}Ag_{5.5}Pd_{2.3}Cu_{26.9}Si_{16.3}$，临界尺寸 5mm）等，逐渐到 Zr-($Zr_{41.2}Ti_{13.8}Cu_{12.5}Ni_{10}Be_{22.5}$，临界尺寸 50mm），Pd-($Pd_{40}Cu_{30}Ni_{10}P_{20}$，临界尺寸 72mm），Cu-($Cu_{46}Zr_{42}Al_7Y_5$，临界尺寸 10mm）和稀土基（$La_{65}Al_{14}Cu_{9.2}Ag_{1.8}Ni_5Co_5$，临界尺寸 30mm）等系列，以及近年来成本经济的 Fe-($Fe_{41}Co_7Cr_{15}Mo_{14}C_{15}B_6Y_2$，临界尺寸 16mm），Ca-($Ca_{65}Mg_{15}Zn_{20}$，临界尺寸 15mm），Ti-($Ti_{40}Zr_{25}Cu_{12}Ni_3Be_{20}$，临界尺寸 14mm），Co-($Co_{48}Cr_{15}Mo_{14}C_{15}B_6Er_2$，临界尺寸 10mm），Ni-($Ni_{60}Pd_{20}P_{17}B_3$，临界尺寸 12mm），Mg-($Mg_{54}Cu_{26.5}Ag_{8.5}Gd_{11}$，临界尺寸 25mm），Pb-($Pt_{42.5}Cu_{27}Ni_{9.5}P_{21}$，临界尺寸 20mm）等临界尺寸可达毫米乃至厘米级的大块合金体系相继研发。

每种体系合金拥有其独特的性能。其中，与其他的非晶合金如 Pd-、Zr-等资深的合金体系相比，铁基非晶合金的制备原料丰富、成本低廉、合成工艺相对经济简单，更主要的是它保持了原有基材的结构组织和综合优异性能的同时，还可以延伸非晶合金所体现出来的功能性并加以利用。

1.1.2 铁基非晶态合金

非晶合金具有非常优异的适合作大型变压器的磁性性能，并具有适合作磁头、电子装置用变压器和各种传感器的磁性和力学性能的综合性能，在各种磁性器件中的应用前景是非常乐观的。自 1967 年第一个铁基非晶态合金 Fe-P-C[11] 出现以后，优异的软磁性能一直是人们关注的热点。此后，Fe-Co-P-B 和 Fe-Co-Si-B[12] 非晶薄带被广泛用作软磁材料。纳米晶 Fe-Si-B-Cu-Nb[13] 和 Fe-(Zr，Nb)-B[14] 非晶薄带的开发，进一步推进了非晶态合金作为软磁材料的应用。直到 1995 年，在 Fe-Al-Ga-P-C-B 合金系中成功制备出第一个铁基块体非晶态合金后[15]，具有良好软磁性能的铁基块体非晶态合金吸引了众多学者的研究兴趣。2002 年，较为廉价的高耐蚀且具有高玻璃形成能力的 $Fe_{75-x-y}Cr_xMo_yC_{15}B_{10}$[16] 和 $Fe_{43}Cr_{16}Mo_{16}(C,B,P)_{25}$[17] 合金体系被开发，该体系在室温或室温以上未呈现磁性，所以被称作无磁非晶态合金。尽管铁基非晶在尺寸上没有明显的突破，但其高耐蚀性和室温无磁性使得其应用领域更加广泛。2004 年，美国橡树岭国家实验室的 Liu 和弗吉尼亚大学的 Poon 等人在 Fe-Cr-Mo-C-B 系块体非晶的基础上，利用稀土元素 Y 和 Ln（镧系元素）进行微量掺杂后显著提高了其玻璃形成能力。其中，非晶态合金（$Fe_{44.3}Cr_{10}Mo_{13.8}Mn_{11.2}C_{15.8}B_{5.9}$)$_{98.5}Y_{1.5}$[18] 和 $Fe_{48}Cr_{15}Mo_{14}Er_2C_{15}B_6$[19] 均呈现出很强的玻璃形成能力，用铜模吸铸法得到的铁基非晶态合金的最大尺寸达 12mm，并被命名为"非晶钢"。非晶钢在室温下呈无磁特性并具有高硬度（显微硬度高达 13GPa）、高耐蚀性等特点，这一突破性的进展，使其作为无磁性材料和结构材料更具应用价值。2005 年开始，沈军[20] 从物理冶金的基本理论出发，采用合金化方法，大幅度地提高了铁基合金的玻璃形成能力。通过以 Co 部分取代 Fe，获得了直径达 16mm 的无磁性非晶钢（FeCoCrMoCBY），为国际上玻璃形成能力最强的铁基大块非晶合金，从热力学和动力学等方面揭示了这种合金具有高玻璃形成能力的内在原因。此后，设计出具有高非晶形成能力和超低磁性的铁基非晶合金成分，研究了 Cu 对 $Fe_{48-x}Cu_xCr_{15}Mo_{14}C_{15}B_6Y_2$（$x=2,5,9,14$）合金非晶形成能力、热性能、磁性能的影响规律。并基于二元深共晶合金熔体按一定比例混合后原子之间的相互作用可以达到平衡，从而使晶体相的析出受到抑制这一基本思想，提出了一种快捷、有效的设计大块非晶合金成分的新方法——二元共晶成分比例混合法，为低成本非晶合金材料的工业化应用奠定了重要基础。

自此，铁基非晶合金成为人们研究的热点，由于其具有高强度、强耐蚀性、优异的玻璃形成能力、低廉的价格及相对简单的制备工艺等，有望使其作为新型的工程材料得以应用[21,22]。

非晶态合金被誉为继钢铁和塑料后材料领域的第三次革命，随着该类材料工程化应用推进，对腐蚀问题的关注显得尤为重要。非晶态合金具有单相均匀的结构特征及成分设计的灵活可控性，这些为深入研究腐蚀问题提供了全新的视角。

1.1.3 腐蚀与电化学

腐蚀英文的 corrosion 起源于拉丁文"corrdodere"，意思为损坏或腐烂。腐蚀的定义众多，曹楚南在《腐蚀电化学原理》一书中对腐蚀的定义是"金属材料由于受到介质的作用而发生状态的变化，转变成新相，从而受到破坏"。托马晓夫定义腐蚀为"由于外部介质的化学作用或电化学作用而引起的金属的破坏"。J. C. Scully 则认为腐蚀可定义为"金属材料与其周围介质之间的反应"。U. T. Evans 认为"腐蚀是金属从元素态转变为化合态的化学变化及电化学变化"。M. G. Fantana 通过归纳得出，腐蚀可以从以下几个方面定义：①由于材料与环境及应力作用而引起的材料破坏或变质；②除了机械破坏以外的材料的一切破坏；③冶金的逆过程。而国际腐蚀工程师协会（NACE）对腐蚀的定义为：材料（通常是金属）由于和周围环境的作用而造成的破坏。

可见，腐蚀是指材料与环境间的物理和化学相互作用，使材料性能发生变化，导致材料、环境及其构成系统受到损伤。狭义上讲，腐蚀指金属材料在特定环境条件下的失效形态，例如铁在大气中的生锈等。但从广义上来说，塑料、陶瓷、混凝土和木材等非金属材料由化学作用使其消耗或破坏也属于材料腐蚀的范畴，例如，涂料和橡胶由于阳光或者化学物质的作用引起变质、老化等。

依据反应历程，腐蚀可分为化学腐蚀和电化学腐蚀两类。当材料处于无水条件下，环境中的气体分子或原子会优先在材料表面吸附，并通过化学反应造成材料的腐蚀，称为化学腐蚀。通常，在环境中有水参与的条件下，腐蚀服从电化学动力学基本规律，属于电化学腐蚀范畴。由于地球大气中普遍含有水，化工生产中也经常处理各种水溶液，因此，电化学腐蚀是地球上最常见的腐蚀类型。

（1）腐蚀的重要性

自从人类社会进入钢铁世界，腐蚀的危害便如影随形——它就像一种慢性毒药，发展过程极为缓慢，易被人们忽视，但往往会酿成重大安全事故。腐蚀具有自发性、普遍性和隐蔽性等特点，对人类生活和工业发展来说，腐蚀的危害是惊人的。因为腐蚀，美国旧金山 San Mateo-Hayward 跨海大桥使用不到 20 年，就耗巨资进行了修补。著名畅销书作家与环境调查记者乔纳森·瓦尔德曼（Jonathan Waldman）在他首部著作《腐蚀》（RUST：The Longest War）中指出，腐蚀是毁灭美国的恶魔，它掘开了人类的墓穴。

据估计，工业世界生产的钢材因腐蚀而报废的占年产量的 1/3 左右。据统计，全世界每年因金属腐蚀造成的直接经济损失约 7000 亿～10000 亿美元，工业发达的国家尤为严重，由金属腐蚀引起的直接经济损失约占国内生产总值（GDP）的 2%～4%。比如，英国近年来因腐蚀造成的年损失达 100 亿英镑，占 GDP 的 3.5%；德国的年损失约为 450 亿德国马克，占 GDP 的 3.0%；美国年腐蚀损失达 3000 多亿美元，占 GDP 的 4.2%。2016 年 10 月，NACE "全球腐蚀调研项目研究报告" 显示，腐蚀失效占 GDP 的 3.4%。2016 年 6 月，中国工程院重大咨询项目 "我国腐蚀状况及控制战略研究" 表明，2014 年我国腐蚀总成本超过 2.1 万亿元人民币，约占当年 GDP 的 3.34%，腐蚀给人类造成的危害和损失甚至超过风灾、火灾、水灾和地震等所有自然灾害的总和。

正确适当的防腐措施则可以降低腐蚀损失 15%～35%，这也是人们需要研究腐蚀规律和机理的关键所在。我国的杭州湾海域的泥砂含量高、水流速快，存在较多微生物，目前杭州湾大桥、港珠澳大桥联合使用中国科学院金属研究所自主研发的高性能防腐涂料与阴极保护，并结合腐蚀原位监测技术，保障了杭州湾大桥 100 年和港珠澳大桥 120 年的设计寿命。防腐蚀不仅仅是科学与技术问题，同时也是管理问题。防腐蚀最好的方法就是做好事前防控。科研人员要深入认识腐蚀发生的机理，技术人员要诊断出腐蚀发生的 "病因"，企业要在生产过程中规范防腐蚀设计、合理选择耐蚀材料和防腐蚀方法，在工程装备使用过程中要重视日常维护，最后要重视长寿命工程结构的安全评价与寿命预测，这样才能最大限度地降低腐蚀危害。

今天，腐蚀机理的基础研究、防腐蚀技术研发、防腐蚀工程控制等，已经成为人类的重要课题。腐蚀对经济、环境、安全的巨大影响使得各国投入巨大的人力和经费从事腐蚀防护领域的基础研究。同时又由于腐蚀科学涉及物理化学、金属学、电极过程动力学、材料学、固体物理与表面科学等基础学科，对腐蚀科学的研究会涉及多种学科中的科学前沿问题。

从太空到地面乃至水下与地下，从金属材料到非金属材料，腐蚀无处不在。正如腐蚀科学家柯伟所述，"金属腐蚀是悄悄进行着的材料失效和破坏，相当于无焰的火灾，也是材料和设施的癌症。在解决有限资源的利用、环境保护和未来生态城镇建设过程中腐蚀与防护作为一项可供直接利用的重要技术应该充分发挥作用。我们期望全社会能够像关注环保和疾病治疗一样，关注腐蚀问题。"我国已经进入基础建设高峰期，如果不重视防腐蚀，未来与腐蚀相关的重大安全事故很有可能频繁发生，重视腐蚀，从今天开始。腐蚀是安全问题、经济问题、生态文明问题、国计民生问题、节约资源问题。因此腐蚀防控力度是国家文明和繁荣程度的反映。

（2）腐蚀学科发展历程

腐蚀是一门有非常悠久历史的古老学科。人类对腐蚀现象的观察及其防护措施的探索可以追溯到数千年前的古代。

3000 年前，我国商代用锡改善铜的耐蚀性，发明锡青铜；2000 年前，秦始皇兵马俑坑中青铜剑光亮如新，锋利如初，表面有 $10\mu m$ 厚含铬黑色氧化物，类似现代铬酸盐钝化处理；2000 年前，古希腊 Herodus 和古罗马 Plinins 已提出用锡防止铁生锈。

1748 年，Jlomohocob 解释了金属的氧化现象；1763 年，Alarm 认识到了双金属接触腐蚀现象；1790 年，Keir 描述了铁在硝酸中的钝化现象；1801 年，W. H. Wollaton 提出了电化学腐蚀理论；1824 年，Davy 用铁作为牺牲阳极，成功实施了英国海军铜船底的阴极保护；1827 年，A. C. Becquerel 和 R. Mallet 先后提出了浓差腐蚀电池原理；1830 年，De·La·Live 提出了金属电化学腐蚀的经典理论，即微电池理论；1840 年，Elkington 正式获得电镀银专利；1847 年，Aide 发现了氧浓差腐蚀现象；1887 年，S. Arrbeius 提出了金属离子化理论；1890 年，Edison 研究了通过外加电流对船实施阴极保护的可行性。

20 世纪上半叶是腐蚀科学发展的黄金时代，基于石油、化工等行业的蓬勃发展，促进了腐蚀理论和耐蚀材料的研发，确定了金属腐蚀和氧化的基本规律，奠定了腐蚀理论基础。腐蚀科研机构纷纷成立，腐蚀科学系统化，理论水平极大提高。

1906 年，美国材料与实验协会（ASTM）建立大气腐蚀试验网；1910 年，防腐蚀涂料问世；1911 年，Eden 首次观察到微动腐蚀现象；1912 年，美国国家标准局启动了历时 45 年的土壤腐蚀试验；1923 年，Tammann、Pilling 与 Bedworth 提出氧化动力学定律和氧化膜完整性的判据；1926 年，AcAdam 着手研究腐蚀疲劳；Whitney 提出腐蚀金属表面形成的电池电动势控制着腐蚀速率，英国冶金科学家 Evans 通过实验证明了这种电池，并于 1929 年绘制了腐蚀极化图，提出金属腐蚀的电化学基本规律，推动了电化学腐蚀的动力学研究，腐蚀科学真正意义上得以建立；1933 年，Wagner 从理论上推导出金属极化图，推导出高温氧化膜生长经典抛物线理论；1938 年，Wagner 和 Traud 建立了电化学腐蚀的混合电位理论，奠定了近代腐蚀科学与工程动力学基础；1938 年，Pourbaix 提出 Fe-H_2O 体系电位-pH 图，确立腐蚀与电位和 pH 的定性关系，为理论上判断腐蚀倾向及探索控制腐蚀途径提供了依据，奠定了腐蚀热力学基础；1938 年，Brenner 和 Riddell 提出化学镀镍技术。

到 20 世纪下半叶，腐蚀学科发展为独立的综合性边缘学科。现代工业迅速发展，原先大量使用的高强度钢和合金出现严重的腐蚀，促使相关学科（现代电化学、固体物理、断裂力学、材料科学）的学者们对腐蚀问题进行综合研究。如：1950 年，Uhlig 提出了点蚀的自催化机理模型；1957 年，Stern 发表了一个著名线性极化求解腐蚀速率的 Stern 公式。从理论上导出了在靠近腐蚀电位的微小电位区间（±10mV），腐蚀电流与极化电阻成反比，根据这一规律创新了快速测定腐蚀速率的线性极化技术。1960 年，Brown 首先将断裂力学应用到应力腐蚀研究中；1968 年，Iverson 观察到了腐蚀的电化学噪声信号图像；1970 年，Epellboin 首次用电化学阻抗谱研究腐蚀过程。

随后，扫描电子显微镜、俄歇能谱仪等先进材料分析仪器在腐蚀研究中的应用，进一步提示了更多腐蚀问题的微观本质。同时，腐蚀学科形成了许多边缘腐蚀学科分支，如腐蚀电化学、腐蚀金属学、腐蚀工程力学、生物腐蚀学及腐蚀防护系统工程等，腐蚀领域及其相关的研究方兴未艾。

（3）腐蚀电化学学科发展历程

腐蚀过程和腐蚀的防护主要涉及电化学作用，腐蚀与电化学学科紧密相连。从基础学科发展看，电化学主要研究电子-离子导体、离子体-离子导体界面现象、结构化学过程及与此相关的现象，被认为是隶属物理化学（二级学科）的一门三级学科，发展重点从属物理化学发展重点。

电化学发展早期，从属原子分子学说（如法拉第定律和电化学当量）。1791 年，意大利解剖学家 Galvani 解剖青蛙时发现解剖刀或金属能使蛙腿肌肉抽缩的"动物电"现象，这是人类历史上第一个发现的电化学现象，标志电化学学科诞生。Galvani 认为蛙腿痉挛是由生物本身产生的动物电流引起的。1794 年，意大利物理学家 Volta 开始阐释 Galvani 实验的本质，认为产生电流不需要动物组织。Volta 越过 Galvani 的原始实验，开始研究两种金属接触产生的电流（"金属的"电流），之后又研究金属浸入某些液体时的电效应，最终于 1799 年发明了伏打电堆/池。这是世界上第一个能产生稳定、持续电流的化学电源。有了持续电流，才对电学的研究打开了新的局面。1800 年，Nichoson 和 Carlisle 利用伏打电堆电解水溶液，发现两个电极上均有气体产生。这是电解水第一次尝试，是最早的电化学事例，电化学由此进入起步阶段。1834 年，Davy 的助手 Faraday 定量研究有关电化学现象，发现当电流通过电解质溶液时，两极上会同时出现化学变化。Faraday 通过对这一现象的定量研究，发现了电解定律。电解定律的发现，把电和化学统一起来了，这使 Faraday 成了世界知名的化学家，电化学理论获得进一步发展。1855 年，Fick 提出扩散第一定律和第二定律，解析了扩散过程的特征。1873 年，Gibbs 提出热力学定律，从理论上全面地解决了热力学体系的平衡问题。1879 年，Helmholtz 等提出双电层紧密型模型。1889 年，Arrhenius 提出经验公式，改变活化能可以改变化学反应速率，改变电极电位通常可以改变电化学反应的活化能，从而也可以影响电极反应的速率，将活化能和反应速率建立联系。

此后，进行电极过程热力学的研究阶段。1889 年，Nernst 提出溶解压假说，从热力学方面导出电极势与溶液浓度的关系式，即电化学中著名的 Nernst 方程。Nernst 方程将电位和溶液浓度的关系统一起来，从此热力学数据便可用电化学的方法来测量，电化学热力学理论趋于完善。Nernst 在解释电极电位产生的原因的同时，提出了双电层理论。1905 年，Gouy 和 Chapman 提出双电层分散型模型。1905 年，Tafel 在实验中发现，许多金属表面上析氢超电压服从实验公式 $\eta = a + b\lg i$，解释了电流密度和电极电位的关系。1920 年，Debye-Hückel 提出强电解质离子互吸理论（也叫非缔合式电解质理论）。1924 年，Stern 提出双电层紧密-分散型模型，自此紧密型、分散型、紧密-分散型三个双电层模型已完全建立，Stern 紧密-分散型模型清晰地解析了电极/溶液界面双电层结构特征。1929 年，Evans 将代表腐蚀电池特征的阴、阳极极化曲线画在一张图上，只考虑腐蚀过程阴、阳极极化性能相对大小，不考虑电极电位随电流密度的变化，从而将理论极化曲线表示为直线，并用电流强度代替电流密度作横坐标，得简化腐蚀极化图，方便进行腐蚀阳极和阴极极化性能研究。Evans 成为 20 世纪最伟大的腐蚀电化学和动力学家。1930 年，Butler 和 Volmer 提出电极过程动力学方程，描述电子转移步骤的稳态电流密度与过电位的关系，反映了电极净反应速率随电极电位改变而变化的规律，称为 Butler-Volmer 公式，至此电极过程动力学体系基本形成。1938 年，Pourbaix 提出 $Fe-H_2O$ 体系电位-pH 图，确立腐蚀与电位和 pH 的定性关系，电位-pH 图是判定腐蚀发生，研究腐蚀反应、行为、产物，以及提出腐蚀控制途径的理论框架。Pourbaix 和同事作出 90 种元素与 H_2O 构成的电位-pH 图，并向多元以及高温方向发展，为腐蚀科学作出了卓越贡献。Evans 高度评价："如果当代杰出的数学家为他们创立的微分方程而欣喜……，则今天的腐蚀学家应为 Pourbaix 图的建立而拍案叫绝。"

很长时间，电化学家企图用化学热力学解决一切电化学问题，认为极化由传质过程引起（Nernst 公式），忽略电化学电荷转递也影响。20 世纪 40 年代后，"电极过程动力学"异军突起，曾领风骚四五十年。电化学瞬态研究方法的建立和发展，促进了电化学界面和电极过程宏观动力学研究的迅速发展。

20 世纪 50~70 年代，电化学主要受动力学派控制，但所描述的动力学理论与公式多数是唯象的理论（B-V 公式），更多是经验公式（Tafel 公式），缺乏微观的机制与机理的解释。1956 年，Marcus 提出电子/电荷转移 Marcus 理论。电子和外层电子的转移提供热力和动力学框架，可以在电荷转移方面，弥补 Tafel 经验公式和唯象 B-V 公式的缺点，获 1992 年诺贝尔奖。1957 年，Stern 发表了一个著名线性极化求解腐蚀速率的 Stern 公式。1985 年，曹楚南著《腐蚀电化学原理》，论述了腐蚀电化学的特殊规律，形成了比较完整的理论体系，并将数理统计和随机过程理论应用于腐蚀科学中，提出了利用载波钝化改进不锈钢钝化膜稳定性的思想。同时，还将定态过程稳定性理论引入电化学阻抗谱（EIS）研究，使 EIS 理论有了重要发展。

从 20 世纪 70 年代起，随着检测分子水平信息的原位谱学电化学技术的建立，电化学进入由宏观到分子水平，由经验及唯象到非唯象理论的研究阶段。随着固体物理理论和第一性原理计算方法的广泛应用，以及各种特殊功能的新材料的出现，一门以综合材料学基本理论实验方法与计算方法为基础的电化学新学科正在形成。

另外，电化学交叉新兴学科也正在兴起，如光电化学、能源电化学、材料电化学、纳米电化学、环境电化学、腐蚀电化学等，电化学领域及其相关的研究发展得如火如荼。

1.1.4 铁基非晶态合金耐蚀性能

非晶态合金的结构和成分的高度均匀性以及能够在表面迅速形成均匀、致密和覆盖性能良好的耐蚀钝化膜等特性，使得铁基非晶态合金呈现出良好的耐腐蚀性能。在研究钝化膜快速生长方面的实验中发现，无膜状态下的铁基块体非晶态合金的表面化学活性比较大。因此，一旦铁基块体非晶态合金的钝化膜遭到破坏，在其表面能够迅速生成厚的钝化膜，增进块体非晶态合金的耐蚀性。另外，非晶态合金中的微量元素添加对钝化膜的形成能力和稳定性也有很大的影响[23]。

日本学者 Naka[24]等早在 1974 年就系统报道了 Fe-Cr-P-C 金属玻璃具有优异的耐腐蚀性能。与传统晶态 304 不锈钢相比，Fe-Cr-P-C 金属玻璃即使在高浓度 HCl 溶液中仍无明显失重，由此也激发了对高耐蚀非晶合金的研究与开发。此后的近 20 年里，Hashimoto 研究组相继研发出数十种具有优异耐蚀性能的非晶态合金[25]。除了 Fe(Ni)-Cr-P-C 体系外，还包括 Ni-Nb、Ni-Ta 等非晶合金。

非晶态合金的耐蚀性主要表现在其突出的耐点蚀性和优异的钝化行为。铁基非晶态合金 Fe-Cr-Mo-P-C-B 具有优异的耐腐蚀性能，即使在 12mol/L 的盐酸溶液中阳极极化至 1V（Ag/AgCl）时也不会发生点蚀[26]；块状 Fe-Cr-Mo-P-C-B 合金[27]在 1mol/L HCl 溶液中表现出很强的耐腐蚀性能，极化曲线上存在很宽的钝化区，钝化电流密度约 $10^{-2}A/m^2$，同时在 6mol/L 和 12mol/L HCl 溶液中，当阳极电压达到 1.5V（Ag/AgCl）时均未发生点蚀。$Fe_{48}Cr_{15}Mo_{14}Y_2C_{15}B_6$ 和 $Fe_{50}Cr_{18}Mo_8Al_2Y_2C_{14}B_6$ 块体非晶态合金在模拟燃料电池环境下的耐蚀性能远远超过 316 不锈钢[28]；$Fe_{60}Co_8Zr_{10}Mo_5W_2B_{15}$ 块体非晶态合金在 298K 的王水中浸泡 3600s 后基本无失重[29]。铁基非晶态合金的腐蚀速率（0.01mm/a）远远低于 304 不锈钢及纯铬等（100mm/a）[30]。30℃时在海水介质中，铁基非晶合金比 316L 不锈钢和 C-22 镍基合金具有更高的点蚀电位，钝化性能更稳定[31]。

人们对非晶态合金的耐蚀性研究给予了非常多的关注，相继发现了一系列具有良好的玻璃形成能力的高耐蚀非晶态合金，并对其耐蚀机理进行了深入研究[17,30-37]。非晶合金的耐腐蚀性能与成分有很大的关系。Naka 等[24]研究表明，除了 Mn 外，向 Fe-P-C 非晶合金中添加不同的合金化元素，如 Ti、Zr、Cu、Mo、W、V、Nb、Ni 和 Co 等，均可以不同程度地提高其耐腐蚀性能。Hashimoto 等[25]采用 X 射线电子能谱（XPS）分析腐蚀表面成分，详细表征了数十种非晶态合金表面钝化膜的成分组成，解释了诸多合金元素的作用。将腐蚀过程中能够形成稳定钝化膜的元素称作耐蚀性元素，如 Cr、Nb、Ta、Ti、Mo 等，认为这些合金元素决定着钝化膜的稳定性，进而对腐蚀性能优劣起关键作用。Hashimoto 和 Asami 等[38]还认为两种或两种以上耐蚀性元素共同形成的钝化膜会更加稳定。其依据是耐蚀性阳离子之间的协同效应，形成复杂的氧化物保护膜。对于最早报道的耐蚀性较好的 Fe 基非晶合金体系，Cr 与 Mo 的联合添加也能明显提高材料的耐腐蚀能力，这一现象受到极大关注。同时，合金元素 Cr[30]、Mo[38]、W[38]以及稀土元素 Y[23]等都对非晶合金钝化起到一定的稳定作用。另外，少量元素的添加可以极大地提高非晶合金的玻璃形成能力（glass-forming ability，GFA）[39]。铁基非晶合金中添加少量的稀土（如 Y 或 Er 等）可使临界尺寸从 2mm 最大变为 12mm[19]。Scully 等[40]认为非晶合金具有优异的耐腐蚀性能的原因主要有两点：一是形成单相固溶体，成分、结构均匀，没有第二相等缺陷；二是对有益合金元素具有较大的固溶度。非晶合金属过饱和固溶体，对合金元素的固溶能力远超过晶态合金的极限。尽管合金元素或成分决定着非晶合金腐蚀性能的优劣，但非晶态结构本身的影响也值得关注。

另外，铁基非晶合金最大的缺点是无加工硬化能力，室温形变无明显的宏观塑性，发生剪切带引起的失稳扩展，导致灾难性断裂。已报道铁基块体非晶态合金的强度最高可达 4.85GPa[41]，仅仅低于 Co-Fe-Ta-B 块体非晶态合金的断裂强度，而高于其他块体非晶态合金和晶态合金。铁基块体非晶态合金的室温压缩断裂具有明显的脆性断裂特征和多个断裂面[42]。常规晶态金属材料断裂前会发生一定的塑性变形和韧性，而铁基非晶合金材料都会发生突然的断裂，这将导致灾难性的破坏。因此，提高铁基非晶合金的塑性和韧性对其作为结构材料的应用是极其重要的。

1.2 铁基非晶纳米晶涂层制备

铁基非晶合金制备技术包括：熔体甩带技术；磁控溅射技术；热喷涂技术。

铁基非晶合金应用途径包括：作为软磁材料；提高泊松比改善其塑性；作为涂层应用。

通常非晶合金的获得要求较高的冷却速率（10^6K/s 以上），故常以微米量级粉末或条带样品存在，极大地限制了其应用。随着块体金属玻璃的出现，利用高玻璃形成能力的合金成分制备非晶态合金涂层引起了人们的极大兴趣。铁基非晶态合金具有高强度、高硬度和优异的耐蚀性，而块体材料却表现出非常差的塑韧性，这些因素使得铁基非晶态合金作为一种涂层材料更具应用前景。

1.2.1 铁基非晶涂层

2000年，McCartney等[43]采用超音速火焰（high-velocity oxy-fuel，HVOF）喷涂法制备了Ni-Cr-Mo-B非晶纳米晶合金涂层，实现了热喷涂制备非晶纳米晶涂层。2001年Branagan等[44]采用HVOF法制备了Fe-Cr-Mo-B-C-Si-Al非晶铁基合金涂层，并申请了专利，实现了铁基非晶纳米晶涂层的制备。

作为高耐蚀、耐磨的涂层材料是走向工业化应用的突破口之一。近年来，国际上诸多研究组纷纷开展非晶态金属涂层的制备工作，在Fe基、Ni基等体系中已成功获得完全非晶态或部分非晶态的高质量涂层。铁基非晶合金高的强度（＞3GPa）、高的硬度（＞1000HV）、高的热稳定性（晶化温度＞500℃）以及优异的耐腐蚀性能（是优质不锈钢的10～1000倍）、低廉的价格及简单的制备工艺等，有望作为新型耐蚀耐磨材料得以应用。缺乏塑性形变是限制块体非晶合金作为结构材料应用的主要技术瓶颈。

2002年，美国国防部和美国能源部启动了"HPCRM"（high performance corrosion resistant materials）工程及"SAM"（structure amorphous metal）重大研究项目，其目的旨在推动非晶钢合金在工业中的应用并致力于非晶态高耐蚀防护涂层的研发。该项目在Lawrence Livermore National Laboratory首席科学家Joseph C. Farmer的领导下，集合威斯康星大学（University of Wisconsin-Madison）、加州大学戴维斯分校（UC，Davis）、加州大学伯克利分校（UC，Berkeley）、凯斯西储大学（Case Western Reserve University）四所大学和橡树岭国家实验室（Oak Ridge National Laboratory）及美国海军研究实验室（United States Naval Research Laboratory）等国家实验室科研人员，自2002年以来进行了卓有成效的工作。项目内容涉及合金设计及成分选择、材料合成、热稳定性、腐蚀性能、环境断裂性、力学性能、辐射效应及一些重要的潜在应用[45-48]。在与NanoSteel公司合作后，为国防部和能源部开发出以SAM开头命名的一系列性能优异的铁基非晶合金[49-51]。SAM制备母合金体系为SAM40（$Fe_{52.3}Cr_{19}Mn_2Mo_{2.5}W_{1.7}B_{16}C_4Si_{2.5}$），开发的其他系列SAM均以该合金为基础，如[$(SAM40)_{100-x}+Y_x$]，Y是所添加元素种类，如Ni、Cr、Mo、W、Y、Ti、Zr；x是添加元素的原子分数，遵循1、3、5、7原则，衡量指标则为能极大提高玻璃形成能力或腐蚀阻力。SAM项目主要有三个长期目标，开发耐蚀性能优异的铁基非晶纳米晶涂层，使其耐蚀性能优于316L不锈钢、镍基合金C-22和钛合金7。

SAM涂层研发的初衷主要用于核废料（spent nuclear fuel）和高放废物（high-level nuclear waste，高水平放射性废物）的储存罐，如图1-3所示。2003年，采用HVOF制备了高耐蚀性能（high-performance corrosion-resistant）的铁基非晶金属涂层，用于储存美国内华达Yucca山的高放废物，降低储存材料成本近40亿美元，降低核废料储存周期成本近580亿美元[52]。SAM项目的最终目的是研制、评估这种高耐蚀涂层并发展为低成本的核废料储存材料，并与美国国防部高级研究计划局（Defense Advanced Research Projects Agency，DARPA）合作，力争用于海洋环境中各种构件的耐蚀防护。

1.2.2 超音速火焰（HVOF）喷涂原理

热喷涂是一种被广泛应用的制备保护涂层的工业技术，它将喷涂材料加热至熔化或半熔

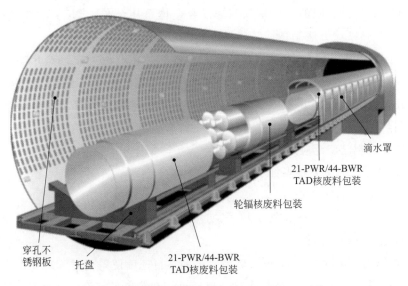

图 1-3　核废料罐外围高耐蚀铁基非晶纳米晶涂层[52]

化状态，之后高速喷射金属熔滴到基体表面形成堆砌结构的涂层。工业应用中开发多种热喷涂方法：火焰喷涂（flame spray），焊丝电弧喷涂（wire arc spray），等离子喷涂（plasma spray），水稳等离子喷涂（water-stabilized plasma spray），超音速火焰（HVOF）喷涂，爆炸喷涂（detonation spray）等。

热喷涂技术冷却速率（10^6 K/s）可以满足非晶相形成的临界冷速。不同的合金体系，其玻璃形成能力是不同的。材料的玻璃形成能力在一定程度上决定着涂层中非晶相的含量，当合金的临界冷速低于喷涂过程的冷却速率时即可形成非晶结构。20 世纪 80 年代末，人们用磁控溅射（sputtering）[53]及等离子喷涂（plasma spraying）方法[54]制备出了铁基非晶态合金涂层。由于所采用的非晶态合金的玻璃形成能力有限及制备工艺的局限，制备的涂层质量较差。近年来，随着具有高玻璃形成能力的块体非晶合金的出现，利用这些合金成分制备非晶态合金涂层引起了人们的极大兴趣。

目前工业上常用的热喷涂工艺主要为等离子热喷涂和超音速热喷涂制备非晶纳米合金涂层。由于在等离子热喷涂过程中液滴的速度较慢，形成的涂层孔隙率较高（大于 5%），不适宜制备耐蚀性涂层。而 HVOF 喷涂是一种制备致密结构涂层的有效方法，由于在该工艺中颗粒的速度较高，甚至超过 700m/s，制备的涂层的孔隙率较低（通常小于 1%），适宜于耐蚀性涂层的制备。在热喷涂过程中，晶化和氧化难以避免，当涂层超过一定厚度时，就很难得到完全非晶态的合金涂层。但研究发现，非晶态合金涂层的晶化有利于其硬度的提高，这就使非晶涂层的应用范围更为广阔，尤其适用于腐蚀磨损等条件苛刻的环境。

铁基非晶态合金具有较为低廉的价格和较强的玻璃形成能力，性价比高。最近，Otsubo 等[55]报道了利用 HVOF 喷涂可制得完全非晶态的 Fe-Cr-Mo-C-B-P 合金涂层，这表明目前制备的铁基非晶涂层可以通过制备工艺优化来进一步提高其非晶相含量。通过热喷涂制备铁基非晶涂层，并不会使腐蚀性能有太大的降低[56]。一般非晶形成的条件是最大临界冷却速度达到 10^6 K/s 以上，而 HVOF 热喷涂可以获得临界冷却速度 10^7 K/s 左右[57]，使得多数合金成分都可在临界速度以上喷涂而形成玻璃态组织，但能用 HVOF 热喷涂制备非晶涂层的合金成分也是有限的。个别铁基非晶合金体系甚至在 $10^2 \mathrm{K/s}$ 时即可形成玻璃态，这就使得 HVOF 热喷涂方法制备铁基非晶涂层成为可能。

HVOF 喷涂是 20 世纪 80 年代兴起的一种热喷涂技术，它的出现给热喷涂技术注入了新的活力。该设备的开发旨在提高熔滴射流速度和降低颗粒的过热程度，相对于其他热喷涂技术，HVOF 喷涂制备的涂层具有高硬度、孔隙率低、抗磨损性好、涂层与基体结合强度高等优点，在热喷涂领域已经占有了相当重要的地位。起初主要应用于航空航天领域的飞机发动机零部件上，现已广泛应用于石油、化工、冶金、汽车和造船等领域。

HVOF 喷涂方法的主要特点如下：

① 火焰焰流速度高达 2200m/s，火焰温度低于 3000℃。

② 卷入燃烧焰流的空气少，加之粒子速度快，颗粒在高温中停留的时间极短，喷涂材料的相变、氧化和分解得到抑制。

③ 粉末颗粒飞行速度高达 700m/s，颗粒高的飞行速度使得其对基材撞击作用增大，颗粒变形充分，涂层与基体的结合强度远优于普通火焰和等离子喷涂，且涂层呈现出压应力状态，可制备较厚的涂层。

④ 涂层致密性好，可以达到 99.5% 以上。

基于 HVOF 喷涂涂层具有极其致密的结构等诸多优点，越来越多的研究人员开始利用 HVOF 喷涂制备耐蚀合金涂层，其耐蚀性要优于其他热喷涂方法。

HVOF 喷涂的原理是利用丙烷、丙烯等烃类燃气或者煤油等可燃液体与高压氧气在特制的燃烧室内燃烧，产生高温高速的燃烧焰流，进而实现粉末粒子的加热和加速，并沉积在工件表面而形成涂层。由于火焰焰流速度极高，喷涂粒子被加热至熔化或半熔化状态的同时，在极短的时间里高速飞行撞击到工件表面，产生明显的喷丸效应并将动能转化为热能，使涂层产生残余压应力，可有效地提高涂层的表观结合强度、抗裂性及耐磨性；同时对工件表面的热影响区小（一般基体表面温度不超过 150℃），不影响基体材料的原始热处理组织。

在 HVOF 技术中，喷枪是产生稳定的高速焰流及获得高质量涂层的关键。Metco 公司生产的 Diamond Jet 系列 HVOF 喷枪[58]采用了喉管燃烧方式，与线材火焰喷枪的设计较为相似，具有环形分布的火焰射流、中心轴向送粉和压缩空气帽约束等特点。燃气（丙烷、丙烯或氢气）和氧气分别以一定的压力输入，同时从喷枪喷管轴向的圆心处由送粉气（通常为氮气）送入喷涂粉末。气体燃烧产生很高的压力，通过 Laval 喷嘴形成高速焰流，由焰流流场的膨胀波和压缩波反射与相交形成菱形激波，其数目的多少是火焰速度的一个重要判据。数目越多说明火焰的速度越高。通常情况下会产生 4～7 个菱形激波。因此，焰流的速度与气体的成分、压力、流量、温度、密度以及喷枪喷嘴的通径等有关。

喷涂过程中，焰流和粉末粒子之间存在着动量和热量的传输，动量传输可用下式表示：

$$\frac{1}{6}\rho_{\mathrm{p}}\pi d_{\mathrm{p}}^{3}\frac{\mathrm{d}v}{\mathrm{d}t}=\frac{1}{8}C_{\mathrm{D}}\pi d_{\mathrm{p}}^{2}\rho_{\mathrm{g}}(u-v)^{2} \tag{1-1}$$

式中，u 为燃流速度；v 为粒子速度；d_{p} 为粒子直径；ρ_{p}、ρ_{g} 分别为粒子和焰流的密度；C_{D} 为牵引系数（drag coefficient）。

热量的传输比较复杂，包括传导（conduction）传热、对流（convection）传热和辐射（radiation）传热。对导热性较好的粉末粒子（good heat-conducting particles），热量传输可用下式表示：

$$\pi d_{\mathrm{p}}^{2} h\left(T_{\mathrm{g}}-T_{\mathrm{p}}\right)=\frac{1}{6} \pi \rho_{\mathrm{p}} c_{\mathrm{p}} d_{\mathrm{p}}^{3} \frac{\mathrm{d} T_{\mathrm{p}}}{\mathrm{d} t} \tag{1-2}$$

式中，d_{p} 表示粒子直径；h 表示热传输系数；T_{g}、T_{p} 分别表示燃流和粒子的温度；c_{p} 表示粒子的比热容。

由于涂层是由熔滴溅射一层一层堆积而形成的，喷涂过程中的动量和热量传输对涂层的质量和性能起着重要的作用，如氧化、孔隙率、结合强度和热应力等。

1.2.3 高速三电极等离子喷涂

（1）等离子喷涂

等离子喷涂是最常用的一种热喷涂技术。它是将粉末材料送入等离子射流（直流压缩电弧）中，使粉末颗粒在其中加速、熔化或部分熔化后，通过高速气流的冲击作用，在基底上铺展并凝固形成涂层。它具有生产效率高、制备的涂层质量优良、喷涂材料范围广、成本低等优点。因此，近几十年来，其技术进步和生产应用发展很快，已成为热喷涂技术的最重要组成部分。

等离子喷涂的工作气体常用 N_2 或 Ar，再加入 5%～10% 的 H_2。这些工作气体进入电极腔的弧状区后，被压缩电弧加热离解形成等离子体，其中心温度可达 15000℃ 以上，同时经孔道高压压缩后呈高速等离子射流喷出。载有喷涂粉末的气体进入等离子焰流，使粉末很快呈熔化或半熔化状态，高速喷打在零件表面并发生塑性变形，黏附在零件表面。各粉末之间也依靠塑性变形而相互钩接，从而获得结合良好的层状致密涂层。但是等离子喷涂由于温度过高会使涂层氧化严重，且涂层结合强度在一定的工况下还不够理想。

随着计算机、机器人、传感器、激光等先进技术的发展，等离子喷涂设备的功能也得到了不断的强化。目前，国内外先进的等离子喷涂设备正向轴向送粉技术、多功能集成技术、实时控制技术、喷涂功率两极分化（小功率或大功率）的方向发展。

Axial Ⅲ 等离子喷涂是由加拿大西北 Mettech 公司自主研发设计的一种高速三电极等离子喷涂系统。它采用了独特的三电极轴向送粉设计，具有喷束集中、粒子速度高、落斑小等特点，可实现极高的喂给速度和沉积效率，并可保证均匀一致的高质量涂层。由于采用闭环自动控制和轴向送粉，提高了高质量涂层的可重复生产性。

Axial Ⅲ 喷枪还采用了独特的双惰性气体保护罩设计，降低了喷涂材料的氧化程度，可喷涂活性金属材料等。Axial Ⅲ 等离子喷涂系统已经成为服务于航空、航天、印刷、汽车和替换硬铬等工业应用的高效、可靠的涂层生产工具。

Axial Ⅲ 喷涂系统的主要优势是：高沉积效率；高喂给速度；均匀的高质量涂层。

（2）等离子喷涂原理

Axial Ⅲ 等离子喷枪由三个阳极、三个阴极组成。采用多电极结构不仅提高了电弧的有效功率，而且还可以使电弧电流在多个电极间平均分配，从而单个电极上的热负荷相对大大降低，避免了大功率条件下电极的烧损。喷枪所产生的三条等离子射流将通过集束器被汇流形成一条束流，粉末通过送粉管直接从轴向位置被送入汇流点中，通过喷嘴加热加速并到达基材。粉末速度明显高于常规的等离子喷涂设备，并可达到超音速火焰喷涂的粒子速度。

传统等离子喷涂的致命弱点是采用了径向送粉的方式。由于喷涂用粉末一般都有一定的粒度分布，这样在喷涂时，大尺寸的粒子将会有一种穿过等离子焰的趋势，而小一些或轻一些的粒子则不能全部进入等离子焰流或者直接被蒸发掉。因此，径向送粉的结果是沉积效率低，带来巨大的损失。Mettech公司开发的轴向送粉系统解决了这一难题。通过这种轴向送粉系统，粉末将全部进入等离子焰流中，而且大部分粉末（最高可达95%）都能充分熔化并沉积到基材上。这不仅能制备出更均匀、更致密、更纯净的涂层，而且工艺的经济性也得到显著的提高。

正因为Axial Ⅲ设备采用了轴向送粉方式，其喷束及喷涂落斑相对于径向外送粉而言更小，也更集中，因此具有高的沉积效率。并且在飞行过程中，小粒子的飞行速度要高于大粒子的，这又使得高速飞行的小粒子在等离子射流中的停留时间更短，进而减少了小粒子过热情况的发生。

与其他等离子喷涂相比，其粒子速度相对于常规外送而言更高（最高可达400m/s）。通过喷嘴尺寸和气体流量的调节，粒子速度可以达到和超音速火焰喷涂相当的水平，随着喷嘴直径的变小，粉末颗粒会以更快的速度到达基体并发生严重的变形。另外，三电极等离子喷涂的惰性气体保护罩将产生两层环绕着主等离子焰的惰性气体罩。内层气体罩通常使用氩气，从保护罩与喷枪喷嘴之间的通路送出。外层气体罩将产生一个同心的高速气流，通常使用氮气，以进一步降低外界氧气的侵入。通过这一气体保护罩附加装置可以喷涂低氧化物金属涂层，特别适用于喷涂活性金属或非晶纳米合金涂层。

因此，利用三电极等离子喷涂制备的涂层，结合强度高，孔隙率低，氧含量低。它的诸多优势，使得三电极等离子喷涂在工业界得到广泛认可。

（3）等离子喷涂参数

等离子喷涂可以看作是由等离子电弧、等离子射流、喷涂粒子和涂层四个环节构成的串联系统，中间的每一个环节都对其后的环节有显著的影响，并且最终影响着涂层的组织结构和性能。对于一定的粉末材料和基体材料，改变可控输入参数是影响和控制涂层组织结构与性能的主要途径，而诸多可控输入因素中，电弧功率、工作气体成分与流量以及喷涂距离是最便于调节和控制的工艺参数，并且对涂层的组织结构和性能有显著影响，因此成为等离子喷涂最重要的工艺参数。

由于喷涂粒子在基体上碰撞、铺展、凝固以及传热的能量都来自碰撞基体前粒子所具有的动能和热能，因此粒子的温度和速度是影响粒子沉积行为的最重要参量，也是影响涂层组织结构与性能的决定性因素。研究表明，提高粒子温度可以改善粒子的熔化效果，降低熔滴的黏性，从而增加熔滴粒子铺展时的流动性能，增加扁平粒子和基体的有效接触面积，进而提高涂层的结合性能等。

1.2.4 活性燃烧高速燃气（AC-HVAF）喷涂原理

活性燃烧高速燃气（activated combustion-high velocity air fuel，AC-HVAF）喷涂工艺是近几年发展起来的热喷涂新技术，该工艺采用空气替代传统的氧气，通过压缩空气与燃料燃烧产生高速气流加热和熔化粉末，粉末颗粒以超过700m/s的速度撞击基体，高于传统的HVOF喷涂，见图1-4，形成极低氧化物含量和极高致密度的涂层。

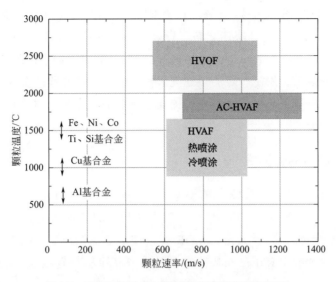

图 1-4　HVOF 和 HVAF 喷涂颗粒温度和喷涂速率对比

AC-HVAF 喷涂工艺过程对喷涂材料热退化影响非常低，制备的涂层表现出比 HVOF 更为优异的耐腐蚀及耐磨损特性。可见，AC-HVAF 喷涂具有制备高质量耐蚀耐磨非晶涂层的潜质，但这需要对合金成分、AC-HVAF 喷涂过程、工艺参数与涂层结构性能之间的关系有深入的了解。在 AC-HVAF 喷涂过程中，控制参数复杂，影响因素多，如何制备出孔隙率低、非晶相含量高、大面积、具有优异性能的低成本高质量铁基非晶涂层依然是一大难题。另外 AC-HVAF 喷涂过程生产效率高，极大地降低了涂层的加工成本，更有利于超音速喷涂技术的推广应用。

在热喷涂技术中，喷枪是产生稳定的高速焰流及获得高质量涂层的关键。AcuKote-HVAF 喷枪能够通过压缩空气和燃气燃烧产生的高速喷束，加热并加速金属或者金属陶瓷粉末从而获得涂层。AcuKote-HVAF 喷枪产生大的焰流，直径约为 3/4in（1in＝0.0254m），"马赫节"长达 10～12in，这远远大于其他工艺（5～7in）的距离。由于喷涂粉末在到达基体的过程中被很好包覆在燃烧室的焰流内部，有效防止了在飞行过程中的氧化，减少或消除了氧化和热损伤。传统 HVOF 喷涂 WC 陶瓷时，过高的火焰温度易造成 WC 粒子分解，操作工艺不易控制，涂层质量难以保证。AC-HVAF 喷涂则可以避免此类现象，难熔喷涂材料（如碳化物）喷涂时不发生分解。由于固态粒子被加速至极大速度，喷束中的固态粒子会将被沉积粒子中质量差的部分以类似喷砂的方式去除，消除产生缺陷的隐患。另外，固态粒子撞击将产生压应力，在喷涂过程中将减少由于冷却收缩所造成的残余拉应力。在更广的喷涂参数范围内形成同等质量的涂层。

1.3　铁基非晶纳米晶涂层性能

1.3.1　铁基非晶态合金的力学性能

铁基非晶态合金最大的缺点是无加工硬化能力，室温形变无明显的宏观塑性，发生剪切带引起的失稳扩展，导致灾难性断裂。已报道铁基块体非晶态合金的强度最高可达4.85GPa，仅仅低于 Co-Fe-Ta-B 块体非晶态合金的断裂强度，而高于其他块体非晶态合金和晶态合金。铁基块体非晶态合金的室温压缩断裂具有明显的脆性断裂特征和多个断裂面。常规晶态金属材料断裂前会发生一定的塑性变形和韧性，而铁基非晶态合金材料都会发生突然的断裂，这将导致灾难性的破坏。因此，提高铁基非晶态合金的塑性和韧性对其作为结构材料的应用是极其重要的。

1.3.2 铁基非晶涂层的耐蚀性

目前已经开发出适用于热喷涂用的 SAM1651（$Fe_{48}Cr_{15}Mo_{14}Y_2B_6C_{15}$）和 SAM2X5（$Fe_{49.7}Cr_{17.7}Mn_{1.9}Mo_{7.4}W_{1.6}B_{15.2}C_{3.8}Si_{2.4}$）等多种类型的铁基非晶合金体系，其耐蚀能力甚至优于 C-22 镍基耐蚀合金[36]。由 HVOF 喷涂铁基非晶涂层（SAM）与 C-22 合金在海水和 $CaCl_2$ 介质中腐蚀速率对比可知，铁基非晶纳米晶涂层只有在 30℃海水介质中的腐蚀速率（$0.179\mu m/a$）稍高于 C-22（$0.050\mu m/a$），在 90℃海水（$1.58\mu m/a$ 和 $3.20\mu m/a$）和205℃ $CaCl_2$ 溶液（$2.70\mu m/a$ 和 $5.04\mu m/a$）中均具有较低的腐蚀速率[51]。

SAM1651 和 SAM2X5 由于具有比其他型号合金更高的耐蚀性而被应用于长期的核废料储存罐防护，在高温环境中，其抗腐蚀性能可保持到玻璃化转变温度前（最高操作温度可达570℃，接近 T_g 温度 579℃）。尤其是对于苛刻环境中超长期零部件的腐蚀防护，非晶金属涂层则表现出比传统耐蚀材料更强的自愈合能力。另外，SAM 系列涂层还表现出比普通316L 不锈钢和镍合金更高的硬度，使其耐腐蚀与耐磨损性远高于一般合金。此外，非晶涂层的晶化可极大地提高其硬度，这样就可以采用适当热处理方法通过提高硬度来提高其抗冲刷和磨损性。喷涂态和经热处理（700℃保温 10min）后的铁基非晶涂层的硬度为 981～1062kgf/mm²（1kgf/mm²＝9.8MPa），热处理后的硬度急增至 1178～1293kgf/mm²，这主要是由于加热时非晶结构中 $M_{23}(BC)_6$ 纳米晶复合相的形成，极大地提高了硬度。相比来说，316L 不锈钢和镍基合金 C-22 的硬度则分别低至 286kgf/mm² 和 377kgf/mm²，经过热处理后增加幅度也不明显[45]。

铁基非晶态合金涂层具有如此优异的耐蚀性以及超高的硬度和强度，可以应用在很多腐蚀磨损严重的环境，诸如替代硬铬用于船舶设施、水利及矿石开采设备等领域。据美国国防部数据[29]，除了流体和海水管线、压载水舱和推进系统外，将近 3450 亿平方英尺（1 平方英尺＝0.093m²）的航海船和海军舰艇都需要极高的腐蚀维护费用。而使用这种高耐蚀性能的铁基非晶涂层可有效降低因大面积腐蚀失效而引起的巨大损失。SAM 系列铁基非晶合金目前已成功应用于航海舰艇、潜艇、油气输送管线、钻尖钻具及核废料储存容器等，保护其基体免受腐蚀和磨损。该合金在海水船舶的防护方面具有非常重要的应用，并通过进一步研究，有望作为涂层应用于机械零部件、钢桥及钢筋混凝土的结构材料。近期，美国许多研究机构共同开发的非晶纳米钢涂层已广泛应用于多种需要耐磨和耐蚀材料的领域，如舰船设备、矿山水泥设施、替代硬铬、电厂锅炉以及核废料处理装置等[36,49]。钢铁是应用最多的金属材料，在钢铁基体上喷涂铁基涂层除具有最大的相容性外，最主要的是铁基涂层成本比较低。

从目前的发展趋势看，铁基非晶涂层有望成为新一代性能优异的耐蚀材料。

1.3.3　铁基非晶涂层的研究及应用

国内在铁基非晶涂层材料成分、制备工艺、耐腐蚀、耐磨损等性能方面做了很多系统的研究，均致力于在耐蚀耐磨领域的推广应用。HVOF 喷涂技术是目前制备非晶涂层较为广泛使用的方法。HVOF 喷涂技术是 20 世纪 80 年代兴起的一种热喷涂技术，与火焰喷涂和等离子喷涂相比，制备的涂层与基体的结合强度高、孔隙率低、氧化物含量低，适合制备耐蚀耐磨非晶纳米晶涂层。目前 Fe-Cr-P-C、Fe-Cr-Mo-P-C、Fe-Cr-Mo-B-C-Si-Al、Fe-Cr-Mn-Mo-W-B-C-Si 和 Fe-Cr-Mo-C-B-Y 等铁基合金体系均被成功用于 HVOF 喷涂[59-63]。中国科学院金属研究所王建强等采用等离子喷涂和 HVOF 喷涂制备了高耐蚀的铁基非晶合金涂层，并对涂层的力学性能与腐蚀性能进行了系统的研究。HVOF 喷涂金属非晶涂层抗局部腐蚀的能力强，涂层具有比不锈钢更高的耐冲蚀阻力，涂层在含砂海水介质中冲蚀失效主要来自涂层缺陷部位冲刷带来的机械损伤，冲刷和腐蚀交互作用加速了损伤过程[64]。HVOF 喷涂工艺参数是影响涂层结构和性能的主要因素[59,65]。不同氧/燃气流量比对涂层的氧化状况、颗粒温度和熔化状态、涂层的致密度均有一定的影响[66]。喷涂距离的改变对颗粒的温度和速度也很敏感，进而影响着孔隙率的变化[67,68]。送粉速率及颗粒尺寸决定了颗粒的传热特性和加速行为，不同尺度粒子的熔化行为和速度是不同的[69]。粉末粒径对非晶涂层致密度也有重要影响，采用较小粒径制备的涂层致密度高，但较大粒径制备的涂层中含有的非晶分数更高，钝化膜较之细粉制备的非晶涂层更为稳定[70]。热喷涂工艺参数影响颗粒温度场和速度场，决定焰流和粉末粒子之间的动量和热量传输，但热喷涂过程复杂，参数、颗粒性质和涂层性能之间的关系高度非线性，而计算机模拟能进一步揭示喷涂过程的气体动力学和传热学等的机理[71]，使通过实验手段很难实现的过程得以体现，为实验研究提供理论指导和设计思路。

AC-HVAF 喷涂工艺采用空气替代传统的氧气，通过压缩空气与燃料燃烧产生高速气流加热和熔化粉末，制备可形成极低氧化物含量和极高致密度的涂层。AC-HVAF 喷涂工艺过程对喷涂材料热退化影响非常低，制备的涂层表现出比 HVOF 喷涂更为优异的耐腐蚀及耐磨损特性。可见，AC-HVAF 喷涂具有制备高质量耐蚀耐磨非晶涂层的潜质，但这需要对合金成分、AC-HVAF 喷涂过程、工艺参数与涂层结构性能之间的关系有深入的了解[68]。研究[72]发现，AC-HVAF 喷涂工艺涂层具有比 HVOF 喷涂工艺涂层更高的耐均匀腐蚀和局部腐蚀能力，在含氯介质中抗点蚀能力强。AC-HVAF 喷涂工艺非晶涂层循环极化曲线具有最小的滞回环，耐点蚀性优异。另外，AC-HVAF 喷涂工艺非晶涂层在 6mol/L HCl 溶液中钝化行为接近条带，耐蚀性相当，在 3mol/L H_2SO_4 溶液中也具有较 HVOF 喷涂工艺非晶涂层优异的钝化稳定性。AC-HVAF 喷涂工艺非晶涂层均匀腐蚀阻力高，点蚀萌生概率小，抗局部腐蚀的能力强。另外，AC-HVAF 喷涂工艺非晶涂层抗海水[73]和压裂液[74,75]冲蚀性能优异，但涂层损伤起源于孔隙和夹杂相等缺陷部位。残余应力[76]和外加载荷[77]增加了缺陷部位的局部腐蚀敏感性，涂层低的环境敏感断裂阻力源于夹杂相缺陷和膜层的不完整性。开发新的热喷涂制备方法并优化其喷涂参数，进而制备孔隙率低、耐蚀性好且硬度高的非晶涂层，是解决铁基非晶涂层耐腐蚀和耐冲蚀性能最为实际且切实可行的方法。

氧化物夹杂相及缺陷是导致目前 AC-HVAF 喷涂工艺非晶涂层局部腐蚀敏感性增加的

重要原因。点蚀破坏具有极大的隐蔽性和突发性，是材料研究中的经典和难点问题。微米尺度的氧化物夹杂相会损伤钢铁材料的性能早已为人们普遍关注。晶体不锈钢的点蚀起因于硫化锰中纳米氧化物夹杂相的局域溶解，成分和结构均匀性使得非晶合金具有优异的抗点蚀能力，但热喷涂过程中形成的氧化物夹杂相增加了非晶/纳米晶涂层的点蚀倾向。目前，非晶纳米晶涂层亚稳蚀点萌生的微区结构信息和萌生位置尚不清晰，制约了人们对非晶材料点蚀机理的认识。如何有效抵制点蚀，提高非晶涂层钝化稳定性，也是非晶涂层在制备和应用过程中非常值得关注的问题。

目前来看，高性能铁基非晶涂层的制备和开发，已成为非晶合金走向工业化应用的突破口之一，已成为工业领域一种极具应用价值的材料。在非晶纳米晶涂层喷涂过程中，控制参数复杂，影响因素多，如何制备出孔隙率低、非晶相含量高、具有优异性能的低成本高质量铁基非晶涂层依然是一大难题。

参考文献

[1] 汪卫华. 非晶态物质的本质和特性 [J]. 物理学进展, 2013, 33 (5): 177-351.

[2] Ma E. Tuning order in disorder [J]. Nature Materials, 2015, 14 (6): 547-552.

[3] Inoue A, Shen B L, Koshiba H, et al. Ultra-high strength above 5000MPa and soft magnetic properties of Co-Fe-Ta-B bulk glassey alloy [J]. Acta Materialia, 2004, 52 (6): 1631-1637.

[4] John J G. Mechanical behavior of metallic glasses [J]. Journal of Applied Physics, 1975, 46 (4): 46-53.

[5] Johnson W L. Bulk glass-forming metallic alloys: science and technology [J]. MRS Bulletin, 1999, 24 (10): 42-56.

[6] Kramer J. Produced the first amorphous metals through vapor deposition [J]. Annalen der Physik, 1934, 37 (2): 19-21.

[7] Brenner S S. Further observations on the growth of silver whiskers from silver chloride [J]. Acta Metallurgica, 1959, 10 (7): 677-678.

[8] David T, Morrel H. Concerning reconstructive transformation and formation of glass [J]. Journal of Chemical Physics, 1958, 29 (5): 1049-1054.

[9] Klement W. Non-crystalline structure solidified gold-silicon alloys [J]. Nature, 1960, 187 (9): 869-870.

[10] Kui H W, Greer A L, Turnbull D. Formation of bulk metallic glass by fluxing [J]. Applied Physics Letters, 1984, 45 (6): 615-616.

[11] Duwez P, Lin S C H. Amorphous ferromagnetic phase in iron-carbon-phosphorus alloys [J]. Journal of Applied Physics, 1967, 38 (10): 4096-4097.

[12] Kohmoto O, Ohya K, Yamaguchi N, et al. Magnetic properties of zero magnetostrictive amorphous Fe-Co-Si-B alloys [J]. Journal of Applied Physics, 1979, 50 (7): 5054-5056.

[13] Yoshizawa Y, Oguma S, Yamauchi K. New Fe-based soft magnetic-alloys composed of ultrafine grain-structure [J]. Journal of Applied Physics, 1988, 64 (10): 6044-6046.

[14] Suzuki K, Kataoka N, Inoue A. High saturation magnetization and soft magnetic-properties of bcc Fe-Zr-B alloys with ultrafine grain-structure [J]. Materials Transcitions, 1990, 31 (8): 743-746.

[15] Inoue A, Shinohara Y, Gook J S. Thermal and magnetic properties of bulk Fe-based glassy alloys prepared by copper mold casting [J]. Materials Transcitions, 1995, 36: 1427-1433.

[16] Pang S J, Zhang T, Asami K, et al. Formation of bulk glassy $Fe_{75-x-y}Cr_xMo_yC_{15}B_{10}$ alloys and their corrosion behavior [J]. Journal of Materials Research, 2002, 17 (3): 701-704.

［17］ Pang S J, Zhang T, Asami K, et al. Synthesis of Fe-Cr-Mo-C-B-P bulk metallic glasses with high corrosion resistance ［J］. Acta Materialia, 2002, 50 (3): 489-497.

［18］ Lu Z P, Liu C T, Thompson J R, et al. Structural amorphous steels ［J］. Physical Review Letters, 2004, 92: 245503.

［19］ Ponnambalam V, Poon S J, Shiflet G J. Fe-based bulk metallic glasses with diameter thickness larger than one centimeter ［J］. Journal of Materials Research, 2004, 19 (5): 1320-1323.

［20］ Shen J, Chen Q J, Sun J F, et al. Exceptionally high glass-forming ability of an FeCoCrMoCBY alloy ［J］. Applied Physics Letter, 2005, 86 (15): 151907.

［21］ Souza C A C, Ribeiro D V, Kiminami C S. Corrosion resistance of Fe-Cr-based amorphous alloys: an overview ［J］. Journal of Non-Crystalline Solids, 2016, 442 (15): 56-66.

［22］ Winston R R. Uhlig's Corrosion Handbook ［M］. 2nd edition. US: John Wiley &Sons, Inc, 2000.

［23］ Wang Z M, Ma Y T, Zhang j, et al. Influence of yttrium as a minority alloying element on the corrosion behavior in Fe-based bulk metallic glasses ［J］. Electrochimica Acta, 2008, 54 (2): 261-269.

［24］ Naka M, Hashimoto K, Masumoto T. Corrosion resistivity of amorphous iron alloys containing chromium ［J］. Journal of The Japan Institute of Metals and Materials, 1975, 38 (9): 835-841.

［25］ Hashimoto K. In pursuit of new corrosion-resistant alloys ［J］. Corrosion, 2002, 58 (9): 715-722.

［26］ Pang S J, Zhang T, Asami K, et al. Bulk glassy Fe-Cr-Mo-C-B alloys with high corrosion resistance ［J］. Corrosion Science, 2002, 44 (8): 1847-1856.

［27］ Pang S J, Zhang T, Asami K, et al. Synthesis of Fe-Cr-Mo-C-B-P bulk metallic glasses with high corrosion resistance ［J］. Acta Materialia, 2002, 50 (3): 489-497.

［28］ Wang A P, Zhang T, Wang J Q. Ni-based fully amorphous metallic coating with high corrosion resistance ［J］. Philosophical Magazine Letters, 2006, 86 (1): 5-11.

［29］ Farmer J C, Haslam J J, Day S D, et al. Corrosion resistance of iron-based amorphous metal coatings ［C］. Vancouver: 2006 ASME Pressure Vessels and Piping Division Conference: Pressure Vessel Technologies for the Global Community, 2006: 4378-4384.

［30］ Naka M, Hashimoto K, Masumoto T. High corrosion-resistance of chromium-bearing amorphous iron-alloys in neutral and acidic solutions containing chloride ［J］. Corrosion, 1976, 32 (4): 146-152.

［31］ Habazaki H, Kawashima A, Asami K, et al. The corrosion behavior of amorphous Fe-Cr-Mo-P-C and Fe-Cr-W-P-C alloys in 6M HCl solution ［J］. Corrosion Science, 1992, 33 (2): 225-236.

［32］ Hashimoto K, Katagiri H, Habazaki H, et al. Extremely corrosion-resistant bulk amorphous alloys ［J］. Journal of Metastable and Nanocrystalline Materials, 2001, 11: 1-8.

［33］ Souza C A C, May J E. Bolfarini L, et al. Influence of composition and partial crystallization on corrosion resistance of amorphous Fe-M-B-Cu (M = Zr, Nb, Mo) alloys ［J］. Journal of Non-Crystalline Solids, 2001, 284 (1-3): 99-104.

［34］ Asami K, Habazaki H, Inoue A, et al. Recent development of highly corrosion resistant bulk glassy alloys ［J］. Materials Science Forum, 2005, 502 (12): 225-230.

［35］ Jayaraj J, Kim K B, Ahn H S, et al. Corrosion mechanism of N-containing Fe-Cr-Mo-Y-C-B bulk amorphous alloys in highly concentrated HCl solution ［J］. Material Science and Engineering A, 2007, 449-451 (3): 517-520.

［36］ Farmer J C, Chol J S, Saw C, et al. Iron-based amorphous metals: high-performance corrosion-resistant material development ［J］. Metallurgical and Materials Transaction A, 2009, 40 (6): 1289-1305.

［37］ Katagiri H, Meguro S, Yamasaki M. Synergistic effect of three corrosion-resistant elements on corrosion resistance in concentrated hydrochloric acid ［J］. Corrosion Science, 2001, 43: 171-182.

［38］ Asami K, Naka M, Hashimoto K, et al. Effect of molybdenum on the anodic behavior of amorphous Fe-Cr-Mo-B alloys in hydrochloric-acid ［J］. Journal of The Electrochemical Society, 1980, 127 (10): 2130-2138.

［39］ Wang W H. Roles of minor additions in formation and properties of bulk metallic glasses ［J］. Progress in Materials Science，2007，52：540-596.

［40］ Scully J R，Gebert A，Payer J H. Corrosion and related mechanical properties of bulk metallic glasses ［J］. Journal of Materials Research，2007，22（2）：302-313.

［41］ Yao J H，Wang J Q，Li Y. Ductile Fe-Nb-B bulk metallic glass with ultrahigh strength ［J］. Applied Physics Letters，2008，92（25）：76-78.

［42］ Inoue A，Shen B L，Chang C T. Super-high strength of over 4000MPa for Fe-based bulk glassy alloys in ［（Fe$_{1-x}$ Co$_x$）$_{0.75}$B$_{0.2}$Si$_{0.05}$］$_{96}$Nb$_4$ system ［J］. Acta Materialia，2004，52（14）：4093-4099.

［43］ Dent A H，Horlock A J，McCartney D G，et al. Microstructure formation in high velocity oxy-fuel thermally sprayed Ni-Cr-Mo-B alloys ［J］. Materials Science and Engineering A，2000，283（1-2）：242-250.

［44］ Branagan D J，Swank W D，Haggard D C. Wear-resistant amorphous and nanocomposite steel coatings ［J］. Metallurgical and Materials Transactions，2001，32（10）：2615-2621.

［45］ Branagan D J，Marshall M C，Meacham B E，et al. Wear and corrosion resistant amorphous/nanostructure steel coatings for replacement of electrolytic hard chromium ［C］. Washington：ITSC 2006 Process，2006，5：1-6.

［46］ Branagan D. Method of modifying iron-based glasses to increase crystallization temperature without changing melting temperature ［P］：US 20040250929. 2004-12-16.

［47］ Branagan D. Properties of amorphous/partially crystalline coatings ［P］：US 20040253381. 2004-12-16.

［48］ Farmer J C，Haslam J J，Day S J，et al. Corrosion characterization of iron-based high-performance amorphous-metal thermal-spray coatings ［J］. American Society of Mechanical Engineers，2005，7：583-589.

［49］ Branagan D J，Swank W D，Haggard D C. Wear-resistant amorphous and nanocomposite steel coatings ［J］. Metallurgical and Materials Transactions A，2001，32：2615-2621.

［50］ Rebak R B，Day S D，Lian T G，et al. Environmental testing of iron-based amorphous alloys ［J］. Metallurgical and Materials Transaction A，2008，39（2）：225-234.

［51］ Farmer J C，Haslam J J，Day S D，et al. Corrosion resistance of thermally sprayed high-boron iron-based amorphous-metal coatings：Fe$_{49.7}$Cr$_{17.7}$Mn$_{1.9}$Mo$_{7.4}$W$_{1.6}$B$_{15.2}$C$_{3.8}$Si$_{2.4}$ ［J］. Journal of Materials Research，2007，22（8）：2297-2311.

［52］ Farmer J，Wong F，Haslam J，et al. Development，processing and testing of high-performance corrosion-resistant HVOF coatings ［C］. California：Global 2003 Topical Meeting at the American Nuclear Society Conference，2003，（8）：1-6.

［53］ Lee N L，Fisher G B，Schulz R. Sputter deposition of a corrosion-resistant amorphous metallic coating ［J］. Journal of Materials Research，1988，3（5）：862-871.

［54］ Sampath J. Microstructural characteristics of plasma spray consolidated amorphous powders ［J］. Materials Science and Engineering A，1993，167（1-2）：1-10.

［55］ Otsubo F，Kishitake K，Terasaki T. Residual stress distribution in thermally sprayed self-fluxing alloy coatings ［J］. Materials. Transctions，2005，46（11）：2473-2477.

［56］ Duwez P，Lin S C H. Amorphous ferromagnetic phase in iron-carbon-phosphorus alloys ［J］. Journal of Applied Physics，1967，38（10）：4096-4097.

［57］ Farmer J C，Choi J S，Day S D，et al. High performance coatings for spent fuel containers and components ［C］. Texas：Proceedings of the ASME Pressure Vessels and Piping Conference，2007，7：539-544.

［58］ Stokes J，Looney L. HVOF system definition to maximise the thickness of formed components ［J］. Surface and Coatings Technology，2001，148（1）：18-24.

［59］ Ni H S，Liu H S，Chang X C，et al. High performance amorphous steel coating prepared by HVOF thermal spraying ［J］. Journal of Alloys and Compounds，2009，467（1-2）：163-167.

［60］ Zhang S D，Wu J，Qi W B，et al. Effect of porosity defects on the long-term corrosion behaviour of Fe-based amorphous alloy coated mild steel [J]. Corrosion Science，2016，110：57-70.

[61] Wang Y，Zheng Y G，Ke W，et al. Slurry erosion-corrosion behaviour of high-velocity oxy-fuel（HVOF）sprayed Fe-based amorphous metallic coatings for marine pump in sand-containing NaCl solutions [J]. Corrosion Science，2011，53（10）：3177-3185.

[62] Zheng Z B，Zheng Y G，Sun W H，et al. Erosion-corrosion of HVOF-sprayed Fe-based amorphous metallic coating under impingement by a sand-containing NaCl solution [J]. Corrosion Science，2013，76：337-347.

[63] Zhang C，Chan K C，Wu L，et al. Pitting initiation in Fe-based amorphous coating [J]. Acta Materialia，2012，60（10）：4152-4159.

[64] 王勇. 耐蚀耐磨铁基非晶合金涂层制备及腐蚀与冲蚀性能研究 [D]. 北京：中国科学院研究生院，2012.

[65] Ma H R，Chen X Y，Liu J，et al. Fe-based amorphous coating with high corrosion and wear resistance [J]. Surface Engineering，2017，33（1）：56-62.

[66] 梁秀兵，程江波，白金元，等. 铁基非晶纳米晶涂层组织与冲蚀性能分析 [J]. 焊接学报，2009，30（2）：61-64.

[67] Marple B R，Lima R S. Process temperature/velocity-hardness-wear relationships for high-velocity oxyfuel sprayed nanostructured and conventional cermet coatings [J]. Journal of Thermal Spray Technology，2005，14（1）：67-76.

[68] 叶凤霞，陈燕，余鹏，等. 通过 AC-HVAF 方法制备铁基非晶纳米晶涂层的结构分析 [J]. 物理学报，2014，63（7）：078101-1～6.

[69] He J，Ice M，Lavernia E. Particle melting behavior during high-velocity oxygen fuel thermal spraying [J]. Journal of Thermal Spray Technology，2001，10：83-93.

[70] Zhang C，Guo R Q，Yang Y，et al. Influence of the size of spraying powders on the microstructure and corrosion resistance of Fe-based amorphous coating [J]. Electrochemica Acta，2011，56（18）：6380-6388.

[71] Li M，Christofides P D. Modeling and control of high-velocity oxygen-fuel（HVOF）thermal spray：A tutorial review [J]. Journal of Thermal Spray Technology，2009，18（5-6）：753-768.

[72] 王勇. AC-HVAF 铁基非晶涂层制备及力学作用下腐蚀行为研究 [D]. 上海：同济大学博士后出站报告，2016.

[73] Wang Y，Xing Z Z，Luo Q，et al. Corrosion and erosion-corrosion behaviour of activated combustion high-velocity air fuel sprayed Fe-based amorphous coatings in chloride-containing solutions [J]. Corrosion Science，2015，98（9）：339-353.

[74] 孙丽丽，王尊策，王勇. AC-HVAF 热喷涂涂层在压裂液中冲蚀行为研究 [J]. 中国表面工程，2018，31（1）：131-139.

[75] 孙丽丽. 水力压裂工况下典型材质损伤行为及机理研究 [D]. 大庆：东北石油大学，2015.

[76] Wang Y，Li K Y，Scenini F，et al. The effect of residual stress on the electrochemical corrosion behavior of Fe-based amorphous coatings in chloride-containing solutions [J]. Surface and Coatings Technology，2016，302（9）：27-38.

[77] Wang Y，Li M Y，Sun L L，et al. Environmentally assisted fracture behavior of Fe-based amorphous coatings in chloride-containing solutions [J]. Journal of Alloys and Compounds，2018，738（3）：37-48.

第2章 非晶合金腐蚀性能

铁基非晶合金在具有优异力学性能（如高硬度）和高耐蚀性的基础上，成本又比较低，可以说是一种非常实用且极有发展前景的非晶合金。非晶合金的高耐蚀性主要取决于其化学均匀性和强钝化能力，即化学成分和结构。由于钝化膜的形成和溶解过程直接与所测试溶液的性质密切相关，为理解非晶合金的腐蚀机理，在不同腐蚀性溶液中研究其钝化膜的稳定性则成为一种必不可少的手段。

本章主要介绍非晶合金在中性和酸性溶液中的腐蚀行为，以及成分对非晶合金腐蚀性能的影响。

2.1 非晶合金在中性和酸性溶液中腐蚀

自 19 世纪 70 年代开始，Fe-Cr 非晶合金优异的耐蚀性已经受到人们的广泛关注。众多研究者已经通过改善成分以及添加合金元素优化钝化膜的结构，开发出一系列耐蚀性优异的铁基非晶合金。高耐蚀性主要源自无晶界和位错等缺陷存在的非晶结构以及钝化膜中强耐蚀元素的富集。在含氯离子介质中，Fe-Cr-Mo 非晶合金在热的浓 HCl 溶液中可自发发生钝化[1]，在 12mol/L HCl 溶液中阳极极化至 1.0V（Ag/AgCl）也无点蚀现象发生[2]。100℃时，在 4mol/L NaCl 溶液中可自发钝化且具有较宽的钝化区间和较小的钝化电流密度[3]。早期报道，FeCrMnMoWBCSi 非晶合金在天然海水（NaCl）[4]和 1mol/L HCl[5] 溶液中具有优异的钝化稳定性能，但其腐蚀性对酸性腐蚀介质更敏感。合金中的合金元素（如 Mo、Mn、W 等）是影响其钝化性能的主要因素，但目前这些元素的添加对于其耐蚀和耐磨性能的影响还不是很清楚。因此，研究铁基非晶合金在酸性和中性两种不同介质中的腐蚀行为，有助于进一步理解其腐蚀机理，即 H^+ 和 Cl^- 作用。但二者之间系统的比较研究甚少。

在硫酸盐溶液中，早期的研究多集中于浓 H_2SO_4 介质的腐蚀行为，如 FeCrPC[3]、FeSiB[6]和 FeCSiBPCrAl[7]等非晶合金在浓 H_2SO_4 介质中均呈现出较好的钝化稳定性。合金成分（如 $Cr^{[3,7]}$，$P^{[3]}$）和表面结构[6]起关键作用。一般来说，浓 H_2SO_4 介质是一种弱氧化剂，但其氧化能力随浓度增大而增强。Pardo[8]等研究表明，在 5mol/L 浓 H_2SO_4 介质中 FeSiBNbCu 晶体材料耐蚀性优于非晶材料，主要是因为晶体中晶界、第二相等晶体缺陷处易形成腐蚀产物，进而抑制腐蚀介质的侵蚀过程。而在稀 H_2SO_4 介质中，普通的晶体材料（如不锈钢[9]、Fe-Cr 合金[10]）的耐蚀性则远低于非晶材料。对于晶化的 FeCuNbSiB 非晶合金，非晶相的形成则提高了其在 0.1mol/L H_2SO_4 介质中的耐蚀性[11]。因此，非晶结构的出现可能有益于提高材料在稀 H_2SO_4 介质中的耐蚀性。然而，对铁基非晶合金在稀 H_2SO_4 介质（浓度小于 1mol/L）中腐蚀行为的系统研究较少。与其他非晶合金相比，开发 FeCrMnMoWBCSi 非晶合金的初衷是基于高的玻璃形成能力和优异的力学性能，次之是优异腐蚀性能，况且其成分不同于传统的非晶合金体系，对此类成分的铁基非晶合金在酸性和中性硫酸盐介质中的腐蚀行为还未见于报道。

本节主要研究 FeCrMnMoWBCSi 非晶合金在两种酸性（0.5mol/L HCl，0.25mol/L H_2SO_4）和中性（0.5mol/L NaCl，0.25mol/L Na_2SO_4）介质中的电化学腐蚀行为和钝化膜特征。电化学腐蚀行为包括：动电位极化曲线、电化学阻抗谱、恒电位极化曲线（i-t 曲线）和 Mott-Schottky 曲线。钝化膜的特征通过 X 射线光电子能谱（XPS）和原子力显微镜（AFM）来表征。

2.1.1　非晶合金制备

（1）合金制备过程

将按名义成分配比（原子分数）的纯金属元素（Fe：99.9%，Cr：99.9%，Mo：98.5%，Mn：99.7%，W：99.9%，FeB：99% 含 20.06%B，C：99.9%，Si：99.9%）在 Hechigen 公司 Edmund Bühler 真空电弧炉中熔炼制备 $Fe_{54.2}Cr_{18.3}Mo_{13.7}Mn_{2.0}W_{6.0}B_{3.3}C_{1.1}Si_{1.4}$（质量分数）母合金铸锭。该电弧熔炼系统采用钨电极和水冷铜坩埚。真空度一般控制在 5×10^{-3} Pa，随后充入约 0.05Pa 的高纯氩气作为保护气体，并辅以预熔钛球吸氧进一步纯化保护气体。为确保母合金铸锭的均匀性，一般要反复翻转熔炼 8 次以上。

非晶合金条带（ribbon）样品通过熔体急冷法获得，所用设备为德国 Hechigen Edmund Bühler 真空单辊急冷装置。其铜辊直径为 250mm，辊面宽 40mm，常用可调转动频率为 0～50Hz（对应辊面线速度为 0～39m/s）。真空抽气系统由机械泵与扩散泵构成。腔体真空度达到预定值后，充入高纯氩气形成保护气氛。一定质量的块状铸锭样品在石英管中感应加热至熔融态并在压差作用下由喷嘴喷出，在旋转的铜辊上快速凝固形成薄带状样品。在熔体急冷制备薄带过程中，通过对铜辊的转速、喷嘴尺寸、喷嘴与辊面间隙、熔体温度以及喷射压差等参数的调节可以控制条带样品的厚度、宽度和表面质量。对于铁基条带，采用 35m/s 辊速、方形喷嘴（2mm×4mm）、过热度 200K 和 0.04MPa 压差，可以获得良好成型性的完全非晶态条带，所得条带厚度为 $40\mu m$，宽度约 2mm。

（2）合金性能测试

X 射线衍射（X-ray diffraction，XRD）分析在日本产 Rigaku D/max2400 衍射仪上进行，采用 Cu Kα 射线源（$\lambda = 0.1542nm$），扫描速度为 4°/min。条带样品选取自由面（空冷面）测量。

条带样品的玻璃化转变和晶化行为是在德国 Netzsch-404C 型高温差示扫描热量分析仪（differential scanning calorimeter，DSC）上测试完成的。所需样品质量为 10mg 左右，装填于氧化铝坩埚内，预抽真空至 0.1Pa 后通入流动的高纯氩气保护。升温和降温速率均采用 20K/min。玻璃化转变温度（T_g）定义为玻璃化转变吸热平台最陡处的切线与基线的交点所对应的温度；晶化起始温度（T_x）定义为第一个晶化峰最陡处的切线与基线的交点所对应的温度。

样品的显微结构观察是在荷兰 FEI Tecnai F30 高分辨透射电镜（high resolution transmission electron microscope，HRTEM）上完成的。由于 $Ni_{50}Nb_{50}$ 条带样品宽度小于 2mm，制作成长度为 3mm、宽度方向 2mm 的小样品，然后用细砂纸将厚度研磨至约 $40\mu m$，用铜环镶嵌，最后在离子减薄仪上进行低温减薄。为消除氩离子轰击引入结构假象，需要采用小电流减薄。一般得到符合 TEM 观察要求的样品要减薄 10h 以上。

腐蚀性能测试在 PAR 2273 上进行。电化学实验参考 GB/T 24196—2009《金属和合金的腐蚀　电化学试验方法　恒电位和动电位极化测量导则》和 GB/T 18590—2001《金属和合金的腐蚀　点蚀评定方法》。条带样品在进行动电位极化行为测试前均需经过 1500# 以上的砂纸精细打磨，随后用石蜡混合松香封样，经过酒精或丙酮清洗、蒸馏水清洗等一系列准备过程。三电极系统采用辅助电极（铂电极）、工作电极（样品）和参比电极（饱和甘汞电极，SCE，下文未标明电位均为相对于 SCE 电极的电位值）。为消除液接电势影响，饱和甘汞电极与溶液间用鲁金毛细管连接（毛细管与试样表面距离为毛细管直径 2 倍为宜）。

琼脂-饱和 KCl 盐桥制备过程：向烧杯中加入 3g 琼脂和 97mL 蒸馏水，使用水浴加热法将琼脂加热至完全溶解。然后加入 30g KCl 充分搅拌，KCl 完全溶解后趁热用滴管或虹吸将此溶液加入已事先弯好的玻璃管中，静置待琼脂凝结后便可使用。

测试时主要考察不同 $[H^+]$ 变化和阴离子种类对铁基非晶合金腐蚀性能的影响，具体溶液配比见表 2-1～表 2-3。

● 表 2-1　不同 $[H^+]$ 和 0.25mol/L $[HSO_4^-/SO_4^{2-}]$ 溶液配比（名义浓度）

电解质	$[H^+]/(mol/L)$	$[HSO_4^-/SO_4^{2-}]/(mol/L)$
0.25mol/L H_2SO_4	0.5	0.25
0.20mol/L H_2SO_4＋0.05mol/L Na_2SO_4	0.4	0.25
0.05mol/L H_2SO_4＋0.20mol/L Na_2SO_4	0.1	0.25
0.25mol/L Na_2SO_4	0	0.25

● 表 2-2　不同 $[H^+]$ 和 0.50mol/L $[Cl^-]$ 溶液配比（名义浓度）

电解质	$[H^+]/(mol/L)$	$[Cl^-]/(mol/L)$
0.50mol/L HCl	0.50	0.50
0.35mol/L HCl＋0.15mol/L NaCl	0.35	0.50
0.25mol/L HCl＋0.25mol/L NaCl	0.25	0.50
0.15mol/L HCl＋0.35mol/L NaCl	0.15	0.50
0.50mol/L NaCl	0	0.50

● 表 2-3　不同阴离子种类 0.50mol/L $[H^+]$ 溶液配比（名义浓度）

电解质	$[SO_4^{2-}]/(mol/L)$	$[Cl^-]/(mol/L)$	$[H^+]/(mol/L)$
0.25mol/L H_2SO_4	0.25	—	0.50
0.25mol/L H_2SO_4＋0.25mol/L Na_2SO_4	0.50	—	0.50
0.50mol/L HCl	—	0.50	0.50
0.50mol/L HCl＋0.50mol/L NaCl	—	1.00	0.50

腐蚀测试前，为消除空气中形成钝化膜的影响，在 -1.2V 时阴极极化 180s，去除表面

氧化膜。测试时，首先测试开路电位（open circuit potential，OCP），当开路电位稳定后（一般 3600s，100s 内电位变化小于 1mV）进行相关腐蚀电化学测试。动电位极化曲线（PD）扫描速率为 0.167mV/s，扫描电位范围为相对于开路电位−0.25～+1.2V。电化学阻抗谱（EIS）采用 10mV 扰动电位，测试频率范围 100kHz～10MHz。为反映钝化膜稳定性，分别测试条带在 0V、0.2V、0.4V、0.6V 和 0.8V 不同电位下的电化学阻抗谱，测试完后采用 Zview 阻抗谱拟合软件进行数据拟合。恒电位极化（I-t 曲线）是在某一特定外加电位下，记录腐蚀电极之间电流随时间的变化情况。常用来反映材料表面在相应电位下溶解或钝化的过程，或用于分析亚稳点蚀的萌生、初期长大以及稳态长大等现象。为获得亚稳点蚀信息，一般外加电位选择在动电位极化曲线的钝化区间内。为进一步表征材料表面在相应电位下溶解或钝化的过程，分别测试条带在 0.2V、0.4V、0.6V 和 0.8V 下的恒电位 I-t 曲线，时间 1800s。钝化膜的半导体特性可由 Mott-Schottky 曲线测得。用于测试的条带经 1500$^\#$ 砂纸打磨处理后，于不同电位条件下在相应溶液中浸泡 24h 后形成稳定表面钝化膜。Mott-Schottky 曲线对测试频率敏感，为了反映钝化膜的真实差异，所选频率应尽量处在电极电容稳定区段。图 2-1 展示的是铁基非晶合金表面膜的电容（C）随测试频率（f）的变化（由阻抗谱曲线导出）。可见，该合金在较大测试频率范围内（100～10^4 Hz）电容值变化不大（从 5×10^{-5} F/cm^2 到 3×10^{-5} F/cm^2）。Mott-Schottky 曲线测试所选择的频率为 1kHz。测试时在钝化膜形成电位区间内，沿阳极方向进行电位扫描，电位分别选择 0V、0.2V、0.4V、0.6V 和 0.8V。为确保实验记录不受外界干扰，该测试装置安放在稳固、减震性好的实验台上。实验过程中电解池要置于恒温（约 298K）水浴槽内。所有实验结果均重复至少 3 次，以确保结果的可靠性。

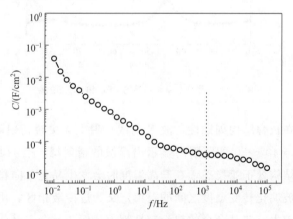

图 2-1　电容随频率的变化曲线

XPS（X-ray photoelectron spectroscopy）又被称为 ESCA（electron spectroscopy for chemical analysis），是表面分析的重要手段。它以 X 射线为激发源检测由表面射出的光电子来获取表面丰富的物理和化学信息。采用 XPS 技术可表征非晶合金表面钝化膜成分及其分布。XPS 测试在 ESCALAB250 光电子能谱测试系统上进行，采用 Al 靶（1486.6eV）作为 X 射线源。测试时，条带的自由面经一系列型号砂纸细磨后，分别在测试溶液中 0.6V 电位下阳极极化 10^4s。实验中采用原位氩离子溅射逐层减薄的办法来反映表面区的详细成分分布，相应的减薄速率为 0.2nm/s，减薄区域为 2mm×2mm，远大于 XPS 探测面积（$\Phi=$

0.5mm)。Fe 2p、Cr 2p、Mo 3d、Mn 2p、W 4f、C 1s、O 1s 和 Cl 2p 的标准键能参考 NIST XPS 数据库。

原子力显微镜（atomic force microscopy，AFM）成像技术是利用原子探针从无穷远处逐渐逼近材料表面时，通过建立探针尖端原子与表面原子或分子之间的相互作用力与距离之间的关系实现的。在轻敲模式（tapping mode）下，探针的震动频率会随着所接触材料的性质发生变化，根据这一性质可同时探测局部区域材料性质的差异。AFM 测试在美国 Molecular Imaging 公司 Picoplus 2500 AFM 仪器上进行。探针由金属铂探头镶嵌在硅传感悬臂梁中构成，其固有振动频率为 148～150kHz。采用手动光学对中探针与被检测样品。测试时，将条带用 502 胶粘于平整的硬树脂块表面，进行机械抛光。完成机械抛光与清洗后，用石蜡密封条带边缘并与导线相连，然后在相应溶液中浸泡 7d，腐蚀后样品再进行超声清洗，准备用于 AFM 观察。

2.1.2 非晶结构表征

非晶合金条带样品的 XRD 和 DSC 曲线见图 2-2。

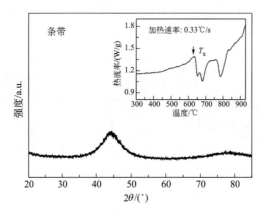

图 2-2　非晶合金条带样品的 XRD 和 DSC 曲线

非晶单相因不存在长程结构周期性，故 X 射线衍射上无尖锐衍射峰，而是宽带衍射峰。可以看出，条带在 $2\theta=40°\sim50°$ 的范围内显示出漫散的衍射峰，表明其为完全非晶态结构。由于非晶合金的原子结构处于亚稳态，在升高温度时会发生晶化，向稳定状态转变。一般将合金晶化开始温度与玻璃化转变温度之间的差值定义为过冷液相区，用来衡量非晶合金的热稳定性。过冷液相区越大，非晶合金的热稳定性越大。但非晶合金晶化后，其很多优异性能会发生不利转变，如电阻升高、耐腐蚀性能下降等。但有时通过适当的工艺手段，可以制备具有更优异力学性能或软磁性能的非晶与纳米晶复合材料。如图 2-2 插图所示，非晶合金条带在加热情况下发生完全晶化现象，这种晶化是通过合金内原子扩散进行的。

图 2-3 中代表性地展示了铁基非晶合金的暗场像［图 2-3(a)］与相应的选区衍射图谱［图 2-3(a) 插图］以及高分辨相［图 2-3(b)］。对于非晶合金样品，TEM 暗场像中未能观察到明显的衬度差别，选区电子衍射花样由较宽的晕和弥散的环组成，没有表征结晶态的任何斑点和条纹，其高分辨像则未呈现出晶体结构的规则点阵衬度，这些特征均表明实验获得的条带为完全非晶态样品。

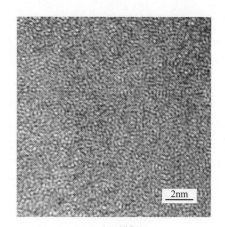

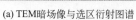

(a) TEM暗场像与选区衍射图谱   (b) 高分辨相

图 2-3   典型的非晶合金（a）TEM 暗场像与选区衍射图谱及（b）高分辨相

2.1.3 电化学腐蚀行为

非晶合金条带在不同介质中的动电位极化曲线和电化学阻抗谱如图 2-4 所示。由图 2-4（a）可知，在硫酸盐溶液中，非晶条带的钝化电流密度对于溶液中 $[H^+]$ 的变化很敏感，随 $[H^+]$ 的降低，从 $1\times10^{-5}A/cm^2$（0.4mol/L $[H^+]$）升高至 $2\times10^{-5}A/cm^2$（0.1mol/L $[H^+]$）。在所有介质中的点蚀电位或过钝化电位均为 1.0V，反映出条带在这些溶液中具有相同的抵抗局部腐蚀的能力。条带在 H_2SO_4 溶液中具有最低的钝化电流密度（约 $5\times10^{-6}A/cm^2$），而在 Na_2SO_4 溶液中的钝化电流密度（约 $6\times10^{-5}A/cm^2$）值则最高。图 2-4（b）表示的是非晶条带在含氯介质中钝化电流密度随 $[H^+]$ 变化的关系。与在硫酸盐溶液中的趋势相反，在含氯介质中条带的钝化电流密度随 $[H^+]$ 的增加而增加，在 NaCl 溶液中具有最低的钝化电流密度（$1\times10^{-5}A/cm^2$），在 HCl 溶液中则最高（$6\times10^{-4}A/cm^2$）。

图 2-4（c）反映的是非晶合金条带在含相同 $[H^+]$ 及不同种类阴离子溶液中的极化曲线，可以看出，溶液中 SO_4^{2-} 和 Cl^- 的出现影响了非晶合金的钝化性能，增加了钝化电流密度。

图 2-4（a'）～（c'）反映的是极化曲线相对应的电化学阻抗谱。电化学阻抗谱的高频区域可以体现电极电化学反应阻抗大小，根据高频区的容抗弧大小，可以判断耐蚀性大小，较大的容抗弧反映出条带具有更优的耐蚀性。由图可知，电化学阻抗谱的测试结果与极化曲线结果相一致。

图 2-5 表示的是条带在 0.6V 恒电位条件下在相应溶液中电流随时间响应的 i-t 曲线。所记录的 i-t 曲线上有许多电流的瞬间波动，或称之为电流暂态峰（current transient）。一般来说，每一个电流暂态峰都表现为腐蚀电流的急剧增大，随后在一定时间内又回落到背底电流水平。电流增大的过程对应于合金氧化物的溶解，电流回落过程则为氧化物的形成过程。从图 2-5（a）～（d）可以得出，在所有溶液中，起始电流急剧降低，这种电流的急剧下降说明钝化膜的形成和生长速度快于其溶解速度。随后逐渐趋于平稳（稳态电流密度，i_{ss}），说明钝化膜的形成在整个测试时间内无明显的破裂现象发生。而较低的 i_{ss} 值则反映出钝化膜具有较高的稳定性。如图 2-5（a）～（d）所示，条带在 Na_2SO_4 溶液中的 i_{ss} 高于其在

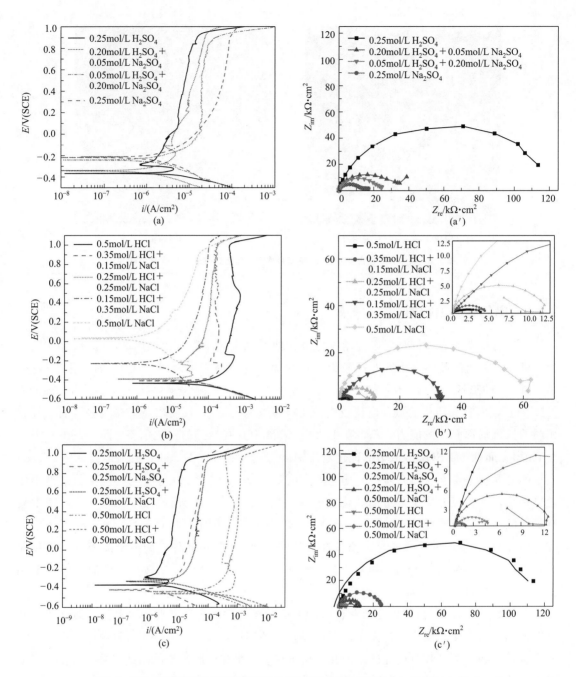

图 2-4 非晶合金在不同介质中的动电位极化曲线和电化学阻抗谱 [(a′)(b′)(c′)]

H_2SO_4 溶液中的 i_{ss} 值，而在 HCl 溶液中的 i_{ss} 则高于其在 NaCl 溶液中的 i_{ss} 值。在 Na_2SO_4 和 HCl 溶液中，高电位（0.6～0.8V）下的 i_{ss} 值增加幅度更大，具有更高的 i_{ss} 值。

依据文献 [12]，电流增大的过程对应于亚稳点蚀的长大，电流回落过程则为点蚀的再钝化，其相应所需时间分别称作点蚀长大时间（pit growth time）和再钝化时间（repassivation time），总时间为点蚀的寿命（life time）；电流最大值与背底电流差值称为暂态峰高度（transient height）。很明显，在 HCl 溶液中，非晶条带发生明显的点蚀现象 [图 2-5(c)]。

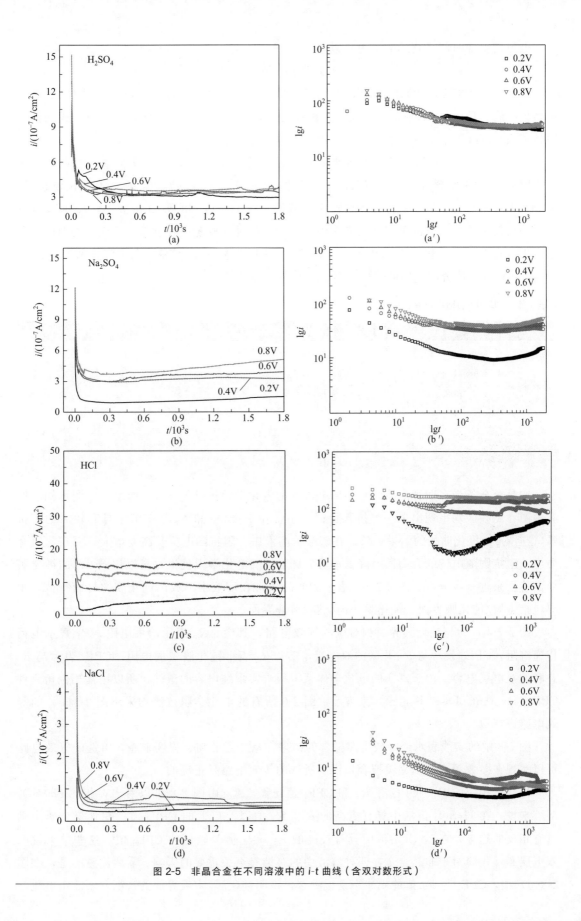

图 2-5　非晶合金在不同溶液中的 i-t 曲线（含双对数形式）

电流密度随时间变化的响应也可以表示为[13]：

$$\lg i = \lg A - K \lg t \tag{2-1}$$

式中，i 为测试的电流值密度；A 为常数；K 为双对数 $i\text{-}t$ 曲线下降段的斜率；t 为点蚀形核时间。$K=-1$ 表明形成致密且保护性强的钝化膜，而 $K=-0.5$ 则表明形成的钝化膜较疏松且多孔[14]。

图 2-5(a')～(d') 为条带在不同钝化电位下不同溶液中的双对数 $i\text{-}t$ 曲线，由曲线计算的不同电位下的 K 值和点蚀形核时间 t 见表 2-4。由表 2-4 可以看出，在所有测试电位下，K 值均高于 -0.5，说明形成的钝化膜比较疏松。在 H_2SO_4 和 NaCl 溶液中，K 值基本处于同一数值，反映出非晶条带在两者溶液中所形成的钝化膜疏松程度差别不大。类似的钝化膜也出现在 Na_2SO_4 和 HCl 溶液中。0.8V 时，在 HCl 和 NaCl 溶液中的 t 值分别为 178s 和 10^6s，较低的 t 值说明点蚀的形核容易，非晶条带在 HCl 溶液中极易形成点蚀。

● 表 2-4　K 值和 t 值随电位变化值

溶液	电位/V	t/s	K
0.25mol/L H_2SO_4	0.2	—	-0.155
0.25mol/L Na_2SO_4	0.2	—	-0.044
0.50mol/L HCl	0.2	—	-0.018
0.50mol/L HCl	0.8	178	
0.50mol/L NaCl	0.2	—	-0.182
0.50mol/L NaCl	0.8	10^6	

非晶合金条带在四种溶液中在不同电位下的电化学阻抗谱如图 2-6 所示。由图可知，所有谱图在高频区均呈现出单一容抗弧特征。条带在 H_2SO_4 和 NaCl 溶液中具有较大的容抗弧，与图 2-4 极化曲线的结果一致。在硫酸盐溶液中，阻抗随电位升高而增大，而在含氯介质中，阻抗则随电位的升高而呈降低趋势。图 2-6 的电化学阻抗谱也可以用图 2-7 的钝化膜界面特征来进一步分析。图 2-7(a) 表示的非晶条带在溶液中形成的钝化膜的界面特征，主要包括金属/钝化膜界面、钝化膜、钝化膜/溶液界面。

图 2-7(b) 为与钝化膜界面相对应的等效电路，其中，R_s 表示溶液电阻，R_t 表示电荷传递电阻，CPE_{dl} 表示与 R_t 并联的双电层电容，R_f 表示钝化膜层的电阻，CPE_f 表示与 R_f 并联的双电层电容。由于真实的电化学体系中很难实现纯电容的条件，所以用常相位角元件 CPE（constant phase element）来表示。图 2-6 所有的电化学阻抗谱均采用图 2-7(b) 的等效电路进行拟合。

图 2-8 中的实线表示经等效电路拟合的结果，从二者的吻合程度来看，所选的等效电路可以实现在多数频率范围完美拟合，说明所选的等效电路是正确的。

拟合后相应的 R_t、CPE_{dl}、R_f 和 CPE_f 值见图 2-8。由图 2-8 可以看出，相比 Na_2SO_4 溶液来说，在 H_2SO_4 溶液中具有更高的 R_t、R_f 值以及更低的 CPE_{dl} 值。在含氯介质中则具有相反的趋势，在 NaCl 溶液中具有较高的 R_t、R_f 值及较低的 CPE_{dl} 值。这些结果说明双电层和钝化膜对于非晶合金在四种溶液中的腐蚀有至关重要的影响。需要注意的是，在图 2-8(d) 中，CPE_f 与 R_f 值的规律不是很吻合，说明钝化膜/溶液界面的特征并不能由电化学

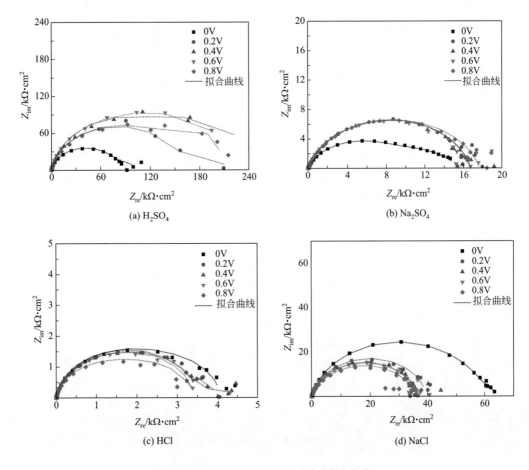

图 2-6　非晶合金在不同溶液中的电化学阻抗谱

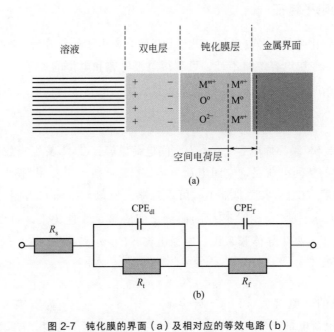

图 2-7　钝化膜的界面（a）及相对应的等效电路（b）

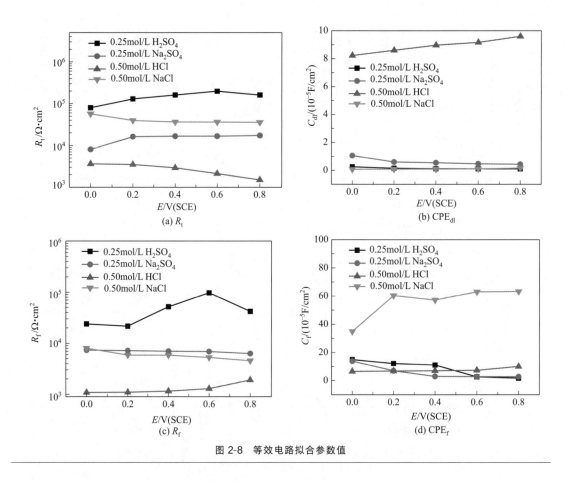

图2-8 等效电路拟合参数值

阻抗谱全部反映出来，还有待于下面进一步的实验验证。

2.1.4 钝化膜的电子特征

本质上来说，钝化膜是一种高度掺杂的半导体膜，其电子的传导特性决定着钝化膜的溶解与生长。假定亥姆霍兹层电容忽略不计，可测得电极电容和电位的关系，即 Mott-Schottky 曲线，它能反映钝化膜的半导体特性。一般来说，钝化膜的电容（C_f）由三部分组成[15]：

$$\frac{1}{C_f} = \frac{1}{C_M} + \frac{1}{C_{SC}} + \frac{1}{C_{dl}} \tag{2-2}$$

式中，C_M 为金属/膜界面电容；C_{SC} 为空间电荷电容；C_{dl} 为亥姆霍兹双电层电容。

由于具有较厚的空间电荷层，空间电荷电容（C_{SC}）相比于金属/膜界面电容（C_M）和亥姆霍兹双电层电容（C_{dl}）来说非常小，可以忽略。所以 C_M 和 C_{dl} 的作用可以忽略不计，这样 C_f 即可作为 C_{SC}。$1/C_{SC}^2$ 相对于 E 的曲线之间应满足线性关系，可以用来反映钝化膜的半导体性质。对于 n 型半导体膜来说，电极电容（C_{SC}）和电位（E）的关系满足：

$$C_{SC}^{-2} = \frac{2}{\varepsilon_r \varepsilon_0 e N_D} \left(E - E_{FB} - \frac{kT}{e} \right) \tag{2-3}$$

式中，ε_r 为膜的介电常数（Fe-Cr 合金 $\varepsilon_r = 15.6$[16]）；ε_0 为真空介电常数（8.85×10^{-12}F/m）；e 为电荷电量；N_D 为 n 型半导体膜的施主载流子密度；E_{FB} 为平带电位；k 为玻尔兹曼常数；T 为热力学温度。

非晶合金在四种溶液中的 Mott-Schottky 曲线如图 2-9 所示。可见，在两种酸性和中性溶液中，条带的 Mott-Schottky 曲线有着类似的形状。酸性溶液中在 0.1V 到 0.4V 之间、中性溶液中在 0.2~0.6V 之间为线性区间，其他部分线性不明显。低电位区段（<0.1V）的非线性可能是由于最外层钝化膜的影响，而高电位区段（>0.6V）偏离线性的原因则可能是钝化膜较高的缺陷密度。

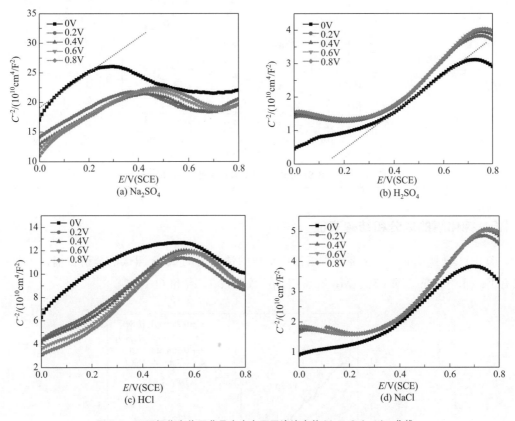

图 2-9　不同极化电位下非晶合金在不同溶液中的 Mott-Schottky 曲线

所有线性区的斜率均为正值，表示钝化膜在所测试条件下均为 n 型半导体膜。载流子密度（N_D）可以由线性区的斜率拟合得出，平带电位（E_{FB}）可以由 C_{SC}^{-2} 外推至零获得。N_D 与 E_{FB} 的表达式如下：

$$N_D = \frac{2}{\varepsilon_r \varepsilon_0 e} \left(\frac{dC_{SC}^{-2}}{dE} \right)^{-1} \qquad (2-4)$$

$$E_{FB} = E_0 - \frac{kT}{e} \qquad (2-5)$$

式(2-5) 中，E_0 为 $C_{SC}^{-2} = 0$ 所对应的电位值。

Mott-Schottky 曲线线性区的斜率随电位升高而降低，说明载流子密度（N_D）随电位升高而增加。图 2-9 的载流子密度计算结果见图 2-10。非晶合金在中性溶液（Na_2SO_4 和 NaCl）中具有较低的 N_D 值。在含氯介质中，这种结果与极化曲线（图 2-4）、$i\text{-}t$ 曲线（图 2-5）以及电化学阻抗谱（图 2-6）结果一致。这说明在含氯介质中，载流子密度大小对钝化膜的稳定性起着关键的作用。

在硫酸盐溶液中，载流子密度大小与电化学测试结果不相一致，说明在此类腐蚀介质中，钝化膜结构中的载流子密度并不是影响腐蚀的唯一因素。所以除了钝化膜结构因素外，很有必要对膜层的成分进行详细分析。

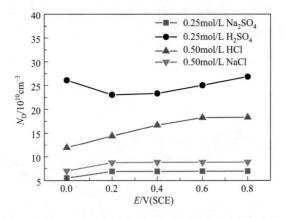

图 2-10　由 Mott-Schottky 曲线计算所得载流子密度（N_D）值

2.1.5　钝化膜的成分和结构表征

图 2-11 是铁基非晶合金在四种溶液中形成的钝化膜的 XPS 测试的全谱扫描，主要的谱线有 Fe 2p、Cr 2p、Mo 3d、Mn 2p、Cl 2p、W 4f、C 1s 和 O 1s 等。

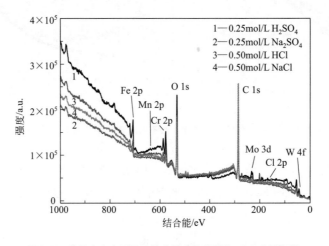

图 2-11　非晶合金在不同溶液中形成钝化膜的 XPS 全谱扫描

部分 C 元素来自表面污染层，以 C 1s 对应的结合能 284.6eV 为基准校正其他谱线位置。由图 2-11 的峰强度可见，钝化膜主要由 Fe、Cr 和 Mo 元素组成，峰强度沿 H_2SO_4、HCl、NaCl 和 Na_2SO_4 溶液顺序依次减弱。

腐蚀后未经溅射表面典型的 Fe 2p、Cr 2p 和 Mo 3d 精细谱峰如图 2-12 所示。Fe 2p 谱由两套彼此分开的 $2p_{3/2}$ 和 $2p_{1/2}$ 谱峰构成，每个谱峰实际上是包含了金属态和氧化态子峰（主要为 Fe^{3+} 和 Fe^{2+}）。$Cr\ 2p_{3/2}$ 和 $Cr\ 2p_{1/2}$ 谱峰分别由金属态 Cr^0 以及氧化态 Cr^{3+} 和 Cr^{6+} 子峰构成。

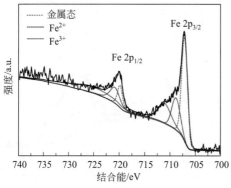

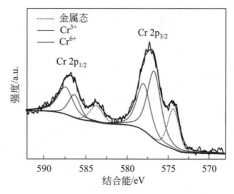

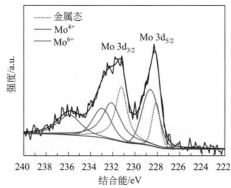

(a) H₂SO₄

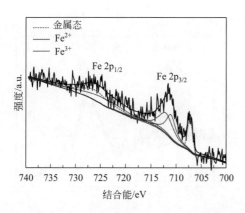

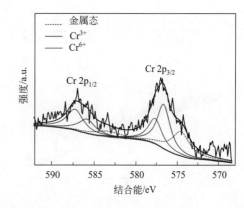

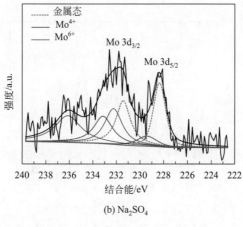

(b) Na₂SO₄

图 2-12

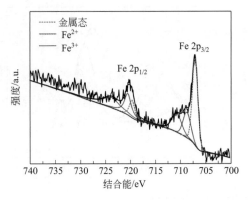

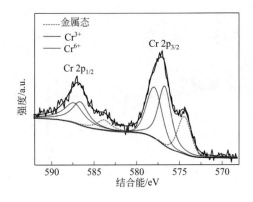

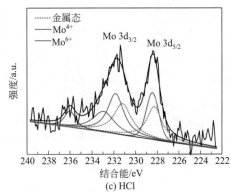

(c) HCl

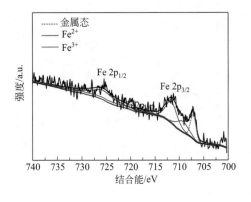

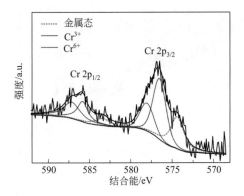

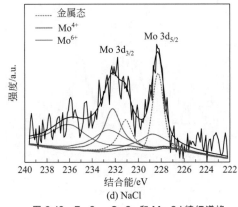

(d) NaCl

图 2-12　Fe 2p、Cr 2p 和 Mo 3d 精细谱峰

Mo 3d 谱由彼此交叠的 $3d_{5/2}$ 和 $3d_{3/2}$ 谱峰构成，主要包含金属态 Mo^0 以及氧化态 Mo^{4+} 和 Mo^{6+} 子峰。金属态 Fe 和 Mo 的谱峰强度相对其氧化态较高，说明钝化膜内层或界面上有部分未完全氧化的 Fe 和 Mo 存在。另外，Fe 2p、Cr 2p 和 Mo 3d 精细谱峰在酸性介质（H_2SO_4、HCl）中的强度高于其在中性介质（Na_2SO_4、NaCl）中的强度，说明在两者介质中所形成的钝化膜的成分有差异。

为了详细分析非晶合金在不同溶液中形成钝化膜的特征，给出钝化膜以及金属基体中各金属元素和氧的浓度分布，如图 2-13 所示。每种元素的含量根据其峰值的面积计算。与基体相比，钝化膜中的 Fe、Cr 和 Mo 的含量急剧下降。另外，钝化膜厚度的差异可根据氧元素的分布[17]简单定量确定。由图 2-13 可知，合金表面的 O 含量随深度增大急剧下降，若将 O 含量下降到最表面层一半处定为钝化膜厚度，则非晶合金在酸性介质中的钝化膜厚度约为 2nm，而在中性介质中的钝化膜厚度则为 4nm。

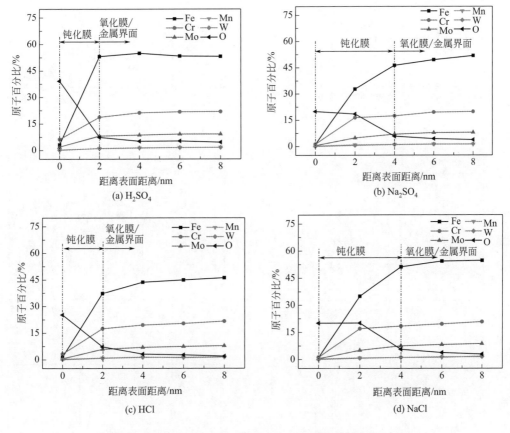

图 2-13　非晶合金在不同溶液中表面层各组元的深度分布

钝化膜中主要合金化元素 Fe、Cr 和 Mo 的 XPS 谱峰形状也随溶液的不同产生变化（见图 2-14），尤其是各种价态元素的含量存在差异。由图 2-14（a）可知，未经氩离子溅射时，钝化膜的谱峰在酸性和中性溶液中明显不同。在酸性溶液中，所有的 Fe、Cr 和 Mo 的 XPS 谱峰形状相似，但峰强度不同，如条带在 H_2SO_4 溶液的峰强度高于其在 HCl 溶液中。同时，相似的情况也出现在中性溶液中，条带在 NaCl 和 Na_2SO_4 溶液中具有相似的峰，但其在 NaCl 溶液中峰强度稍高。经氩离子溅射 20s 和 40s 后，峰形状差异明显减小，但峰强度稍有不同，见图 2-14（b）和图 2-14（c）。说明钝化膜表层中元素的分布不同，钝化膜内层中的分布则趋于一致。各元素峰值的不同，说明元素各种价态的含量不尽相同。

用 XPSpeak 分峰软件，将图 2-14 各个元素的峰值进行分峰计算，可以得到元素中每个价态的含量。通过计算，元素价态含量随钝化膜深度变化的规律见图 2-15。可以看出，所有溶液中形成的钝化膜均由 Fe^{2+}/Fe^{3+}、Cr^{3+}/Cr^{6+} 和 Mo^{4+}/Mo^{6+} 氧化物构成。在酸性溶液中，Fe^{2+}/Fe^{3+}、Cr^{3+}/Cr^{6+} 和 Mo^{4+}/Mo^{6+} 的比例明显高于其在中性溶液中的比例，说明酸性溶液中形成的钝化膜主要富集低价态的 Fe^{2+}、Cr^{3+} 和 Mo^{4+} 氧化物。

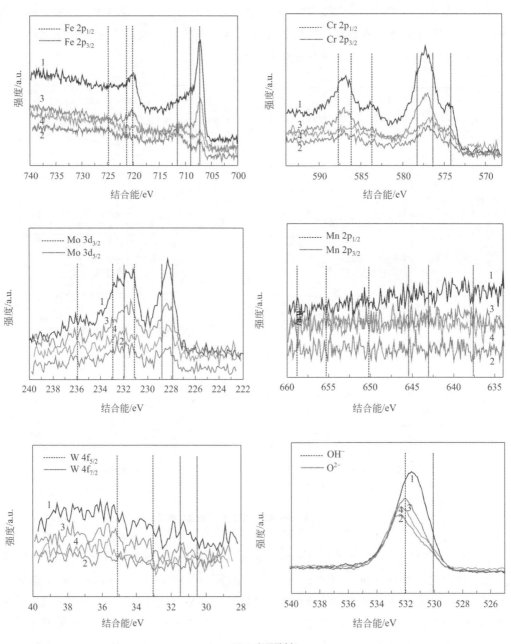

(a) Ar离子溅射0s

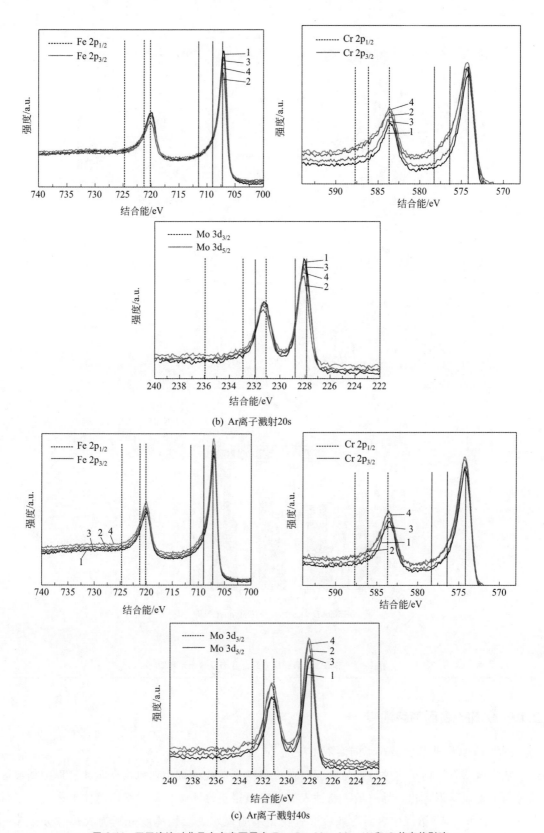

(b) Ar离子溅射20s

(c) Ar离子溅射40s

图 2-14　不同溶液对非晶合金表面层中 Fe、Cr、Mo、Mn、W 和 O 状态的影响

1—0.25mol/L H_2SO_4；2—0.25mol/L Na_2SO_4；3—0.50mol/L HCl；4—0.50mol/L NaCl

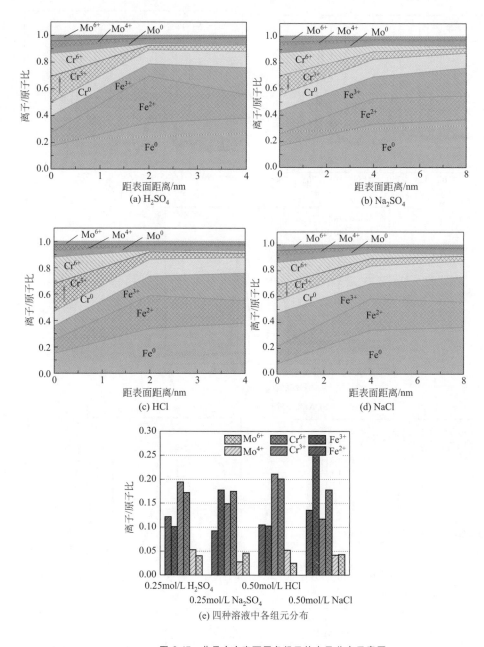

图 2-15　非晶合金表面层各组元状态及分布示意图

2.1.6　AFM 表面形貌观察

图 2-16 示出非晶合金在不同溶液中浸泡 7d 后表面的 AFM 形貌图像。

从平面图看，由于腐蚀后样品表面存在一些抛光造成的微小划痕，在腐蚀过程中划痕区域更易溶解而延迟钝化，导致最终腐蚀表面划痕显得更加明晰。从三维图总体上来看，条带在 H_2SO_4 和 NaCl 溶液中表面腐蚀后形貌变化不明显，表面粗糙度分别为 $Ra = 20.80$Å 和 $Ra = 21.12$Å。尤其在 H_2SO_4 溶液中，条带表面绝大部分区域较平整，说明处于良好的钝化状态。条带在 Na_2SO_4 和 HCl 溶液中的表面形貌则显得粗糙，表面粗糙度分别为 $Ra = $

29.16Å 和 $Ra=44.02$Å，说明在此二者溶液中形成更多的腐蚀产物。另外，沿划痕方向出现一些细小尖锐峰，其中在 HCl 溶液中局部钝化膜破坏更为严重。需要指出的是，条带在含氯介质中腐蚀后表面出现个别较大的尖锐峰，这可能是腐蚀产物在点蚀形核处累积的结果。

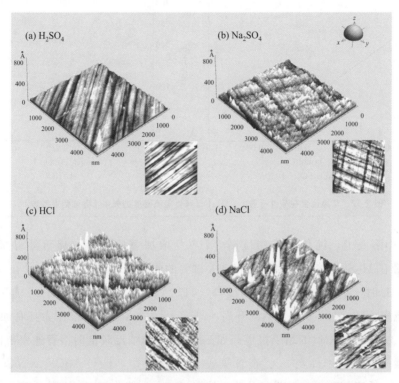

图 2-16 非晶合金在不同溶液中浸泡 7d 后合金表面 AFM 形貌图像

2.1.7 非晶合金钝化特征及腐蚀机理

（1）钝化膜稳定性

一般来说，非晶合金的耐蚀性取决于钝化膜的保护性。钝化膜起阻挡合金表面与腐蚀介质接触的作用。从极化曲线结果（图 2-4）看，条带在 H_2SO_4 和 NaCl 溶液中钝化电流密度最小。钝化电流密度对［H^+］很敏感，在硫酸盐溶液中随［H^+］增加而减小，而在含氯介质中则随［H^+］增加而增加。这说明条带在 H_2SO_4 溶液中形成的钝化膜稳定性优于其在 Na_2SO_4 溶液中，而在 HCl 溶液中形成的钝化膜稳定性则低于其在 NaCl 溶液中。电化学阻抗谱（图 2-6）结果与极化曲线结果相一致，条带在 H_2SO_4 和 NaCl 溶液中阻抗最大。而且，在硫酸盐溶液中，阻抗随电位升高而增加，在含氯介质中则呈现出相反的趋势，说明在硫酸盐溶液中形成的钝化膜更稳定。外加电位和 Cl^- 对钝化膜稳定性也有一定影响。电位的施加可以影响点蚀坑的形成，在高电位条件下，一些再钝化的亚稳点蚀被重复激活，损伤累积到一定程度导致蚀坑形成，发生点蚀。点蚀一旦发生，高的电位有利于其迅速长大。Cl^- 引起钝化膜点蚀的机理目前还没有定论。多数认为，Cl^- 发生迁移，与金属/膜界面发生作用引起点蚀[18]，或者 Cl^- 化学吸附在氧化物表面，参与反应并形成络合物，加速溶解过程的进行[19]。所以，在含氯介质中，随电位升高，Cl^- 的迁移和反应作用相应增强，导致钝化膜稳定性急剧下降，腐蚀性能下降。

图 2-17 为非晶合金条带在 H_2SO_4 和 HCl 溶液中 [H^+] 与钝化电流密度的关系图。

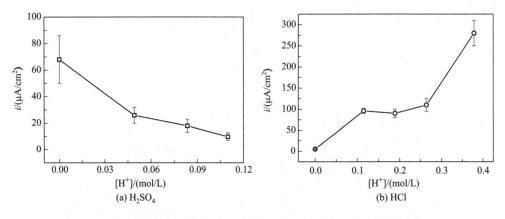

(a) H_2SO_4

(b) HCl

图 2-17　非晶合金在酸性介质中 [H^+] 与钝化电流密度的关系（考虑活度系数）

在 H_2SO_4 溶液中，钝化电流密度随 [H^+] 增加急剧下降（接近线性关系），说明 [H^+] 对条带在 H_2SO_4 溶液中腐蚀具有至关重要的作用。在 HCl 溶液中，在 [H^+] 处于 0.1～0.3mol/L 时，条带的钝化电流密度与 [H^+] 关系不大。当 [H^+] 超过 0.3mol/L 时，钝化电流密度随 [H^+] 增加急剧升高，[H^+]＝0.3mol/L 可以作为其腐蚀加剧的门槛值或临界值。文献也有相似的结果报道，如 Fe 在酸溶液浓度较低时溶解速率很低[20]，而在高浓度含氯酸中溶解速率加剧[21]。在含氯酸中，Fe^{3+}[22]、Cr^{2+} 和 Cr^{3+}[23]氧化物的溶解速率首先与 H^+ 活度相关。某些学者认为，高的 [H^+] 催化了 Fe 的阳极溶解过程[24]。在高的 [H^+] 和 [Cl^-] 条件下，H^+ 通过静电吸引卤素离子，导致金属的溶解增加。

（2）钝化膜的结构和半导体特性

合金的钝化性能主要取决于其表面氧化物的形成和溶解过程，即形成钝化膜的结构、厚度以及成分等。首先，钝化膜的结构是影响膜层稳定性的主要因素。由电流随时间响应 i-t 曲线结果（图 2-5）可知，非晶合金在 H_2SO_4 和 NaCl 溶液中形成的钝化膜致密度较高，而在 Na_2SO_4 和 HCl 溶液中形成的钝化膜比较疏松多孔。疏松的钝化膜有利于一些侵蚀性的阴离子渗透到膜层内，恶化其腐蚀性能。这似乎可以解释条带在 H_2SO_4 中耐蚀性好而在 Na_2SO_4 中耐蚀性差，以及在 HCl 中耐蚀性差而在 NaCl 中耐蚀性好的原因。需要注意的是，SO_4^{2-} 和 Cl^- 两种阴离子在溶液中的不同作用并未考虑。另外，膜层中缺陷的多少也是影响钝化膜稳定性一个非常重要的因素。

从 Mott-Schottky 曲线（图 2-9 和图 2-10）的结果看，不同溶液中所形成钝化膜的半导体特征不尽相同。对于铁基非晶合金，钝化膜的半导体特征与其钝化膜的稳定性之间存在一定联系。一方面，载流子密度越高，钝化膜的导电性越高[25,26]。一旦发生钝化，一些阳离子或阴离子穿透氧化物层变成整个腐蚀反应的控制步骤。离子导电成为决定钝化电流密度最主要的因素。因此，高的载流子密度将引起高的钝化电流密度。另一方面，普遍的观点认为，载流子密度越低，钝化膜发生点蚀的倾向越小[27]。如图 2-10 所示，在 H_2SO_4 溶液中形成的钝化膜中的载流子密度最高，意味着离子在此钝化膜中容易穿透且发生点蚀的倾向大。还有一个影响钝化膜稳定性的因素是这些迁移载体的扩散能力。不考虑载体的种类，Macdonald[28]认为这些载体是钝化膜中存在的一些缺陷，包括阳离子空位、阴离子空位和阳离子间隙位置等。根据其提出的点缺陷模型[28]，在 n 型半导体中，主要的载体是氧空位（oxygen vacancies），这些氧空位在金属/氧化物界面形成。目前实验已经证实在 Fe-Cr 合金的氧化物结构中存在氧空位[29]。

载流子密度随外加电位的升高而升高，表明相应的氧空位缺陷随电位升高而增加，所以钝化膜的保护性将降低。根据此规律，含氯介质中的钝化电流密度符合载流子密度的变化规律。与在 NaCl 溶液中不同的是，非晶合金在 HCl 溶液形成的钝化膜具有最高的缺陷浓度，再加上 HCl 溶液中疏松的钝化膜结构，这些都有利于提高 Cl^- 的渗透作用，导致腐蚀性能急剧下降，所以其钝化电流密度最大。也就是说，在含氯介质中，钝化膜的结构对其钝化或腐蚀行为起着决定性的作用。但在硫酸盐溶液中，与 Na_2SO_4 溶液相比，非晶合金在 H_2SO_4 溶液形成的钝化膜具有最高的缺陷浓度，这与其在 H_2SO_4 溶液中的钝化电流密度最小不相符。所以，除了钝化膜的结构因素之外，钝化膜的成分以及不同的腐蚀机理都可能是影响非晶合金在硫酸盐介质中腐蚀行为的主要因素。

（3）钝化膜的厚度和成分

除了钝化膜结构之外，钝化膜的厚度和成分也是影响其稳定性的重要因素。众多研究者都对钝化膜的成分进行了系统的研究。一般来说，铁基非晶合金高的耐蚀性来源于富 Cr 的钝化膜。在酸性硫酸盐介质中，Cr 可以抑制 Fe 的过钝化溶解[30]。多数学者得出，Fe-Cr 合金在 0.5mol/L H_2SO_4 溶液中形成的钝化膜主要成分为富集 Cr^{3+} 化合物层（Cr_2O_3[31]或 $FeCr_2O_4$[32]）。其他研究者则认为主要由 Cr^{6+} 化合物（CrO_4^{2-}[33]或 $Cr_2O_7^{2-}$[32]）组成。实际上，不仅仅是 Cr，钝化膜中的 Mo 也是促使形成钝化膜层[34]的主要物质。Kannan[35]认为 316L 不锈钢在 H_2SO_4 溶液中形成的钝化膜主要成分为富 Mo 和富 Cr 氧化物。添加适量的 Mo 可以极大地提高钝化膜的均匀性和稳定性，其中 Cr 的存在是必不可少的合金元素[36]。在钝化形成过程中，Mo 可以通过抑制 Cr 的溶解来提高腐蚀抗力。对于钝化膜中含 Mo 化合物的存在形式，目前还有一定争议。在酸性溶液中，普遍认为钝化膜中含 Mo 化合物主要以 Mo^{4+} 种类（MoO_2[37,38]或 $MoO(OH)_2$[38,39]）和少量的 Mo^{6+} 种类（MoO_4^{2-}[40]或 MoO_3[41]）形式存在。而在中性或碱性溶液中，也出现了像 Mo^{6+} 种类（$HMoO_4^-$ 或 MoO_4^{2-}[41]）和少量 Mo^{3+} 种类（MoO_3^{3-}[41]）等形式。目前为止，对于 Mo、Cr 氧化物在钝化膜稳定性中的作用还不是很明确。

由图 2-13 可知，非晶合金在两种酸中形成的钝化膜厚度比较薄（约为 2nm），这主要与 H^+ 的还原作用和铁氧化物在酸性溶液中的溶解特性相关[42]。一般来说，厚的钝化膜抵抗溶解的能力要强于薄的钝化膜。非晶合金在 HCl 溶液中形成的钝化膜薄于其在 NaCl 溶液中形成的钝化膜，符合其在含氯介质中的腐蚀行为。但在 H_2SO_4 溶液中，薄的钝化膜则与高的腐蚀抗力相矛盾，这意味着在硫酸盐溶液中，除了上述的钝化膜的结构和厚度外，还有影响其腐蚀行为的其他决定性因素，如钝化膜的成分。

图 2-15 示出了钝化膜中各阳离子含量随膜深度的变化规律。从图中可以得出，在酸性溶液和中性溶液中所形成的钝化膜成分不尽相同。在 Na_2SO_4 和 NaCl 溶液中，外层钝化膜

中的氧化物则主要以高价态的 Fe^{3+}、Cr^{6+} 和 Mo^{6+} 氧化物为主，内层则主要由低价态的 Fe^{2+}、Cr^{3+} 和 Mo^{4+} 氧化物组成。这说明钝化膜主要是一种双层结构，外层是含高价态氧化物的缺陷层，低价态氧化物组成了膜的内层（见图 2-18），也与文献中双层钝化膜模型一致[43]。在 H_2SO_4 和 HCl 溶液中，钝化膜成分不同，外层和内层钝化膜均以低价态的 Fe^{2+}、Cr^{3+} 和 Mo^{4+} 氧化物为主。这主要是由于在酸性溶液中，表面高价态的 Fe^{3+}（Fe_2O_3）[44]、Cr^{6+}（CrO_4^{2-}）[33]，Mo^{6+}（MoO_4^{2-}）[38] 物质容易发生优先溶解，致使低价态的氧化物富集于膜层外层。根据氧化物键能的不同，优先溶解顺序遵循 Fe^{3+}、Cr^{6+} 和 Mo^{6+} 氧化物顺序。对于 316L 不锈钢，在 H_2SO_4 溶液中由于 H^+ 加速阳极溶解过程，优先溶解的结果使得膜层中 Fe 氧化物含量下降而 Cr 氧化物含量增加[35]。

不同价态的氧化物对钝化膜的稳定性有一定影响。通过非原位光谱技术（ex-situ spectroscopic）可知，稳定的钝化膜主要由低价态的 Cr^{3+} [Cr_2O_3[45-47] 或 $Cr(OH)_3$[33,48]] 而不是高价态 Cr^{6+}（CrO_4^{2-}[33]）物质组成。调制反射光谱（modulation reflectance spectroscopic）的研究结果也支持上述观点[49]。最近 XPS 的结果也反映出在 H_2SO_4 溶液中稳定的钝化膜主要由低价态 Cr^{3+} 氧化物组成[50]。富 Cr 钝化膜的过钝化溶解源自高价态 Cr（$Cr_2O_7^{2-}$[32]）物质的溶解。对于膜层中 Mo 种类来说，膜外层高价态的 Mo^{6+}（MoO_4^{2-}[38]）物质具有阳离子选择（cation selective）作用，发生优先溶解。高价态 Mo^{6+} 物质的溶解增加了阳极电流密度，进而降低了腐蚀性能[40]。在缓冲溶液中（pH=1～13），随着 pH 升高，钝化膜的稳定性降低，主要原因是形成高价态易溶的 Mo^{6+}（$HMoO_4^-$ 和 MoO_4^{2-}[41]）物质。对于低价态的 Mo^{4+} 氧化物来说，难溶的 Mo^{4+} 氧化物维持了 Fe-Cr 非晶合金高的钝化性能[37]。Mo 可以形成保护性极强的 Mo^{4+} [MoO_2[25]、$MoO(OH)_2$[39]] 物质阻挡腐蚀介质与材料接触，这种均匀的膜层减小了腐蚀的活性区域，从而降低溶解速率。这也可以解释本文的实验结果，在 H_2SO_4 溶液中，正是由于膜层外表低价态的 Cr^{3+} 和 Mo^{4+} 氧化物的存在，使钝化膜的保护性增强，提高了膜层的稳定性。但这种成分的差异在 HCl 溶液中并不符合腐蚀规律，说明钝化膜成分差异影响了条带在硫酸盐溶液中的腐蚀行为，而膜层结构方面的差异则是影响非晶合金在含氯介质中腐蚀行为的关键因素。这主要是由于二者阴离子在腐蚀过程中的作用和腐蚀机理不同所致。

（4）腐蚀机理

腐蚀机理主要与钝化膜的特性和腐蚀介质相关。铁基非晶合金的腐蚀也不例外，与介质中的阴离子（如 HSO_4^-/SO_4^{2-}、Cl^- 和 OH^-）密切相关。不同溶液中这些阴离子在合金表面吸附的程度不尽相同。

零电荷电位（potential of zero charge，E_{pzc}）是金属/溶液界面电荷为零时的电位值，可以用来反映材料表面吸附阴离子的量。此时，电极/溶液界面上不会出现由剩余电荷引起的离子双电层，一般认为，不存在紧密层和分散层，仅仅表示电极表面剩余电荷为零时的电极电位，而不表示电极/溶液相间的电极或绝对电极电位的零点。零电荷电位可以反映氧化物覆盖电极表面电荷随电极电位变化的情况[51]。零电荷电位测量有两种方法：一是电毛细曲线法，曲线中表面张力最大值所对应的电位即为零电荷电位。此方法较为准确，只适用于液态金属，如汞、汞齐和熔融态金属。二是微分电容法，曲线上微分电容最小值所对应的电位即为零电荷电位，该法是目前最为精确的方法。此法可用于固态金属，溶液越稀，微分电容最小值越明显。对于氧化物覆盖的电极，零电荷电位与其半导体性质中的平带电位（flat-band potential，E_{FB}）间也存在关联性。由于表面电荷变化，无能带弯曲（band bending），所测量的平带电位 E_{FB} 即为零电荷电位 E_{pzc}[52]。

由极化曲线所测试的腐蚀电位（E_{corr}）和由 Mott-Schottky 曲线所计算得到的平带电位（E_{FB}，即为零电荷电位 E_{pzc}）如表 2-5 所示。可以看出，所有的腐蚀电位均低于零电荷电位，说明在自腐蚀电位时，合金表面吸附了大量的阴离子而带负电荷。也可采用（$E_{pzc}-E_{corr}$）差值来反映吸附电荷量的多少。很明显，在 Na_2SO_4 溶液中，$E_{pzc}-E_{corr}$ 差值大（0.934V），阴离子吸附驱动力强，吸附的量也要远高于其在 H_2SO_4 溶液（$E_{pzc}-E_{corr}=$0.434V），说明有更多的阴离子吸附在合金表面。但在 HCl 和 NaCl 溶液中，二者的差值并不大，基本处于同一数量值，说明在含氯介质中，Cl^- 在合金表面吸附量相当。一些 XPS 结果也证实了在钝化膜外层 HSO_4^-/SO_4^{2-}[53]和 Cl^-[46]的存在。

● 表 2-5　腐蚀电位（E_{corr}）与平带电位值（E_{FB}）

电解质	E_{corr}/V	E_{FB}或E_{pzc}/V	$E_{pzc}-E_{corr}/V$
0.25mol/L H_2SO_4	−0.367	0.087	0.454
0.25mol/L Na_2SO_4	−0.219	0.715	0.934
0.50mol/L HCl	−0.455	0.081	0.536
0.50mol/L NaCl	0.049	0.581	0.532

如上所述，非晶合金在 Na_2SO_4 溶液中表面吸附的阴离子量多，阴离子主要为 SO_4^{2-}，另有少量的 OH^-；在 H_2SO_4 溶液中吸附的阴离子量较少，主要为 HSO_4^-/SO_4^{2-}。非晶合金在两种溶液中腐蚀行为的不同与 Langmuir 吸附等温式有关。可以确认的是，阴离子 HSO_4^-/SO_4^{2-} 参与了金属的溶解过程，与阳极离子反应生成沉淀物[53]或形成电荷传递络合物[54]，加速金属溶解过程。金属原子与阴离子的作用过程通常由分解步骤［式(2-6)、式(2-7)］、化学步骤［式(2-8)、式(2-10)］和电化学步骤［式(2-9)、式(2-11)］组成。

在酸性溶液中：

$$H_2SO_4 \Longleftrightarrow H^+ + HSO_4^- \tag{2-6}$$

$$HSO_4^- \Longleftrightarrow H^+ + SO_4^{2-} \tag{2-7}$$

$$M + mHSO_4^- \Longleftrightarrow [M(HSO_4)_m]_{ads}^{m-} \tag{2-8}$$

$$[M(HSO_4)_m]_{ads}^{m-} \Longleftrightarrow [M(HSO_4)_m]_{ads}^{(m-n)-} + ne \tag{2-9}$$

通常认为式(2-6) 完全进行，而式(2-7) 可以被忽略（$K=1.2\times10^{-2}$）。

在中性溶液中：

$$M + mSO_4^{2-} \Longleftrightarrow [M(SO_4)_m]_{ads}^{2m-} \tag{2-10}$$

$$[M(SO_4)_m]_{ads}^{2m-} \Longleftrightarrow [M(SO_4)_m]_{ads}^{(2m-n)-} + ne \tag{2-11}$$

当金属的溶解过程被电化学步骤［式(2-9)、式(2-11)］所控制时，溶解过程的电流密度（i_a）可写成：

$$i_a = k\theta\exp\left(\frac{nFE}{RT}\right) \tag{2-12}$$

式中，k 为反应常数；θ 为电极表面吸附的中间络合物的覆盖度；n 为传递的电子数；F 为 Faraday 常数，$F=96485J/(mol \cdot V)$；E 为外加电位；R 为气体常数，$R=8.314J/(K \cdot mol)$；T 为热力学温度（$T=298.15K$）。

θ 主要取决于阴离子浓度，阴离子浓度增加，金属的溶解速率相应增加。式（2-12）可重新写成以下的形式：

$$i_a = k' C^m \exp\left(\frac{nFE}{RT}\right) \tag{2-13}$$

式中，C 为阴离子浓度。

当 $[SO_4^{2-}]$ 较低时，不足以形成大量的中间络合物，所以腐蚀速率较低。在 H_2SO_4 溶液中，当增加 $[SO_4^{2-}]$ 后，SO_4^{2-} 吸附量增加，导致金属溶解速率增加[55]。$[H^+]$ 增加后，$[HSO_4^-]$ 浓度下降，相应降低了 HSO_4^- 的吸附和金属的溶解速率，这与实验观察的结果一致。在稀 H_2SO_4 溶液中，对于晶体和纳米晶[56]材料，H^+ 的出现提高了溶液的反应活性，通过优先溶解第二相（如铁铝化物中的碳化物相[57]、FeTiC 合金中的铁素体相[58]）、晶界或位错等缺陷部位，在金属氧化物溶解的同时，这些缺陷部位更加速了金属的溶解过程。但对于非晶材料，由于缺少优先溶解的缺陷区域，因此只发生氧化物的溶解，比如钝化膜表面高价态氧化物的优先溶解过程。图 2-18 示出了钝化膜双层结构，以及非晶合金在四种不同溶液中，阴离子吸附、钝化膜成分和结构以及腐蚀过程的信息。阴离子吸附方面，在 H_2SO_4 溶液中吸附的阴离子要少于在 Na_2SO_4 溶液中；而在两种含氯介质中阴离子吸附的量则差不多。钝化膜结构方面，在 H_2SO_4 溶液中所形成的钝化膜较 Na_2SO_4 溶液中的薄、氧空位缺陷多，但膜层致密；在 HCl 溶液中的钝化膜膜层与 NaCl 溶液相比也比较薄、缺陷多，但膜层比较疏松。钝化膜成分方面，在 H_2SO_4 和 HCl 两种酸中形成的钝化膜成分一致，由于在 H^+ 作用下的优先溶解，膜表面由低价态的 Cr^{3+}（Cr_2O_3）和 Mo^{4+}（MoO_2）氧化物组成。其中，SO_4^{2-} 和 CrO_4^{2-} 复合后使膜层产生两极化，加速了去质子化过程，致使内层 Cr_2O_3 膜层的生长[2]，形成的 Cr_2O_3 是维持钝化的主要原因。在 Na_2SO_4 和 NaCl 两种中性溶液中的钝化膜则符合钝化膜的双层结构，表面富含高价态的氧化物，内层则由低价态的氧化物组成。非晶合金在 H_2SO_4 和 Na_2SO_4 溶液中具有不同腐蚀行为的主要原因，在于阴离子 HSO_4^-/SO_4^{2-} 的吸附行为，这种吸附机制则又主要依靠于钝化膜的成分因素。

在 HCl 和 NaCl 两种溶液中，Cl^- 在其表面吸附的量相差不大。由图 2-11 的 XPS 结果可知，Cl^- 存在于钝化膜层，也参与了钝化膜的形成。与上述 HSO_4^-/SO_4^{2-} 的吸附机制不同，Cl^- 主要以渗透机制参与反应过程，这种渗透过程则主要取决于膜层的结构因素。由于 Cl^- 半径小，穿透性强，对于局部腐蚀和阳极溶解过程有极为重要的影响。Cl^- 可在局部区域优先与一些氧化物结合[59]，可以渗透到膜层内部占据氧空位（O^{2-}）的位置，见图 2-18。一旦氧空位被 Cl^- 占据，空位处的负电荷减少，必然会引起空位数量的增加[25]，进而导致膜层中载流子密度的增加。同时，Cl^- 还可以迁移并在金属氧化物界面发生反应[60]，Cr 比较容易与 Cl 结合形成氯化物（MCl_x）[61]。一般来说，所形成的固体氯化物往往引起氧化物膜层的体积膨胀，导致膜层机械破裂[62]，从而致使点蚀快速渗透入基体金属内部，发生局部腐蚀。图 2-16 中非晶合金在含氯介质中腐蚀后的 AFM 图中的尖锐峰也可以反映这种点蚀破坏的明显性。

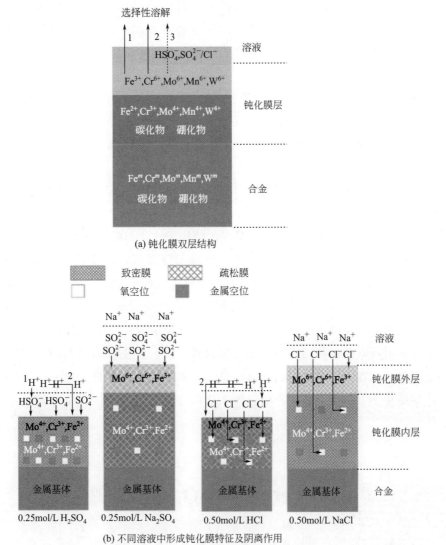

(a) 钝化膜双层结构

(b) 不同溶液中形成钝化膜特征及阴离作用

图 2-18　钝化膜双层结构（a）和不同溶液中形成钝化膜特征及阴离作用（b）示意图

对于非晶合金在 HCl 和 NaCl 两种溶液中不同的腐蚀行为，主要与 H^+ 的催化阳极（如 $Fe^{[63]}$、$Cr^{[23]}$）作用相关。H^+ 的催化过程如下：

$$M + Cl^- \Longrightarrow MCl_{ads} + e \tag{2-14}$$

$$MCl_{ads} + H^+ \longrightarrow MClH^+ \tag{2-15}$$

$$MClH^+ + Cl^- \Longrightarrow MCl_n + H^+ + e \tag{2-16}$$

$$MCl_n \Longrightarrow M^{n+} + nCl^- \tag{2-17}$$

式（2-15）为反应的速控步，如果吸附中间体遵循 Langmuir 吸附等温式，则式（2-15）可表示成：

$$i_a = kC_{Cl}C_H \exp\left(\frac{FE}{RT}\right) \tag{2-18}$$

式中，C_{Cl}、C_H 分别表示 Cl^- 和 H^+ 浓度。

这个反应过程表明，金属在 HCl 溶液中的腐蚀过程取决于 Cl^- 和 H^+ 的浓度。H^+ 的出现加速了金属的溶解，但同时 Cl⁻ 的渗透过程也与 H⁺ 密切相关，因为 H⁺ 的局部酸化可以加速随后的点蚀过程[64]。另外，钝化膜越薄，Cl⁻ 越易穿透膜层。在 HCl 溶液中，所形成的钝化膜具有较高的缺陷密度以及疏松的膜层结构，这些结构方面的因素是导致非晶合金在其中低腐蚀抗力的主要原因。

因此，铁基非晶合金在酸性和中性溶液中呈现出不同的腐蚀行为，钝化电流密度对 [H⁺] 敏感。在硫酸盐溶液中，钝化电流密度随 [H⁺] 增加而降低，在 H_2SO_4 溶液中具有比 Na_2SO_4 溶液更低的钝化电流密度。在含氯介质中则呈相反趋势，钝化电流密度随 [H⁺] 增加而增加，在 NaCl 溶液中的钝化电流密度则低于 HCl 溶液。外加电位和 Cl⁻ 的存在影响了钝化膜的稳定性。在酸性溶液中形成的钝化膜结构、厚度和成分不同于在中性溶液中。在酸性溶液中，钝化膜层较薄，且表面富集低价态的 Fe^{2+}、Cr^{3+} 和 Mo^{4+} 氧化物。在含氯介质中，钝化膜的稳定性主要取决于膜层的结构特性，如膜层致密性、缺陷密度等。

与在 NaCl 溶液不同的是，在 HCl 溶液中形成的膜层疏松多孔且含较多的缺陷，加上 Cl⁻ 的浸透机理，促使了 Cl⁻ 浸透入膜层内部，导致点蚀倾向增加。由于 H⁺ 的阳极催化作用，最终导致合金在 HCl 溶液中腐蚀性能下降。在硫酸盐溶液中，由于 SO_4^{2-} 遵循吸附机理，钝化膜的成分对于腐蚀过程起着重要作用。HSO_4^-、SO_4^{2-} 等阴离子在合金表面吸附，与金属溶解反应形成电荷转移络合物，加速了腐蚀过程。在 H_2SO_4 溶液中，H⁺ 阳极催化致使表面高价态氧化物优先溶解，表面富集稳定性和保护性强的低价态 Cr^{3+} 和 Mo^{4+} 氧化物，保证了膜层在 H_2SO_4 溶液中的稳定性，从而使其具有比在 Na_2SO_4 溶液中更优的耐蚀性。

2.2 成分影响非晶合金腐蚀性能

普遍认为，Mo 的添加有效地提高了钝化膜的稳定性和均匀性，因此提高了腐蚀抗力。但 Mo 对钝化膜性能影响的研究多集中于传统不锈钢领域，添加 Mo 能有效提高钢点蚀抗力一个必不可少的条件是钢中存在足够量的 Cr[65]。还有观点认为，Mo 添加后在钝化膜外侧形成一种阳离子选择性的 MoO_4^{2-}，抑制了阴离子（Cl⁻、OH⁻）的吸附，进而有利于内层 Cr 氧化物膜层的形成。这种双极性的膜层有效地稳定了氧化物相，使得钝化膜抵抗点蚀作用更强。然而，在 Fe-C 非晶合金中，在没有 Cr 存在条件下，添加一定量的 Mo 也发生了阳极钝化，极大地提高了腐蚀抗力[66]。对于 Mo 在钝化膜中的本质还没有一致认同的观点，一些学者认为形成难溶的富集 Mo 物质 [如 MoO_2[67]、MoO_3[68]、$MoO(OH)_2$[69]，Mo_2O_3[70] 和 $FeMoO_4$[71]] 是添加 Mo 能维持钝态的主要原因。况且，富 Mo 的钝化膜随时间变化可以转变为富 Cr 的氧化物膜层[72]。然而，其他学者通过实验得出，在一些不锈钢[73] 和非晶合金的钝化膜层中并没有富 Mo 的物质出现。另有少数学者推断，Mo 具有较高的金属键，可以在缺陷的局部区域优先形成，从而抑制阳极的溶解过程[74]。这些都说明对于 Mo 在钝化膜中的作用目前还没有得到广泛的认识。况且，非晶合金中 Mo 对腐蚀机理的作用可能与普通的晶体不同。过量的 Mo 添加会引起非晶合金阳极电流密度的增加，降低腐蚀抗力。非晶合金中 Mo 的添加减小了钝化膜层的厚度[75]，对于铁素体不锈钢则对膜层厚度无影响[76]，但对于奥氏体不锈钢则呈现出增加膜层厚度的趋势[65]。所以说，在非晶合金中，Mo 的作用究竟如何还有待于进一步的实验研究。

在普通的不锈钢中，Mn 是一种奥氏体稳定化元素，添加过量后由于形成 MnS 夹杂物，致使不锈钢腐蚀抗力降低[77]。对于非晶合金来说，添加 Mn 后并没有形成诸如 MnS 夹杂的情况，所以 Mn 对于非晶合金腐蚀影响规律的研究也是很值得期待的。与 Mo 一样，W 的添加也可以极大地提高非晶 Fe-P-C 合金的腐蚀抗力[78]。钝化膜外层的 W 氧化物由于溶解速率低，可抑制钝化膜层的进一步溶解[79]。对于非晶合金[78]和不锈钢[80,81]，W 可以提高其在含氯介质中的点蚀抗力，对于钝化电流密度和点蚀电位影响则不大。与 Mo 相似，W 的添加也可以增加膜层内的 Cr 氧化物的含量[82]。除此之外，添加 Mo 和 W 后，还可以更有效地提高合金的硬度，从而提高耐磨性。这更可扩大铁基非晶合金在耐磨领域的应用。但在同时考虑硬度和耐蚀性的前提下，Mo、Mn 和 W 的添加对于耐蚀性能和硬度的影响规律以及相应的作用机理，目前还没有相关的系统研究报道。

本部分主要研究添加 Mo、Mn 和 W 对于铁基非晶合金耐蚀性和硬度的影响规律，优化耐蚀耐磨合金成分，以期为扩大铁基非晶合金在耐蚀/耐磨领域的应用提供参考。

2.2.1 非晶条带制备

（1）不同成分条带制备

以 $Fe_{49.6}Cr_{18.1}Mo_{7.4}Mn_{1.9}W_{1.6}B_{15.2}C_{3.8}Si_{2.4}$（原子分数，%）合金成分为基础，研究 Mo、Mn、W 含量变化对其腐蚀性能和硬度的影响规律。Mo、Mn、W 含量变化遵照以下配比（原子分数）：

① $Fe_{49.6-x}Cr_{18.1}Mo_{7.4+x}Mn_{1.9}W_{1.6}B_{15.2}C_{3.8}Si_{2.4}$（$x=-2$，0，2，4，6；分别记为：Mo5.4，Mo7.4，Mo9.4，Mo11.4，Mo13.4）。

② $Fe_{49.6-x}Cr_{18.1}Mo_{7.4}Mn_{1.9+x}W_{1.6}B_{15.2}C_{3.8}Si_{2.4}$（$x=-1.9$，0，0.95，1.9 ；分别记为：Mn0，Mn1.9，Mn2.85，Mn3.8）。

③ $Fe_{49.6-x}Cr_{18.1}Mo_{7.4}Mn_{1.9}W_{1.6+x}B_{15.2}C_{3.8}Si_{2.4}$（$x=-1.6$，0，1.6，3.2；分别记为：W0，W1.6，W3.2，W4.8）。

按上述配比，用纯金属元素在真空电弧炉中熔炼制备母合金铸锭，然后在真空单辊急冷装置进行非晶条带制备。

（2）性能测试

条带样品的 XRD 在 Rigaku D/max2400 衍射仪上进行，用 Netzsch-404C 型高温差示扫描热量分析仪测试条带的 DSC 曲线。腐蚀性能测试在 PAR Model 2273 工作站上进行，实验介质选择 3% NaCl 溶液，包括动电位极化曲线和电化学阻抗谱。用 ESCALAB250 光电子能谱分别测试条带在 3% NaCl 溶液中 0.6V（SCE）电位下阳极极化 10^4s 后的钝化膜特性。

利用维氏显微硬度计 MVK-H3 对条带进行硬度测试，所施压力为 100g，持续时间为 10s。每个样品测试不同区域的 10 个数值，最后取平均值。测试前，样品采用金刚石抛光至无划痕，呈镜面状态。

2.2.2 条带的非晶结构表征

图 2-19 是不同 Mo、Mn 和 W 含量所制备非晶条带的 XRD 图谱。可以看出，基本上所有条带 XRD 图谱（除了 Mo13.4、Mn0 和 W4.8）上均无尖锐衍射峰，在 $2\theta = 40° \sim 50°$ 的范围内显示出漫散的衍射峰，表明其均为完全非晶态结构。

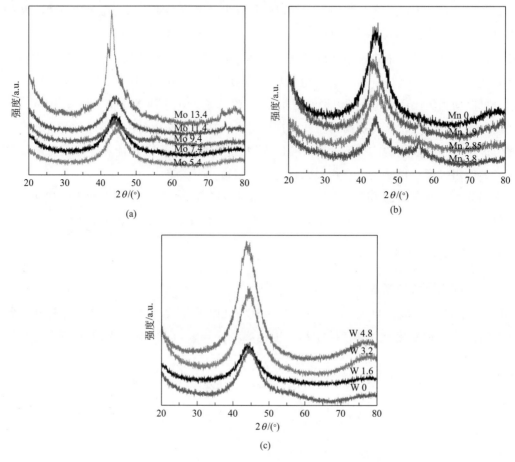

图 2-19　不同 Mo、Mn 和 W 含量制备的非晶合金条带的 XRD 图谱

不同 Mo、Mn 和 W 含量所制备非晶条带的 DSC 曲线见图 2-20。由图可见，几乎所有条带的 DSC 曲线都具有明显的放热峰特征，通过比较放热峰的面积，可以比较出不同条带的非晶相含量的相对多少。由比较结果可知，Mo13.4、Mn0 和 W4.8 制备的条带放热峰面积较其他的小，所以非晶相含量相对较低，其他不同元素含量所制备的条带在加热情况下基本发生完全晶化现象，可以认为是完全非晶的特征。非晶相的形成对 Mo 元素的含量变化不敏感，但过量的 Mo 则明显降低了放热峰的面积［图 2-20（a）］以及增加了晶化相出现的概率［图 2-19（a）］，说明过高的 Mo 降低了非晶条带的玻璃形成能力。随 Mn 含量的增加，晶化相越来越少［图 2-19（b）］，放热峰面积则越来越大［图 2-20（b）］，说明增加 Mn 元素含量可以提高条带的玻璃形成能力。随 W 含量的增加，晶化相数量增加［图 2-19（c）］且放热峰面积减小［图 2-20（c）］，说明增加 W 元素含量也相应降低了条带的 GFA。

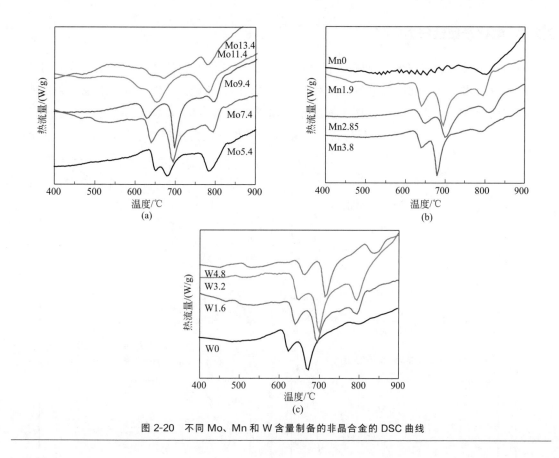

图 2-20　不同 Mo、Mn 和 W 含量制备的非晶合金的 DSC 曲线

2.2.3　硬度的影响

不同 Mo、Mn 和 W 含量制备非晶条带的硬度如图 2-21 所示。由图可知，随 Mo 含量的增加，条带的硬度呈增加趋势。当 Mo 含量低于 9.4%（原子分数）时，增加幅度较大；但当其含量超过 9.4%（原子分数）以后，硬度增加趋于缓慢，进一步增加 Mo 含量对硬度提高程度不大。Mn 含量的添加对硬度影响不大，说明 Mn 含量的增加与硬度之间没有必然的联系。W 的添加可以极大地提高条带的硬度，硬度随 W 含量的增加而急剧增加，高的 W 含量可以使条带获得更高的硬度。

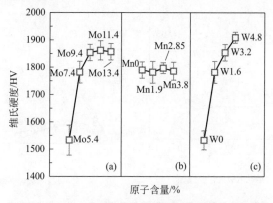

图 2-21　不同 Mo、Mn 和 W 含量制备的非晶合金的硬度

2.2.4 电化学腐蚀行为

不同 Mo、Mn 和 W 含量所制备非晶条带在 3% NaCl 溶液中的动电位极化曲线如图 2-22 所示。可以得出，条带的钝化电流密度对各元素含量的变化敏感。对于 Mo 来说，条带的钝化电流密度随 Mo 含量的增加呈现出先减小后增加的趋势。Mo9.4 合金钝化电流密度最小（约 $4\times10^{-8}\,A/cm^2$）。随 Mo 含量的进一步增加，钝化电流密度反而增加，Mo13.4 合金的

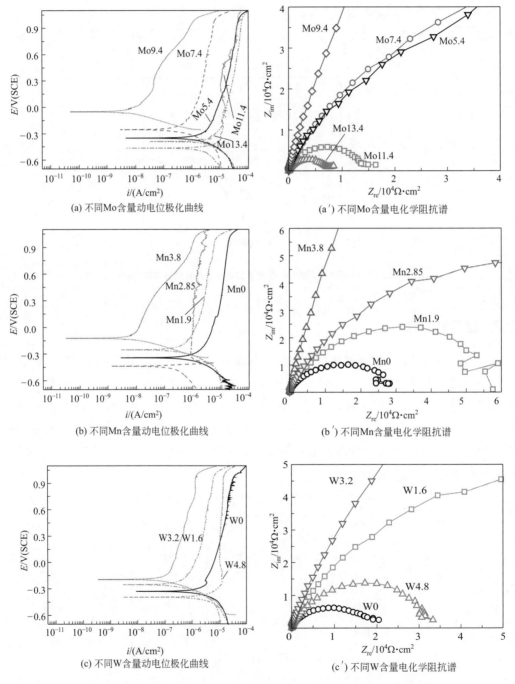

(a) 不同 Mo 含量动电位极化曲线   (a′) 不同 Mo 含量电化学阻抗谱

(b) 不同 Mn 含量动电位极化曲线   (b′) 不同 Mn 含量电化学阻抗谱

(c) 不同 W 含量动电位极化曲线   (c′) 不同 W 含量电化学阻抗谱

图 2-22　非晶合金条带在 3% NaCl 溶液中的动电位极化曲线和电化学阻抗谱

钝化电流密度达到最大（约 $3\times10^{-5}\,\mathrm{A/cm^2}$），见图 2-22(a)。Mn 含量不同时，条带的钝化电流密度随 Mn 含量的增加而降低，Mn3.8 合金的钝化电流密度最小（约 $5\times10^{-8}\,\mathrm{A/cm^2}$），见图 2-22(b)。

与不同 Mo 含量的规律类似，条带的钝化电流密度随 W 含量的增加也呈现出先减小后增加的趋势，W3.2 合金具有最小的钝化电流密度（约 $5\times10^{-8}\,\mathrm{A/cm^2}$），进一步增加 W 含量会导致钝化电流密度急剧增加，W4.8 合金的钝化电流密度达到最大（约 $2\times10^{-5}\,\mathrm{A/cm^2}$），见图 2-22(c)。图 2-22 中所有电化学阻抗谱的测试结果与极化曲线相一致。

2.2.5 钝化膜表征

钝化膜以及金属基体中各金属元素和氧的浓度分布如图 2-23 所示。与基体相比，钝化膜中的 Fe、Cr 和 Mo 的含量急剧下降。根据 O 含量下降到最表面层一半处作为钝化膜厚度，所有条带形成的钝化膜厚度都约为 2nm，说明合金元素的添加对膜层的厚度影响不大。恒电位腐蚀后的膜层经氩离子溅射 20s 后不同元素含量时典型的 Fe 2p、Cr 2p 和 Mo 3d 精细谱峰如图 2-24 所示。金属态 Mo 和 W 的谱峰强度相对其氧化态较高，说明钝化膜内层或界面上有部分未完全氧化的 Mo 和 W 存在，氧化态的 Mn 谱峰强度则高于金属态的 Mn。

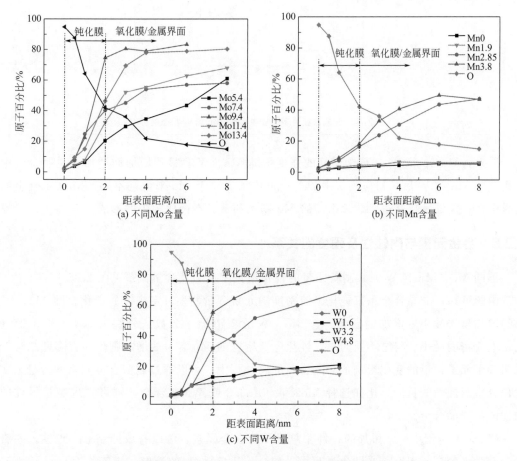

图 2-23　非晶合金条带在 3% NaCl 溶液中表面层各组元的深度分布

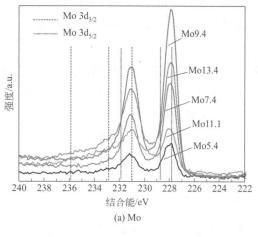

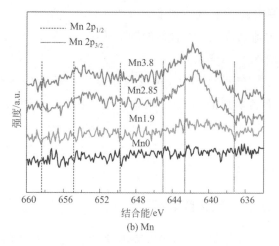

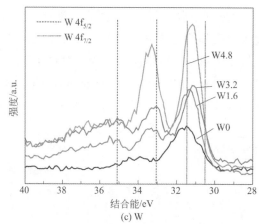

图 2-24　元素含量对表面层中 Mo、Mn 和 W 状态的影响

另外，Mn 2p 和 W 4f 精细谱峰的强度均随 Mn、W 含量的增加而增加，说明合金中添加相应的 Mn 和 W 后，对应膜层中的含量也增加。对于 Mo 来说则不同，Mo9.4 合金的钝化膜中 Mo 含量最高，随后继续添加的 Mo 则无利于其在钝化膜中的形成。

2.2.6　合金元素与耐蚀性及硬度的关系

不同 Mo、Mn 和 W 元素制备条带的钝化电流密度与其含量关系见图 2-25。

由图可知，非晶合金条带钝化电流密度随元素含量发生一定规律的变化。随 Mo、W 含量的增加呈先减小后增加的趋势，在 Mo、W 含量（原子分数）分别为 9.4％和 3.2％时，钝化电流密度最小。与之不同的是，钝化电流密度随 Mn 含量的增加则呈一直降低趋势。这说明各个元素含量的变化影响了非晶合金的腐蚀行为，可以通过调节合金元素的含量来实现优化合金耐蚀性的目的，比如选择 Mo9.4、Mn3.8 或 W3.2 合金，则可实现制备最佳的耐蚀性能的非晶合金。

Mo 是不锈钢中经常添加的一种非常重要的合金元素，可以有效抑制 Cl⁻ 点蚀，一直以来受到学者的广泛研究。在钝化过程中，Mo 可以抑制 Cr 的溶解，进而提高腐蚀抗力和钝化能力。Mo 所形成的难溶氧化物覆盖了点蚀部位，抑制了点蚀的发展，发生再钝化。但非晶合金中过量的 Mo 提高了阳极电流密度，进而降低腐蚀抗力。本文的结果与此类似，超过 9.4%（原子分数）的 Mo 降低了非晶合金条带的腐蚀性能，这主要与 Mo 在钝化膜中存在的本质相关。

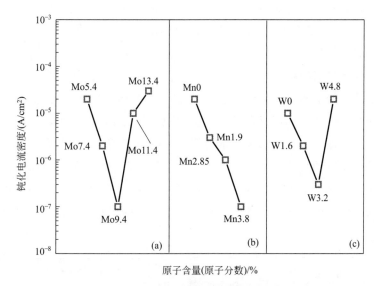

图 2-25　元素含量与钝化电流密度的关系

添加 W 也可以提高非晶合金[77]和不锈钢[81]在含 Cl⁻ 介质中的点蚀抗力。对于含或不含 Cr 的 Fe-P-C 非晶合金，添加 W 后均提高了其腐蚀抗力[78]。Fe-8Cr-7W-13P-7C 非晶合金的钝化电流密度随 W 含量的增加而降低[82]，主要由于 W 抑制了合金的溶解过程。随 W 含量的增加，Cr 在钝化膜中富集，含 W 合金的钝化是通过将空气中形成的膜转变为优先溶解 Fe 后的富 Cr 膜层。本文不同的是，高含量的 W（4.8%）降低了非晶合金的腐蚀抗力，这主要是由于高含量的 W 降低了条带的玻璃形成能力（GFA），见图 2-19(c)、图 2-20(c)，低的 GFA 导致条带的腐蚀性能下降。原子的局部构型极大地影响 GFA[83]，由于 Mo 和 W 的原子半径与 Fe 相差不大，少量的添加量可以替换无序结构中的 Fe，但过量地添加则会产生明显的局部结构紊乱甚至破坏，影响 GFA。所以说，适量的 Mo 和 W 有益于 GFA 的提高，但过量的添加则是有害的。

Mn 是不锈钢常用的一种强奥氏体稳定化元素，但添加 Mn 极大地降低了不锈钢的耐蚀性，主要是由于 MnS 夹杂物的形成。MnS 夹杂物电化学稳定性低，易于溶解，且在夹杂物和基体界面易遭受腐蚀介质的侵蚀成为点蚀形核和发展部位[71]。另外，Fe-18Cr-xMn($x=$ 0，6，12) 合金的点蚀抗力随 Mn 含量的增加而降低，主要是由于 Mn 氧化物的出现成为点蚀的形核部位[84]。而 Mn 的添加恶化了 Fe-Mn 合金的腐蚀抗力也主要是由于钝化膜中 Mn 氧化物的存在[85]。这些结果说明 Mn 多以有害元素的作用存在于 Fe-Cr 和 Fe-Mn 合金中，主要原因是这些硫化物和氧化物的形成。但在非晶合金中，增加 Mn 的含量极大地提高了 FeCrMoMnCBY 在 1mol/L HCl 溶液中的腐蚀抗力[86]。本文中 Mn 的添加对于腐蚀抗力的提高也是非常有益的，这主要是由于在非晶合金中 Mn 硫化物和氧化物夹杂的不利影响被消除，当然也与 Mn 在钝化膜中存在的本质有关。

（1）合金元素与钝化膜稳定性

非晶合金的耐蚀性主要取决于钝化膜的稳定性，钝化膜的稳定性则是基于材料在腐蚀介质中的自发钝化的能力，所形成的膜或者自身稳定或者可以转化为稳定的膜层。Cr 是材料中具有高钝化能力最有效的合金元素，对于不含 Mo、Mn 和 W 合金元素的合金，由于 Fe 和 Cr 的溶解速率不同，最终形成 Cr 富集的钝化膜层，提高腐蚀抗力[87]。当材料中加入合金元素后，合金的溶解过程受到抑制且富 Cr 钝化膜层更为稳定，点蚀抗力得到提高。Mo 的添加也改善了钝化膜层的结构，使其更耐 Cl⁻ 的侵蚀。Mo 还优先富集于一些易于溶解的缺陷部位，加上其高的金属键，最终降低了合金的阳极溶解速度[74]。另外，富 Mo 的钝化膜层随浸泡腐蚀时间的增加，还可以转化为更为稳定的富 Cr 钝化膜层[72]。

影响钝化膜稳定性的另一个重要特征是膜层具有稳定的内层或外层结构，起到一个有效地阻挡介质扩散或浸透的作用。由图 2-23 可知，所有条带表面的钝化膜厚度都约为 2nm，说明合金元素添加并没有影响其表面形成钝化膜的厚度。根据图 2-24 各元素精细谱峰中每个谱峰所围成的面积，可以计算出各个元素不同价态在钝化膜层中所占的比例，计算结果见图 2-26。

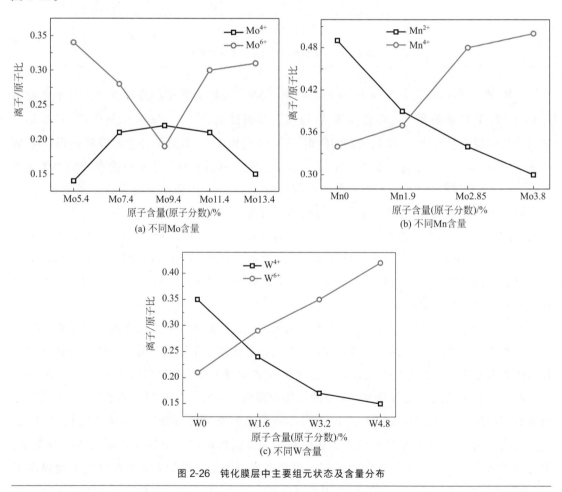

图 2-26　钝化膜层中主要组元状态及含量分布

由图 2-26 可知，条带的钝化电流密度与钝化膜成分之间存在必然联系，即合金耐蚀性与其表面形成的钝化膜成分密切相关，确切地说，是与钝化膜层中形成的特定价态的氧化物含量有关。图 2-26（a）反映的是不同 Mo 含量所形成钝化膜层中氧化物价态的含量分布。结合图 2-25 可以得出，合金耐蚀性与 Mo 含量所呈现出的规律性变化，与钝化膜层中 Mo^{4+} 氧化物含量一致，并与 Mo^{6+} 氧化物含量趋势相反。这说明膜层中 Mo^{4+} 氧化物是稳定钝化膜的主要因素，保证了合金耐蚀性的提高。Mo9.4 合金具有最高耐蚀性的原因也是由于膜层中形成了较多的 Mo^{4+} 氧化物。对于富集 Mo 膜层来说，膜层外侧形成的高价态的 Mo^{6+}（MoO_4^{2-}）物质往往发生优先溶解[38]，这种高价态 Mo^{6+} 物质的过量溶解也极大地增加了合金的钝化电流密度并降低了腐蚀抗力。相反，低价态的 Mo^{4+} 物质则维持了 Fe-Cr 非晶合金的钝化性能，这种具有保护性富集的 Mo^{4+} 膜层 [MoO_2[25]，$MoO(OH)_2$[39]] 可以有效地阻止腐蚀介质的侵蚀，从而提高腐蚀抗力。这也与第 1 章的结果一致，膜层中高价态的氧化物发生优先溶解，而低价态的氧化物维持钝化膜的稳定性，提高非晶合金的耐蚀性。

与 Mo 不同的是，膜层中 Mn 和 W 的影响则表现出不同的规律。耐蚀性与高价态 Mn^{4+} 氧化物含量趋势一致，随 Mn^{4+} 氧化物含量增加，耐蚀性逐渐提高，说明 Mn^{4+} 氧化物的存在是保证合金具有稳定耐蚀性的主要原因。W 元素的影响也呈现出类似的规律，耐蚀性与高价态 W^{6+} 氧化物含量吻合，随 W^{6+} 氧化物含量增加而增加。W 氧化物由于具有较低的溶解速率，在膜层外层可以起到抑制膜层溶解的作用[79]。W 和 Mo 一样，在膜层中也富集于一些活性区域，阻止了点蚀等过程的形成。另外，添加 W 元素后可以增加膜层中 Cr 氧化物的含量[82]，这些都是添加 W 元素对于腐蚀抗力的有利影响。然而，W^{6+}（WO_3）氧化物的形成增加了 WC-Co 硬质合金的腐蚀过程[88]，这说明过量的 W^{6+} 氧化物不利于腐蚀抗力的提高，这也符合本文的结果，过量的 W（4.8%，原子分数）元素恶化了腐蚀性能。但要注意的是，在 W 含量较高时，极化曲线反映出耐蚀性急剧下降，但此时 W^{6+} 氧化物含量依然保持在较高的水平。结合图 2-19 的 XRD 可以看出，在 W 含量较高时，其非晶相含量明显降低，说明非晶的 GFA 下降，较低的非晶含量（图 2-20）再加上高的 W^{6+} 氧化物含量，最终降低了非晶合金的耐蚀性。

（2）合金元素与硬度关系

要保证铁基非晶合金应用于耐蚀耐磨环境，除了要考虑耐蚀性之外，耐磨性也是必须要关注的因素。一般用硬度来衡量材料耐磨性的高低，高的硬度可以侧面反映出材料具有高的耐磨性。所以这里除了考虑各合金元素对腐蚀性能的影响，更要分析对其硬度的作用。由图 2-21 可知，除了 Mn 元素之外，合金硬度与 Mo、W 合金元素存在一定关系。硬度随 W 含量增加呈急剧增加趋势，硬度随 Mo 含量增加也呈现出增加趋势，但过高的 Mo 含量（超过 9.4%，原子分数）对硬度的影响幅度不大。早期的研究也表明，添加 Mo 和 W 对于提高材料硬度和耐磨性非常有益。Mo 的添加可以极大地提高 Co-Cr-W-C 合金的耐磨性，增加 Mo 的含量可以形成类似 $M_{23}C_6$ 和 M_6C 的碳化物，替代了 M_7C_3 形式的富 Cr 碳化物，进而提高合金的硬度。另外，Stellite 涂层具有优异的冲蚀抗力也是由于其中高硬 W 氧化物的存在，这些高硬物质改变了合金的微观结构，提高了合金的硬度乃至耐磨性。所以说，要想提高该非晶合金的硬度，添加适当的 Mo 含量以及较高的 W 含量是可以考虑的。

因此，要想使合金具有优异的耐蚀性和耐磨性，可以对其合金元素含量进行优化。对于 Mo 来说，Mo 含量的增加提高了合金的硬度，但超过 9.4%（原子分数）时硬度增加程度缓慢；耐蚀性方面，Mo9.4 合金耐蚀性最优，之后耐蚀性急剧下降。综合起来，选择

Mo9.4合金，即可以实现耐蚀耐磨性于一体的合金设计。对于Mn来说，由于Mn含量增加对硬度并没有产生影响，所以只考虑耐蚀性较优的条件，耐蚀性随Mn含量增加而增加，所以选择Mn含量为3.8%（原子分数）时即可。对于W来说，硬度随W含量增加而增加，耐蚀性也随W含量呈现出先增加后降低趋势，所以选择较高的W3.2合金，可以同时保证耐蚀性和耐磨性。综合来说，9.4% Mo、3.8% Mn和3.2% W（原子分数）是设计耐蚀与耐磨于一体合金可以参考的优选条件。但要注意的是，此实验只是单个合金因素的影响，两个或三个合金元素的综合影响还有待于进一步研究。

参考文献

[1] Hashimoto K. In pursuit of new corrosion-resistant alloys [J]. Corrosion, 2002, 58 (9): 715-722.

[2] Pang S J, Zhang T, Asami K, et al. Bulk glassy Fe-Cr-Mo-C-B alloys with high corrosion resistance [J]. Corrosion Science, 2002, 44 (8): 1847-1856.

[3] IM B M, Akiyama E, Habzaki H, et al. The corrosion behavior of amorphous Fe-8Cr-13P-7C and Fe-8Cr-20P alloys in concentrated sulfuric acid [J]. Corrosion Science, 1994, 36 (9): 1537-1550.

[4] Farmer J C, Chol J S, Saw C, et al. Iron-based amorphous metals: High-performance corrosion-resistant material development [J]. Metallurgical and Materials Transactions A, 2009, 40 (6): 1289-1305.

[5] Asami K, Naka M, Hashimoto K, et al. Effect of molybdenum on the anodic behavior of amorphous Fe-Cr-Mo-B alloys in hydrochloric-acid [J]. Journal of The Electrochemical Society, 1980, 127 (10): 2130-2138.

[6] Szewieczek D, Baron A. Electrochemical corrosion properties of amorphous $Fe_{78}Si_{13}B_9$ alloy [J]. Journal of Materials Processing Technology, 2004, 157-158: 442-445 .

[7] Wang S L, Yi S. The corrosion behaviors of Fe-based bulk metallic glasses in a sulfuric solution at 70℃ [J]. Intermetallics, 2010, 18 (10): 1950-1953.

[8] Pardo A, Merino M C, Otero E, et al. Influence of Cr additions on corrosion resistance of Fe- and Co-based metallic glasses and nanocrystals in H_2SO_4 [J]. Journal of Non-crystalline Solids, 2006, 352 (30-31): 3179-3190.

[9] Varga K, Baradlai P, Bernard W O, et al. Comparative study of surface properties of austenitic stainless steels in sulphuric and hydrochloric acid solutions [J]. Electrochimica Acta, 1997, 42 (1): 25-35.

[10] Chakravortty M, Paramguru R K, Jena P K. Electrochemical dissolution of nichrome in sulphuric acid [J]. Hydrometallurgy, 2001, 59 (1): 45-54.

[11] Souza C A C, Kuri S E, Politti F S, et al. Corrosion resistance of amorphous and polycrystalline FeCuNbSiB alloys in sulphuric acid solution [J]. Journal of Non-Crystalline Solids, 1999, 247 (1-3): 69-73.

[12] Burstein G T, Liu C, Souto R M, et al. Origins of pitting corrosion [J]. Corrosion Engineering Science and Technology, 2004, 39 (1): 25-30.

[13] Liu D Y, Chang T C. Influence of Si content on the intergranular corrosion of SUS 309L stainless steels [J]. Materials Science and Engineering A, 2003, 359 (1-2): 396-401.

[14] Szklarska-Smialowska Z. Pitting corrosion of aluminium [J]. Corrosion Science, 1999, 41 (9): 1743-1767.

[15] Martini E M A, Muller I L. Characterization of the film formed on iron in borate solution by electrochemical impedance spectroscopy [J]. Corrosion Science, 2000, 42 (3): 443-454.

[16] Wang Z M, Ma Y T, Zhang J, et al. Influence of yttrium as a minority alloying element on the corrosion behavior in Fe-based bulk metallic glasses [J]. Electrochimica Acta, 2008, 54 (2): 261-269.

[17] Hannani A, Kermiche F, Pourbaix A, et al. Characterisation of passive film on AISI304 stainless steel [J]. The In-

ternational Journal of Surface Engineering and Coatings，1997，75（1）：7-9.

［18］ Garrigues L，Pebere N，Dabosi F. An investigation of the corrosion inhibition of pure aluminum in neutral and acidic chloride solutions［J］. Electrochimica Acta，1996，41（7-8）：1209-1215.

［19］ Bogar F D，Foley R T. The influence of chloride ion on the pitting of aluminum［J］. Journal of the Electrochemical Society，1972，119（4）：462-464.

［20］ Kuo H C，Nobe K. Electrodissolution kinetics of iron in chloride solution Ⅵ. Concentrated acidic solutions［J］. Journal of The Electrochemical Society，1978，9（37）：853-860.

［21］ McCafferty E，Hackerman N. Kinetics of iron corrosion in concentrated acidic chloride solutions［J］. Journal of The Electrochemical Society，1972，119（8）：999-1009.

［22］ Majima H，Awakura Y，Kawasaki Y. Analysis of dissolution rate of metal oxide in acidic chloride solution in terms of water acitivity［J］. Metallurgical and Materials Transactions B，1988，19（3）：505-507.

［23］ Bjornkvist L，Olefjord I. The electrochemistry of chromium in acidic chloride solutions：anodic dissolution and passivation［J］. Corrosion Science，1991，32：231-242.

［24］ Bessone J，Karakaya L，Lorbeer P，et al. The Kinetics of iron dissolution and passivation［J］. Electrochimica Acta，1978，9（1）：1147-1154.

［25］ Ahn S J，Kwon H S. Effects of solution temperature on electronic properties of passive film formed on Fe in pH 8. 5 borate buffer solution［J］. Electrochimica Acta，2004，49（20）：3347-3353.

［26］ Cheng Y F，Luo J L. A comparison of the pitting susceptibility and semiconducting properties of the passive films on carbon steel in chromate and bicarbonate solutions［J］. Applied Surface Science，2000，167（1-2）：113-121.

［27］ Ahn S J，Kwon H S. Effects of solution temperature on electronic properties of passive film formed on Fe in pH 8. 5 borate buffer solution［J］. Electrochimica Acta，2004，49（20）：3347-3353.

［28］ Macdonald D D. The point defect model for the passive state［J］. Journal of The Electrochemical Society，1992，139（12）：3434-3449.

［29］ Cheng Y F，Luo J L. Passivity and pitting of carbon steel in chromate solutions［J］. Electrochimica Acta，1999，44（26）：4795-4804.

［30］ Keddam M，Mattos O R，Takenouti H. Mechanism of anodic dissolution of iron-chromium alloys investigated by electrode impedances-I［J］. Experimental results and reaction model. Electrochimica Acta，1986，31（9）：1147-1158.

［31］ Maurice V，Yang W P，Marcus P. XPS and STM study of passive films formed on Fe-22Cr（110）single-crystal surfaces［J］. Journal of The Electrochemical Society，1996，143（4）：1182-1200.

［32］ Keller P，Strehblow H H. XPS investigations of electrochemically formed passive layers on Fe/Cr-alloys in 0. 5M H_2SO_4［J］. Corrosion Science，2004，46（8）：1939-1952.

［33］ Brooks A R，Clayton C R，Doss K，et al. On the role of Cr in the passivity of stainless steel［J］. Journal of The Electrochemical Society，1986，133（12）：2459-2464.

［34］ Lu Y C，Clayton Y C，Brooks A R. A bipolar model of the passivity of stainless steels-Ⅱ. The influence of aqueous molybdate［J］. Corrosion Science，1989，29（7）：863-880.

［35］ Kannan S，Balamurugan A，Rajeswari S. H_2SO_4 as a passivating medium on the localised corrosion resistance of surgical 316L SS metallic implant and its effect on hydroxyapatite coatings［J］. Electrochimica Acta，2004，49（15）：2395-2403.

［36］ Sugimoto K，Sawada Y. The role of molybdenum additions to austenitic stainless steels in the inhibition of pitting in acid chloride solutions［J］. Corrosion Science，1977，17（5）：425-445.

［37］ Tan M-W，Akiyama E，Kawashima A，et al. The effect of air exposure on the corrosion behavior of amorphous Fe-8Cr-Mo-13P-7C alloys in 1M HCl［J］. Corrosion Science，1995，37（8）：1289-1301.

［38］ Clayton C R，Lu Y C. A bipolar model of the passivity of stainless steels-Ⅲ. The mechanism of MoO_4^{2-} formation and incorporation [J]. Corrosion Science, 1989, 29 (7): 881-891.

[39] Lu Y C, Clayton C R. An XPS study of the passive and transpassive behavior of Mo in deaerated 0. 1M HCl [J]. Corrosion Science, 1989, 29 (8): 927-937.

[40] Asami K, Naka M, Hashimoto K, et al. Effect of molybdenum on the anodic behavior of amorphous Fe-Cr-Mo-B alloys in hydrochloric-acid [J]. Journal of The Electrochemical Society, 1980, 127 (10): 2130-2138.

[41] Badawy W A, Al-Kharafi F M. Corrosion and passivation behaviors of molybdenum in aqueous solutions of different pH [J]. Electrochimica Acta, 1998, 44 (4): 693-702.

[42] Sato N, Noda T, Kudo K. Thickness and structure of passive films on iron in acidic and basic solution [J]. Electrochimica Acta, 1974, 19 (8): 471-475.

[43] Wang Z M, Ma Y T, Zhang J, et al. Influence of yttrium as a minority alloying element on the corrosion behavior in Fe-based bulk metallic glasses [J]. Electrochimica Acta, 2008, 54 (2): 261-269.

[44] Bojinov M, Fabricius G, Laitinen T, et al. The mechanism of transpassive dissolution of Chromium in H_2SO_4 solutions [J]. Journal of The Electrochemical Society, 1998, 145 (6): 2043-2050.

[45] Devine T M. Anodic polarization and localized corrosion behavior of amorphous $Ni_{35}Fe_{30}Cr_{15}P_{14}B_6$ in near-neutral and HCl solutions [J]. Journal of The Electrochemical Society, 1977, 8 (15): 38-42.

[46] Wang Y, Zheng Y G, Ke W, et al. Slurry erosion-corrosion behaviour of high-velocity oxy-fuel (HVOF) sprayed Fe-based amorphous metallic coatings for marine pump in sand-containing NaCl solutions [J]. Corrosion Science, 2011, 53 (10): 3177-3185.

[47] Bojinov M, Fabricius G, Laitinen T, et al. Conduction mechanism of the anodic film on chromium in acidic sulphate solutions [J]. Electrochimica Acta, 1998, 44 (2): 247-261.

[48] Seo M, Saito R, Sato N. Ellipsometry and Auger analysis of chromium surfaces passivated in acidic and neutral aqueous solutions [J]. Journal of The Electrochemical Society, 1980, 127 (9): 1909-1912.

[49] Hara N, Sugimoto K. The study of the passivation films on Fe-Cr alloys by modulation spectroscopy [J]. Journal of The Electrochemical Society, 1979, 126 (8): 1328-1334.

[50] Moffat T P, Latanision R M. An electrochemical and X-Ray photoelectron spectroscopy study of the passive state of chromium [J]. Journal of The Electrochemical Society, 1992, 23 (43): 1869-1879.

[51] El-Aziz A M, Hoyer R, Kibler L A, et al. Potential of zero free charge of Pd overlayers on Pt (111) [J]. Electrochimica Acta, 2006, 51 (12): 2518-2522.

[52] McCafferty E. Relationship between the isoelectric point (pHpzc) and the potential of zero charge (Epzc) for passive metals [J]. Electrochimica Acta, 2010, 55 (5): 1630-1637.

[53] Jones R L, Stewart J. The kinetics of corrosion of e-glass fibres in sulphuric acid [J]. Journal of Non-Crystalline Solids, 2010, 356 (44): 2433-2436.

[54] Hermas A A, Morad M S. A comparative study on the corrosion behaviour of 304 austenitic stainless steel in sulfamic and sulfuric acid solutions [J]. Corrosion Science, 2008, 50 (9): 2710-2717.

[55] Ameer M A, Fekry A M, Heakal F E. Electrochemical behaviour of passive films on molybdenum-containing austenitic stainless steels in aqueous solutions [J]. Electrochimica Acta, 2004, 50 (1): 43-49.

[56] Shen C B, Wang S G, Yang H Y, et al. Corrosion effect of allylthiourea on bulk nanocrystalline ingot iron in diluted acidic sulphate solution [J]. Electrochimica Acta, 2007, 52 (12): 3950-3957.

[57] Shankar Rao V, Baligidad R G, Raja V S. Effect of carbon on corrosion behaviour of Fe_3Al intermetallics in 0. 5N sulphuric acid [J]. Corrosion Science, 2002, 44 (3): 521-533.

[58] Kellou F, Benchettara A, Amara S. Temperature and microstructure effects on corrosion behavior of annealed Fe-xTi-yC alloys in sulphuric acid solution [J]. Materials Chemistry and Physics, 2007, 106 (2-3): 198-208.

[59] Pagitsas M, Diamantopoulou A, Sazou D. General and pitting corrosion deduced from current oscillations in the passive/active transition state of the Fe/H_2SO_4 electrochemical system [J]. Electrochimica Acta, 2002, 47 (26):

4163-4179.

［60］ Burstein G T, Souto R M. Observations of localised instability of passive titanium in chloride solution ［J］. Electrochimica Acta, 1995, 40 (12): 1881-1888.

［61］ Liu L, Li Y, Wang F H. Influence of grain size on the corrosion behavior of a Ni-based superalloy nanocrystalline coating in NaCl acidic solution ［J］. Electrochimica Acta, 2008, 53 (5): 2453-2462.

［62］ Pistorius P C, Burstein G T. Growth of corrosion pits on stainless steel in chloride solution containing dilute sulphate ［J］. Corrosion Science, 1992, 33: 1885-1897.

［63］ Darwish N A, Hilbert F, Lorenz W J, et al. The influence of chloride ions on the kinetics of iron dissolution ［J］. Electrochimica Acta, 1973, 18 (6): 421-425.

［64］ Cheng Y F, Luo J L, Wilmott M. Spectral analysis of electrochemical noise with different transient shapes ［J］. Electrochimica Acta, 2000, 45 (11): 1763-1771.

［65］ Sugimoto K, Sawada Y. The role of molybdenum additions to austenitic stainless steels in the inhibition of pitting in acid chloride solutions ［J］. Corrosion Science, 1977, 17 (5): 425-445.

［66］ Naka M, Hashimoto K, Inoue A, et al. Corrosion-resistant amorphous Fe-C alloys containing chromium and/or molybdenum ［J］. Journal of Non-crystallin Solids, 1979, 31 (3): 347-354.

［67］ Hashimoto K, Asami K, Kawashima A, et al. The role of corrosion- resistant alloying elements in passivity ［J］. Corrosion Science, 2007, 49 (1): 42-52.

［68］ Kobayashi A, Yano S, Kimura H, et al. Fe-based metallic glass coatings produced by smart plasma spraying process ［J］. Materials Science and Engineering B, 2008, 148 (1-3): 110-113.

［69］ Lu Y C, Clayton C R. An XPS study of the passive and transpassive behavior of Mo in deaerated 0. 1M HCl ［J］. Corrosion Science, 1989, 29 (8): 927-937.

［70］ Jang H, Kwon H. In situ study on the effects of Ni and Mo on the passive film formed on Fe-20Cr alloys by photo-electrochemical and Mott-Schottky techniques ［J］. Journal of Electroanalytical Chemistry, 2006, 590 (2): 120-125.

［71］ Pardo A, Merino M C, Coy A E, et al. Pitting corrosion behaviour of austenitic stainless steels-combining effects of Mn and Mo additions ［J］. Corrosion Science, 2008, 50 (6): 1796-1806.

［72］ Tan M W, Akiyama E, Kawashima A, et al. The influences of Mo addition and air exposure on the corrosion behavior of amorphous Fe-8Cr-13P-7C alloy in de-aerated 1M HCl ［J］. Corrosion Science, 1996, 38 (2): 349-365.

［73］ Yaniv A E, Lumsden J B, Staehle R W. The composition of passive films on ferritic stainless steels ［J］. Journal of The Electrochemical Society, 1977, 124 (4): 490-496.

［74］ Marcus P. On some fundamental factors in the effect of alloying elements on passivation of alloys ［J］. Corrosion Science, 1994, 36 (12): 2155-2158.

［75］ Habazaki H, Kawashima A, Asami K, et al. The effect of molybdenum on the corrosion behavior of amorphous Fe-Cr-Mo-P-C alloys in hydrochloric acid ［J］. Materials Science and Engineering A, 1991, 134 (91): 1033-1036.

［76］ Hashimoto K, Asami K, Teramoto K. An X-ray photo-electron spectroscopic study on the role of molybdenum in increasing the corrosion resistance of ferritic stainless steels in HCl ［J］. Corrosion Science, 1979, 19 (1): 3-14.

［77］ Wranglen G. Pitting and sulphide inclusions in steel ［J］. Corrosion Science, 1974, 14 (5): 331-349.

［78］ Naka M, Hashimoto K, Masumoto T. High corrosion resistance of amorphous Fe-Mo and Fe-W alloys in HCl ［J］. Journal of Non-Crystalline Solids, 1978, 29 (1): 61-65.

［79］ Lloyd A C, Noel J J, McIntyre S, et al. Cr, Mo and W alloying additions in Ni and their effect on passivity ［J］. Electrochimica Acta, 2004, 49 (17-18): 3015-3027.

［80］ Tomashov N D, Chernova G P, Marcova O N. Effect of supplementary alloying elements on pitting corrosion susceptibility of 18Cr-14Ni stainless steel ［J］. Corrosion, 1964, 51: 166-176.

［81］ Goetz R, Laurent J, Landolt D. The influence of minor alloying elements on the passivation behaviour of iron-chromium alloys in HCl ［J］. Corrosion Science, 1985, 25 (12): 1115-1126.

［82］ Habazaki H，Kawashima A，Asami K，et al. The effect of tungsten on the corrosion behavior of amorphous Fe-Cr-W-P-C alloys in HCl ［J］. Journal of The Electrochemical Society，1991，138 (1)：76-81.

［83］ Facchini L，Bruna P，Pineda E，et al. M? ssbauer characterization of an amorphous steel with optimal Mo content ［J］. Journal of Non-Crystalline Solids，2008，354 (47-51)：5138-5139.

［84］ Park K J，Kwon H S. Effects of Mn on the localized corrosion behavior of Fe-18Cr alloys ［J］. Electrochimica Acta，2010，55 (9)：3421-3427.

［85］ Zhang Y S，Zhu X M，Zhong S H. Effect of alloying elements on the electrochemical polarisation behavior and passive film of Fe-Mn base alloys in various aqueous solutions ［J］. Corrosion Science，2004，46 (4)：853-876.

［86］ Fang H，Hui X，Chen G. Effects of Mn addition on the magnetic property and corrosion resistance of bulk amorphous steels ［J］. Journal of Alloys and Compounds，2008，464 (1-2)：292-295.

［87］ Habazaki H，Kawashima A，Asami K，et al. The corrosion behavior of amorphous Fe-Cr-Mo-P-C and Fe-Cr-W-P-C alloys in 6M HCl solution ［J］. Corrosion Science，1992，23 (12)：225-236.

［88］ Bozzini B，DeGaudenzi G P D，Fanigliulo A，et al. Anodic behaviour of WC-Co type hardmetal ［J］. Materials and Corrosion，2003，54 (5)：295-303.

第3章　非晶纳米晶涂层制备

涂层的微观组织和成分对涂层的耐蚀性和耐磨性起着至关重要的作用。因此，制备耐蚀耐磨的铁基非晶纳米晶涂层，首先需要选择一种耐蚀耐磨性好的合金体系，其次要对喷涂工艺进行优化，以获得致密、非晶含量适当的耐蚀耐磨涂层。

本章主要介绍 HVOF 和 AC-HVAF 两种喷涂工艺对非晶纳米晶涂层结构和腐蚀性能的影响，另外还介绍了封孔处理对非晶纳米晶涂层腐蚀性能的影响机理，以期为优化热喷涂参数，制备耐蚀与耐磨于一体铁基非晶涂层提供参考。

3.1　HVOF喷涂非晶涂层制备

热喷涂工艺对非晶相的形成有明显的影响。制备具有特定性能的 HVOF 喷涂涂层需要对 HVOF 喷涂过程、工艺参数与涂层结构性能之间的关系有一定的理解。HVOF 喷涂涂层的性能在很大程度上受涂层结构的影响，而涂层结构又主要取决于颗粒撞击基体瞬间的物理和化学状态，比如喷射速率、颗粒温度、熔化以及氧化程度等。这些状态参数的变化与喷涂过程中的几个主要参数相关，如氧/燃气流量比、燃气流速、喷涂距离、送粉速率和粉末颗粒粒径等，这些因素之间往往还存在交互影响。

对于 HVOF 喷涂，喷枪是最为重要的设备，目前采用最多的喷枪主要是 JP5000 和 DJ2700 系列。它们之间最大的差别是采用了不同的送粉方式。其中，DJ2700 采用的是轴向式送粉，具有相对较高的沉积效率和较好的颗粒熔化状态。在颗粒速度方面，JP5000 的颗粒速度大致在 $625\sim875\mathrm{m/s}$ 之间，DJ2700 的则在 $500\sim825\mathrm{m/s}$ 之间。对于颗粒温度，DJ2700 通常略高于 JP5000。

在涂层制备过程中，除喷涂方法和原始粉末外，喷涂工艺参数是影响涂层结构和性能的主要因素，其中氧气、燃气的流量、喷涂距离和送粉速率等参数对涂层的组织和性能影响较大。HVOF 喷涂的送粉速率一般为 $20\sim80\mathrm{g/min}$，粉末粒子尺寸在 $5\sim45\mu m$ 之间，喷涂距离在 $150\sim300\mathrm{mm}$ 之内。不同氧/燃气流量比对涂层的氧化状况、颗粒温度和熔化状态、涂层的致密度均有一定的影响[1,2]。喷涂距离的改变对颗粒的温度和速率也很敏感[3,4]，进而影响孔隙率的变化。另外，送粉速率及颗粒尺寸决定颗粒的传热特性和加速行为[5]，不同尺度粒子的熔化行为和速度是不同的[6]。这些工艺参数影响着颗粒温度场和速度场，决定了焰流和粉末粒子之间的动量和热量传输，进而影响涂层的各种性能[7]。因此，要想获得高质量的涂层须系统研究这些喷涂工艺参数对涂层结构与性能的影响。一直以来，对

HVOF 喷涂参数对涂层力学性能和电化学腐蚀行为影响的研究比较多，包括不锈钢涂层、陶瓷涂层和金属涂层[8,9]等。这些研究结果表明，燃气流速、送粉速率和喷涂距离极大地影响涂层的沉积结构。在喷涂形成的层状间隙处的金属氧化物恶化了涂层的化学均匀性，进而降低腐蚀性能。一般来说，腐蚀性能随氧化物含量的增加而降低。对于常规的金属涂层，高的孔隙率也是涂层腐蚀性能降低的关键因素，因为这些孔隙的存在有利于一些侵蚀性阴离子如 Cl^- 的入侵，引起局部腐蚀。另外，利用热喷涂方法制备较厚非晶涂层时，晶化现象是很难避免的，从而导致非晶涂层中析出纳米晶相，这些晶化产物的存在可进一步提升涂层的硬度和强度。

对于非晶合金来说，由于其优异的耐蚀性是基于无晶界或位错的非晶结构，因此，非晶形成能力（GFA）是制备非晶纳米晶涂层首先考虑的因素。当然，非晶纳米晶涂层的腐蚀性能除与氧化物含量、孔隙率有关外，还与非晶含量密切相关。HVOF 喷涂参数可以改变颗粒的冷却速率，所以也影响非晶形成能力。通常来说，一方面，高温时喷涂状的颗粒易发生氧化致使其化学成分不均匀，成分的不均匀性导致其化学成分偏离形成非晶的最佳成分，所以会降低非晶形成能力。另一方面，高温和高的颗粒速率又有利于形成致密的涂层结构[10]。这就面临一个问题，非晶含量和孔隙率两个相互矛盾的因素对腐蚀性能的影响如何去平衡？进而获得耐蚀性最优的非晶纳米晶涂层。迄今为止，只有极少量的研究集中于 HVOF 喷涂参数和非晶纳米晶涂层性能之间的关系。因此，进一步研究非晶结构和孔隙率对于非晶纳米晶涂层腐蚀性能的影响具有重要的实际意义。

下面主要介绍氧/燃气流量比（O/F）和送粉速率两个喷涂参数对铁基非晶纳米晶涂层结构、腐蚀性能和硬度的影响。

3.1.1 HVOF 喷涂涂层制备过程

利用电磁感应炉，按名义成分配比（原子分数）的纯金属元素熔炼制备 $Fe_{54.2}Cr_{18.3}Mo_{13.7}Mn_{2.0}W_{6.0}B_{3.3}C_{1.1}Si_{1.4}$ 母合金。熔炼之前，先进行配料。通过计算，将欲制备的母合金按成分进行元素配比称重，精确到 0.1mg。非晶粉末通过工业气雾化法制备。工业气雾化法的反应条件为：控制过热度为 $98\sim102℃$，真空度 5Pa，雾化压力 20MPa；粉末粒度主要集中在 $30\sim60\mu m$。雾化设备主要由感应、加热、雾化喷粉、粉末收集与真空系统组成。真空度达到 $3\sim5Pa$ 时，加热去除氧化皮后的母合金至完全熔化状态，然后，将熔体通过喷嘴释放到雾化腔体中。此时，高压（约 8.1MPa）氩气在喷嘴末端将熔体雾化成小液滴，这些小液滴在腔体中快速冷却形成不同粒度的粉末。用不同目数的筛子对粉末进行筛分。通常，粉末被筛分成 $<45\mu m$ 粒度范围。

采用美国 Metco 公司的 DJ2700 超音速热喷涂设备。基体材料选用 304 不锈钢。喷涂距离为 225mm，喷涂厚度均为 $500\mu m$，其他改变的喷涂参数见表 3-1。

喷涂过程包括：喷涂前应进行物理处理，去除电焊疤、油灰、油渍、大块的氧化皮等杂物，可依据不同情况采用机械清理、擦拭和溶剂去油等方法清除；待喷涂表面应采用手工或机械方法去除毛刺和尖锐棱角，并打磨圆滑。然后进行化学清洗除油，除油后，经喷砂或喷丸除锈，其等级应达到 GB 8923.4—2013 规定的 Sa 2.5 级。严格按照喷涂工艺进行操作，每道喷涂完后待表面冷却至 60℃ 以下，方可进行第二道喷涂，喷涂过程中要对每次喷涂质量进行检查。

● 表 3-1　HVOF 喷涂参数

涂层	O/F 比	气体流速/(L/min)			送粉速率/(g/min)
		丙烷	氧气	空气	
C1	3.9	72	201	399	30
C2	4.2	72	222	399	30
C3	4.5	72	244	399	30
C4	4.8	72	266	399	30
C5	4.8	72	244	399	20
C6	4.8	72	244	399	40
C7	4.8	72	244	399	50

注：压力为丙烷 90psi，氧气 150psi，空气 105psi。1psi=6894.76Pa。

为了对比研究，制备了非晶条带（ribbon），条带样品通过熔体急冷法获得，所得条带厚度为 40μm，宽度约 2mm。

腐蚀性能测试在 PAR Model 2273 工作站上进行，采用三电极系统，工作电极为用环氧树脂封装的涂层。环氧树脂 E44 100g，增塑剂（邻苯二甲酸二丁酯）5g，固化剂（乙二胺）8g。配制时环氧树脂和增塑剂先混合均匀，浇注前后加固化剂，24h 后备用。腐蚀实验介质为 1% NaCl 溶液，包括开路电位测试（E_{oc}）、动电位极化曲线、循环极化曲线和电化学阻抗谱。开路电位监控时间为 24h。利用日本 JMS-6301 SEM 观察喷涂涂层的组织结构和表面形貌。涂层样品的 XRD 在 Rigaku D/max2400 衍射仪上进行。涂层孔隙率在德国 Leica MEF-4 金相显微镜上用图像分析软件进行。用 PerkinElmer DSC-7 型高温差示扫描热量分析仪测试条带、涂层的 DSC 曲线。利用维氏显微硬度计 MVK-H3 对涂层进行显微硬度值测试，载荷 300g，加载 10s。

3.1.2　涂层喷涂结构和形貌表征

O/F 比在喷涂过程中具有非常重要的影响，主要与涂层的熔化状态、氧化程度和孔隙率相关。不同 O/F 比（O/F=3.9、4.2、4.5 和 4.8）所制备涂层的表面及侧面特征见图 3-1。由图可知，O/F 比极大地影响了涂层的微观组织结构。未熔颗粒随 O/F 比的增加而呈降低趋势，见图 3-1 中（a）、（d）、（g）和（j），这主要与燃气和喷涂颗粒之间的热传递过程相关。实际上，O/F 比是影响涂层质量的关键因素。O/F 比太低时，未熔颗粒数量较多 [图 3-1(a) 和（d）]，从抛光后的表面也可以清晰看出一些未熔颗粒，见图 3-1 中（b）和（e）。O/F 比太高时，容易引起颗粒氧化 [图 3-1(j)]。氧化对非晶结构的形成极为有害。

由图 3-1 中（b）、（e）、（h）和（k）中的灰色氧化物区域可以看出，氧化程度随 O/F 比的增加而增加。另外，涂层的孔隙率水平随 O/F 比的变化规律与未熔颗粒相似，随 O/F 比增加而降低，见图 3-1 中（b）、（e）、（h）、（k）和图 3-1 中（c）、（f）、（i）、（l）。因此，可以得出，涂层 C4 具有最低的孔隙率，但氧化程度最高。

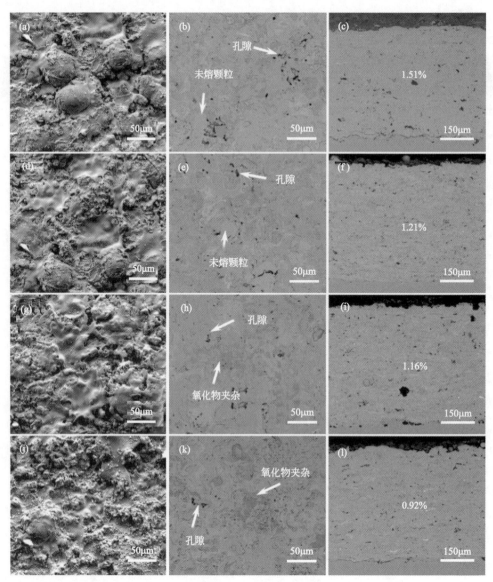

图 3-1 不同 O/F 比所制备涂层的 SEM 表面及侧面特征（数字表示孔隙率）

(a)～(c) O/F=3.9；(d)～(f) O/F=4.2；(g)～(i) O/F=4.5；(j)～(l) O/F=4.8

(a)(d)(g)(j) 喷涂态表面；(b)(e)(h)(k) 抛光表面；(c)(f)(i)(l) 涂层侧面

不同送粉速率所制备涂层的表面及侧面特征见图 3-2。送粉速率对涂层微观结构也具有同样重要的影响。由图 3-2 可知，送粉速率对涂层结构的影响与 O/F 比正好相反。未熔颗粒 [图 3-2 中（a）、（d）、（g）和（j）] 和孔隙率 [图 3-2 中（c）、（f）、（i）和（l）] 随送粉速率增加而增加，氧化程度 [图 3-2 中（b）、（e）、（h）和（k）] 则随之降低。

3.1.3 涂层物相分析

不同喷涂参数制备涂层的 XRD 图谱见图 3-3。对于不同 O/F 比和送粉速率制备的涂层，XRD 图谱均在 40°～50°间呈现出一个漫散射峰，并伴随有个别尖锐峰。说明所制备的涂层主要为非晶结构，并含有少量纳米晶体相。形成这些纳米晶体相的原因是在制备涂层时，后

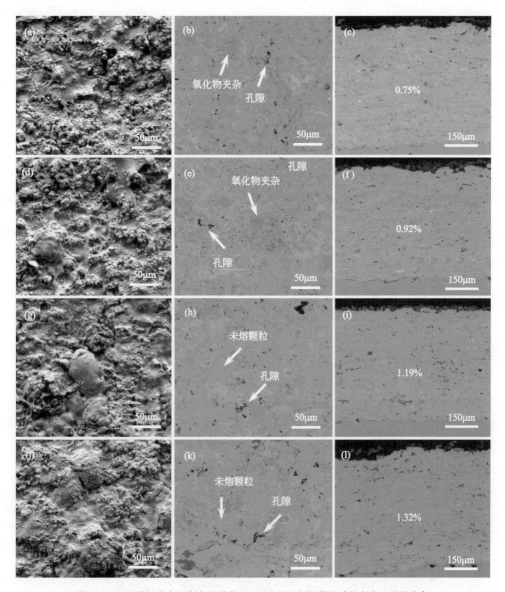

图 3-2　不同送粉速率所制备涂层的 SEM 表面及侧面特征（数字表示孔隙率）

（a）～（c）20g/min；（d）～（f）30g/min；（g）～（i）40g/min；（j）～（l）50g/min

（a）（d）（g）（j）喷涂态表面；（b）（e）（h）（k）抛光表面；（c）（f）（i）（l）涂层侧面

序喷涂过程中的热量对基体局部有加热的作用。这种局部加热是涂层制备过程中不可避免的，尤其在涂层厚度增加的情况下。所以制备非晶涂层时，适当的厚度控制是保证涂层优异耐蚀性能的前提。图 3-3（a）示出 O/F 比对涂层 XRD 的影响。随 O/F 比的变化，涂层中的非晶相含量差别不是很明显，只能通过 DSC 曲线来计算具体的非晶相含量值。由图 3-3（b）可以看出，送粉速率过大时，晶体峰更为尖锐，说明过高的送粉速率不利于非晶相的形成。送粉速率过大，较多的未熔颗粒会在高温下发生晶化，致使涂层晶化相形成的概率也增大。

图 3-4 为不同喷涂参数所制备涂层的 DSC 曲线。由图可知，条带具有明显的固-固相变的放热峰。涂层中的放热峰积分面积明显低于条带，说明涂层中确实存在一定量的晶体相。通过比较晶化峰的热流积分面积，可估算出涂层中非晶相含量的多少。通过计算，涂层非晶

相的含量对 O/F 比和送粉速率敏感。对于涂层 C4、C3、C1 和 C2，非晶相含量分别为 65.4%、70.6%、75.5% 和 78.9%；对于涂层 C5、C4、C7、C6，非晶相含量分别为 60.4%、65.4%、73.0% 和 78.1%。可见，涂层 C2（O/F 比=4.2）和 C6（送粉速率= 40g/min）具有最高的非晶相含量，说明在这两个工艺参数条件下，可以实现最大程度的非晶结构形成。

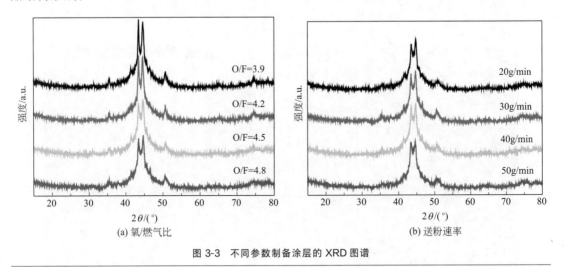

图 3-3　不同参数制备涂层的 XRD 图谱

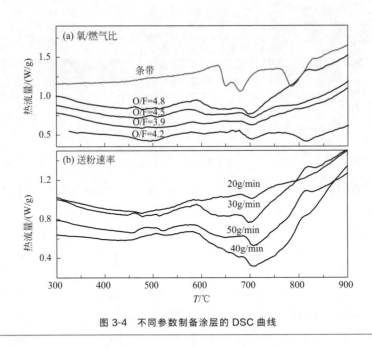

图 3-4　不同参数制备涂层的 DSC 曲线

3.1.4　涂层显微硬度

不同参数条件下制备涂层的显微硬度如图 3-5 所示。可见，涂层的硬度随 O/F 比和送粉速率的变化也呈现出一定的规律性变化。随 O/F 比的增加，硬度从 842HV 增加至 932HV。但增加程度不同，在 O/F=4.2 之前增加幅度较大，后随 O/F 比增加趋于平稳。相反，随送粉速率的增加，硬度则一直呈降低趋势。相似的是，在送粉速率小于 40g/min

时，硬度降低幅度较小，超过 40g/min 时则呈急剧下降趋势。

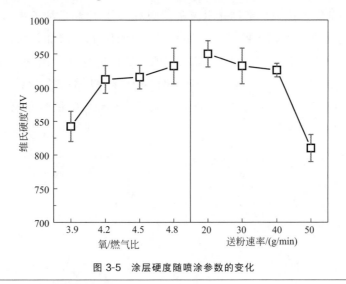

图 3-5　涂层硬度随喷涂参数的变化

3.1.5　电化学腐蚀行为

涂层在 1% NaCl 溶液中浸泡 24h 的开路电位（E_{oc}）如图 3-6 所示。

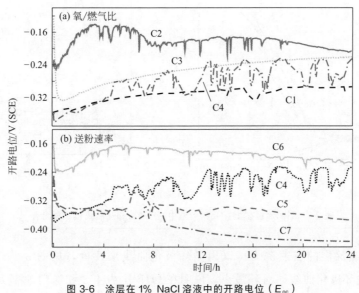

图 3-6　涂层在 1% NaCl 溶液中的开路电位（E_{oc}）

经过 0.3h 浸泡后，所有涂层的 E_{oc} 基本上呈现降低趋势，主要是由于涂层表面氧化物在 Cl^- 作用下发生溶解所致。随后，所有涂层的 E_{oc} 均发生一定的波动，并最终趋于一稳定值，涂层在 E_{oc} 达到稳定之前的波动主要与膜层的溶解和形成过程相关。这些膜层的溶解和形成过程则与膜层的结构和介质的浸入间存在一定联系，也间接受喷涂参数的影响。由图 3-6 可见，涂层 C2 和 C6 表现出较高的 E_{oc} 值（分别为 −0.20V 和 −0.21V），说明在 O/F 比为 4.2 和送粉速率为 40g/min 时所制备的涂层膜层较致密，抵抗溶解的能力较强。

在 1% NaCl 溶液中，不同涂层的动电位极化曲线和电化学阻抗谱见图 3-7。可见，不同参数制备涂层的过钝化电位都较高（不低于 1.0V），且相差不大，说明在 1% NaCl 溶液中涂层具有较高的局部腐蚀抗力。但钝化电流密度则对 O/F 比和送粉速率敏感。由图 3-7(a) 可知，涂层的钝化电流密度沿 C2、C3、C4 和 C1 的顺序依次增加，而送粉速率则沿 C6、C4、C5 和 C7 的顺序呈增加趋势 [图 3-7(b)]。所有涂层的钝化电流密度（约 10^{-5} A/cm^2）均远高于条带（约 10^{-6} A/cm^2），说明孔隙的存在恶化了涂层的均匀腐蚀抗力。所有阻抗谱只呈现出半圆弧（即高频容抗弧）特性，大的容抗弧半径说明涂层具有较高的耐蚀性，所有阻抗谱结果与极化曲线结果相一致。

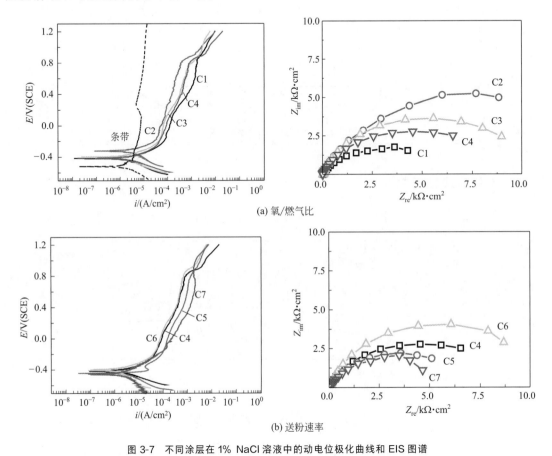

图 3-7　不同涂层在 1% NaCl 溶液中的动电位极化曲线和 EIS 图谱

不同参数制备涂层的点蚀抗力可以用循环极化曲线来评价，见图 3-8。由图 3-8 可知，涂层 C2 和 C6 循环极化曲线回滞环最小，说明在 O/F 比为 4.2 和送粉速率为 40g/min 时所制备的涂层相比其他参数所制备的涂层，具有更优异的抗点蚀能力。

3.1.6　HVOF 喷涂参数影响

在 HVOF 喷涂过程中，颗粒飞行状态主要与火焰的温度、气体流速和气体成分有关，而火焰的特性则又取决于喷涂参数。实际上，O/F 比是影响颗粒飞行状态最重要的因素，并最终影响涂层的质量。HVOF 喷涂时，原料颗粒被送入由氧气和燃气燃烧所产生的高速气流中。如果 O/F 比稍低，火焰温度达不到颗粒熔化的温度，导致颗粒不能完全熔化，但较高的 O/F 比又会引起颗粒过热。氧气流的增加可以促进颗粒的熔化。高的 O/F 比会引起

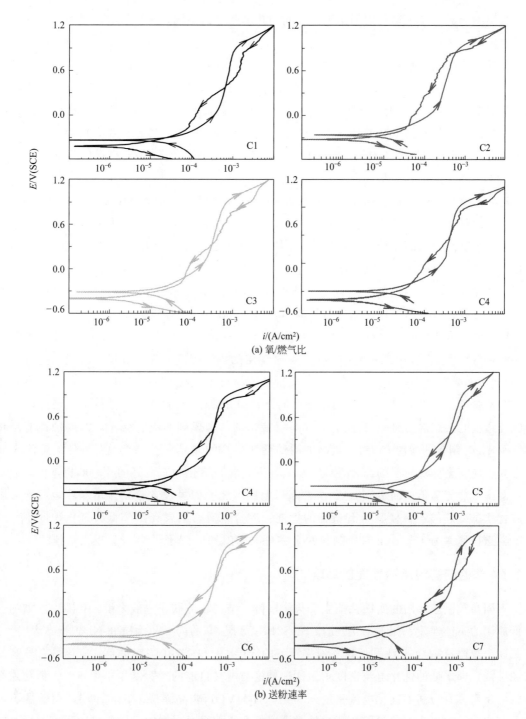

(a) 氧/燃气比

(b) 送粉速率

图 3-8　涂层在 1% NaCl 溶液中的循环极化曲线

颗粒氧化，因为完全熔化的颗粒暴露于高温气氛中会继续与氧气反应。这就不难理解为什么涂层的氧化程度随 O/F 比的增加而增加。

涂层的孔隙率随 O/F 比的增加而降低。高的 O/F 比增加了喷枪燃烧室的压力，从而引起高的颗粒速率。当颗粒速率增加时，由于颗粒动能的增加致使颗粒之间触碰的概率增加[10]。另外，孔隙率随颗粒温度的升高而降低[11,12]，最终形成比较致密的涂层结构。但同时，涂层中形成的氧化物与周围基体金属间的热膨胀系数不同，易形成分层现象，且氧化物往往比较脆。

另外，非晶相含量对 O/F 比也非常敏感。O/F 比较低时，由于低温和低的颗粒冷却速率，形成的非晶相含量较低。增加 O/F 比提高了热传递效率，颗粒可以更有效地加热，非晶相形成增多。当 O/F 比增加至较高的值时，由于颗粒的温度和速率处于比较高的水平，先前形成的涂层易暴露于高温环境中，热量传递不及时，降低了冷却速率，所以不可避免地发生了晶化。除此之外，O/F 比增加时，氧化程度增加，氧化改变了涂层的化学成分，也影响涂层非晶相的临界冷却速率。

送粉速率也与热传递和喷涂过程中颗粒的冲击行为相关。当送粉速率低至 20g/min 时，只有少量的粉末被送入喷枪，粒子相对来说能获得更多的热量，颗粒熔化状态较好，熔滴粒子扁平行为提高，从而降低涂层孔隙率，同时氧化程度也相应提高了。当送粉速率为 50g/min 时，结果恰恰相反，颗粒熔化状态差，大量的未熔粒子出现在涂层结构中，未熔颗粒的出现致使涂层孔隙率的提高。结合上述结果可知，当送粉速率为 40g/min 时，多数颗粒熔化状态比较好，氧化程度低，这也与其他学者的部分结果相一致[13,14]。

所用的燃气为丙烷，其燃烧反应式如下：$C_3H_8 + 5O_2 \Longrightarrow 3CO_2 + 4H_2O$，氧气和燃气的平衡计量比为 5。在喷涂过程中，为了减轻涂层的氧化程度，氧气和燃气流量比通常低于 5。然而，如果氧气和燃气流量比太小，飞行颗粒将得不到充足的热量，其熔化状态不够理想。本实验得出最佳 O/F 比为 4.5，相似的是，Maranho[15] 也通过实验得出，用丙烷作为燃气其最大的火焰温度是 O/F 比为 4.5 时所获得的。考虑到非晶相含量以及腐蚀性能，在 O/F=4.2 时制备的涂层 C2 具有最高的耐蚀性和最高的非晶含量。这说明最佳的喷涂表面状态并不能完全体现涂层的综合性能。从表面看，颗粒熔化状态良好的喷涂形貌，仍掩盖不了内部由于热传递不良而造成的氧化现象。因此，C2 表面虽包含个别未熔颗粒，但绝大多数熔化状态良好的颗粒使其具有最佳的性能。综合来看，涂层孔隙率低、氧化程度小。同样，在送粉速率为 40g/min 时所制备的涂层 C6 具有相似的表面形貌，呈现出最佳的性能。

3.1.7 非晶结构对腐蚀性能的影响

不同参数制备涂层的腐蚀性能主要与涂层微观结构相关联。一般来说，孔隙率的增加会降低涂层的腐蚀性能，如 HVOF 喷涂 SUS316L 涂层[8]、Inconel 涂层和 Ni 基非晶涂层[9]。按照这个规律，高 O/F 比和低送粉速率制备的涂层 C4 和 C5 孔隙率最小，应该具有最高的耐蚀性，即最低的钝化电流密度。但这种推论与本文目前的实验结果不相一致，低孔隙率的涂层反而具有较高的钝化电流密度。因此，对 HVOF 非晶涂层来说，涂层的耐蚀性不仅与孔隙率有关。事实上，除了孔隙率外，涂层的非晶相含量对腐蚀性的影响也不容忽视。非晶材料与一般晶体材料相比的优势，就是缺少晶界和位错等晶体缺陷的存在。为了综合反映孔隙率和非晶含量两者对腐蚀性能的影响，特将二者综合于图 3-9 中。图 3-9 示出了喷涂参数与孔隙率、非晶相含量和钝化电流密度之间的关系曲线。

由图 3-9 可知，孔隙率较高时，涂层的钝化电流密度受孔隙率的影响较大，比如涂层 C1（孔隙率 1.51%）和 C7（孔隙率 1.32%）都具有非常高的钝化电流。而当孔隙率较低时（尤其低于 1.21%），非晶相含量则起主要作用，钝化电流密度随非晶相含量的增加而降低。

孔隙率和钝化电流密度之间存在一个临界值，也就是说可以实现二者之间对于腐蚀性能的平衡关系。

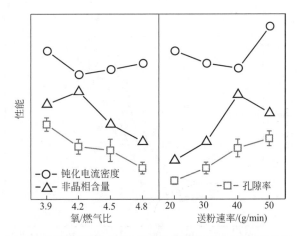

图 3-9 喷涂参数与孔隙率、非晶相含量和钝化电流密度的关系

由上述实验还可得出，涂层 C2 和 C6 具有最优的点蚀抗力，说明涂层的点蚀抗力也受 O/F 比和送粉速率的影响。通常，涂层的点蚀抗力与其化学成分相关。非晶涂层高的点蚀抗力源于其均匀且无缺陷的非晶相结构，这些非晶结构对 Cl$^-$ 的点蚀不是很敏感。而喷涂参数对涂层点蚀抗力的影响则与所沉积涂层成分的多样性相关。涂层中未熔颗粒的出现，导致涂层成分的不均匀性，从而降低了涂层的点蚀抗力。另外，高的氧化物含量也改变了涂层的化学成分，最终也降低了涂层的点蚀抗力。

3.1.8 HVOF 喷涂参数对硬度的影响

硬度是铁基非晶涂层应用于冲蚀环境必须要考虑的一个指标。Liu[10] 认为含多孔隙及未熔颗粒的涂层具有较高的硬度，而由图 3-5 的显微硬度结果可知，高 O/F 比和低送粉速率所制备涂层的硬度较高。事实上，颗粒的喷涂状态、孔隙率和纳米晶的析出等都会影响涂层的硬度分布。首先，涂层硬度随颗粒温度和速率的升高而增大[4]。颗粒温度和速率则随 O/F 比增大而升高，O/F 比增大后，熔融状态良好的颗粒更易于与基体结合，涂层更均匀且致密。就送粉速率来说，在送粉速率较低时，少量的颗粒可以获得更多的热量，最终导致颗粒温度和速率增加。其次，涂层的硬度也与未熔颗粒的含量、孔隙率和氧化物夹杂量相关，尤其是孔隙率[6]。低的硬度是由于孔隙率和未熔颗粒的出现，孔隙率对于力学性能是非常有害的。从图 3-5 还可以看出，当氧/燃气比（O/F 比）高于 4.2（即孔隙率高于 1.21%）时，涂层的硬度增加幅度明显，而 O/F 比低于 4.2 时硬度的增值幅度不太明显。这些结果表明，在孔隙率较高时，低硬度主要来自孔隙率的影响。反之，在高 O/F 比和送粉速率时制备涂层的孔隙率较低，所以具有较高的硬度值。除此之外，涂层制备过程中形成的纳米晶相，如碳化物、硼化物和氧化物等，也极大地提高了涂层的硬度。纳米晶体相的含量越高，可能对涂层硬度的贡献越大。

可以得出，涂层的耐蚀性和硬度与喷涂参数之间存在内在联系，通过优化喷涂工艺参数可以实现对其耐蚀和耐磨性的平衡。应该注意的是，上述耐蚀性或硬度的结果只是基于单一喷涂参数的影响规律。为了反映 O/F 比和送粉速率对涂层腐蚀性能的综合影响规律，在 O/F 比为 4.2（C2）和送粉速率为 40g/min（C6）条件时，所制备涂层（C0）的极化曲线如图 3-10 所示。

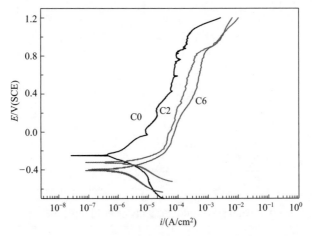

图 3-10　工艺参数优化后的动电位极化曲线

可见，两个参数制备的涂层的钝化电流密度明显小于单一参数制备的涂层，说明其耐蚀性要优于单一参数制备的涂层。从目前结果来看，通过优化 O/F 比或/和送粉速率，可以实现耐蚀性的提高，对于耐磨性的提高也有一定的指导意义，可以为铁基非晶涂层应用于海水介质冲蚀环境提供参考。

因此，喷涂参数影响涂层微观结构。涂层孔隙率和未熔颗粒随 O/F 比的增加而降低，随送粉速率的增加而增加。涂层氧化物含量则呈相反趋势。喷涂参数影响涂层非晶含量，孔隙率和非晶含量与耐蚀性之间存在一临界值，当孔隙率<1.21%，非晶含量占主导，钝化电流随非晶含量降低而增加；反之孔隙率是影响涂层耐蚀性的主要因素。喷涂参数影响涂层硬度，高的 O/F 比和低的送粉速率时制备的涂层硬度较高。涂层中晶化相、均匀的颗粒熔化状态及低孔隙率是导致涂层高硬度的主要原因。喷涂参数影响涂层耐蚀性，涂层 C2（O/F=4.2）和 C6（40g/min）具有较高的开路电位、低的钝化电流密度以及高的点蚀抗力，耐蚀性能最佳。涂层点蚀抗力也与喷涂参数相关，涂层中未熔颗粒以及氧化物的出现导致涂层成分不均匀，点蚀抗力降低。

3.2　AC-HVAF非晶涂层制备

AC-HVAF 喷涂法制备涂层，在保留 HVOF 喷涂法优点的同时，可获得更高致密度和更低氧化物含量的高质量涂层。鉴于 AC-HVAF 喷涂法制备的优点，能否制备性能优异的耐蚀耐磨涂层，很值得我们关注。下面主要通过 AC-HVAF 喷涂法制备非晶金属涂层，研究喷涂工艺、涂层厚度等对涂层结构特征的影响，分析涂层微观结构特征、腐蚀及硬度行为。

3.2.1 AC-HVAF 非晶涂层制备过程

（1）涂层制备过程

用纯金属在电磁感应炉内熔炼制备 $Fe_{54.2}Cr_{18.3}Mo_{13.7}Mn_{2.0}W_{6.0}B_{3.3}C_{1.1}Si_{1.4}$（质量分数）母合金。通过气体雾化法制备非晶粉末，用于超音速热喷涂的粉末粒度小于 $45\mu m$。

AC-HVAF 热喷涂设备采用美国 Kermetico Inc. 公司生产的 AcuKote AK02T 喷涂系统（图 3-11）。喷枪选用 AK-07-03 型，喷枪配置 $3^{\#}$ 燃料室，枪管长度 200mm。采用 AK-02T 控制系统，控制系统一体化设计，空气/氮气和气体燃料采用独立空间与电气部分隔离，用 PLC 自动控制，并可以监测燃烧室压力。送粉器为 Thermach 型 AT1200HP 送粉器，送粉压力 150psi（1psi＝6.895kPa）。Zimmer 丙烷汽化器型号为 Z40P-UL-CE，附带 3630K58 钢瓶加热器。

图 3-11　AC-HVAF 喷涂过程

AK-07 AcuKote-HVAF 喷枪能够通过压缩空气和燃气燃烧产生的高速喷束，加热非晶金属或者金属陶瓷粉末从而获得涂层。主燃料气体为丙烷，压缩空气和主气的混合物通过多孔陶瓷板进入燃烧室，经由火花塞初始点燃混合气体后，该陶瓷板被加热到混合气体的燃点以上，然后持续点燃混合物（形成激发燃烧），喷涂粉末，预先与次气（氢气）混合，被轴向注入燃烧室，在燃烧室被加热，加速进入喷嘴，通过与基体撞击，喷涂粒子最终形成涂层。

喷涂基体材料选用 316L 不锈钢（00Cr17Ni14Mo2）。基体的表面状况对喷涂层的结合力等性能有直接影响。热喷涂涂层与基体的结合主要以机械结合为主，熔融或半熔融的涂层材料微粒与基体碰撞和冲击变形后，与基体表面啮合而黏附，提高工件表面粗糙度及其净化程度，"抛锚"作用能力强，进而结合力提高。

为了对比实验，特制备 WC 涂层，粉末为德国 H.C. Starck GmbH 生产的 WC-10Co-4Cr 金属陶瓷粉末。制备时采用内衬硬质合金球磨罐，采用湿式球磨方式进行球磨制备，制备的粉末粒度为 $5\sim30\mu m$。用于 AC-HVAF 热喷涂的具体喷涂参数见表 3-2。

喷涂参数	参数值
喷涂颗粒粒径/目	≤325
喷涂距离/mm	180
送粉速率/(g/min)	3
转盘转速/(r/min)	133
往复次数(来回)	10
空气/燃气比	1.16~1.18
涂层厚度/μm	150~350

非晶涂层中非晶相含量高低取决于喷涂工艺和涂层厚度。为了反映喷涂工艺和喷涂厚度对非晶涂层性能的影响，在不改变其他参数的前提下，制备了空气/燃气比分别为 1.16∶1（C1）、1.17∶1（C2）和 1.18∶1（C3）时的涂层，并同时制备了三种不同厚度的非晶涂层 150μm（C150）、250μm（C250）和 350μm（C350），通过性能分析，以此确定最佳喷涂工艺和喷涂厚度。

（2）性能测试

用德国 ZEISS Axiovert 25 CA 光学显微镜和日立 S-3400 Ⅱ扫描电子显微镜（SEM）观察试样组织结构和腐蚀后表面形貌。XRD 分析在 RINT2000 衍射仪上进行，采用 Cu Kα 射线源（$\lambda = 0.1542nm$），扫描速度为 4°/min。条带样品的玻璃化转变和晶化行为是在德国 Netzsch-404C 型高温差示扫描量热分析仪（DSC）上测试完成的。利用维氏显微硬度计 MVK-H3 对条带进行硬度测试，所施压力为 100g，持续时间为 10s。

腐蚀性能测试在 CS350 电化学测试系统上进行。条带样品在进行动电位极化行为测试前均需经过 1000# 以上的砂纸精细打磨，随后用石蜡混合松香封样，经过酒精和丙酮清洗、蒸馏水清洗等一系列准备过程。动电位极化曲线（PD）扫描速率为 0.167mV/s，扫描电位范围为相对于开路电位 $-0.25 \sim +1.2V$。

3.2.2 制备工艺对非晶涂层结构特征的影响

（1）非晶涂层结构特征

图 3-12 是气体雾化法制备的铁基非晶合金粉末的 SEM 照片和 XRD 图谱，可以看出所选用的粉末粒度小于 30μm。大部分粉末为球形或近球形颗粒且表面光滑，只有个别较大颗粒上面附着一些小颗粒，即卫星组织。这主要是因为在喷涂过程中，不同尺寸的颗粒在气体紊流作用下相互碰撞，小的颗粒具有相对较高的凝固速率，很容易贴附在熔融状的大颗粒表面，形成黏结在一起的状态。这些特征说明非晶粉末会具备良好的流动性，将十分有利于热喷涂。

从 XRD 曲线上可以看出，在 $2\theta = 45°$ 附近非晶粉末和涂层均存在一个较宽的且漫散的衍射峰，说明形成非晶结构。其中非晶粉末的 XRD 图谱中无明显的布拉格衍射峰的出现，表明所有粉末在 X 射线分辨率下基本为非晶态结构。这主要是由于气体雾化法具有较高的冷却速率（约 $10^5 K/s$），因此金属液滴在快速凝固中较易形成非晶态。而在涂层的 XRD 图谱中出现了一些尖锐的晶体峰，说明其中存在一定的晶体相。晶体相主要由 Fe_2C、Cr_7C_3、

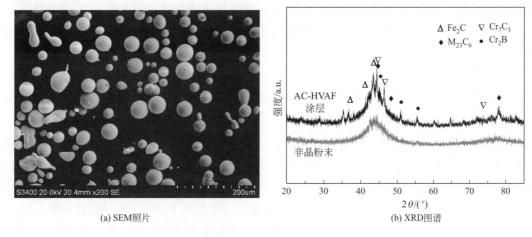

(a) SEM照片   (b) XRD图谱

图 3-12　非晶粉末的 SEM 照片和 XRD 图谱

$M_{23}C_6$、Cr_2B 和极少量的氧化物组成。涂层中氧化物的存在不利于非晶结构的形成。涂层的晶化是由于在喷涂过程中，随喷涂过程的进行，后序的热量对已沉积涂层的局部热处理所致，厚度越厚，这种晶化现象越严重。在制备非晶涂层过程中，要求涂层具有较高的玻璃形成能力，这样才能保护制备的高非晶结构的涂层。但在实际中，由于喷涂过程后序的热能不能有效散射出去，导致最终形成的涂层以层状的形式存在。

    由于非晶合金的原子结构处于亚稳态，在升高温度时会发生晶化，向稳定状态转变。一般将合金晶化开始温度与玻璃化转变温度之间的差值定义为过冷液相区（$\Delta T_x = T_x - T_g$），用来衡量非晶合金的热稳定性。过冷液相区越大，非晶合金的热稳定性越大。但非晶合金晶化后，其很多优异性能会发生不利转变，如电阻升高、耐腐蚀性能下降等。非晶合金条带在加热情况下发生晶化现象，这种晶化是通过合金内原子扩散进行的。

    图 3-13 是非晶涂层以及对应条带的 DSC 曲线。在 DSC 曲线上，所有样品均在 600℃与 800℃温度区间内表现出 2 个明显的晶化峰。涂层晶化峰的面积则有所减小，说明在涂层形

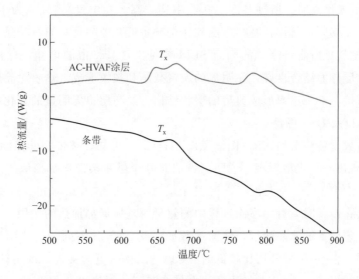

图 3-13　条带和涂层的 DSC 曲线

成过程中确实发生了一定的晶化转变。通过以下公式可以定量地计算出涂层中非晶相含量，$V_f = \Delta H_{coating} / \Delta H_{ribbon}$，其中 $\Delta H_{coating}$ 为涂层中的晶化峰面积，ΔH_{ribbon} 为条带的晶化峰面积。经计算，涂层的非晶相含量为 78.9%。

（2）制备工艺对非晶涂层性能的影响

AC-HVAF 喷涂技术比较适合制备铁基非晶纳米晶涂层，主要是由于在热喷涂过程中，单个粉末颗粒在熔化冷却时速率接近 $10^7 K/s$，远高于其临界冷却速率，满足非晶合金的形成条件。制备具有特定性能的非晶涂层需要对 AC-HVAF 喷涂过程、工艺参数与涂层结构性能之间的关系有一定的了解。涂层的结构又主要取决于喷涂过程中颗粒撞击基体瞬间的物理和化学状态，比如喷射速率、颗粒温度、熔化以及氧化程度等。这些参数的变化与喷涂参数相关，如空气/燃气流量比、喷涂距离、送粉速率和粉末颗粒粒径等。所以，要想获得高质量的非晶涂层，研究这些喷涂工艺参数对涂层结构与性能的影响是至关重要的。本节主要考虑空气/燃气流量比对非晶涂层性能的影响。

① 涂层微观结构

空气/燃气比在 AC-HVAF 喷涂过程中具有非常重要的影响，主要与涂层的熔化状态、氧化程度和孔隙率相关。不同空气/燃气比（1.16、1.17 和 1.18）所制备涂层的表面 SEM 图及表面金相特征见图 3-14。

由图 3-14 可知，空气/燃气比极大地影响了非晶涂层的微观组织结构。未熔颗粒随空气/燃气比的增加而呈增加趋势，见图 3-14(a)、(c)、(e)，这主要与燃气和喷涂颗粒之间的热传递过程相关。空气/燃气比低时，燃气过量容易导致涂层过热而氧化；而空气/燃气比高时则有可能热量不足而导致过多未熔颗粒出现。实际上，空气/燃气比是影响涂层质量的关键因素。对于传统 HVOF 喷涂法，制备涂层组织结构中往往会形成明显的氧化物带或层，但对于本文的 AC-HVAF 制备法来说，制备的涂层氧化程度明显降低。图 3-14(b)、(d)、(f) 为涂层抛光后表面的金相图，图中黑色点状区域为孔隙，一般涂层中的氧化物为灰色带状，从图中可以看出，所制备的涂层氧化物含量极少。孔隙率大小与制备工艺有一定关系，空气/燃气比过低或过高时，所制备涂层孔隙率均较高，在空气/燃气比为 1.17（C2）时涂层孔隙率最小（0.95%）。适当的空气/燃气比是制备低孔隙率且高质量非晶涂层的关键。

不同空气/燃气比所制备涂层的侧面 SEM 图见图 3-15。由图可知，三种工艺所制备的涂层，基体与涂层界面结合良好，无明显的宏观孔洞和裂纹形成。热喷涂涂层主要由变形良好的粒子相互搭接、堆积进而形成典型的层状结构，层与层也无明显的氧化物夹杂带出现。

② 涂层 XRD 及 DSC 图谱

不同喷涂参数制备涂层的 XRD 图谱见图 3-16(a)。可知，条带和非晶涂层的 XRD 图谱均在 45°附近呈现出一个漫散射峰，说明制备的非晶涂层和条带具备相似的非晶结构。非晶涂层的 XRD 图谱伴随有个别尖锐峰，说明涂层含有少量纳米晶体相。这些纳米晶体相形成，是由于涂层在制备时，后序喷涂过程中的热量对基体局部加热的作用。由图 3-16(a) 可知，不同制备工艺制备的非晶涂层，喷涂参数如空气/燃气比不同，这些纳米晶体相的数量和含量有所不同。在空气/燃气比比较低时（C1），晶体峰更为尖锐，说明较低的空气/燃气比不利于非晶相的形成。空气/燃气比低，燃气含量高，过高的热量会使得较多的未熔颗粒在高温下发生晶化，致使涂层晶化相形成的概率也增加。

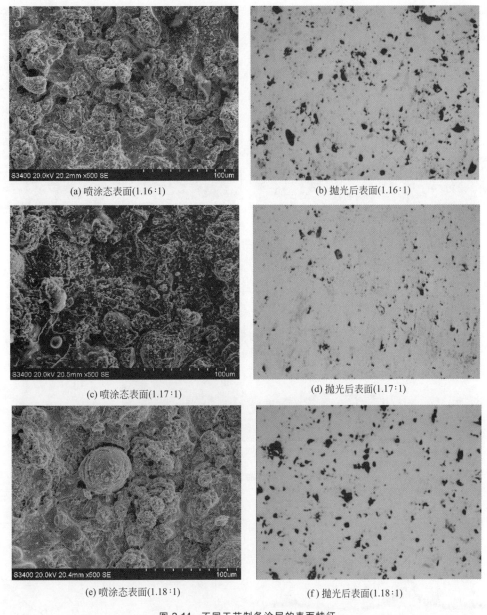

(a) 喷涂态表面(1.16∶1)

(b) 抛光后表面(1.16∶1)

(c) 喷涂态表面(1.17∶1)

(d) 抛光后表面(1.17∶1)

(e) 喷涂态表面(1.18∶1)

(f) 抛光后表面(1.18∶1)

图 3-14　不同工艺制备涂层的表面特征

由图 3-16(b) 可知，三种涂层表现出较为类似的热行为，均呈现出明显的固-固相变的放热峰，说明涂层中确实存在一定量的晶体相。通过比较三种涂层晶化峰的热流积分面积，可估算出所制备的涂层中非晶相含量的多少。通过计算，涂层 C1、C2 和 C3 非晶相含量分别为 65.2%、79.6% 和 75.3%。可见，与上面涂层微观结构分析和 XRD 图谱测试结果一致，喷涂工艺与涂层非晶相含量有一定关联。涂层 C2 具有最高的非晶相含量，说明 C2 的涂层制备工艺可以实现最大程度的非晶结构形成。

③ 制备工艺对涂层腐蚀行为的影响

图 3-17 示出了不同材料在 3% NaCl 溶液中的动电位极化曲线。由图可知，所有材料均呈现出明显的钝化行为。304 和 316L 不锈钢点蚀电位较低，约 0.2V 和 0.4V，说明其抵抗

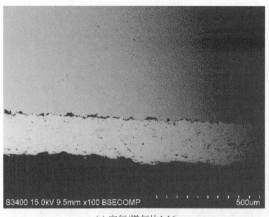
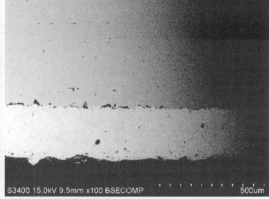

(a) 空气/燃气比1.16   (b) 空气/燃气比1.17

(c) 空气/燃气比1.18

图 3-15　不同工艺制备涂层的侧面 SEM 特征

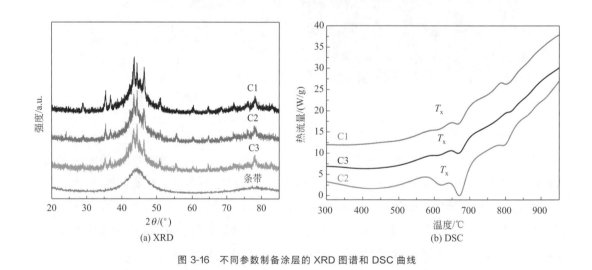

(a) XRD   (b) DSC

图 3-16　不同参数制备涂层的 XRD 图谱和 DSC 曲线

局部腐蚀的阻力降低。非晶涂层点蚀电位较高（约 1.1V），说明涂层在 3% NaCl 溶液中具有较高的局部腐蚀抗力，非晶涂层在 NaCl 溶液中抵抗局部腐蚀的阻力远高于 304 和 316L 不锈钢。

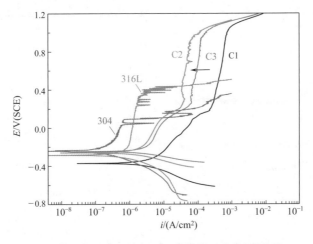

图 3-17　不同参数制备涂层及不锈钢的动电位极化曲线

不同工艺制备的非晶涂层点蚀电位相差不大，反映出涂层抵抗局部腐蚀能力相当。但涂层钝化电流密度对空气/燃气比敏感。由图可知，涂层的钝化电流密度沿 C2、C3 和 C1 的顺序依次增加，由 $10^{-5}\,A/cm^2$ 增大到 $10^{-3}\,A/cm^2$，所有涂层的钝化电流密度均远高于不锈钢（约 $10^{-6}\,A/cm^2$），说明涂层的均匀腐蚀抗力明显降低，主要归因于涂层中缺陷（如孔隙）的影响。可以看出，涂层 C2 具有最低的钝化电流密度，耐蚀性最优。

3.2.3　厚度对非晶涂层性能的影响

在非晶涂层制备过程中，涂层晶化在所难免，这主要是由于随着喷涂过程的进行，后序的热量对已沉积涂层形成局部热处理。喷涂过程后序的热量不能有效散射出去，这种局部加热是涂层制备过程中不可避免的，尤其在涂层厚度增加的情况下，所以制备非晶涂层时，适当的厚度控制是保证涂层优异耐蚀性能的前提。

为了反映厚度对非晶相形成的影响，特制备了 $150\mu m$、$250\mu m$ 和 $350\mu m$ 等三种不同厚度的非晶涂层。图 3-18（a）是不同厚度涂层的 XRD 图谱。可知，非晶粉末和三种涂层在 45°均呈现出明显的漫散射峰，说明其主要为非晶结构。与非晶粉末相比，涂层 XRD 图谱出现少量晶化峰。在所测试的三种厚度涂层中，随厚度增加，晶化峰数量和强度稍有增加，C350 涂层晶化程度较高。三种涂层 DSC 曲线见图 3-18（b）。三种厚度的非晶涂层经过加热，DSC 曲线出现明显的固-固相变放热峰，发生了明显的晶化转变。C150 涂层放热峰面积最大，说明其非晶相含量最高，C250 涂层次之，C350 涂层最小。

三种涂层侧面 SEM 背散射照片见图 3-19。可以看出，不同厚度非晶涂层与基体界面结合良好，涂层致密，没有出现明显的界面结合缺陷。非晶涂层厚度的增加并没有对界面结合缺陷产生明显的影响。

图 3-20 显示的是三种厚度非晶涂层在 3% NaCl 溶液中的动电位极化曲线。三种非晶涂层均呈现出稳定的钝化特征，具有相同的点蚀电位，约 1.1V。钝化电流密度对涂层厚度变化敏感，薄的 C150 非晶涂层钝化电流密度最小，C250 涂层次之，C350 涂层最大。这反映出非晶相含量对涂层钝化电流密度有至关重要的影响，薄的涂层具有最高的非晶相含量则呈

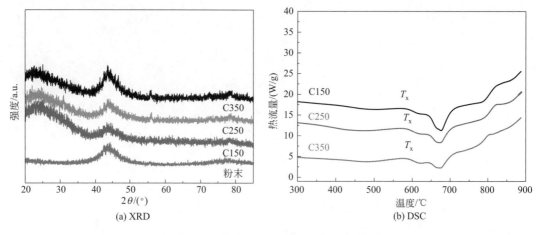

图 3-18 不同厚度涂层的 XRD 图谱和 DSC 曲线

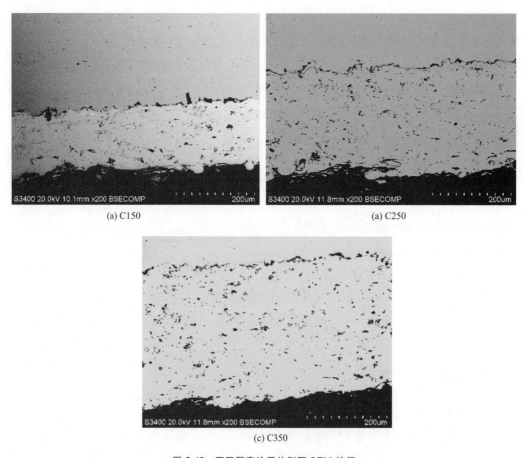

(a) C150

(a) C250

(c) C350

图 3-19 不同厚度涂层的侧面 SEM 特征

现出较低的钝化电流密度。

涂层非晶相含量之所以受到厚度的制约，主要因为在喷涂过程中粒子加热和冷却过程时间短，粒子结晶和凝固均为非平衡过程。在较高冷速下，涂层中才会形成非晶结构。当第一层薄片沉积形成后，扁平粒子的冷却和传热主要是通过基体表面来完成的。此时的热量传输

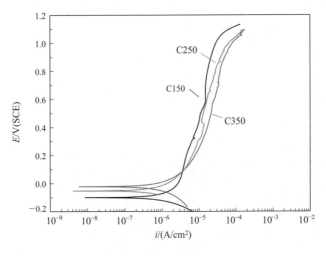

图 3-20　不同厚度涂层的动电位极化曲线

较快且冷却速率达到最大（通常在 $10^6\,K/s$ 以上），基体温度升高不太明显，可以获得接近完全的非晶结构。随着喷涂道次的增加，已沉积涂层和基体之间的热导率变低，导致涂层内部沿厚度方向形成一个温度梯度且冷却速度会降低。在后续颗粒的沉积作用下，绝热再辉和晶化现象不可避免，再加上非晶合金低的热导率，最终导致涂层非晶相含量会随厚度增加而降低，可以说利用热喷涂方法难以获得较厚的且具有完全非晶结构的合金涂层。

3.2.4　AC-HVAF WC 涂层结构和性能研究

（1）WC 涂层结构特征

图 3-21(a) 为 WC-10Co-4Cr 粉末的 SEM 照片，可以看出，粉末为圆形或近圆形，球形度较高。多数颗粒为松散分布，无黏附或团聚现象。所有粉末粒径均在 $15\mu m$ 左右，大小均一。

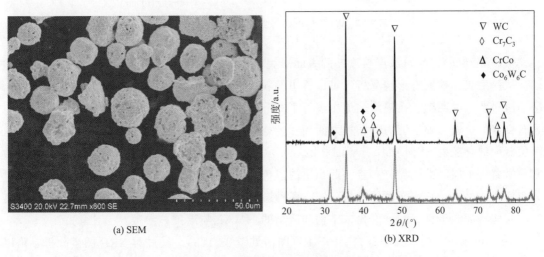

(a) SEM

(b) XRD

图 3-21　WC-10Co-4Cr 粉末 SEM 和 XRD

一般粉末粒度分布均匀，可以有效提高送粉和喷涂的效率，粉末熔化扁平铺展效果好，更易获得低氧化、高结构致密的涂层。从粉末表面观察，粉末表面粗糙多孔，这种多孔的结构有利于粉末在喷涂火焰的焰流中的吸收和传递热量，减少涂层中一些未熔颗粒的数量，进而提高喷涂涂层的质量。为了分析涂层厚度的影响规律，采用 AC-HVAF 法制备了 $50\mu m$ 和 $100\mu m$ 两种厚度涂层，所制备 WC-10Co-4Cr 涂层的表面及侧面 SEM 如图 3-22(a)、(b) 所示。

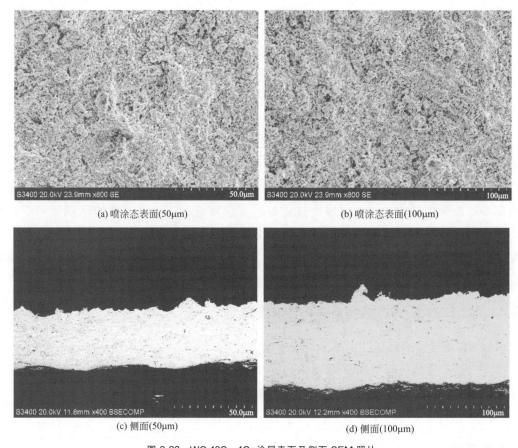

(a) 喷涂态表面(50μm)　　　　　　　(b) 喷涂态表面(100μm)

(c) 侧面(50μm)　　　　　　　(d) 侧面(100μm)

图 3-22　WC-10Co-4Cr 涂层表面及侧面 SEM 照片

从图 3-22(a)、(b) 涂层喷涂态的表面形貌看，两种厚度涂层表面喷涂形貌并无明显差别。从涂层表面喷涂态形貌分析，可以看出颗粒在撞击喷涂基体后，绝大部分已充分摊平，呈小薄饼状，说明颗粒在喷涂焰流中进行了充分熔融并且发生变形，这种喷涂特征使得颗粒具有良好的填充孔隙的能力，颗粒之间相互咬合作用也比较强，从而使得涂层结构致密。从涂层截面的背散射 SEM 照片看 [图 3-22(c)、(d)]，涂层无明显的层状分布特征，涂层致密，沿着每个层间的边界分布着一些小块的黑色区域，这些区域可能是小的孔隙，孔隙小且分布均匀。另外，从侧面图像分析可知，两种厚度涂层孔隙率相差不大。涂层与界面结合良好，这些特征源于良好的球形粉末结构和适当的 HVAF 喷涂工艺参数。

WC-10Co-4Cr 粉末及制备涂层的 XRD 图谱见图 3-21(b)。经过对 XRD 图谱分析，可以看出，粉末和制备涂层物相的峰位基本相同，主要物相为 WC，还含有少量的 Cr_7C_3 碳化物相、CrCo 固溶体和 Co_6W_6C 脆性相等，二者的物相基本一致，经过 AC-HVAF 喷涂，没有使粉末成分发生明显变化。在 $2\theta = 44°$ 处涂层的 XRD 图谱出现一个峰强度低、较宽泛的漫散射衍射峰，这可能是由于在喷涂过程中，熔融的固体颗粒撞击基体，颗粒以极高的速度冷却从而形成少量的非晶或纳米晶相所致。

对于传统的 HVOF 法喷涂，制备过程 WC 相极易出现脱碳现象。通过适当调整工艺参数均得到只出现少量 W_2C 脱碳相的涂层[16]。而本文采用的 AC-HVAF 法制备的涂层则不存在 W_2C 脱碳相，这表明 AC-HVAF 喷枪与 HVOF 喷枪相比，更易于获得相结构较为单一和高性能的涂层。这源于 AC-HVAF 法具有较低的焰流温度和较高的颗粒速度，粉末在焰流飞行过程中氧化程度小。

（2）WC 涂层耐蚀性能

两种厚度 WC-10Co-4Cr 涂层在 3% NaCl 溶液中的动电位极化曲线见图 3-23。

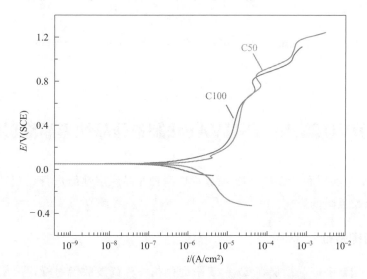

图 3-23　不同厚度 WC-10Co-4Cr 涂层的动电位极化曲线

两种涂层均呈现出明显的钝化特征，但钝化行为并不稳定，点蚀电位较低，约 0.9V。涂层的钝化电流密度对涂层厚度变化敏感，厚的 C100 涂层钝化电流密度小于 C50。这与上面所制备的非晶涂层结果不同。对于非晶金属涂层，薄的涂层非晶相含量高，因而钝化电流密度低。而对于 WC-10Co-4Cr 涂层，厚涂层低的钝化电流密度，主要是由于涂层厚度对 Cl^- 扩散阻挡作用所致。一般来说，在涂层孔隙变化不大的情况下，厚涂层对于 O_2 和 Cl^- 传输的障碍作用要强于薄涂层，因此呈现出低的钝化电流密度，耐蚀性提高。

非晶金属和金属陶瓷涂层的硬度测试结果见图 3-24。

由图可知，基体材料维氏硬度为 360HV 左右；非晶金属涂层平均硬度为 1400HV，最高可接近 1600HV；金属陶瓷涂层平均硬度则达 2000HV。虽然非晶金属涂层硬度比基体高 3 倍多，但金属陶瓷硬度远高于非晶金属涂层。非晶金属和金属陶瓷硬度均非常高，除了喷涂材料成分之外，主要与喷涂所采用的方法和喷涂工艺参数有关。AC-HVAF 法制备的涂层致密、孔隙率小，更易呈现出较高的硬度，远高于 HVOF 法制备的涂层（显微硬度 HV0.3 1322）[16]，以及气体燃料 DJ 喷枪制备的 WC-10Co4Cr（显微硬度为 HV0.3 1265[17]）。

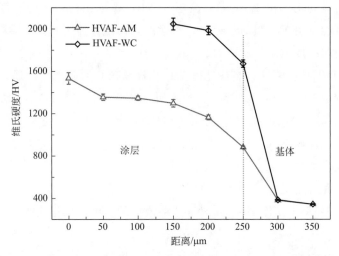

图 3-24 非晶金属涂层（HVAF-AM）和金属陶瓷（HVAF-WC）涂层硬度比较

3.3 HVOF法和AC-HVAF法制备非晶纳米晶涂层比较

对 HVOF 喷涂涂层和 AC-HVAF 喷涂涂层两种非晶涂层性能进行比较，分析不同热喷涂方法对非晶涂层质量的影响。

3.3.1 非晶结构特征

AC-HVAF 法制备非晶涂层在 $2\theta=45°$ 附近存在一较宽漫散衍射峰，涂层基本为非晶相结构，含少量 Fe_2C、Cr_7C_3、$M_{23}C_6$ 和 Cr_2B 等纳米晶体相。相比于 HVOF 法，HVAF 法制备涂层结构致密、非晶相含量高（78.9%）、晶化峰强度弱（图 3-25）、氧化程度低（几乎不含氧化物夹杂）、孔隙率小且界面结合良好（图 3-26）。

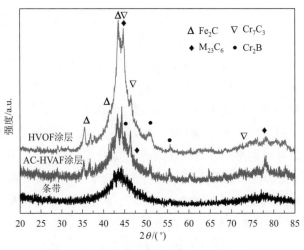

图 3-25　AC-HVAF 涂层和 HVOF 涂层 XRD

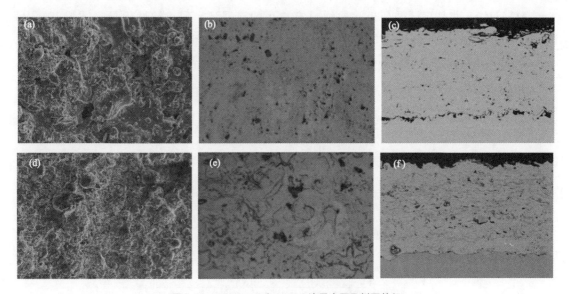

图 3-26 AC-HVAF 和 HVOF 涂层表面及侧面特征

喷涂态表面：（a）AC-HVAF，（d）HVOF；抛光表面：（b）AC-HVAF，（e）HVOF；

侧面：（c）AC-HVAF，（f）HVOF

AC-HVAF 喷涂工艺参数与涂层组织结构、非晶相含量、孔隙率以及耐蚀性存在一定关联。适当的空气/燃气比是制备高质量非晶涂层的关键。空气/燃气比为 1.17 时涂层表面颗粒熔融状态均匀，涂层孔隙率最小（1.1%），非晶相含量最高（79.6%）。

3.3.2 耐蚀性特征

在 3.5% NaCl 溶液中，AC-HVAF 非晶涂层腐蚀电位远高于条带和 HVOF 非晶涂层，腐蚀倾向小。从钝化性能看，AC-HVAF 非晶涂层钝化区间宽，点蚀电位高（约 1.1V），远高于 304 不锈钢（0.2V）和 316L 不锈钢（0.4V），说明其在含氯介质中抗点蚀能力强。AC-HVAF 非晶涂层钝化电流密度比 HVOF 非晶涂层降低近 2 个数量级，抗均匀腐蚀能力提高（图 3-27）。

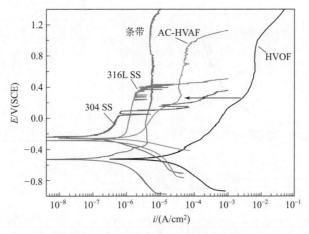

图 3-27 非晶涂层、条带及不锈钢在 3.5% NaCl 溶液中的腐蚀行为

AC-HVAF 非晶涂层循环极化曲线具有最小的滞回环，耐点蚀性优异（图 3-28）。另外，HVAF 非晶涂层在 6mol/L HCl 溶液中钝化行为接近条带，耐蚀性相当 [图 3-29（a）]，在 3mol/L H_2SO_4 溶液中也具有较 HVOF 非晶涂层更为优异的钝化稳定性 [图 3-29（b）]。非晶涂层点蚀电位对腐蚀介质参数变化不敏感。AC-HVAF 非晶涂层具有较高的点蚀阻力和均匀腐蚀阻力。

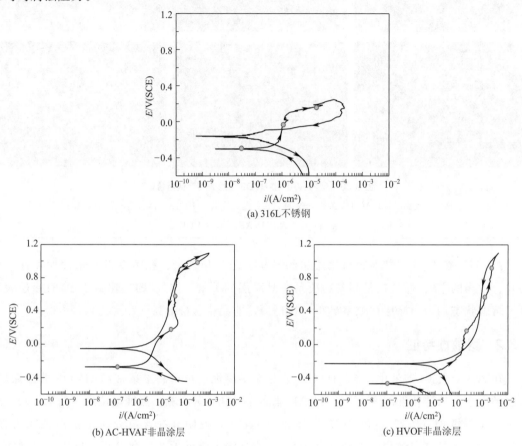

(a) 316L不锈钢

(b) AC-HVAF非晶涂层

(c) HVOF非晶涂层

图 3-28　非晶涂层与 316L 不锈钢在 3.5% NaCl 溶液中的点蚀行为

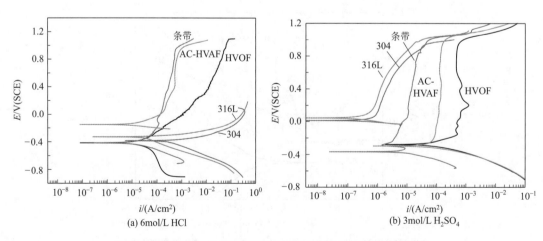

(a) 6mol/L HCl

(b) 3mol/L H_2SO_4

图 3-29　非晶涂层、条带及不锈钢在 HCl 和 H_2SO_4 溶液中的腐蚀行为

AC-HVAF 非晶涂层在 HCl 和 H_2SO_4 溶液中呈现出明显的钝化行为，HCl 和 H_2SO_4 浓度的增加并没有改变 AC-HVAF 非晶涂层的钝化特征，在不同浓度的 HCl 和 H_2SO_4 溶液中，非晶涂层均呈现出较高的点蚀电位，说明抵抗局部腐蚀能力较强。非晶涂层钝化电流密度与制备工艺密切相关，C2 参数制备的涂层钝化电流密度最小，耐蚀性最优。

3.3.3 硬度特征

AC-HVAF 非晶涂层硬度平均为 1400HV，表层接近 1500HV，远高于 HVOF 非晶涂层（900HV）和 316L 不锈钢（260HV），具备耐磨性优异的先决条件（图 3-30）。

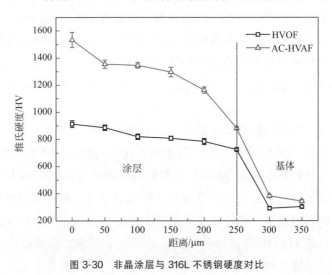

图 3-30　非晶涂层与 316L 不锈钢硬度对比

3.4　封孔处理对HVOF非晶纳米晶涂层腐蚀性能的影响

HVOF 喷涂技术可以实现制备一定厚度、高致密性、低孔隙率以及高耐蚀的涂层，可以用来制备铁基非晶纳米晶涂层。HVOF 制备涂层的孔隙率虽小，但想完全消除孔隙的影响仍是一个非常巨大的挑战。孔隙的存在是降低其耐蚀性能最关键的因素之一。目前来看，涂层制备过程中孔隙仍不可避免，这也部分限制了 HVOF 涂层作为性能优异耐蚀涂层的应用，尤其是一些贯穿孔隙的出现。对于孔隙的后序处理，比较有效的能提高其耐蚀及耐磨性的方法是封孔处理。

封孔处理通常是将有机或无机树脂渗透入涂层内部来实现的。普通的有机树脂通常由一种或两种不饱和树脂组成，通过调配两种组分的含量，加入溶剂、活性稀释剂和表面活性剂，可以制备黏度和表面张力适当的有机封孔剂。许多有机树脂都被用作封孔剂来提高涂层的耐蚀性，如环氧树脂[18]、酚醛树脂[19]、聚甲基硅氧烷或甲基乙烯基硅[20]和溶胶-凝胶[21]等等。但有机树脂只能粘贴在涂层表面，有利于提高涂层的耐蚀性。无机封孔剂最近研究比较多，主要由于其在提高涂层耐蚀性的同时，还可以提高耐磨性。但多数无机封孔剂一直以来都用于陶瓷涂层的封孔处理，且应用于高温领域[22]，如硅酸钠（Na_2SiO_3）、钼酸钠（Na_2MoO_4）和磷酸铝（$AlPO_4$）。硅酸钠，又称水玻璃，是最常用的一种无机封孔剂，经 Na_2SiO_3 封孔后的耐蚀性主要取决于 Na_2SiO_3 的浓度和后处理时间[23]。$AlPO_4$ 封孔剂是一种应用于高温陶瓷涂层体系的无机黏结剂，曾被用于等离子喷涂层状多孔结构涂层的封孔处理[24]。对于等离子喷涂涂层，$AlPO_4$ 封孔剂提高了层与层之间的结合强度以及耐蚀性。前期的研究也都主要集中于等离子喷涂氧化铝和氧化铬涂层，封孔剂可以渗透入涂层内部，提高了涂层的耐蚀性[25-27]和耐磨性[25,26]。但对于铁基非晶涂层来说，目前还没有封孔处理相关的研究报道。

稀土铈盐转化膜最早由 Hinton[28] 提出，并用作铝合金的保护膜层。通过把材料浸入稀土铈盐溶液，即可生成一种与铬转化膜耐蚀性相当或更优的涂层。这种稀土铈盐转化膜比一般的氧化物膜层具有更高的抗点蚀和缝隙腐蚀能力[29,30]。耐蚀性的提高主要是因为这种在合金表面形成的水化稀土铈盐转化膜具有阴极保护作用[31,32]。然而，所有涉及稀土铈盐转化膜的应用目前都局限于铝合金[29-34]和镁合金[35]，非晶涂层方面的应用还是空白，封孔性能如何也不得而知。

除此之外，上述所涉及的封孔处理都只是针对等离子喷涂涂层，对 HVOF 喷涂涂层方面的研究甚少，HVOF 喷涂涂层具有高致密性和低孔隙的特征应该是主要原因。Neville[36] 通过实验得出，封孔处理对 HVOF 喷涂 WC 陶瓷涂层腐蚀性能的影响不大，源自涂层比较致密的层状结构特征。目前来看，封孔处理对于铁基非晶涂层耐蚀和耐磨性的影响还是一个未知数。况且，在制备过程中，喷涂难免有工艺参数控制不当之时，这样如果能有一种有效的封孔处理方法，对于 HVOF 喷涂涂层来说，也是一个非常好的补救措施。所以说，研究封孔处理对于铁基非晶涂层性能的影响，以及寻找一种有效的封孔工艺提高涂层的耐蚀和耐磨性，具有非常重要的实际意义。

本节选用 $AlPO_4$、Na_2SiO_3 和稀土铈盐三种封孔剂，对铁基非晶涂层进行封孔处理，用电化学测试手段研究涂层的腐蚀性能，结合硬度测试，并与未封孔涂层进行对比，最后对三种封孔剂的优缺点以及应用领域进行了简单总结。

3.4.1 封孔涂层制备

采用 HVOF 喷涂法制备铁基非晶涂层，基体为 304 不锈钢。制备涂层厚度分别为 $150\mu m$ 和 $350\mu m$。

测试前所有涂层都经过以下前处理工艺：涂层→化学脱脂→蒸馏水清洗→酒精超声清洗→蒸馏水清洗→HCl 溶液活化→蒸馏水清洗→封孔处理→蒸馏水清洗→烘干。

化学脱脂工艺：在 30g/L 的 Na_3PO_4、25g/L 的 Na_2CO_3 和 10g/L 的 Na_2SiO_3 溶液中，加热至 85℃保温 5min。脱脂完后在蒸馏水中超声清洗后备用。

所选用的三种封孔剂及处理工艺过程如下。

（1）$AlPO_4$ 封孔剂

$AlPO_4$ 封孔剂由 $Al(OH)_3$ 和 85％ H_3PO_4 溶液配制而成，考虑到 P/Al 摩尔比大约为 1，$Al(OH)_3$ 与 H_3PO_4 的质量比为 0.79：1。将配制好的 $Al(OH)_3$ 和 H_3PO_4 溶液缓慢加热到 70℃，加热过程中采用磁力搅拌，直到溶液清澈。然后将需封孔的涂层放入其中室温浸泡 12h，然后在 100℃时加热保温 2h，200℃时保温 2h，最后在 250℃时保温 1h 即可。

（2）Na_2SiO_3 封孔剂

Na_2SiO_3 溶液浓度为 $5g/L$，将 Na_2SiO_3 溶液加热至 $85℃$，将需封孔的涂层在其中浸泡至少 $30min$[23]。

（3）稀土铈盐封孔剂

稀土铈盐封孔剂配比及工艺见表 3-3[33]。

● 表 3-3　稀土铈盐封孔剂配比

作用	成分	用量
稀土铈盐溶液/(g/L)	$Ce(NO_3)_3$	5.0
催化剂/(g/L)	H_2O_2	0.8
稳定剂/(g/L)	H_3BO_3	0.5
添加剂/(g/L)	HF	0.01
pH	—	5
温度/℃	—	30
时间/h	—	2

利用德国 LEO Supra 35 扫描电子显微镜（SEM）并配有能谱附件观察封孔涂层的组织结构或封孔后的表面形貌。涂层样品的 XRD 在 Rigaku D/max2400 衍射仪上进行，对于 Al-PO_4 封孔剂涂层，采用层状去除的方法，从涂层外表面开始，每次打磨掉 $50\mu m$ 厚的涂层，以确认 $AlPO_4$ 封孔涂层的厚度。利用维氏显微硬度计 MVK-H3 对 $AlPO_4$ 封孔涂层的侧面进行显微硬度值测试。腐蚀性能测试在 PAR Model 2273 工作站上进行，腐蚀测试介质均为 3% NaCl 溶液，包括动电位极化曲线、循环极化曲线和电化学阻抗谱。为反映封孔涂层的长期腐蚀行为，每隔 3d 测试浸泡腐蚀涂层的电化学阻抗谱。测试完后，采用 Zview 阻抗谱拟合软件对数据进行拟合。为反映长期腐蚀前后封孔涂层钝化膜的半导体特征，测试涂层的Mott-Schottky 曲线，测量频率选择 1kHz。

3.4.2　封孔涂层的微观结构特征

封孔与未封孔涂层的表面形貌如图 3-31 所示。由图 3-31（a）可见，未封孔涂层表面由一些熔化或半熔化的扁平状的颗粒组成，组织均匀。从表面宏观形貌看，孔隙的存在有两种形式：颗粒之间间隙处的大孔隙［图 3-31（a）中 A 区域］和片层之间间隙处的小孔隙［图3-31（a）中 B 区域］。

从图 3-31（b）～（d）可见，经过封孔处理后，涂层表面的一些大孔隙基本被密封。事实上，对于 Na_2SiO_3 封孔剂，由于封孔剂渗透过程慢且周期长，所以封孔处理只作用于涂层的外表面。稀土铈盐封孔剂也只作用于涂层的表层，封孔处理后表面呈现微裂纹状特征，类似"干泥"（dry-mud）状[33]。这些微裂纹主要是在封孔时涂层随厚度增加而引起的。与这两种封孔处理不同的是，$AlPO_4$ 封孔处理从封孔后表面形貌看虽与未封孔涂层差别不大，但 $AlPO_4$ 封孔剂可以渗透入涂层内部，这种渗透作用也是研究所关注的重点，因为封孔剂的渗透作用在影响腐蚀性能的同时，可能对涂层致密性、硬度等有一定程度的影响。下面就重点对 $AlPO_4$ 封孔处理涂层的性能进行介绍。

图 3-31　封孔涂层表面 SEM 特征

（a）未封孔涂层；（b）AlPO$_4$ 封孔涂层；（c）Na$_2$SiO$_3$ 封孔涂层；（d）稀土铈盐封孔涂层

图 3-32 示出了 AlPO$_4$ 封孔涂层表面及侧面 EDS 元素能谱分析。由 AlPO$_4$ 封孔涂层的表面及侧面 EDS 能谱结果可知，涂层表面一些孔隙处均被 AlPO$_4$ 封孔剂密封 ［图 3-32（a）灰色区域］。从侧面看，薄涂层封孔剂已经完全渗透到与基体结合处 ［图 3-32（b）］，显示 Al 元素已出现在界面结合处，厚涂层也有一定深度的封孔效果 ［图 3-32（c）］，下文主要就厚涂层的封孔效果和性能进行研究。图 3-33 反映的是 AlPO$_4$ 封孔涂层抛光后的表面 SEM 形貌及侧面 Al 元素面扫描（mapping）结果。从表面形貌看，未封孔涂层表面存在一些明显的坑状孔隙，而经 AlPO$_4$ 封孔处理后的涂层表面则比较光滑平整 ［图 3-33（a）、（b）］。从侧面形貌看，AlPO$_4$ 封孔剂渗透入涂层一定深度，从 Al 元素的面扫描结果可以看出 ［图 3-33（c）、（d）］，AlPO$_4$ 封孔剂浸透入涂层至少 $50\mu m$。从图 3-33（e）的封孔处理后局部放大图可知，封孔剂主要位于涂层一些结构缺陷部位，如孔隙、裂缝以及片状层间间隙处。

AlPO$_4$ 封孔涂层经层状去除后不同厚度的 XRD 图谱见图 3-34。图中一些明显的尖锐峰表明涂层中存在 AlPO$_4$ 和 Al$_2$O$_3$ 物相。AlPO$_4$ 和 Al$_2$O$_3$ 的峰值在原始表面上最强，随厚度的去除（去除 $50\mu m$），峰值逐渐降低，说明越深入涂层内部这些物质的含量也越少。到达一定厚度时（$100\mu m$），涂层中已无 AlPO$_4$ 和 Al$_2$O$_3$ 峰值出现。这些结果说明 AlPO$_4$ 封孔剂渗透入涂层内部至少 $50\mu m$，也与涂层侧面的 Al 元素面扫描结果一致。

3.4.3　封孔涂层的硬度

为了确定 AlPO$_4$ 封孔处理对涂层硬度的影响，对 AlPO$_4$ 封孔处理后的涂层侧面进行显

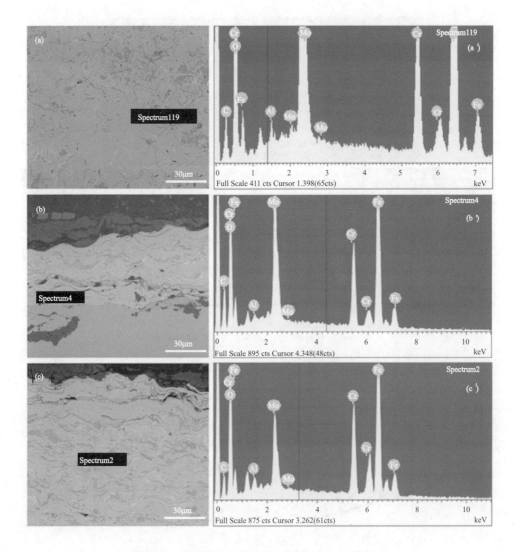

图 3-32　磷酸铝封孔涂层表面及侧面 EDS 元素能谱分析

（a）封孔涂层抛光表面；（b）薄封孔涂层侧面；（c）厚封孔涂层侧面

微维氏硬度测试，测试时沿涂层外表面至基体的顺序进行，测试间隔为 $50\mu m$，具体测试值见图 3-35。

由图 3-35 可知，基体 304 不锈钢的硬度比较低（约 300HV），未经 $AlPO_4$ 封孔处理的涂层硬度约为 800HV，经封孔处理后涂层的硬度增加至 1000HV。可见，$AlPO_4$ 封孔处理在降低涂层缺陷程度的同时，也提高了涂层的硬度。这种硬度的提高，可以侧面反映出耐磨性的提高，这也是该涂层应用于冲蚀环境需要关注的首要问题。

3.4.4　电化学腐蚀行为

由于实际工况下涂层的服役周期比较长，所以要保证涂层具有良好的耐蚀性，尤其是耐长期腐蚀性。腐蚀电化学测量包括常规腐蚀行为和长期浸泡腐蚀行为测量。图 3-36 是三种封孔涂层在 3‰ NaCl 溶液中的动电位极化曲线和电化学阻抗谱图。

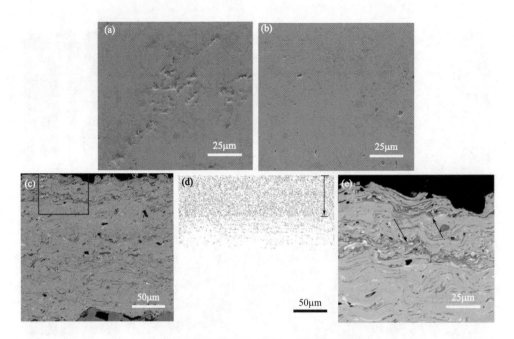

图 3-33 磷酸铝封孔涂层表面及侧面 SEM 形貌

（a）抛光后未封孔涂层；（b）磷酸铝封孔表面；（c）侧面；（d）Al 元素面扫描；（e）局部放大

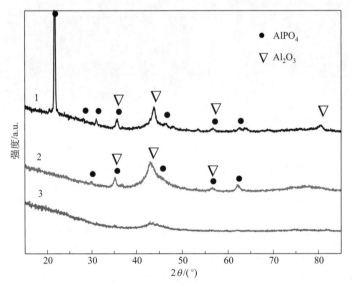

图 3-34 磷酸铝封孔涂层不同厚度 XRD 图谱

1—抛光表面；2—去除 $50\mu m$ 层；3—去除 $100\mu m$ 层

　　由图 3-36（a）的极化曲线可知，封孔处理的涂层均呈现出明显的钝化区间，其中稀土铈盐封孔涂层腐蚀电位正移。未封孔涂层具有最大的钝化电流密度（约 $1\times10^{-3}\,A/cm^2$，条带约为 $4\times10^{-6}\,A/cm^2$），主要是由于涂层孔隙对均匀腐蚀抗力的影响。封孔处理后涂层的钝化电流密度明显降低，其中 $AlPO_4$ 封孔涂层最低（约 $2\times10^{-5}\,A/cm^2$），其次为稀土铈盐封孔涂层（$5\times10^{-5}\,A/cm^2$），最后为 Na_2SiO_3 封孔涂层（$1\times10^{-4}\,A/cm^2$）。经封孔处理后涂层的钝化电流密度至少降低了一个数量级，$AlPO_4$ 封孔涂层的钝化电流密度与条带最为接

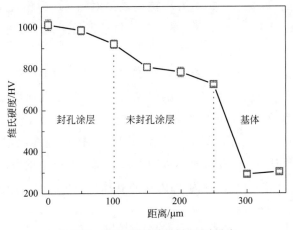

图 3-35　磷酸铝封孔涂层侧面硬度分布

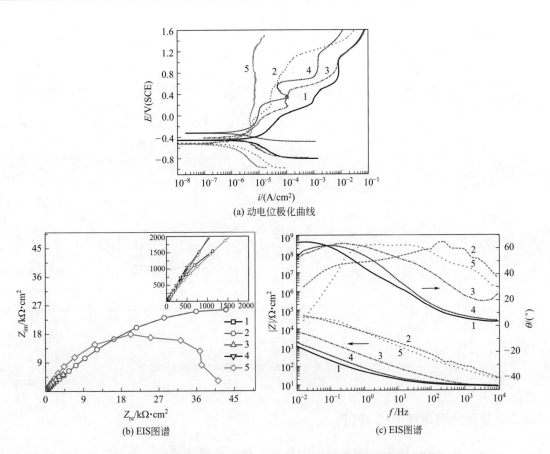

(a) 动电位极化曲线

(b) EIS图谱

(c) EIS图谱

图 3-36　不同封孔涂层在 3% NaCl 溶液中的动电位极化曲线和 EIS 谱图

1—未封孔涂层；2—AlPO$_4$ 封孔涂层；3—Na$_2$SiO$_3$ 封孔涂层；

4—稀土铈盐封孔涂层；5—条带

近，这说明封孔处理明显提高了涂层的均匀腐蚀抗力，尤其是 AlPO$_4$ 封孔处理。图 3-36(b)
的 Nyquist 阻抗谱图结果与图 3-36(a) 的极化曲线结果一致，可以看出 AlPO$_4$ 封孔涂层与
条带的容抗弧基本相当。图 3-36(b) 的 Nyquist 图还可以表示成图 3-36(c) 的 Bode 图形式，

即 $\lg|Z|$ -$\lg f$ 和 θ-$\lg f$ 形式（$|Z|$ 为阻抗模数绝对值，θ 为相位角，f 为角频率）。从 Bode 图高频区域来看，$AlPO_4$ 封孔涂层的 $|Z|$ 与条带处于同一水平，这也同时印证了上述极化曲线的结果。

涂层的均匀腐蚀抗力可以通过封孔处理得到提高。在 NaCl 介质中，涂层在遭受均匀腐蚀的同时，表面钝化膜难免会遭受到 Cl^- 的侵蚀破坏，不同封孔涂层抵抗点蚀的能力可以由图 3-37 的循环极化曲线来反映。由图可知，Na_2SiO_3 封孔涂层回滞环最大，点蚀倾向最大。稀土铈盐封孔涂层无明显回滞环，基本不发生点蚀。$AlPO_4$ 封孔涂层以及未封孔涂层回滞环比较小，说明点蚀倾向小。封孔处理可以明显影响涂层的点蚀抗力，稀土铈盐封孔处理可以极大地提高涂层抗点蚀能力，其次为 $AlPO_4$ 封孔涂层。

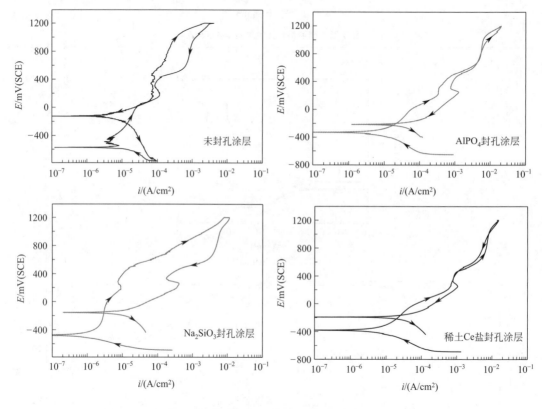

图 3-37　不同封孔涂层在 3% NaCl 溶液中的循环极化曲线

3.4.5　长期浸泡腐蚀 EIS 特征

极化曲线和电化学阻抗谱结果表明，$AlPO_4$ 封孔涂层具有最高的抗均匀腐蚀抗力，而稀土铈盐封孔涂层则具有最高的抗点蚀性能。在长期腐蚀环境中，均匀腐蚀和点蚀哪个更为主要？为了说明这个问题，对不同封孔涂层在 3% NaCl 溶液中随浸泡时间的电化学阻抗谱图进行了测试。阻抗图高频区域反映的是与阻挡层相关的性质（即电荷转移电阻），低频区域则反映的是与界面电阻相关的性质（如局部腐蚀）。为了更清晰地体现在不同频率范围内的频谱特性，测试结果以 Bode 图的形式体现，见图 3-38。所有的测试结果均用相对应的等效电路进行拟合，其中 0d 时未封孔涂层的阻抗谱用一个时间常数的等效电路，其余的均用

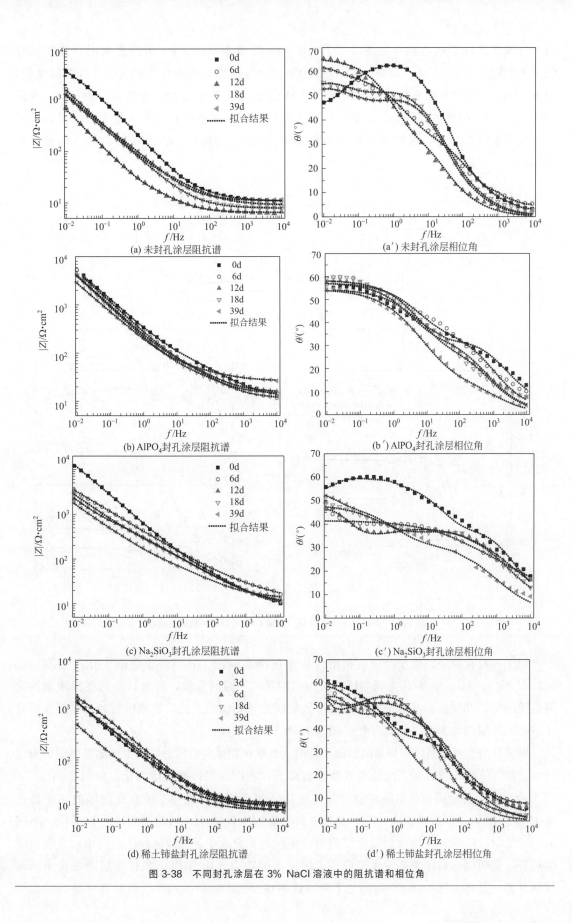

图 3-38　不同封孔涂层在 3% NaCl 溶液中的阻抗谱和相位角

两个时间常数的等效电路（见图 3-39）。图 3-39 等效电路中：R_s 为溶液电阻，并联元件 CPE-c（涂层电容）和 R_p（孔电阻）代表涂层的介电性质，并联元件 CPE-d（双电层电容）和 R_t（金属/涂层界面电荷传递电阻）代表钢/涂层界面孔隙处的电荷传递性质，n 为弥散系数。图 3-38 中虚线表示拟合结果，从拟合情况看，基本在所有的频率范围内，拟合结果与实验结果吻合较好，说明所选的等效电路是正确的。具体的 R_p、n 和 CPE-c 拟合值见图 3-40。

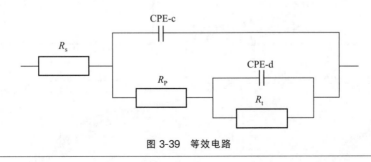

图 3-39　等效电路

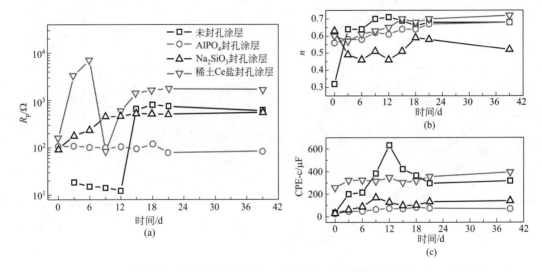

图 3-40　不同封孔涂层的 R_p、n 和 CPE-c 随时间的变化关系

对于未封孔涂层，阻抗 $|Z|$ 和相位角 θ 在浸泡腐蚀 12d 后发生急剧变化，见图 3-38 (a) 和 (a′)。Hinton[29] 认为低频区相位角出现第二个时间常数，可被认为是在浸泡腐蚀阶段点蚀的萌生和发展。只有未封孔涂层在低频区出现相位角变化，其他所有封孔涂层在所有浸泡时间范围内均为两个时间常数 [图 3-38(b′)～(d′)]。

腐蚀行为也可以通过相位角的数值来说明。低频区相位角数值的降低也伴随着界面的腐蚀过程，相位角的减小意味着涂层电容特性的降低，表明涂层性质发生恶化。如图 3-38(a′)～(d′) 所示，所有涂层相位角随浸泡时间的变化呈现出相似的规律。未封孔涂层的相位角在前 12 天内增加，随后则急剧下降，说明未封孔涂层在浸泡 12d 后局部腐蚀过程加剧。不同的是，Na_2SiO_3 和稀土铈盐封孔涂层的相位角在前 6 天减小，然后随浸泡时间增加呈现出增加趋势，说明局部腐蚀主要发生在前 6 天的浸泡时期内。而 $AlPO_4$ 封孔涂层的相位角则从浸泡开始一直增加到 18d，然后随之下降，说明在浸泡 18d 阶段内涂层均具有优异的局部腐蚀抗力。

从高频区域的 $|Z|$ 值来看，高的 $|Z|$ 值说明涂层具有高的腐蚀抗力。经过 6d 的浸泡腐蚀，Na_2SiO_3 和稀土铈盐封孔涂层的 $|Z|$ 值随时间增加逐渐减小，而 $AlPO_4$ 封孔涂层的 $|Z|$ 值则随浸泡时间增加一直呈增加趋势。很明显，$AlPO_4$ 封孔涂层高的 $|Z|$ 值是由于封孔处理的作用。值得注意的是，未封孔涂层的 $|Z|$ 值在浸泡 12 天后也呈现出增加趋势，这主要是由于表面腐蚀产物膜的逐渐形成，并抑制了后序腐蚀过程的进行，进而提高了腐蚀抗力。

拟合得到的 R_p 和 CPE 值可以更清晰地反映出腐蚀的过程。在腐蚀介质中，Cl^- 的存在导致膜层点蚀的发生，起破坏作用；而同时材料表面也伴随着膜层的形成过程，起保护作用。两个过程的强弱决定着腐蚀的发生方向。

未封孔涂层的 R_p 值在前 12 天逐渐降低 [图 3-40(a)]，说明点蚀过程占主导，随时间增加点蚀发生扩展。12d 后，由于孔隙中腐蚀产物的形成，膜层阻挡作用抑制了局部腐蚀的进一步扩展。当 R_p 值达到稳定值时，说明腐蚀产物膜已达到一定厚度并趋于稳定，这也可以从腐蚀后的表面形貌清晰看出，见图 3-41(a1)。

另外，电容值的急剧增加（达到 $600\mu F$[29]）也被认为是腐蚀产物膜层形成的特征。如图 3-40(c) 所示，未封孔涂层电容值在 12d 时达到最大值且超过 $600\mu F$，随后趋于平稳，说明在未封孔涂层表面形成稳定的腐蚀产物膜层。图 3-41(a1) 显示腐蚀后的未封孔涂层表面形成大量的铁锈产物膜，图 3-41(a2) 为腐蚀后的电镜照片，在涂层缺陷处还依稀可见白色的腐蚀产物。对于 Na_2SiO_3 封孔涂层，R_p 值增加至 9d 后趋于稳定 [图 3-40(a)]，CPE-c 值增加至 9d 则降低至一稳定值 [图 3-40(c)]。这说明在浸泡 9d 期间，Na_2SiO_3 封孔涂层性能稳定，也没有明显的腐蚀产物形成。在浸泡腐蚀 9d 后，则发生明显的局部腐蚀，钝化膜发生局部破裂，如图 3-41(c1) 圆圈所示。稀土铈盐封孔涂层的 R_p 值在浸泡前 6d 内急剧增加，说明其在起始浸泡阶段具有较好的腐蚀抗力。浸泡 6d 后 R_p 值急剧下降至一稳定值，意味着腐蚀介质渗透入涂层表面微裂缝中，进而在裂缝内形成腐蚀产物，也抑制了腐蚀过程的进一步发生。CPE-c 值则变化不大，稍高于未封孔涂层，与 R_p 值结果也相吻合。这说明稀土铈盐封孔涂层在浸泡起始阶段具有良好的腐蚀抗力，在浸泡腐蚀后表面微裂缝内只存在少量的腐蚀产物，见图 3-41(d1)、(d2)。由于点蚀破裂和膜层形成过程是相互交替进行的，所以致使 R_p 值也出现极值和波动，图 3-40(a) 显示只有 $AlPO_4$ 封孔涂层在浸泡时间内的 R_p 值始终处于一个稳定的值。相应的 CPE-c 值也一直维持在 $50\mu F$ 左右 [图 3-40(c)]，说明在整个腐蚀浸泡阶段，腐蚀产物膜层厚度基本不发生变化。腐蚀后的表面形貌也无明显的腐蚀产物出现，见图 3-41(b1)、(b2)。这说明经过长期浸泡腐蚀后，$AlPO_4$ 封孔涂层比其他封孔涂层具有更优异的抵抗长期腐蚀的阻力。

3.4.6 Mott-Schottky 曲线特征

为了进一步理解不同涂层长期浸泡阶段腐蚀机理的差异，以及腐蚀过程与表面钝化膜层稳定性之间的关系，对长期浸泡腐蚀前后表面钝化膜的电子特征进行了表征。不同涂层在 3% NaCl 溶液中浸泡腐蚀前后的 Mott-Schottky 曲线见图 3-42。由图可知，所有曲线在 0.2~0.6V 范围内基本都呈现出线性区域，Mott-Schottky 曲线高频区域的非线性区域主要

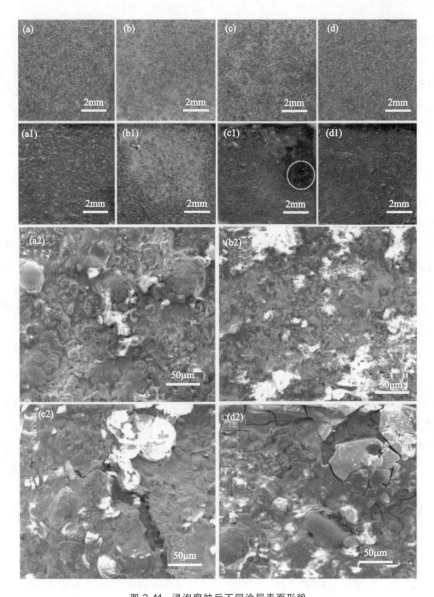

图 3-41 浸泡腐蚀后不同涂层表面形貌

(a)，(a1)，(a2) 未封孔涂层；(b)，(b1)，(b2) $AlPO_4$ 封孔涂层；

(c)，(c1)，(c2) Na_2SiO_3 封孔涂层；(d)，(d1)，(d2) 稀土铈盐封孔涂层

与涂层高的缺陷结构相关。在线性区间，每条曲线的斜率均为正，说明钝化膜均为 n 型半导体。根据公式，可以计算出载流子密度（N_D）值，见图 3-43。

由图 3-43 可知，浸泡腐蚀前，未封孔涂层的 N_D 值在 $10^{20}\,cm^{-3}$ 数量级，与不锈钢和 Fe-Cr 合金在一些缓冲溶液中的数值相当（$10^{20} \sim 10^{22}\,cm^{-3}$[37]）。稀土铈盐封孔涂层的 N_D 值最小（仅 $10^{17}\,cm^{-3}$ 数量级），$AlPO_4$ 封孔涂层次之，Na_2SiO_3 封孔涂层最大。然而，在浸泡腐蚀后，稀土铈盐的 N_D 值急剧增加至 $2.2 \times 10^{21}\,cm^{-3}$，甚至比未封孔涂层还要高。$Na_2SiO_3$ 封孔涂层 N_D 值虽有点降低，但也远高于 $AlPO_4$ 封孔涂层，高达 $1.6 \times 10^{20}\,cm^{-3}$。只有 $AlPO_4$ 封孔涂层在浸泡腐蚀后的 N_D 值增值幅度不大（$2.6 \times 10^{19}\,cm^{-3}$），比未封孔涂层低两个数量级。

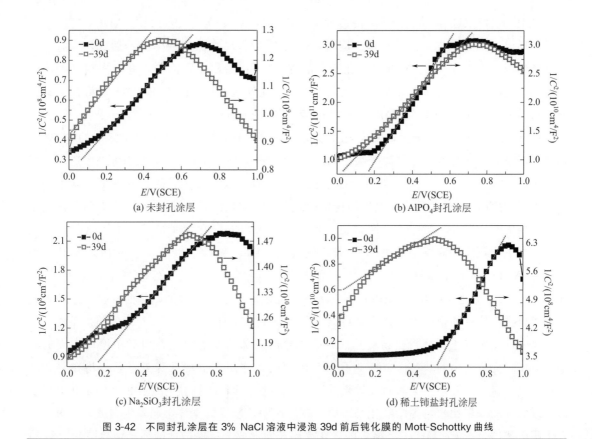

图 3-42　不同封孔涂层在 3% NaCl 溶液中浸泡 39d 前后钝化膜的 Mott-Schottky 曲线

图 3-43　由 Mott-Schottky 曲线计算的载流子密度（N_D）

3.4.7　均匀腐蚀与点蚀作用

不同的封孔处理无非是在涂层表面形成表面阻挡层或浸透入涂层内部形成浸透阻挡层。$AlPO_4$ 封孔涂层便可以浸透入涂层内部，对改善涂层内部缺陷形式有一定影响。磷酸盐结合有两种方式：发生化学反应的化学键结合和形成具有黏结性质的磷酸盐引起的黏结结合。

对于 $AlPO_4$ 封孔 Al_2O_3 涂层[27]，浸透入涂层内部的 $Al(PO_3)_3$ 还可以与 Al_2O_3 进一步发生反应形成 $AlPO_4$，在形成化学键的同时，也由于 $AlPO_4$ 在涂层缺陷处的形成，具有一定的黏结作用。由图 3-34 的 $AlPO_4$ 封孔涂层的 XRD 可以看出，在涂层中并未出现其他的磷酸盐相，说明在涂层内部无其他化学反应发生，封孔处理也只是由于在涂层孔隙和层间缺陷处所形成的 $AlPO_4$ 的黏结作用。$AlPO_4$ 反应形成的过程是：溶液先转变为酸性的，$Al(H_2PO_4)_3$，随后加热溶液，发生脱水形成 $AlPO_4$，形成过程主要取决于溶液的 P/Al 摩尔比、反应时间和温度。在等离子喷涂 Al_2O_3 涂层[26,27]中，$AlPO_4$ 封孔剂可以渗透入涂层 $300\mu m$，而本文中对于 HVOF 喷涂铁基非晶涂层只有不低于 $50\mu m$ 的封孔深度。其中一个最为重要的原因是 HVOF 喷涂涂层结构比较致密且无明显的贯穿孔隙存在[36]，封孔剂很难渗入涂层内部。图 3-34 的 XRD 图谱也显示出，涂层内部存在大量的 Al_2O_3，这些孔隙处 Al_2O_3 的形成可影响涂层的硬度[38]，较高硬度的 Al_2O_3 无形中也提高了 $AlPO_4$ 封孔等离子喷涂 Al_2O_3 和硬铬涂层的硬度［不低于 200（HV0.3）］，进而提高了涂层的耐磨性[25,27]。该结果也反映出经 $AlPO_4$ 封孔处理后涂层的硬度有所增加，侧面反映出这种封孔处理可以提高涂层的耐磨性，这也是将该涂层能应用于冲蚀环境所要求具备的前提条件。

Na_2SiO_3 和稀土铈盐封孔涂层并没有引起涂层内部结构的变化，但对于涂层表面的缺陷可以实现完好的密封。Na_2SiO_3 封孔剂只能浸透入涂层表面的孔隙处，且容易在封孔后期产生缩孔，所以孔隙太大时封孔效果并不是很理想。而稀土铈盐的封孔机理则是在涂层表面形成独立的一层比较均匀的氧化物膜层。在溶液中，阳极的基体金属发生腐蚀，阴极涂层发生吸氧腐蚀形成 $Ce(OH)_3$ 沉淀，随之在涂层表面形成一层保护性的稀土铈盐层。

封孔处理影响了涂层的腐蚀行为，将上述所有腐蚀实验和性能总结于表 3-4 中。

● 表 3-4 不同封孔涂层性能对比

项目	实验内容	涂层性能			
		喷涂状	磷酸铝封孔	硅酸钠封孔	稀土铈盐封孔
涂层特征	封孔深度	—	$\geqslant 50\mu m$	表面	表面
	硬度	—	提高 200HV	—	—
电化学测试	均匀腐蚀抗力 动电位极化曲线和 EIS	最低	最高	较低	较高
	点蚀抗力 循环极化曲线	较低	较高	最低	最高
	缺陷浓度 Mott-Schottky 曲线	较高	较低	最高	最低
长期(39d) 浸泡腐蚀	长期腐蚀抗力 EIS 曲线	较低,均匀腐蚀和点蚀抗力	较好,均匀腐蚀抗力和优异点蚀抗力	好,均匀腐蚀抗力和较低点蚀抗力	较好的点蚀抗力和较低的局部腐蚀抗力（微裂纹）
	缺陷浓度 Mott-Schottky 曲线	较高	最低	较低	最高

由表 3-4 可知，$AlPO_4$ 封孔处理极大地提高了涂层的均匀腐蚀抗力，而稀土铈盐封孔处理则大大提高了涂层的点蚀抗力。$AlPO_4$ 封孔处理对于均匀腐蚀的影响较易理解，主要由于形成较厚的阻挡层，阻止了外面腐蚀介质的进一步浸入。$AlPO_4$ 封孔剂浸透入涂层内部缺陷，随浸泡时间的增加，致密的涂层阻挡了一些腐蚀性阴离子 Cl^- 的进一步侵蚀作用，提

高了其长期腐蚀抗力。显然其点蚀抗力低于稀土铈盐封孔涂层，但也远高于未封孔涂层，说明其抵抗局部腐蚀的能力经过封孔处理后也得到提高。所以说 $AlPO_4$ 封孔涂层具有优异的均匀腐蚀抗力和良好的点蚀抗力，综合起来使其具有优异的长期腐蚀抗力。

稀土铈盐封孔涂层点蚀抗力的提高主要归因于稀土 Ce 离子[29]和表面铈盐氧化物与氢氧化物保护膜层的作用[30]。这种膜的保护作用是由于铈加入后，可以改变含 Cr 钝化膜中 Cr 和 Fe 的浓度[39]，致使 Cr 含量增加，形成的 Ce/Cr 氧化物膜更为稳定，抵抗阳极的溶解作用增强[40]。另外，腐蚀电位的变化也与涂层表面膜的形成、溶解和保护能力相关。从图 3-36 的极化曲线可以看出，稀土铈盐封孔涂层腐蚀电位正移 130mV，反映出该封孔涂层具有更小的腐蚀倾向。Ce/Cr 氧化物膜的形成以及涂层较低的腐蚀倾向使得该涂层具有优异的点蚀抗力。但这种高点蚀抗力只作用于浸泡腐蚀的起始阶段，随时间的增加，由于 Cl^- 对其表面微裂纹的侵蚀，致使裂缝内腐蚀加剧发生，局部腐蚀的发生降低了长期腐蚀抗力。同样，Na_2SiO_3 封孔涂层虽具有良好的均匀腐蚀抗力，但在浸泡腐蚀阶段也发生局部点蚀破坏。主要是由于 Na_2SiO_3 封孔涂层只作用于涂层表面一薄层，在局部薄弱区域，Cl^- 易侵入致使涂层发生局部破裂。综合起来分析，Na_2SiO_3 封孔涂层也不具备抵抗长期腐蚀的特征。

所以说，在长期浸泡腐蚀阶段，均匀腐蚀抗力占主导地位；在短期腐蚀内，点蚀抗力则具有一定优势。两者只有达到一定的结合，才能使涂层具有抵抗长期腐蚀的能力。具有优异均匀腐蚀抗力和良好点蚀抗力的 $AlPO_4$ 封孔涂层便是一个典型的例子。

三种封孔涂层在含 Cl^- 介质中均能自发形成钝态，且点蚀电位都比较高，说明封孔涂层应该具有较高的抵抗局部腐蚀的能力，也反映出涂层钝化膜的稳定性比较高。在短期腐蚀和长期腐蚀过程中，不同封孔涂层腐蚀性能的变化是否与其表面钝化膜的稳定性相关？一般认为，钝化膜的稳定性与其半导体性质之间存在一定关联，即可以从涂层的 Mott-Schottky 曲线判断膜层的电子特征，进而分析其膜层的稳定性。由图 3-43 可知，封孔涂层在浸泡腐蚀前后，载流子密度 N_D 值发生了较大的变化。这说明 N_D 值的变化与钝化膜的稳定性存在一定关系。根据点缺陷模型[41]，这些施主即为涂层中的缺陷，比如金属/氧化物界面的氧空位。所以说，涂层长期腐蚀性能的降低，是由于钝化膜层中氧空位缺陷浓度的增加所致。封孔涂层钝化膜层在浸泡腐蚀后的失效过程与这种高的缺陷结构（高的 N_D 值）相关。稀土铈盐封孔涂层在短期腐蚀阶段内具有较低的 N_D 值，缺陷少且膜层致密，所以具有较高的局部腐蚀抗力。$AlPO_4$ 封孔涂层虽然在短期腐蚀阶段具有比稀土铈盐稍高的 N_D 值，但经长期浸泡腐蚀后，较低的 N_D 值说明涂层的钝化膜层缺陷少且更具保护性，所以具有优异的长期腐蚀抗力。

因此，不同封孔涂层的腐蚀特性不同，在应用时要加以考虑。$AlPO_4$ 封孔涂层具有优异的均匀腐蚀抗力和良好的点蚀抗力，可以应用于长期的腐蚀性环境；稀土铈盐封孔涂层具有优异的点蚀抗力，在腐蚀初期阶段有优势；良好均匀腐蚀抗力的 Na_2SiO_3 封孔涂层也只作用在短期腐蚀阶段。在实际应用时，还要考虑封孔工艺及成本。要实现长期腐蚀环境中工作的阀、涡轮及泵等旋转设备的冲蚀防护，$AlPO_4$ 封孔处理是最佳选择，除了具有优异的长期腐蚀抗力外，还能提高硬度进而使涂层具有很好的耐磨性。但这种封孔处理工艺稍复杂，并不是所有情况的涂层均适合用此封孔处理。对于只要求表面层封孔处理的工件，工艺简单的 Na_2SiO_3 封孔处理是最为合适的。稀土铈盐也可以作为零部件的暂时性保护涂层，尤其在含氯介质中，工艺也较 $AlPO_4$ 封孔处理简单。但要注意的是，后两种封孔处理不适合于长期腐蚀的工作环境。从目前结果来看，虽然 $AlPO_4$ 封孔处理可以极大地提高涂层的腐蚀抗力和硬度，但封孔深度还很有限，进一步的封孔工艺优化或其他更为合适的封孔处理还有待于进一步的探索。

参考文献

[1] Planche M P，Normand B，Liao H，et al. Influence of HVOF spraying parameters on in-flight characteristics of Inconel 718 particles and correlation with the electrochemical behaviour of the coating [J]. Surface and Coatings Technololgy，2002，157（2-3）：247-256.

[2] Dobler K，Kreye H，Schwetzke R. Oxidation of stainless steel in the high velocity oxy-fuel process [J]. Journal of Thermal Spray Technology，2000，9（3）：407-413.

[3] O'Shea M，Willenbrock F，Williamson R A，et al. Influence of parameters of the HVOF thermal spray process on the properties of multicomponent white cast iron coatings [J]. Surface and Coatings Technology，2008，202（15）：3494-3500.

[4] Marple B R，Lima R S. Process temperature/velocity-hardness-wear relationships for high-velocity oxyfuel sprayed nanostructured and conventional cermet coatings [J]. Journal of Thermal Spray Technology，2005，14（1）：67-76.

[5] Lugscheider E，Herbst C，Zhao L D. Parameter studies on high-velocity oxy-fuel spraying of MCrAlY coatings [J]. Surface and Coatings Technology，1998，108-109：16-23.

[6] He J，Ice M，Lavernia E. Particle melting behavior during high-velocity oxygen fuel thermal spraying [J]. Journal of Thermal Spray Technology，2001，（10）：83-93.

[7] Lih W C，Yang S H，Su C Y，et al. Effects of process parameters on molten particle speed and surface temperature and the properties of HVOF CrC/NiCr coatings [J]. Surface and Coatings Technololgy，2000，133：54-60.

[8] Suegama P H，Fugivara C S，Benedetti A V，et al. Electrochemical behavior of thermally sprayed stainless steel coatings in 3.4% NaCl solution [J]. Corrosion Science，2005，47（3）：605-620.

[9] Normand B，Herbin W，Landemarre O，et al. Electrochemical methods to the evaluation of thermal spray coatings corrosion resistance [J]. Materials Science Forum，1998，289-292：607-612.

[10] Liu X Q，Zheng Y G，Chang X C，et al. Influence of HVOF thermal spray process on the microstructures and properties of Fe-based amorphous/nano metallic coatings [J]. Materials Science Forum，2010，633-634：685-694.

[11] Wang Y，Jiang S L，Zheng Y G，et al. Effect of porosity sealing treatments on the corrosion resistance of high-velocity oxy-fuel（HVOF）-sprayed Fe-based amorphous metallic coatings [J]. Surface and Coatings Technololgy，2011，206（6）：1307-1318.

[12] Zhao L，Maurer M，Fischer F，et al. Influence of spray parameters on the particle in-flight properties and the properties of HVOF coating of WC-CoCr [J]. Wear，2004，257（1-2）：41-46.

[13] Guilemany J M，Fernández J，Espallargas N，et al. Influence of spraying parameters on the electrochemical behaviour of HVOF thermally sprayed stainless steel coatings in 3.4% NaCl [J]. Surface and Coatings Technololgy，2006，200（9）：3064-3072.

[14] Chidambaram D，Clayton C R，Dorfman M R. Evaluation of the electrochemical behavior of HVOF-sprayed alloy coatings [J]. Surface and Coatings Technololgy，2004，176（3）：307-317.

[15] Maranho O，Rodrigues D，Boccalini A，et al. Influence of parameters of the HVOF thermal spray process on the properties of multicomponent white cast iron coatings [J]. Surface and Coatings Technololgy，2008，202（15）：3494-3500.

［16］　Sudaprasert T，Shipway P H，Mccartney D G．Sliding wear behaviour of HVOF sprayed WC-Co coatings deposited with both gas-fuelled and liquid-fuelled systems ［J］．Wear，2003，255 (7-12)：943-949.

［17］　Ghabchi A，Varis T，Turunen E．Behavior of HVOF WC-10Co4Cr coatings with different carbide size in fine and coarse particle abrasion ［J］．Journal of Thermal Spray Technology，2010，19 (1-2)：368-377.

［18］　Kim H J，Odoul S，Lee C H，et al．The electrical insulation behavior and sealing effects of plasma-sprayed alumina titania coatings ［J］．Surface and Coatings Technololgy，2001，140 (3)：293-301.

［19］　Liscanoa S，Gila L，Staia M H．Effect of sealing treatment on the corrosion resistance of thermal-sprayed ceramic coatings ［J］．Surface Coatings and Techonolgy，2004，188-189：135-139.

［20］　Li C L，Zhao H X，Takahashi T，et al．Improvement of corrosion resistance of materials coated with a Cr_2O_3：NiCr dilayer using a sealing treatment ［J］．Materials Science and Engineering A，2001，308 (1-2)：268-276.

［21］　Voevodin N，Jeffcoate C，Simon L，et al．Characterization of pitting corrosion in bare and sol-gel coated aluminum 2024-T3 alloy ［J］．Surface and Coatings Technololgy，2001，140 (1)：29-34.

［22］　Zemanova M，Chovancova M．New approaches for sealing anodic coatings ［J］．Metalfinishing，2005，103 (10)：33-34.

［23］　Lin B L，Lu J T，Kong G．Synergistic corrosion protection for galvanized steel by phosphating and sodium silicate post-sealing ［J］．Surface Coatings and Techonolgy，2008，202 (9)：1831-1838.

［24］　Chiou J M，Chung D D L．Improvement of the temperature resistance of aluminium-matrix composites using an acid phosphate binder ［J］．Journal of Materials Science，1993，28：1447-1470.

［25］　Ahmaniemi S，Vuoristo P，Mäntylä T．Improved sealing treatments for thick thermal barrier coatings ［J］．Surface and Coatings Technololgy，2002，151 (1)：412-417.

［26］　Ahmaniemi S，Vippola M，Vuoristoa P，et al．Residual stresses in aluminium phosphate sealed plasma sprayed oxide coatings and their effect on abrasive wear ［J］．Wear，2002，252 (7-8)：614-623.

［27］　Vippola M，Ahmaniemi S，Keränen J，et al．Aluminum phosphate sealed alumina coating：characterization of micro-structure ［J］．Materials Science and Engineering A，2002，323 (1-2)：1-8.

［28］　Hinton B R W，Arnott D R，Ryan N E．The inhibition of aluminium alloy corrosion by cerium cations ［J］．Metal Forum，1984，7 (4)：211-217.

［29］　Hinton B R W，Arnott D R，Ryan N E．Cerium conversion coatings for the corrosion protection of aluminum ［J］．Material Forum，1986，9 (3)：162-173.

［30］　Mansfeld F，Lin S，Kim S，et al．Corrosion protection of Al alloys and Al-based metal matrix composites by chemical passivation ［J］．Corrosion，1989，45 (8)：615-628.

［31］　Yu X，Cao C．Electrochemical study of the corrosion behavior of Ce sealing of anodized 2024 aluminum alloy ［J］．Thin Solid Films，2003，423 (2)：252-256.

［32］　Palomino L E M，Aoki I V，Melo H G．Microstructural and electrochemical characterization of Ce conversion layers formed on Al alloy 2024-T3 covered with Cu-rich smut ［J］．Electrochimica Acta，2006，51 (26)：5943-5953.

［33］　Wu G，Wang C，Zhang Q，et al．Characterization of Ce conversion coating on Gr-f/6061Al composite surface for cor-rosion protection ［J］．Journal of Alloys and Compounds，2008，461 (1-2)：389-394.

［34］　Pardo A，Merino M C，Arrabal R，et al．Effect of Ce surface treatments on corrosion resistance of A3xx．x/SiCp composites in salt fog ［J］．Surface Coatings and Techonolgy，2006，200 (9)：2938-2947.

［35］　Liu W，Cao F，Chang L，et al．Effect of rare earth element Ce and La on corrosion behavior of AM60 magnesium al-loy ［J］．Corrosion Science，2009，51 (6)：1334-1343.

［36］　Neville A，Hodgkiess T．Corrosion behavior and microstructure of two thermal spray coatings ［J］．Surface Engi-neering，1996，12 (4)：303-312.

［37］　Simmões A M P，Ferreira M G S，Rondot B，et al．Study of passive films formed on AISI 304 stainless steel by im-pedance measurements and photoelectrochemistry ［J］．Journal of the Electrochemical Society，1990，137 (1)：

82-87.

[38] Yue T M, Huang K G, Man H C. Laser cladding of Al_2O_3 coating on aluminium alloy by thermite reactions [J]. Surface and Coatings Technololgy, 2005, 194 (2-3): 232-237.

[39] Virtanen S, Böhni H. On the stability of passive films on stainless steels [J]. Materials Science Forum, 1995, 185-188: 965-974.

[40] Stoyanova E, Nikolova D, Stoychev D, et al. Effect of Al and Ce oxide layers electrodeposited on OC4004 stainless steel on its corrosion characteristics in acid media [J]. Corrosion Science, 2006, 48 (12): 4037-4052.

[41] Macdonald D D. The point defect model for the passive state [J]. Journal of Electrochemica Society, 1992, 139 (12): 3434-3449.

第4章 非晶纳米晶涂层腐蚀性能

非晶合金具有单相均匀的结构特征及成分设计的灵活可控性，这些为深入研究腐蚀问题提供了全新的视角。非晶合金耐蚀性主要取决于其化学均匀性和钝化能力。由于材料表面钝化膜的形成和溶解过程直接与所测试溶液的性质密切相关，为理解非晶涂层的钝化机理，在不同腐蚀性溶液中研究其钝化膜的稳定性尤为重要。

本章主要通过 HVOF 法和 AC-HVAF 法制备 FeCrMnMoWBCSi 非晶纳米晶涂层，研究其微观结构特征，分析其在不同介质中腐蚀、盐雾腐蚀、电偶腐蚀以及高温腐蚀行为，确定非晶涂层腐蚀规律和腐蚀机理。

4.1 HVOF非晶纳米晶涂层在NaCl溶液中腐蚀

铁基非晶纳米晶涂层具有一定的耐蚀性能。Shan[1] 和 Zhou[2] 分别研究了 FeCrMoCBY 非晶涂层在 4mol/L（100℃）和 3.5％ NaCl 溶液中的腐蚀行为，认为该涂层具有较宽的钝化区间和较小的钝化电流密度。Farmer[3] 通过实验得出 FeCrMnMoWBCSi 非晶涂层在天然海水中具有优异的钝化性能。前期的工作[4] 也表明 FeCrMnMoWBCSi 非晶涂层在 1mol/L HCl 溶液中具有非常稳定的钝化性能。目前，该涂层在海水介质中的腐蚀行为和规律还不得而知，与 304 不锈钢腐蚀性能的对比结果如何也很值得关注。

4.1.1 HVOF 非晶涂层

HVOF 喷涂设备采用美国 Metco 公司的 DJ2700 系统。基体材料选用 304 不锈钢，喷涂参数见表 4-1。为了反映不同厚度对结合力的影响，特制备了两种不同厚度的涂层：200μm 薄涂层（AMCs1）和 400μm 厚涂层（AMCs2）。

● 表 4-1 HVOF 喷涂参数

喷涂参数	喷涂条件
氧气	252
丙烷	72
空气	399
喷涂距离/mm	250
送粉速率/(g/min)	20
横移速率/(mm/s)	800

为了对比研究，同时制备了厚度为 $40\mu m$、宽度约 2mm 的非晶条带样品。对比材料包括 304 不锈钢（1Cr18Ni9）和耐硫酸露点腐蚀 ND 钢（09CrCuSb）。

腐蚀实验介质有两种：20% 和 50% H_2SO_4 溶液；NaCl 介质则选用与秦山海域海水介质相近的 1% NaCl 溶液，0.5% 和 3% NaCl 溶液也用来作为对比溶液。

4.1.2　涂层微观结构表征

图 4-1 示出了所制备非晶粉末 SEM 图及 XRD 图谱。图 4-1 插图是气体雾化法制备的非晶合金粉末，可以看出，所选用的粉末粒度为 $15\sim45\mu m$。大部分粉末为球形或近球形颗粒，只有个别较大颗粒上面附着一些小颗粒，即卫星组织。这主要是因为在喷涂过程中，不同尺寸的颗粒在气体紊流作用下相互碰撞，小的颗粒具有相对较高的凝固速率，很容易贴附在熔融状的大颗粒表面，形成黏结在一起的状态。

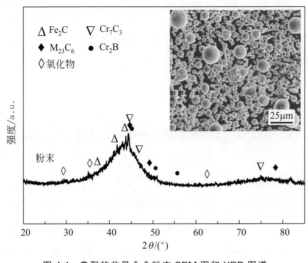

图 4-1　典型的非晶合金粉末 SEM 图和 XRD 图谱

从粉末的 XRD 图可以看出，粉末在 $2\theta=40°\sim50°$的范围内显示出漫散的衍射峰，表明其为完全非晶态结构。制备非晶涂层的 XRD 如图 4-2 所示，由图可见，在涂层的 XRD 图谱中出现了一些尖锐的晶体峰，说明其中存在一定的晶体相。与薄涂层（AMCs1）相比，厚涂层（AMCs2）的尖锐晶体峰更为明显，晶体相主要由 Fe_2C、Cr_7C_3、Cr_2B、$M_{23}C_6$ 和极少量的氧化物组成。涂层中氧化物的存在不利于非晶结构的形成。XRD 的结果表明，涂层中氧化物所对应的峰位强度都很低，说明涂层中氧化物较少。涂层的晶化是由于在喷涂过程中随喷涂过程的进行，后序的热量对已沉积涂层的局部热处理所致，厚度越厚，这种晶化现象越严重。在制备非晶涂层过程中，要求涂层具有较高的 GFA，这样才能保护制备高非晶结构的涂层。但在实际中，由于喷涂过程后序的热能不能有效散射出去，导致最终形成的涂层以层状形式存在。图 4-2 为涂层沿表面方向的元素分布图。由图可知，涂层中的所有合金元素分布均匀，反映出涂层具有致密而均匀的结构。

涂层样品显微结构的 TEM 观察进一步证实了上述分析，见图 4-3。图 4-3(a) 中代表性地展示了涂层样品的暗场像及相应的选区衍射图谱。TEM 暗场像中观察到明显的衬度差别，除了明显的非晶相之外，还存在一定的晶化相，晶体相尺度接近 50nm。选区的衍射图

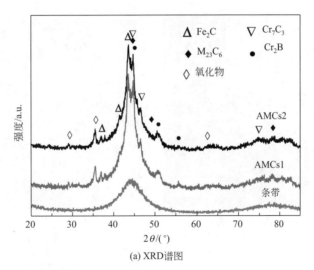

(a) XRD谱图

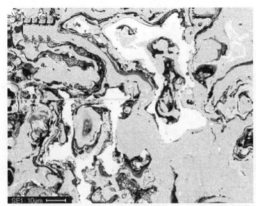
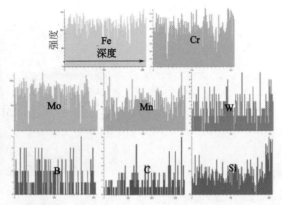

(b) 元素线扫描分析

图 4-2　涂层的 XRD 图谱和元素线扫描分析

谱除了呈现漫散环状之外，也包含了明显的晶体点阵衍射斑点特征，说明涂层在制备过程中发生了晶化，部分非晶结构在热作用下转化为晶体相。图 4-3(b) 表示的是局部晶化比较严重区域的暗场像，这些区域虽在涂层样品中出现的概率较小，但也反映出晶化在涂层制备过程中的不可避免性。

图 4-4 示出了 304 不锈钢、涂层表面和涂层侧面的形貌和结构特征。

对于 304 不锈钢 [图 4-4(a)]，经过腐蚀后表面存在明显的晶界。就涂层来说 [图 4-4(b) 和 (c)]，则没有晶粒或晶界出现，但表面仍存在明显的孔隙（图中圈内所示黑色区域）。从涂层侧面看，见图 4-4(d) 和 (e)，涂层呈现出 HVOF 制备过程中典型的层状特征。局部比较大的孔隙尺度甚至与粉末颗粒相当，在层与层之间则存在一些尺度比较小的孔隙。另外，基体与涂层界面结合良好、致密，没有结合不均匀的情况出现。经测定，薄、厚涂层孔隙分别为 1.25% 和 1.45%，说明薄的涂层易于形成相对致密的结构。

涂层的 DSC 曲线见图 4-5。可以看出，非晶条带中存在两个明显的晶化放热峰，具备完全非晶的特征。涂层晶化峰的面积则有所减小，说明在涂层形成过程中确实发生了一定的晶化转变。通过以下公式可以定量地计算出涂层中非晶相含量，$V_f = \Delta H_{coating} / \Delta H_{ribbon}$，其中

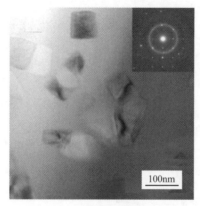

(a) 选区衍射图谱

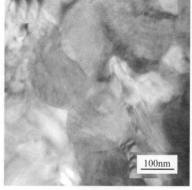

(b) 暗场TEM照片

图 4-3　涂层样品的暗场 TEM 照片及选区电子衍射图谱

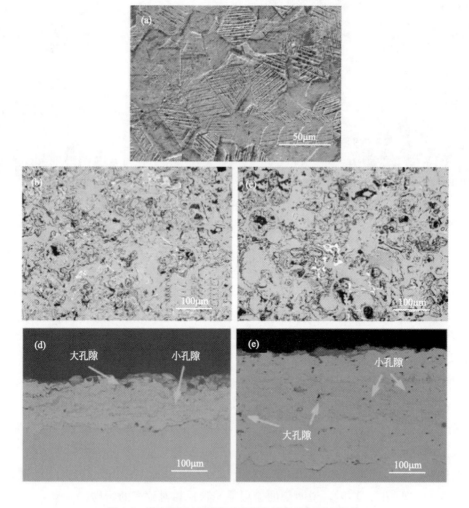

图 4-4　涂层和 304 不锈钢的表面和侧面 SEM 形貌特征

（a）不锈钢金相；（b）薄涂层 AMCs1 抛光面；（c）厚涂层 AMCs1 抛光面；

（d）薄涂层 AMCs1 侧面；（e）厚涂层 AMCs1 侧面

$\Delta H_{coating}$ 为涂层中的晶化峰面积，ΔH_{ribbon} 为条带的晶化峰面积。经计算，薄、厚涂层的非晶相含量分别为 74.9% 和 70.1%，涂层的非晶相含量随涂层厚度的增加而降低，涂层与基体接近的部位具有最高的非晶含量，表面层的非晶含量最低，这也吻合热喷涂的制备特征。

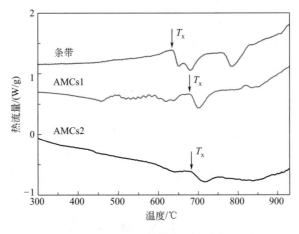

图 4-5　涂层和条带的 DSC 曲线

涂层非晶相含量之所以受到厚度的制约，主要是因为在喷涂过程中粒子加热和冷却过程时间短，粒子结晶和凝固均为非平衡过程。在较高冷速下，涂层中才会形成非晶结构。当第一层薄片沉积形成后，扁平粒子的冷却和传热主要是通过基体表面来完成的。此时的热量传输较快且冷却速率达到最大（通常在 10^6 K/s 以上），基体温度升高不太明显，可以获得接近完全的非晶结构。随着喷涂道次的增加，已沉积涂层和基体之间的热导率变低，导致涂层内部沿厚度方向形成一个温度梯度且冷却速率会降低。在后续颗粒的沉积作用下，绝热再辉和晶化现象不可避免，再加上非晶合金低的热导率，最终导致涂层非晶相含量会随厚度增加而降低，可以说利用热喷涂方法难以获得较厚的且具有完全非晶结构的合金涂层。

4.1.3　涂层在 NaCl 介质中的电化学腐蚀行为

不同材料在 NaCl 介质中的线性极化电阻（R_p）和腐蚀电流密度（i_{corr}）见图 4-6。线性极化电阻由线性极化曲线求得，腐蚀电流则与线性极化电阻相关，根据 Stern 公式[5]：

$$i_{corr} = \left(\frac{\beta_a \beta_c}{\beta_a + \beta_c}\right) \times \frac{1}{R_P} \tag{4-1}$$

式中，β_a、β_c 分别代表阳极和阴极的 Tafel 斜率，可由图 4-7 的动电位极化曲线拟合后求得。

对于同一种材料，β_a 和 β_c 可认为定值，所以 i_{corr} 与 R_p 成反比，可以用来反映材料抵抗均匀腐蚀抗力的大小。由图 4-6 可知，三种材料的 R_p 值均随 NaCl 浓度的增加而下降，而 i_{corr} 则呈现增加的趋势。总体来看，304 不锈钢具有最低的腐蚀电流密度值，说明与其他材料相比具有最大的耐均匀腐蚀性能。

图 4-7 为材料在不同浓度 NaCl 溶液中的动电位极化曲线。可见，304 不锈钢具有最低的钝化电流密度（$<10^{-6}$ A/cm²），在点蚀电位以下，其钝化电流密度对 NaCl 溶液的浓度变化不敏感，这说明 304 不锈钢在所有浓度范围内具有最大的耐均匀腐蚀性能。但其点蚀电位随 NaCl

溶液浓度增加急剧降低，由 0.5% NaCl 溶液中的 0.6V 降低至 3% NaCl 溶液中的 0.1V，反映其抵抗局部腐蚀的阻力降低。条带和涂层的点蚀电位相差不大（均为 1.2V），体现出条带和涂层抵抗局部腐蚀的能力相当，其抵抗局部腐蚀的阻力远高于 304 不锈钢。

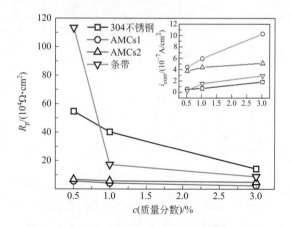

图 4-6　涂层、304 不锈钢和条带在不同浓度 NaCl 溶液中的 R_p 和 i_{corr}

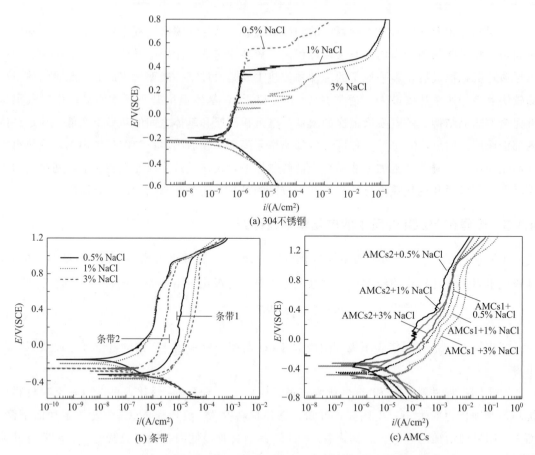

图 4-7　涂层、304 不锈钢和条带在不同浓度 NaCl 溶液中的动电位极化曲线

与 304 不锈钢不同的是，条带和涂层的钝化电流密度与 NaCl 浓度存在一定的关联性，均随 NaCl 浓度增加而增大。即随 NaCl 浓度的增加，条带的腐蚀电流密度从 10^{-7} A/cm^2 增

大至 $10^{-4} \mathrm{A/cm^2}$；而涂层则由 $10^{-4} \mathrm{A/cm^2}$ 增大到 $10^{-2} \mathrm{A/cm^2}$。这些电流密度值均远高于 304 不锈钢，况且涂层与同成分的条带相比，具有更大的钝化电流密度，这主要归因于涂层中缺陷（如孔隙）的存在对均匀腐蚀抗力的影响。除此之外，在同种浓度溶液中，厚涂层的钝化电流密度低于薄涂层，这是由于涂层厚度对 $\mathrm{Cl^-}$ 扩散阻挡作用所致。相应的电化学阻抗谱的结果见图 4-8。从 Nyquist 阻抗谱图可以看出，所有材料在高频区域均出现一个半圆形的容抗弧特征。304 不锈钢具有比涂层更高的容抗弧，且厚涂层具有比薄涂层更高的阻抗值。随 NaCl 浓度的降低，阻抗均下降。这些结果与图 4-7 的极化曲线结果一致。电化学阻抗谱曲线也可以用图 4-9 的等效电路进行拟合后分析。

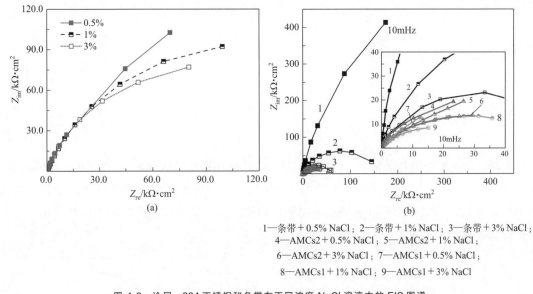

1—条带＋0.5% NaCl；2—条带＋1% NaCl；3—条带＋3% NaCl；
4—AMCs2＋0.5% NaCl；5—AMCs2＋1% NaCl；
6—AMCs2＋3% NaCl；7—AMCs1＋0.5% NaCl；
8—AMCs1＋1% NaCl；9—AMCs1＋3% NaCl

图 4-8　涂层、304 不锈钢和条带在不同浓度 NaCl 溶液中的 EIS 图谱

　　图 4-9 的等效电路由溶液电阻（R_s）、膜层电阻（R_c）和膜层电容（CPE-c）组成。拟合后的结果见表 4-2，304 不锈钢膜层的电阻值高于同种溶液中的其他材料，反映出其耐均匀腐蚀性能最好。条带的阻抗值高于相同成分的涂层，说明涂层缺陷对于均匀腐蚀抗力的影响不可忽略。

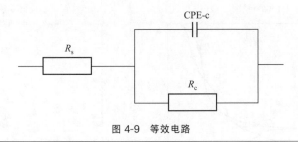

图 4-9　等效电路

　　循环极化曲线可以反映被测材料在特定溶液中的自腐蚀电位（E_{corr}）、点蚀电位或临界电位（E_{pit} 或 E_{crit}）、保护电位或再钝化电位（E_{pp} 或 E_{rp}）、自腐蚀电流（i_{corr}）以及钝化电流（i_{pass}）等腐蚀动力学参数。循环极化曲线是外加电位达到某一给定值（或控制电流）后自动反向扫描的电位-电流响应曲线，主要用于评价材料耐点蚀能力或钝化膜自我修复能力。

从循环极化曲线的反向与正向扫描极化曲线所围成的滞回环面积大小，可以判断出材料的点蚀能力大小。如果滞回环面积较小，即反向扫描基本与正向扫描曲线重合，说明材料的抗点蚀能力极强[6]。

● 表 4-2　等效电路拟合值

材料	NaCl 浓度	$R_s/\Omega \cdot cm^2$	$R_c/k\Omega \cdot cm^2$	$CPE/(10^{-4}F/cm^2)$	n
条带	0.5%	1.67	23.9	1.72	0.95
	1%	4.67	11.9	0.69	0.94
	3%	1.06	10.6	4.67	0.84
304 不锈钢	0.5%	0.38	22.3	15.9	0.87
	1%	2.69	20.9	1.64	0.84
	3%	0.24	10.4	14.1	0.82
AMCs1	0.5%	3.40	6.53	33.8	0.74
	1%	6.16	5.45	0.43	0.87
	3%	1.93	3.04	1.15	0.81
AMCs2	0.5%	1.61	6.89	34.1	0.79
	1%	2.63	5.83	0.58	0.84
	3%	2.24	5.56	1.05	0.84

涂层、304 不锈钢和条带在 1% NaCl 溶液中的循环极化曲线如图 4-10 所示。可以看出，304 不锈钢的循环极化曲线具有最大的滞回环特征，反向极化曲线扫描至自腐蚀电位时也无保护电位出现。涂层和条带具有最小的滞回环面积，进一步验证了涂层和条带具有比 304 不锈钢更优异的抗点蚀能力。

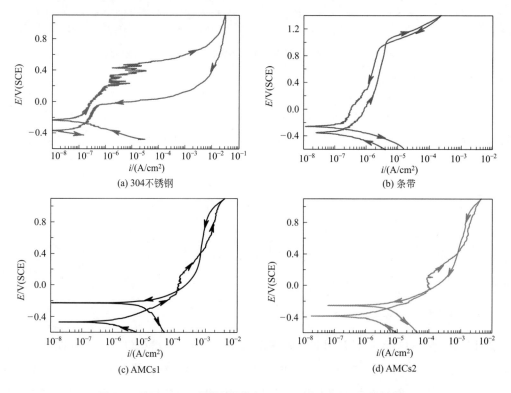

(a) 304不锈钢　　(b) 条带　　(c) AMCs1　　(d) AMCs2

图 4-10　涂层、304 不锈钢和条带在 1% NaCl 溶液中的循环极化曲线

4.1.4 腐蚀形貌分析

对腐蚀浸泡（3％ NaCl 溶液浸泡 120h）和电化学极化后的试样进行了 SEM 表面形貌观察，见图 4-11。由图可知，无论是腐蚀浸泡还是电化学极化，304 不锈钢表面均发生明显的点蚀坑。涂层表面则与腐蚀前相似，只是发生了一定程度的均匀腐蚀现象。

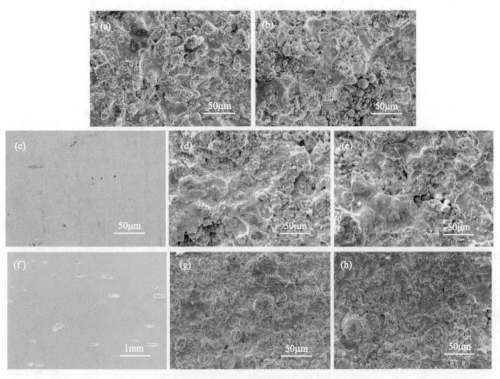

图 4-11　涂层和 304 不锈钢腐蚀后 SEM 表面形貌

（a），（b）喷涂态表面；（c），（d），（e）3％ NaCl 溶液浸泡 120h；（f），（g），（h）1％ NaCl 溶液电化学测试后

4.1.5　钝化膜成分 XPS 分析

为了深入分析非晶纳米晶涂层具有稳定钝化区间的原因，对涂层和 304 不锈钢在 1％ NaCl 中浸泡 10h 后的表面膜层进行了 XPS 分析，典型的 XPS 全谱扫描见图 4-12。由图可知，涂层的表面膜中包含了一些特征谱线，如 Fe 2p、Cr 2p、Mo 3d、Mn 2p、W 4f、Cl 2p、O 1s 及 C 1s 等，表面钝化膜主要由 Fe、Cr、Mo、Mn 和 W 等元素组成。在 304 不锈钢表面膜中则只有出现 Fe 2p、Cr 2p、Ni 2p 和 Mn 2p 等明显的特征谱线，表面钝化膜主要由 Fe、Cr、Ni 和 Mn 等元素组成。由图 4-12 的峰强度可见，钝化膜主要由 Fe、Cr 和 Mo 元素组成，涂层钝化膜的峰强度要高于 304 不锈钢，说明涂层钝化膜中这些元素的含量要稍高一些。

腐蚀后未经溅射表面典型的 Fe 2p、Cr 2p、Mo 3d、Mn 2p 和 W 4f 精细谱峰见图 4-13。Fe 2p 谱由两套彼此分开的 $2p_{3/2}$ 和 $2p_{1/2}$ 谱峰构成，每个谱峰包含金属态和氧化态子峰（主要为 Fe^{3+} 和 Fe^{2+}）。$Cr\ 2p_{3/2}$ 和 $Cr\ 2p_{1/2}$ 谱峰分别由金属态 Cr^0 以及氧化态 Cr^{3+} 和 Cr^{6+} 子峰构成。Mo 3d 谱由彼此交叠的 $3d_{5/2}$ 和 $3d_{3/2}$ 谱峰构成，主要包含金属态 Mo^0 以及氧化态

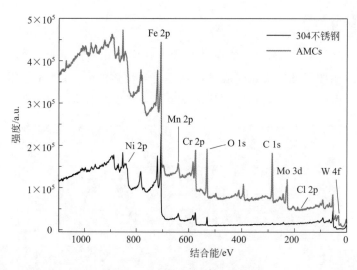

图 4-12　涂层和 304 钝化膜的 XPS 全谱扫描（1% NaCl 中浸泡 10h，Ar 离子溅射 20s）

Mo^{4+} 和 Mo^{6+} 子峰。$Mn\ 2p_{3/2}$ 和 $Mn\ 2p_{1/2}$ 谱峰分别由金属态 Mn^0 以及氧化态 Mn^{2+} 和 Mn^{4+} 子峰构成。$W\ 4f$ 谱由彼此交叠的 $W\ 4f_{7/2}$ 和 $W\ 4f_{5/2}$ 谱峰构成，主要包含金属态 W^0 以及氧化态 W^{4+} 和 W^{6+} 子峰。金属态 Fe、Cr、Mo 和 W 的谱峰强度相对其氧化态较高，说明钝化膜内层或界面上有部分未完全氧化的相应金属存在。

因此，涂层与 304 不锈钢相比，钝化膜中较高的 Cr 和 Mn 含量，以及表面膜层中 Mo 和 W 元素的存在（主要是 Mo），二者的共同作用提高了涂层的稳定性。表层中富 Mo 氧化物的形成对提高涂层钝化能力和局部腐蚀有双重作用，一是形成的 MoO_2 产物可以起到阻挡腐蚀介质的作用，进而降低膜层的溶解速率。二是富 Mo 氧化物可以改善钝化膜的成分，富集 Mo^{6+} 氧化物增加了钝化膜的厚度（如 MoO_3）且稳定了内层的 Cr 氧化物（如 MoO_4^{2-}），抑制了钝化膜的破裂过程和局部腐蚀的发生。另外，钝化膜外层 W 元素的存在，由于其具有更低的溶解速度，也可以抑制内层钝化膜的进一步溶解，进一步提高膜层的钝化能力。

4.1.6　涂层缺陷对腐蚀抗力的影响

上述 304 不锈钢、条带和涂层在同一溶液（1% NaCl 和 3% NaCl）中的极化曲线可以汇总成图 4-14 所示的形式。

可见，涂层和条带均表现出快速钝化和宽的钝化区间，反映出涂层和条带都具有优异的抗局部腐蚀能力。而 304 不锈钢则呈现出较窄的钝化区间和较低的过钝化电位，说明其抗点蚀能力较低，涂层和 304 不锈钢耐蚀性的差异主要由于二者所形成的钝化膜中成分的不同所致。从钝化电流来看，304 不锈钢有最低的钝化电流，反映出较优异的抗均匀腐蚀能力。涂层与同成分的条带相比，较高的钝化电流则是由于涂层中孔隙的存在，孔隙的出现降低了涂层的抗均匀腐蚀能力。

涂层的腐蚀抗力随厚度的变化规律表明，涂层耐蚀性与制备过程中形成的孔隙密切相关。一般来说，对于涂层孔隙变化不大的情况（薄涂层 1.25%，厚涂层 1.45%），厚涂层对

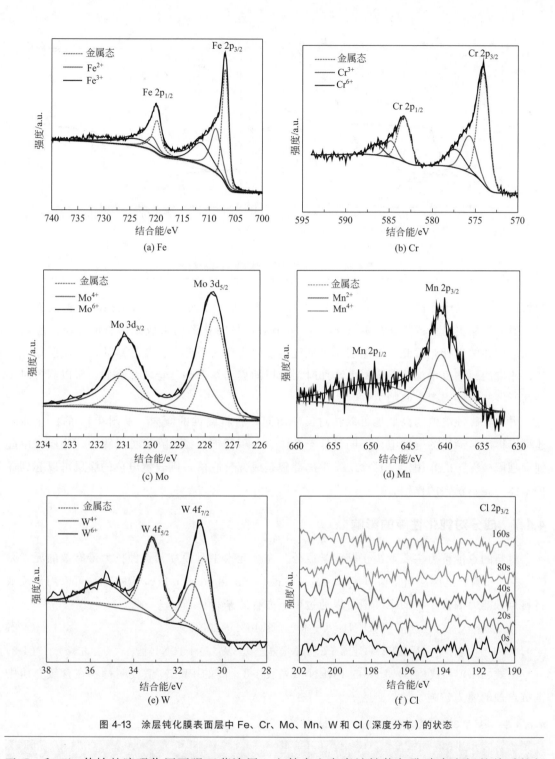

图 4-13　涂层钝化膜表面层中 Fe、Cr、Mo、Mn、W 和 Cl（深度分布）的状态

于 O_2 和 Cl^- 传输的障碍作用要强于薄涂层。文献中也有腐蚀性能与孔隙率之间的关系的相关报道，Wang[7] 得出对于 Ni 基非晶合金，低的孔隙率有利于其腐蚀抗力的提高。Zhou[8] 则指出当孔隙率低时，涂层的腐蚀抗力主要对非晶含量敏感，孔隙率高时则取决于孔隙率的大小。据此推断，本文中厚的涂层具有高的孔隙率，腐蚀性能应该稍差。但本文的结果恰恰相反，较高孔隙率值的厚涂层反而具有较高的腐蚀抗力。这说明，除了孔隙率的大小之外，孔隙的类型及分布也是影响其腐蚀抗力的主要因素。Ni[9] 的研究表明，厚的涂层具有优异

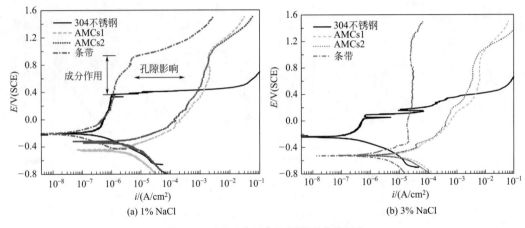

图 4-14　涂层孔隙和成分对腐蚀性能的影响

的耐蚀性主要基于厚涂层形成较少的贯穿孔隙。如图 4-14 所示，薄涂层孔隙率虽低于厚涂层，但薄涂层更易形成贯穿孔隙（through-pores），贯穿孔隙的形成致使腐蚀介质易于侵入而加速腐蚀的进行。因此，厚涂层对于抵抗腐蚀阻力要大一些，但要注意的是，涂层厚度增加，相应的缺陷也增加，况且厚度增加时，涂层的界面结合强度会明显降低，所以制备时要平衡厚度与这些因素之间的关系。

另外，腐蚀电位的高低也可以相对反映出同种材料腐蚀的倾向。从图 4-14 的极化曲线还可以得出，涂层的腐蚀电位要明显低于基体 304 不锈钢，说明在腐蚀过程中，涂层可以起到牺牲阳极保护的作用。一旦涂层发生局部破裂或部分脱落，则较负电位的涂层可以起到保护基体 304 不锈钢的作用。

4.1.7　成分对钝化性能的影响

材料的点蚀抗力主要取决于其化学成分。合金元素中对提高其点蚀抗力最有效的元素是Cr、Mo 和 N。抗点蚀当量值（pitting resistance equivalent number，PREN）可以用来反映材料点蚀能力的大小，PREN 值可以通过以下方程来计算：

$$PREN1 = Cr\% + 3.3Mo\% + 20N\%^{[6]} \tag{4-2}$$

$$PREN2 = Cr\% + 3.3(Mo\% + 0.5W\%) + 16N\%^{[10]} \tag{4-3}$$

由式(4-2)和式(4-3)计算的 PREN 值见表 4-3。高的 PREN 值说明材料在含氯介质中抵抗点蚀的能力较强。

● 表 4-3　涂层和 304 不锈钢化学成分及 PREN 值

材料	C	Cr	Ni	Mn	Si	Mo	W	B	Fe	S	P	PREN1	PREN2
AMCs	1.1	18.3	—	2.0	1.4	13.7	6.0	3.3	54.2	—	—	63.51	73.41
304 不锈钢	0.06	17.0	9.0	2.0	1.0	—	—	—	Bal.	0.03	0.03	17.00	17.00

从表 4-3 可知，涂层具有较高的 PREN 值（PREN1=63.51，PREN2=73.41），抗点蚀能力强；304 不锈钢具有较低的 PREN 值（PREN1=PREN2=17.00），所以抗点蚀能力较差。涂层具有比 304 不锈钢更高的 PREN 值，说明合金元素 Cr 和 Mo 极大地提高了其抗点

蚀能力。其中，Mo 对于提高普通不锈钢抗局部腐蚀能力具有非常有益的作用，Mo 的添加可以减小不锈钢中亚稳蚀点形核的概率[11]。在涂层中也有类似的影响，高的 Mo 含量可以提高铁基非晶合金的耐蚀性[3]，高的腐蚀抗力首先取决于富 Cr 的钝化膜，富 Cr 钝化膜的过钝化溶解则起源于 Cr^{6+} 物质的溶解[12]，Mo 则可以抑制 Cr 的过钝化溶解，进一步提高局部腐蚀抗力和钝化能力[13]。另外，Mo^{6+} 氧化物（MoO_3）可以增加钝化膜厚度并稳定内层 Cr 氧化物的形成[14]。除此之外，合金中 B 的加入提高了非晶合金的玻璃形成能力，B 含量的增加也可以降低钝化电流密度，提高腐蚀抗力。

事实上，304 不锈钢是一种高碳奥氏体不锈钢，并不适合应用于海水环境。长期暴露于含氯介质中会发生晶间腐蚀。晶间腐蚀主要由于在 500～800℃ 加热过程中一些富 Cr 碳化物的析出，在晶界形成贫 Cr 区，从而引起晶间敏化。晶界处碳化物的形貌和分布是影响贫 Cr 区的重要因素，因此也极大地影响了晶间腐蚀抗力大小[15]。304 不锈钢由于具有较高的含碳量，发生晶间腐蚀的倾向大。因此，从腐蚀的角度考虑，304 不锈钢不是应用于海水介质的最佳材料。但从海水泵叶轮的失效形式来看，在高速含砂海水中，海水泵叶轮失效的主要形式是由于冲刷所导致的失效，而不是由于点蚀或晶间腐蚀所引起的腐蚀失效。这说明选择高碳的 304 不锈钢作为叶轮用材的初衷是考虑其高碳所产生的较高的硬度，高硬度对于机械冲刷过程有一定的削弱作用。但事实上，这种高碳 304 不锈钢所制造的叶轮在不到两年的时间内也发生了严重的冲蚀失效，仍满足不了长期服役性能的要求，导致停机更换。

相比来说，涂层的均匀腐蚀机理与常规的陶瓷、金属涂层不同。对于热喷涂陶瓷涂层（WC/CrC-CoCr[16]），腐蚀主要起源于含 Co 相；对于 HVOF WC-Co-Cr 涂层[17]，细小的 WC 硬相的出现则加速了腐蚀的进程。在海水介质中，就均匀腐蚀机理来说，涂层应该比普通陶瓷和金属涂层更具有优势。

4.1.8　非晶结构对腐蚀性能的影响

与常规晶体材料相比，非晶材料最突出的特点是缺少晶体相或不存在晶界和相界[18]。这种无晶界缺陷的非晶结构使得涂层在含氯介质中具有优异的抗点蚀阻力，钝化电流密度对含氯介质浓度的变化不敏感（图 4-7）。304 不锈钢则不同，点蚀电位极低，所形成的富 Cr 钝化膜易受到 Cl⁻ 的侵蚀而稳定性降低，导致钝化膜破裂。非晶纳米晶涂层则由于具有高的点蚀电位，钝化膜稳定性极大提高。

然而，条带具有比涂层更低的钝化电流密度（至少两个数量级），见图 4-14。这说明目前所制备的涂层均匀腐蚀性能还不够好。不致密的涂层结构，主要是在喷涂过程中层与层之间存在的孔隙、缺陷以及氧化物等，极大地降低了涂层的均匀腐蚀抗力。

在海水介质中，点蚀的危害一般比较大，因此涂层相比于 304 不锈钢来说，在海水环境中应用有一定优势。但要注意的是，高的均匀腐蚀抗力也是影响其长期使用寿命的主要因素。表 4-4 是目前研究结果与文献中类似结果的对比，所制备涂层的钝化电流密度与文献相比高近 3 个数量级，还有很大的提升空间。

因此，采用 HVOF 技术制备 FeCrMoMnWBCSi 非晶金属涂层，涂层除具有非晶态结构特征外，还含 Fe_2C、Cr_7C_3、Cr_2B、$M_{23}C_6$ 和极少量的氧化物组成的晶体相。涂层厚度增加，非晶含量降低。薄涂层孔隙率低，但易形成贯穿孔隙。

● 表 4-4　目前研究结果与文献中类似结果的对比

序号	材料组成	制备种类	腐蚀介质	钝化电流 /(A/cm²)	备注
1	$Fe_{54.2}Cr_{18.3}Mo_{13.7}Mn_{2.0}W_{6.0}B_{3.3}C_{1.1}Si_{1.4}$	吸铸棒	3% NaCl	$10^{-4}\sim10^{-6}$	
2	$Fe_{54.2}Cr_{18.3}Mo_{13.7}Mn_{2.0}W_{6.0}B_{3.3}C_{1.1}Si_{1.4}$	条带	3% NaCl	10^{-5}	Y. Wang
3	$Fe_{54.2}Cr_{18.3}Mo_{13.7}Mn_{2.0}W_{6.0}B_{3.3}C_{1.1}Si_{1.4}$	HVOF 涂层	3% NaCl	10^{-3}	
4	$Fe_{54.2}Cr_{18.3}Mo_{13.7}Mn_{2.0}W_{6.0}B_{3.3}C_{1.1}Si_{1.4}$	条带	1mol/L HCl	$10^{-5}\sim10^{-6}$	X. Q. Liu
5	$Fe_{54.2}Cr_{18.3}Mo_{13.7}Mn_{2.0}W_{6.0}B_{3.3}C_{1.1}Si_{1.4}$	等离子喷涂涂层	1mol/L HCl	$10^{-3}\sim10^{-4}$	
6	$Fe_{50-x}Cr_{15}Mo_{14}B_{6}C_{15}Y_{x}$	金属玻璃	1mol/L HCl	10^{-5}	Z. M. Wang
7	$Fe_{48}Cr_{15}Mo_{14}C_{15}B_{6}Y_{2}$	吸铸棒	1mol/L HCl	$10^{-5}\sim10^{-6}$	H. S. Ni
8	$Fe_{48}Cr_{15}Mo_{14}C_{15}B_{6}Y_{2}$	HVOF 涂层	1mol/L HCl	$10^{-3}\sim10^{-4}$	
9	$Fe_{48}Cr_{15}Mo_{14}C_{15}B_{6}Y_{2}$	HVOF 涂层	3.5% NaCl	$10^{-4}\sim10^{-5}$	Z. Zhou
10	$Fe_{48}Cr_{15}Mo_{14}C_{15}B_{6}Y_{2}$	金属玻璃	4mol/L NaCl, 100℃	$10^{-6}\sim10^{-7}$	X. Shan
11	$(Fe_{44.3}Cr_{5}Co_{5}Mo_{12.8}Mn_{11.2}C_{15.8}B_{5.9})_{98.5}Y_{1.5}$	金属玻璃	0.6mol/L NaCl	10^{-5}	P. F. Gostin
12	$Fe_{49.7}Cr_{17.7}Mn_{1.9}Mo_{7.4}W_{1.6}B_{15.2}C_{3.8}Si_{2.4}$	HVOF 涂层	3% NaCl	10^{-7}	J. Farmer
13	$Fe_{49}Cr_{15.3}Mo_{15}Y_{2}C_{15}B_{3.4}N_{0.3}$	金属玻璃	1mol/L HCl	10^{-5}	J. Jayaraj

在模拟海水介质中，涂层呈现出较宽的钝化区间及较高的钝化电流密度，具有高的点蚀抗力和低的均匀腐蚀抗力。304 不锈钢具有较低的点蚀抗力及较高的均匀腐蚀抗力。非晶结构及钝化膜中高含量的 Cr、Mo 和 W 氧化物等增加了其抗点蚀能力，而涂层制备过程中孔隙的形成则降低了其均匀腐蚀抗力。厚度增加，涂层耐蚀性增加。NaCl 浓度增加，涂层耐蚀性降低。涂层具有比同成分的条带更高的钝化电流（高 2 个数量级），主要来源于涂层缺陷（孔隙）的存在。涂层具有稳定的钝化性能，可应用于海水环境，降低孔隙是关键。采用适当的封孔处理或进行喷涂工艺参数优化以降低孔隙提高其均匀腐蚀抗力是后序研究应重点考虑的问题。

4.2　HVOF非晶纳米晶涂层在H₂SO₄溶液中的腐蚀

铁基非晶态合金在 NaOH[19]、NaCl[20,21]、HCl[22] 和 H_2SO_4[20,23] 等腐蚀介质中呈现出优异的钝化特征，极化曲线上存在较宽的钝化区，阳极极化至 1V（Ag/AgCl）时也不会发生点蚀。非晶涂层虽然与块体非晶合金具有相同的成分，但由于其不相同的微观结构特征，其钝化行为表现出一定的差异性，目前尚缺少对其钝化行为系统的评价。

本部分研究 HVOF 非晶涂层在 NaCl 和 H_2SO_4 溶液中的钝化性能，同时分析涂层表面钝化膜的结构和成分，确定非晶涂层在两种腐蚀介质中的钝化稳定机理。

4.2.1　非晶涂层组织与结构特征

图 4-15 为非晶条带和涂层的 DSC 曲线和 XRD 谱。DSC 曲线出现明显的玻璃化转变点、过冷液相区和晶化放热峰，非晶条带和涂层均经历了玻璃化转变和晶化过程。涂层厚度不同非晶相含量有所差异（AMCs1：74.9%；AMCs2：70.1%），呈现出随厚度增加而降低的

趋势，这是由于喷涂过程所集聚的热量对已沉积的非晶涂层产生局部加热所致。XRD 谱显示，非晶条带在 $2\theta = 40° \sim 50°$ 范围内显示出漫散的衍射峰，表明其为完全非晶态结构。而非晶涂层图谱中出现一些尖锐的晶体峰，较厚的涂层尖锐晶体峰更为明显，晶体相主要由碳化物、硼化物和极少量的氧化物组成。

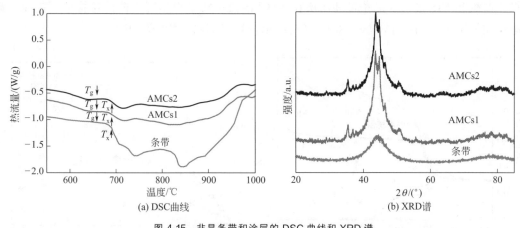

(a) DSC曲线　　　　　　　　　　(b) XRD谱

图 4-15　非晶条带和涂层的 DSC 曲线和 XRD 谱

非晶涂层的表面及侧面组织特征见图 4-16。涂层喷涂表面基本熔融均匀，局部存在少量未熔或半熔颗粒，在这些颗粒附近及之间的搭接处易于形成孔隙 [图 4-16(a)、(d)]。图 4-16(b) 和 (e) 为抛光后的表面，箭头所指黑色区域即为涂层的孔隙。涂层侧面基本呈现出 HVOF 制备过程中典型的层状特征，见图 4-16(c) 和 (f)，除层与层之间存在的尺度较大的孔隙外，还出现一些灰色的氧化物区域（如箭头所示）。对比两种涂层，随厚度增加，未熔颗粒数量、孔隙率及氧化程度随之增加。非晶涂层与基体界面结合良好、致密，没有出现明显的结合缺陷。

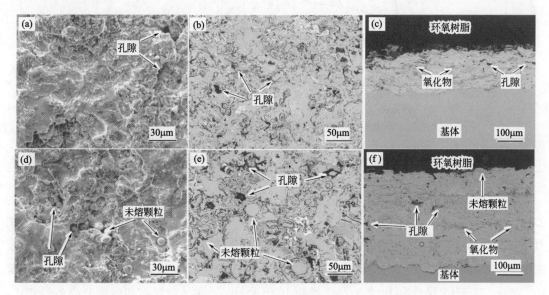

图 4-16　非晶涂层表面和侧面的 SEM 像

（a）AMCs1 喷涂态表面；（b）AMCs1 抛光表面；（c）AMCs1 侧面；

（e）AMCs2 喷涂态表面；（e）AMCs2 抛光表面；（f）AMCs2 侧面

4.2.2 非晶涂层在 NaCl 和 H₂SO₄ 溶液中的钝化行为

（1）非晶涂层在 NaCl 溶液中的腐蚀行为

图 4-17 为非晶条带、涂层和 304 不锈钢在 1％和 3％ NaCl（质量分数）溶液中的动电位极化曲线和 EIS 谱。非晶条带和涂层在 NaCl 溶液中均呈现出明显的钝化特征，钝化膜破裂电位相差不大，约 1.1V（vs. SCE），反映出抵抗局部腐蚀能力相当。

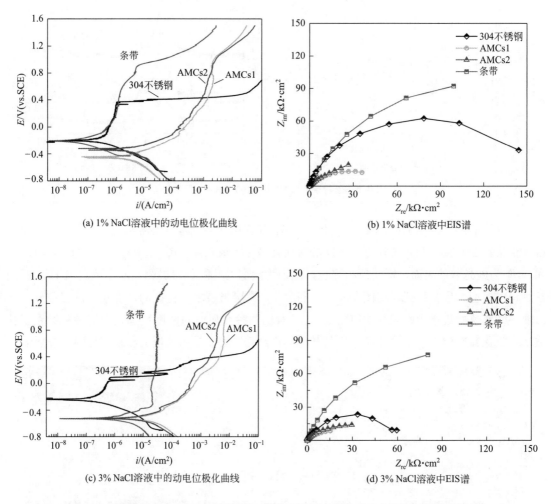

(a) 1% NaCl溶液中的动电位极化曲线

(b) 1% NaCl溶液中EIS谱

(c) 3% NaCl溶液中的动电位极化曲线

(d) 3% NaCl溶液中EIS谱

图 4-17　非晶条带、涂层和 304 不锈钢在不同浓度 NaCl 溶液中的动电位极化曲线和 EIS 谱

304 不锈钢点蚀电位较低，且随 NaCl 溶液浓度增加而降低，由在 1％ NaCl 溶液中的 0.4V（vs. SCE）降低为在 3％ NaCl 溶液中的 0.1V（vs. SCE），说明其抵抗局部腐蚀的阻力降低。非晶涂层在 NaCl 溶液中抵抗局部腐蚀的阻力远高于 304 不锈钢。非晶条带和涂层钝化电流密度均随 NaCl 浓度增加而增大，其中条带的钝化电流密度从 10^{-6} A/cm² 增至 10^{-5} A/cm²，而涂层则由 10^{-4} A/cm² 增到 10^{-3} A/cm²。非晶涂层与相同成分的条带相比，在同种介质中形成的钝化电流密度更大，归因于涂层孔隙对均匀腐蚀抗力的影响，降低孔隙率是提高非晶涂层均匀腐蚀抗力的关键。304 不锈钢呈现出最低的钝化电流密度（＜10^{-6} A/cm²），并且随 NaCl 溶液浓度的变化不大，说明其在测试浓度范围内具有最大的耐均匀腐蚀阻力。在同种浓度溶液中，厚的涂层 AMCs2 的钝化电流密度低于薄的涂层 AMCs1，源自非晶涂层厚度增加，Cl$^-$ 在涂层中的扩散阻挡作用增强所致。

从图 4-17（b）和（d）可以看出，所有材料在高频区域均出现 1 个半圆形的容抗弧特征，高的容抗弧反映出高的腐蚀阻力。图 4-17（b）显示出，在 1％ NaCl 溶液中，材料腐蚀阻力大小顺序为：条带＞304 不锈钢＞厚涂层＞薄涂层。NaCl 浓度增加，材料腐蚀阻力大小顺序不变，但所有的阻抗值均呈降低趋势［图 4-17（d）］，说明增加 NaCl 浓度降低了材料的腐蚀阻力。这也与上述极化曲线分析的结果相一致。

可见，非晶涂层和条带均表现出快速钝化和稳定钝化的特征，形成的钝化区间较宽，具有优异的抗钝化膜破裂能力。304 不锈钢呈现出较窄的钝化区间，点蚀电位较低，抗钝化膜破裂能力差。这种差异性主要与非晶结构和所形成的钝化膜成分不同密切相关。

（2）非晶涂层在 H$_2$SO$_4$ 溶液中的腐蚀行为

非晶条带、涂层、304 不锈钢和 ND 钢在 20％ 和 50％ H$_2$SO$_4$（质量分数）溶液中的动电位极化曲线和 EIS 谱如图 4-18 所示。

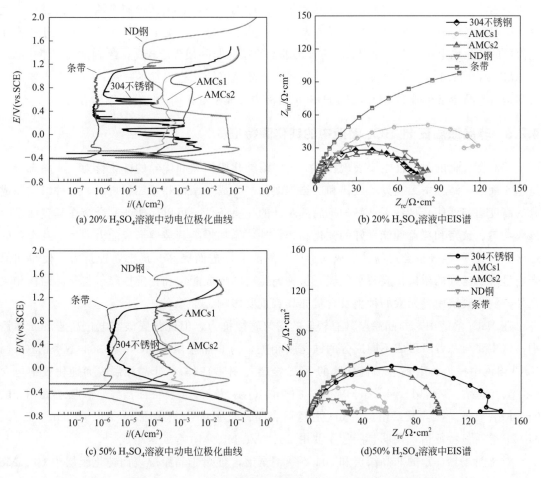

图 4-18　非晶条带、涂层、304 不锈钢和 ND 钢在 H$_2$SO$_4$ 中动电位极化曲线和 EIS 谱

由图 4-18（a）的极化曲线可知，在 H$_2$SO$_4$ 浓度较低时，非晶涂层具有典型的钝化特征，钝化区间较宽且稳定，薄涂层 AMCs1 的钝化电流密度低于厚涂层 AMCs2。非晶条带

具有最低的钝化电流密度，304 不锈钢钝化膜破裂电位与非晶条带和涂层相近，约为 1.1V（vs. SCE），说明在 H_2SO_4 溶液中三者抵抗腐蚀能力相当。304 不锈钢钝化区宽度明显增加，但其阳极极化曲线出现活性溶解，随即被钝化的现象，反映出所形成的钝化膜极不稳定。ND 钢则只有在电位高于 0.5V（vs. SCE）时，形成钝化膜时的电流密度较小，高的电位有利于 ND 钢形成更为稳定的钝化膜；况且其钝化膜破裂电位甚高（1.6V），说明其抵抗腐蚀能力要高于非晶条带、涂层和 304 不锈钢。在 H_2SO_4 浓度较高时 [图 4-18(c)]，所有材料都形成较为稳定的钝化区间，各材料的钝化膜破裂电位与在稀 H_2SO_4 溶液中相差不大，钝化电流密度的量级均同比下降。不同的是，非晶涂层 AMCs1 和 AMCs2 在两种 H_2SO_4 浓度溶液中呈现出相反的腐蚀倾向，薄涂层 AMCs1 在稀 H_2SO_4 溶液中的钝化电流密度较低，在浓 H_2SO_4 溶液中则较高。图 4-18（b）和图 4-18（d）的 EIS 谱与极化曲线结果一致，稀 H_2SO_4 溶液中薄涂层 AMCs1 则具有较高的阻抗值。

可见，普通的 304 不锈钢和 ND 钢等晶体材料，只有在浓 H_2SO_4 溶液中才具有稳定的钝化特征，这主要与 H_2SO_4 溶液的强氧化特性相关，H_2SO_4 浓度升高氧化作用增强[20]。晶体材料中晶界、第二相等缺陷处，易累积更多的腐蚀产物，进而抑制腐蚀介质的进一步侵蚀[24]。H_2SO_4 浓度稀时薄非晶涂层形成的钝化膜更为稳定，说明 H_2SO_4 介质有利于提高非晶涂层的钝化稳定性。究其原因，一方面薄非晶涂层的非晶相含量较高，约 74.9%（厚非晶涂层 AMCs2 为 70.1%），高的非晶相含量有利于非晶涂层钝态稳定性的提高；另一更主要的原因则是与非晶涂层在稀 H_2SO_4 和浓 H_2SO_4 溶液中形成不尽相同的钝化膜结构有关。

4.2.3 非晶涂层在 H_2SO_4 溶液中的钝化膜特征

非晶态合金的耐蚀性主要表现在其突出的耐钝化膜破裂和优异的钝化行为。非晶态合金呈单相固溶，结构中无晶界、位错和层错等缺陷，无成分偏析和第二相析出，这种组织和成分的高度均匀性使其具备了良好的抗局部腐蚀的先决条件，可以促使非晶合金在其表面迅速形成均匀、致密和覆盖性能良好的钝化膜；另外，添加提高其玻璃形成能力的稀土及有益的过渡族元素[22,23]等也会提高其形成固溶体相的能力，进而提高其局部腐蚀抗力，使得非晶合金呈现出良好的耐钝化膜破裂性能。这种钝化膜的形成能力和稳定性除了与非晶结构相关之外，钝化膜层中各元素的种类及含量亦具有重要影响。

在 NaCl 溶液中，非晶涂层具有较低的均匀腐蚀抗力，但钝化膜破裂电位高于 304 不锈钢，这主要与二者所形成不同成分的钝化膜相关。薄非晶涂层 AMCs1 和 304 不锈钢在 1% NaCl 溶液中浸泡 10h 后表面钝化膜的 XPS 全谱见图 4-19（a）。非晶涂层表面钝化膜中包含 Fe 2p、Cr 2p、Mo 3d、Mn 2p、W 4f、Cl 2p、O 1s 及 C 1s 等特征谱线，膜层主要由 Fe、Cr、Mo、Mn、W 等元素组成。304 不锈钢表面钝化膜中则只出现 Fe 2p、Cr 2p、Ni 2p、Mn 2p 等明显特征谱，说明其膜层主要由 Fe、Cr、Ni、Mn 等元素组成[9]。

对比图 4-19（a）的非晶涂层和 304 不锈钢全谱，可知非晶涂层表面钝化膜层中 Cr、Mo 和 W 元素的含量明显高于 304 不锈钢，特别是涂层膜层中 Mo 的存在。一般来说，钝化膜中富 Cr 氧化物可以提高非晶合金的耐蚀性[22]。膜层中富 Mo 氧化物的形成对提高其钝化能力和局部腐蚀抗力通常具有双重作用：一是形成的 Mo^{4+} 氧化产物可以起到阻挡腐蚀介质的作用，进而降低膜的溶解速率；二是富 Mo 氧化物可以改变钝化膜的成分，Mo^{6+} 氧化物可以增加钝化膜的厚度（如 MoO_3）以及稳定内层 Cr 氧化物（如 MoO_4^{2-}），抑制钝化膜破裂和局部腐蚀的发生[25]。非晶涂层腐蚀后未经溅射的表面 Mo 3d 精细谱峰见图 4-19(c)，其中 Mo 3d 谱由彼此交叠的 $3d_{5/2}$ 和 $3d_{3/2}$ 谱峰构成，主要包含金属态 Mo^0 以及氧化态 Mo^{4+} 和 Mo^{6+} 子峰。根据各子峰面积计算知，Mo 3d 谱主要为氧化态的 Mo^{4+}，膜层中低价的 Mo^{4+} 氧化物可极大提高钝化膜的稳定性[26]，进而有利于增加其局部腐蚀抗力。可以说，非晶涂层钝化膜层中 Mo 氧化物的存在是提高非晶涂层抗钝化膜破裂能力的主要原因。另外，钝化膜外层的 W 氧化物由于溶解速率低[27]，可抑制钝化膜层的进一步溶解，从而提高非晶涂层的钝化能力。

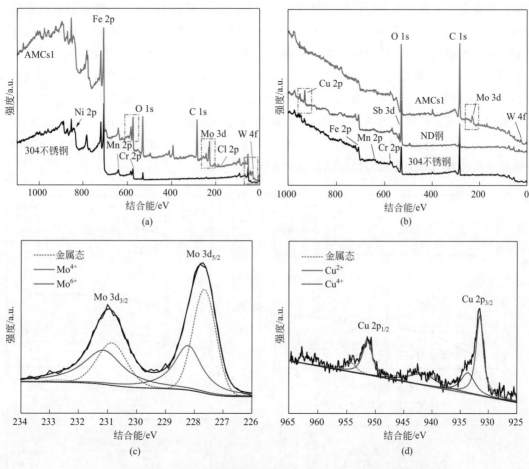

图 4-19　非晶涂层、304 不锈钢和 ND 钢表面在 1% NaCl（a）和 20% H_2SO_4（b）
溶液中浸泡 10h 后的 XPS 全谱图及 Mo（c）和 Cu（d）的精细谱峰

在 H_2SO_4 溶液中，非晶涂层、304 不锈钢和 ND 钢均发生明显的钝化行为，图 4-18(a) 和图 4-18(c) 的极化曲线结果表明，ND 钢抵抗钝化膜破裂的能力明显强于非晶涂层和 304 不锈钢。这主要是由其钝化膜层中成分的差异决定的。由图 4-19(b) 所示 XPS 全谱可知，非晶涂层和 304 不锈钢表面钝化膜主要元素峰位置与图 4-19(a) 相同，只是峰的强度稍有不同，说明二者在 H_2SO_4 溶液中所形成的钝化膜成分与在 NaCl 溶液中基本一致，峰值的不同反映出各元素含量稍有差异。ND 钢表面钝化膜的 XPS 全谱除了 Fe 2p、Cr 2p、Mn 2p、Ni 2p、O 1s 及 C 1s 特征谱线外，还包含非晶涂层和 304 不锈钢不含有的 Cu 2p 和 Sb 3d 谱线，以 Cu 2p 为主。钝化膜层中富 Cu 氧化物是提高材料钝化稳定的关键因素[26]。对 Cu 2p 谱进行分峰后的精细谱见图 4-19(d)，其中，Cu 2p 谱由 2 套彼此分开的 $2p_{3/2}$ 和 $2p_{1/2}$ 谱峰构成，每个谱峰包含金属态和氧化态子峰（主要为 Cu^{2+} 和 Cu^{4+}）。可见，ND 钢在 H_2SO_4 溶液中具有较高的钝化膜破裂电位，与膜层中形成的 Cu^{2+} 和 Cu^{4+} 氧化物密切相关。钝化膜层中富含的 Cu^{2+} 和 Cu^{4+} 氧化物，提高了 ND 钢在 H_2SO_4 溶液中的钝化膜破裂电位，进而提高了其钝化稳定性。

另外，H_2SO_4 溶液的浓度直接影响非晶涂层的钝化稳定性，薄涂层 AMCs1 在低浓度的 H_2SO_4 溶液中耐蚀性优异。XPS 深度分析不仅能够获得涂层表面组成元素的信息，而且能够获得垂直于表面纵深方向的第三维信息。非晶涂层在两种 H_2SO_4 溶液中形成钝化膜的表面层各组元深度分布见图 4-20。其中，每种元素的含量根据其峰值的面积计算。钝化膜厚度的差异可根据氧元素的分布简单定量确定，通常将氧含量下降到最表面层一半处定为钝化膜厚度[28,29]。根据此方法计算可知，2 种非晶涂层在浓 H_2SO_4 溶液中所形成的钝化膜厚度相差不大，约 4nm，见图 4-20(c) 和图 4-20(d)。在稀 H_2SO_4 溶液中两种非晶涂层的厚度则呈现出相反的趋势，薄涂层 AMCs1 形成的钝化膜反而较厚，约 4nm（厚涂层 AMCs2 膜层厚约 2nm），见图 4-20(a) 和图 4-20(b)。可见，薄涂层 AMCs1 在稀 H_2SO_4 溶液中具有优异的耐蚀性与其表面形成较厚的钝化膜相关。

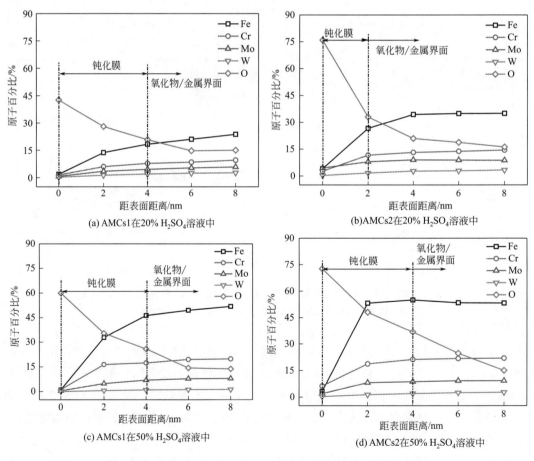

图 4-20　非晶涂层在不同浓度 H_2SO_4 溶液中表面层各组元的深度分布

可以确定，非晶结构的出现有益于提高涂层在稀 H_2SO_4 介质中的钝化稳定性，制备高非晶含量的涂层是实现其在 H_2SO_4 介质中稳定应用的关键。

因此，在 NaCl 溶液中，非晶涂层具有优异的抗钝化膜破裂能力和较低的均匀腐蚀抗力。涂层钝化膜中高含量的 Cr、Mo、W 等提高了钝化稳定性，Mo^{4+} 氧化物的存在增加了其钝化膜破裂阻力。在 H_2SO_4 溶液中，非晶涂层具有稳定的钝化特征，非晶结构有助于涂层在稀 H_2SO_4 溶液中的钝化。较高的非晶含量致使形成较厚的钝化膜，提高了钝化稳定性。制备高非晶含量的涂层是提高其在 H_2SO_4 介质中钝化稳定性的前提。

4.3　AC-HVAF非晶纳米晶涂层在AlCl₃溶液中腐蚀

4.3.1　AC-HVAF 非晶涂层的制备

非晶涂层主要成分为 $Fe_{54.2}Cr_{18.3}Mo_{13.7}Mn_{2.0}W_{6.0}B_{3.3}C_{1.1}Si_{1.4}$（质量分数），通过工业气雾化法制备。选用 AC-HVAF 法喷涂非晶金属。AC-HVAF 热喷涂采用美国 Kermetico Inc. 公司生产的 AcuKote AK02T 喷涂系统。喷枪选用 AK-07-03 型喷枪，喷枪配置 3# 燃料室，枪管长度 200mm。采用 AK-02T 控制系统。送粉器为 Thermach 型 AT1200HP 送粉器，送粉压力 150psi（1psi＝6.895kPa）。Zimmer 丙烷汽化器型号为 Z40P-UL-CE，附带 3630K58 钢瓶加热器。

喷涂基体材料选用 45 钢。喷涂前，用丙酮对基体进行降脂和清洗，然后喷砂处理，喷砂粒度 180 目。用于 AC-HVAF 热喷涂的具体喷涂参数见表 4-5。

● 表 4-5　AC-HVAF 喷涂参数

喷涂参数	参数值
喷涂颗粒粒径/目	≤325
喷涂距离/mm	180
送粉速率/(g/min)	3
转盘转速/(r/min)	133
往复次数(来回)/次	10
空气/燃气比	(1.16：1)～(1.18：1)
涂层厚度/μm	250

为了对比研究，选用 Ti-6Al-4V 和 316L 不锈钢。腐蚀介质为 AlCl₃ 溶液。考察不同浓度和不同温度的影响。

4.3.2　非晶涂层在 AlCl₃ 溶液中的腐蚀行为

AC-HVAF 非晶涂层在 AlCl₃ 溶液中的动电位极化曲线见图 4-21。在 AlCl₃ 溶液中，钝化电流 316L＜Ti-6Al-4V＜AC-HVAF 非晶涂层，316L 不锈钢钝化电流小，较易发生钝化，其次是 Ti-6Al-4V，AC-HVAF 非晶涂层钝化电流最高，抵抗均匀腐蚀阻力较小，这与非晶涂层不致密和含晶体夹杂相的结构有关。从点蚀电位分析，Ti-6Al-4V 点蚀电位高（约 1.5V），钝化稳定性最高，其次是 AC-HVAF 非晶涂层（1.1V），316L 不锈钢点蚀电位最低（0.2V），点蚀倾向大。

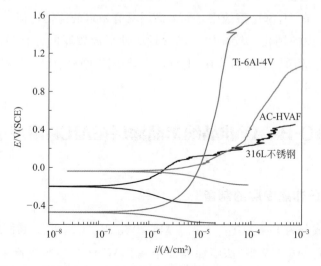

图 4-21　非晶涂层在 AlCl$_3$ 溶液中的动电位极化曲线（0.2mol/L，20℃）

AlCl$_3$ 溶液中，介质浓度和温度对材料腐蚀行为的影响见图 4-22。

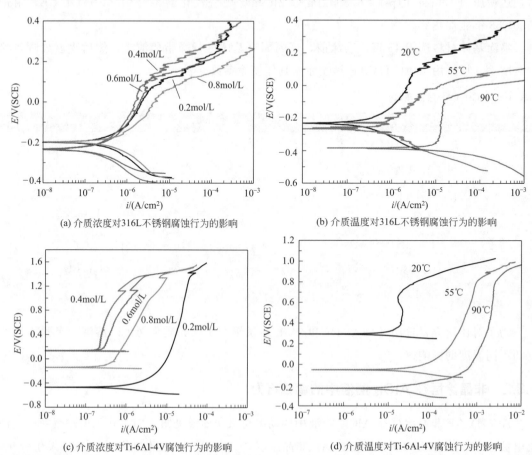

(a) 介质浓度对316L不锈钢腐蚀行为的影响

(b) 介质温度对316L不锈钢腐蚀行为的影响

(c) 介质浓度对Ti-6Al-4V腐蚀行为的影响

(d) 介质温度对Ti-6Al-4V腐蚀行为的影响

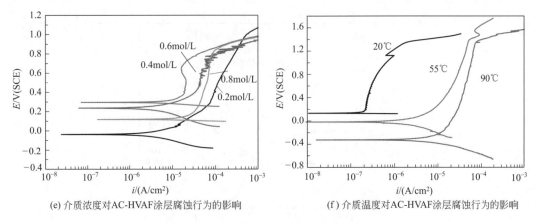

图 4-22　AlCl₃ 介质浓度和温度对腐蚀的影响

AlCl₃ 介质浓度对点蚀电位影响不大，三种材料在 AlCl₃ 溶液浓度为 0.4mol/L 时，钝化电流最低，耐蚀性最强，超过临界值 0.4mol/L 后，钝化电流增加，耐蚀性降低。AlCl₃ 介质温度升高，三种材料钝化电流增大，耐蚀性降低。316L 不锈钢除钝化电流增大外，点蚀电位降低；温度对 Ti-6Al-4V 和非晶涂层的点蚀电位影响不大，温度升高，Ti-6Al-4V 和非晶涂层钝化区间增加，钝化稳定性有所提高。

因此，AlCl₃ 介质浓度对非晶涂层点蚀电位影响不大，在 AlCl₃ 溶液浓度为 0.4mol/L 时，钝化电流最低，耐蚀性最强。AlCl₃ 介质温度升高，非晶涂层钝化电流增大，但钝化区间宽度也增加，钝化稳定性有所提高。

4.4　AC-HVAF非晶纳米晶涂层在酸中的腐蚀

AC-HVAF 非晶涂层、HVOF 非晶涂层、WC-Co-Cr 陶瓷涂层、304 不锈钢以及 316L 不锈钢在不同浓度 HCl 溶液中动电位极化曲线见图 4-23。在 6mol/L HCl 溶液中，304 不锈钢和 316L 不锈钢阳极无明显的钝化特征，基本呈现出活化趋势。AC-HVAF 和 HVOF 非晶涂层、WC-Co-Cr 金属陶瓷涂层则呈现出明显的钝化特征，几种涂层钝化区间宽，耐点蚀能力强于不锈钢。就钝化电流大小看，WC-Co-Cr 涂层钝化电流最大，其次是 AC-HVAF 和 HVOF 非晶涂层，说明耐蚀性 WC-Co-Cr 涂层最优，其次为 AC-HVAF 和 HVOF 非晶涂层。

HCl 浓度增加使得 304 和 316L 不锈钢阳极由钝化行为转变为活化行为，但并没有改变 AC-HVAF 非晶涂层的钝化特征，见图 4-23（b）和（c）。非晶涂层钝化电流密度与制备工艺密切相关，但在两种 HCl 介质中，C2 参数制备的涂层钝化电流密度最小，耐蚀性最优。

4.4.1　非晶涂层在 H₂SO₄ 中的腐蚀行为

AC-HVAF 非晶涂层在不同浓度 H₂SO₄ 溶液中的动电位极化曲线见图 4-24。

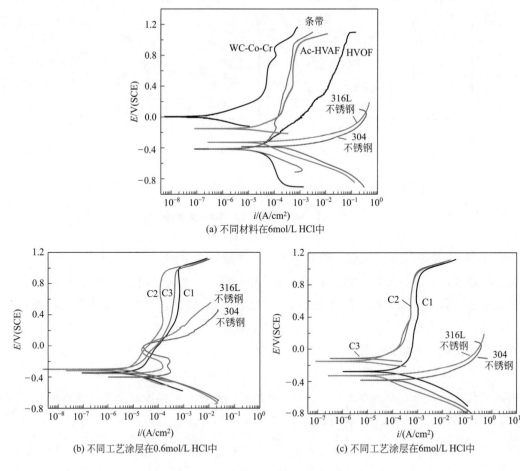

(a) 不同材料在6mol/L HCl中

(b) 不同工艺涂层在0.6mol/L HCl中

(c) 不同工艺涂层在6mol/L HCl中

图 4-23　非晶涂层在 HCl 溶液中的动电位极化曲线

C1 涂层：空气/燃气比为 1.16∶1；C2 涂层：空气/燃气比为 1.17∶1；

C3 涂层空气/燃气比为 1.18∶1

由于 H_2SO_4 为氧化性酸，所有材料在 H_2SO_4 中均呈现出明显的钝化行为，如图 4-24 所示。在稀 H_2SO_4（0.3mol/L）溶液中，304 和 316L 不锈钢钝化电流密度小，钝化区间宽，耐蚀性最优，其次是 AC-HVAF 涂层，HVOF 涂层最差，见图 4-24(b)。在浓 H_2SO_4（3mol/L）中，三种工艺制备非晶涂层耐蚀性低于 304 和 316L 不锈钢，与稀 H_2SO_4 中规律一致，C2 涂层钝化电流最小，耐蚀性在涂层中较优，见图 4-24(c)。

4.4.2　非晶涂层在 HNO_3 中的腐蚀行为

AC-HVAF 非晶涂层在 HNO_3 溶液中的动电位极化曲线见图 4-25。在 HNO_3 溶液中，不同材料的钝化电流 316L＜Ti-6Al-4V＜AC-HVAF，316L 不锈钢较易发生钝化，其次是 Ti-6Al-4V，涂层较差。点蚀电位 Ti-6Al-4V＞AC-HVAF＞316L，Ti-6Al-4V 钝化稳定性最高，其次是 AC-HVAF 涂层，316L 不锈钢较差。可知，三种材料耐蚀阻力：316L＞Ti-6Al-4V＞AC-HVAF。

HNO_3 介质浓度和温度对材料腐蚀行为的影响见图 4-26。

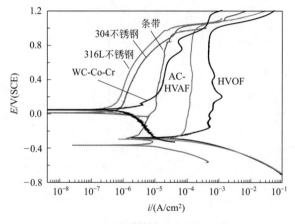

(a) 不同材料在3mol/L H₂SO₄中

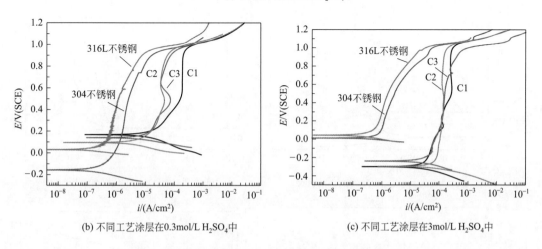

(b) 不同工艺涂层在0.3mol/L H₂SO₄中

(c) 不同工艺涂层在3mol/L H₂SO₄中

图 4-24　非晶涂层在 H_2SO_4 溶液中的动电位极化曲线

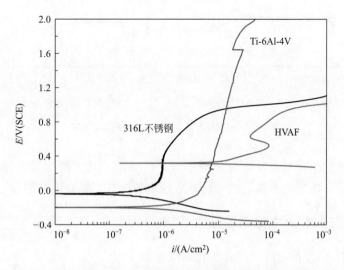

图 4-25　非晶涂层在 HNO_3 溶液中的动电位极化曲线（2mol/L，20℃）

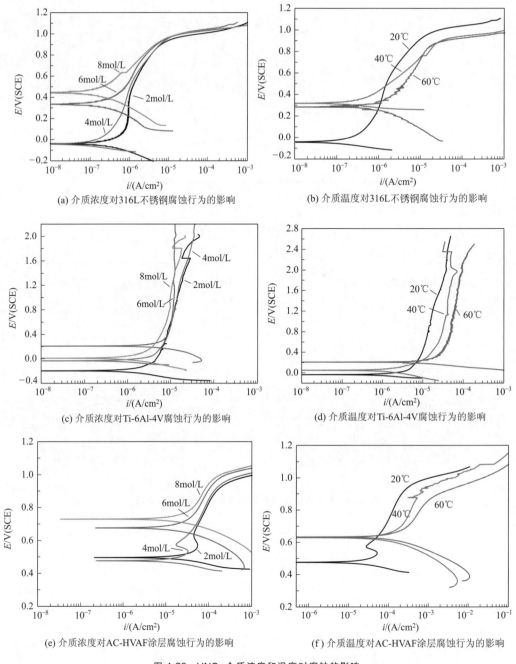

(a) 介质浓度对316L不锈钢腐蚀行为的影响

(b) 介质温度对316L不锈钢腐蚀行为的影响

(c) 介质浓度对Ti-6Al-4V腐蚀行为的影响

(d) 介质温度对Ti-6Al-4V腐蚀行为的影响

(e) 介质浓度对AC-HVAF涂层腐蚀行为的影响

(f) 介质温度对AC-HVAF涂层腐蚀行为的影响

图 4-26 HNO₃ 介质浓度和温度对腐蚀的影响

HNO₃ 介质浓度变化对点蚀电位影响不大，HNO₃ 介质浓度增加，钝化电流降低，耐蚀性增强。HNO₃ 介质温度升高，三种材料点蚀电位降低，钝化电流增加，耐蚀性降低。

4.4.3 非晶涂层在 HAc 中的腐蚀行为

非晶涂层在 HAc 溶液中的动电位极化曲线见图 4-27。

在 HAc 溶液中，钝化电流 316L＜Ti-6Al-4V＜AC-HVAF，316L 不锈钢较易发生钝化，其次是 Ti-6Al-4V，涂层较差。点蚀电位 Ti-6Al-4V＞AC-HVAF＞316L，Ti-6Al-4V 的钝

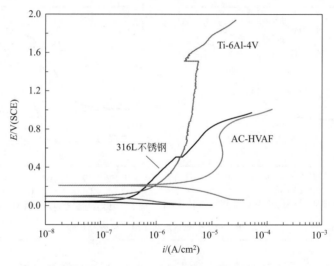

图 4-27　非晶涂层在 HAc 溶液中的动电位极化曲线（2.25mol/L，20℃）

化稳定性最高，其次是 AC-HVAF 涂层，316L 不锈钢较差。三种材料的耐蚀阻力 316L＞Ti-6Al-4V＞AC-HVAF，316L 不锈钢的耐蚀阻力最高，其次是 Ti-6Al-4V，涂层较差。

　　HAc 介质浓度和温度对材料腐蚀行为的影响见图 4-28。

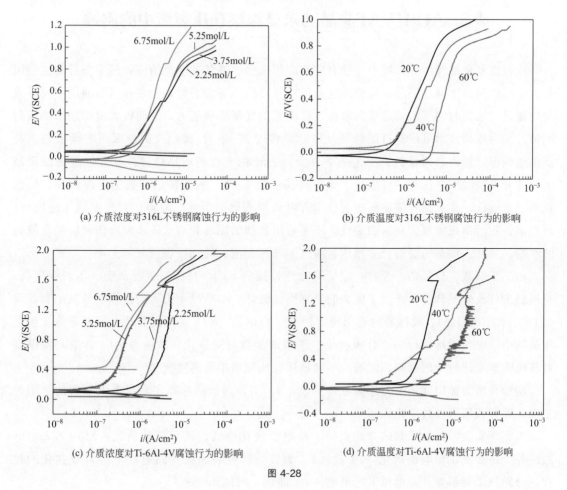

(a) 介质浓度对316L不锈钢腐蚀行为的影响　　　　　(b) 介质温度对316L不锈钢腐蚀行为的影响

(c) 介质浓度对Ti-6Al-4V腐蚀行为的影响　　　　　(d) 介质温度对Ti-6Al-4V腐蚀行为的影响

图 4-28

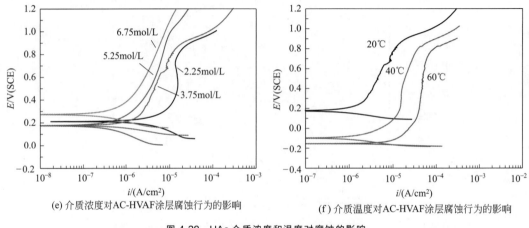

(e) 介质浓度对AC-HVAF涂层腐蚀行为的影响　　　　　(f) 介质温度对AC-HVAF涂层腐蚀行为的影响

图 4-28　HAc 介质浓度和温度对腐蚀的影响

由图可知，HAc 介质浓度对点蚀电位影响不大，HAc 介质浓度增加，钝化电流降低，耐蚀性增强。HAc 介质温度升高，三种材料钝化电流增加，耐蚀性降低；HAc 介质温度升高，点蚀电位降低，钝化稳定性降低。

4.5　AC-HVAF非晶纳米晶涂层在压裂液中的腐蚀

压裂技术是油气生产领域中一项有广泛应用前景的油气井增产措施，其主要目的是利用水力作用原理，使油气层形成裂缝。这些尺寸及形状不等的裂缝，会在井筒和油层中间形成新的通道。压裂时油气流动通道的增加，提高了油气层渗透能力，进而极大地增加了油气的产量。水力压裂技术可提高石油的可开采储量接近 30%。目前，我国新探明的低渗透及特低渗透油田储量占总储量的 70% 左右，并且所占比例有逐渐增高趋势。改善低渗透油田最主要的开发手段则是压裂，可以极大地提高其采收率[30]。大庆油田多数储层埋藏深、岩性致密、产能低，多数油井需实施压裂技术方可获得高效的产能。随着压裂技术的飞速发展，压裂由最初的单级发展到目前的多级，压裂液由最初的原油和清水逐步发展为目前经常使用的水基、油基、酸基压裂液及多相压裂液（泡沫压裂液、乳化压裂液）等。

由于压裂液成分复杂，含有一定量腐蚀性较强的 KCl，且压裂工况多变、压裂速度高，对压裂工具及外围套管等产生了极大的局部腐蚀破坏。本节以水力压裂过程所涉及的套管钢（P110、N80 和 J55）、喷砂器衬套用硬质合金（YG8、YW2）为对比材质，研究非晶涂层在压裂液中的电化学腐蚀行为，分析材质、压裂液参数（交联比、浓度及 KCl 含量）及温度对其电化学腐蚀行为的影响，以确定不同材质在压裂液中的腐蚀规律。

实验介质为油田常用水力压裂液，见表 4-6。实验参数的选择主要以表中参数的范围为基准，并覆盖所有参数变化区间。

电化学实验时，除了测试开路电位、动电位极化曲线、循环极化曲线、Mott-Schottky 曲线外，还要测试恒电位极化（i-t 曲线），为表征材料表面在开路电位下溶解或钝化的过程，分别测试材料在开路电位下的恒电位 i-t 曲线，时间 1800s。

主要成分	水平井用量	直井/斜井用量
基液（改性胍胶）	4g/L	3～6g/L
交联比（硼砂）	50∶1	100∶1
氯化钾浓度（质量分数）	0%	0.72%～1.2%
支撑剂	ϕ0.45～0.9mm 陶粒	ϕ0.45～0.9mm 陶粒
黏土稳定剂	适量	适量
杀菌剂	适量	适量
降黏剂、破乳剂	适量	适量
防膨剂、助排剂	适量	适量
基液黏度	$\geqslant$50mPa·s	

测试时，主要考察交联比、浓度、KCl 含量以及不同材质的影响。

考察交联比 50∶1 和 100∶1 影响。

考察压裂液浓度分别为 3g/L、4g/L、5g/L 和 6g/L 时的影响。

考察 KCl 浓度分别为 0、0.72%、0.88%、1.04%、1.2%和 3%时的影响。

由于压裂喷砂器一般在井下 1000～3000m 左右施工，随井深每下降 100m 温度升高 3℃。此次实验在交联比 100∶1、压裂液浓度 4g/L、KCl 浓度 1.2%时，考虑不同井深温度的影响，考察温度分别为 20℃、45℃、70℃和 95℃。

XPS 测试时，非晶涂层在压裂液中浸泡 24h。实验中采用原位氩离子溅射逐层减薄的办法来反映表面区的详细成分分布，相应的减薄速率为 0.2nm/s，减薄区域面积为 2mm×2mm。

4.5.1　套管钢在压裂液中的电化学腐蚀行为

（1）压裂液交联比的影响

图 4-29 反映的是不同压裂液交联比（crosslinking ratio，CR）时三种套管钢的动电位极化曲线。从极化曲线可以看出，三种套管钢的极化曲线阳极均呈现出明显的钝化特征，交联比不同时，阳极极化曲线形状类似，钝化电流密度和点蚀电位基本相同，可见不同交联比对其阳极钝化行为基本没有影响。

（2）压裂液浓度的影响

不同压裂液浓度时三种套管钢的动电位极化曲线见图 4-30。由图可知，浓度变化时，三种套管钢阳极极化曲线中钝化电流密度、点蚀电位以及腐蚀电位等均呈现出一定的变化规律。对上述极化曲线进行拟合后，其腐蚀电位、钝化电流密度和点蚀电位结果见表 4-7。

对于 P110 钢，如图 4-30(a) 和表 4-8 所示，腐蚀电位和钝化电流密度变化不大，点蚀电位对压裂液浓度变化敏感。在压裂液浓度为 3g/L，点蚀电位最低，约 0.06V；随压裂液浓度增加，点蚀电位呈增加趋势，在压裂液浓度为 6g/L，点蚀电位最高，约 0.23V；但在压裂液浓度高于 4g/L 时，点蚀电位增加的幅度较小。高的点蚀电位，说明材料抵抗钝化膜击穿的能力较强。膜层稳定性较强。由此可以看出，压裂液浓度升高，P110 钢钝化稳定性提高。

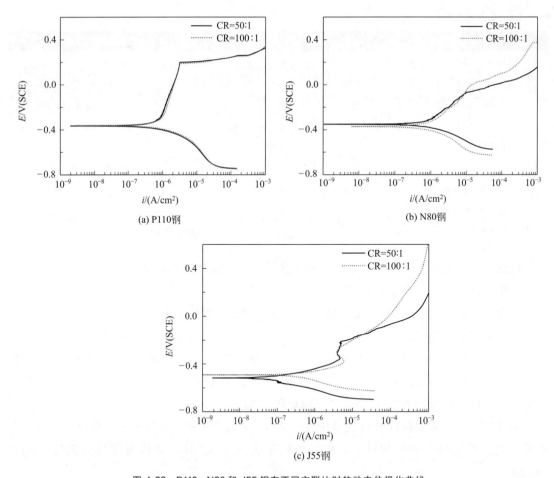

图 4-29 P110、N80 和 J55 钢在不同交联比时的动电位极化曲线

● 表 4-7 套管钢在不同压裂液浓度时动电位极化曲线拟合结果

类别	压裂液浓度 /(g/L)	腐蚀电位 E_{cor}/V	钝化电流密度 $i_p/(A/cm^2)$	点蚀电位 E_p/V
P110 钢	3	-0.35	1.5×10^{-6}	0.06
	4	-0.37	1.6×10^{-6}	0.18
	5	-0.39	1.8×10^{-6}	0.19
	6	-0.38	1.7×10^{-6}	0.23
N80 钢	3	-0.39	8×10^{-7}	-0.29
	4	-0.39	7×10^{-7}	-0.30
	5	-0.40	6×10^{-7}	-0.31
	6	-0.37	1×10^{-7}	-0.33
J55 钢	3	-0.63	5×10^{-6}	-0.44
	4	-0.61	2×10^{-6}	-0.45
	5	-0.59	7×10^{-7}	-0.45
	6	-0.58	2×10^{-7}	-0.46

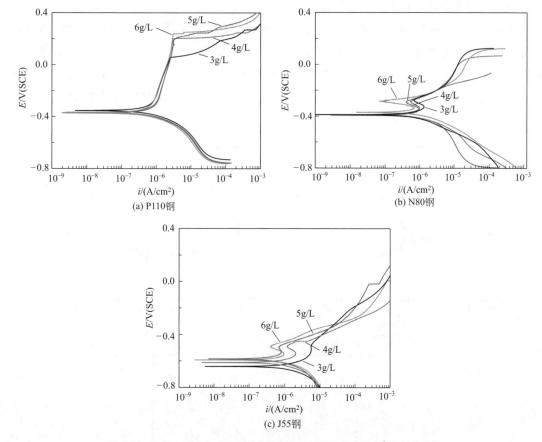

图 4-30　P110、N80 和 J55 三种套钢在不同压裂液浓度时动电位极化曲线

对于 N80 钢，如图 4-30(b) 和表 4-7 所示，腐蚀电位和点蚀电位变化不大，钝化电流密度对压裂液浓度变化敏感。在压裂液浓度为 3g/L 时，钝化电流密度最大，约 $8\times10^{-7}A/cm^2$；随压裂液浓度增加，钝化电流密度呈降低趋势，在压裂液浓度为 6g/L 时，钝化电流密度最小，约 $1\times10^{-7}A/cm^2$。低的钝化电流密度说明材料在较低的电流作用下易形成钝化膜，膜层形成能力较强。可见，高的压裂液浓度有助于 N80 钢形成更为稳定的钝化膜。

对于 J55 钢，如图 4-30(c) 和表 4-8 所示，点蚀电位变化不大，腐蚀电位和钝化电流密度均对压裂液浓度变化敏感。在压裂液浓度为 3g/L 时，腐蚀电位最低（−0.63V），钝化电流密度最高（$5\times10^{-6}A/cm^2$）；随压裂液浓度升高，腐蚀电位升高，钝化电流密度降低。腐蚀电位可以反映出材料的腐蚀倾向，高的腐蚀电位说明其腐蚀倾向较小，随压裂液浓度升高，J55 钢的腐蚀倾向降低。但判断 J55 钢的钝化稳定性主要取决于其钝化电流密度大小，压裂液浓度高时，较低的钝化电流密度说明 J55 钢钝化稳定性增强。

压裂液在实际应用过程中，首先要保证其黏度达到某个特定值，只要黏度达到要求，即可完成压裂过程。压裂液浓度低于 3g/L 时，压裂液黏度小，腐蚀反应的阴极和阳极离子在其中的迁移作用受到阻碍，不利于腐蚀反应过程的进行；但当压裂液浓度高于 4g/L 时，压裂液浓度增加，溶液黏度已达到压裂要求，黏度增加程度不大，离子在其中迁移的作用相当，因此对腐蚀过程的影响也相当，腐蚀趋势趋于相同。

（3）压裂液温度的影响

图 4-31 是在不同温度时三种套管钢的动电位极化曲线。由图 4-31 可知，三种套管钢点蚀电位对温度参数变化敏感，随温度升高点蚀电位均呈下降趋势。P110 钢点蚀电位由 20℃时的 0.10V 下降至 95℃时的 −0.21V；N80 钢由 20℃时的 −0.05V 下降至 95℃时的 −0.35V；J55 由 20℃时的 0.10V 下降至 95℃时的 −0.35V。高温时低的点蚀电位反映出钝化稳定性的降低，温度升高，三种套管钢耐蚀性下降。

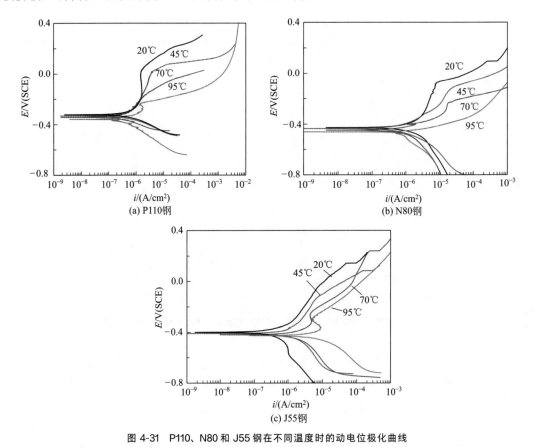

图 4-31　P110、N80 和 J55 钢在不同温度时的动电位极化曲线

随着温度升高，三种套管钢钝化电流密度呈现出增加趋势。P110 钢钝化电流密度增加幅度较小，由 20℃时的 $1.8×10^{-6}A/cm^2$ 增加至 95℃时的 $2.3×10^{-6}A/cm^2$；N80 和 J55 两种套管钢钝化电流密度随温度的升高，增加幅度较大，分别由 20℃时的 $5.1×10^{-6}A/cm^2$、$4.0×10^{-6}A/cm^2$ 增加至 95℃时的 $5.0×10^{-5}A/cm^2$、$6.5×10^{-6}A/cm^2$。说明在温度升高条件下，N80 和 J55 两种套管钢钝化稳定性低于 P110 钢。

由于压裂液成分中改性胍胶是一种高分子量水胶体多糖，本身对材料的腐蚀作用并不强。压裂液的腐蚀主要与其黏度以及其中的阴阳离子迁移过程相关，一些腐蚀性较强的阴离子如 Cl^- 作用更为明显。Cl^- 可以优先吸附于材料表面缺陷部位，形成吸附氯化物，这种氯化物与表面钝化膜作用致使膜层破坏，同时也会阻碍膜层的修复而使膜层继续保持活性，恶化了膜层的保护作用[31]。随着温度的升高，膜层表面的这种活性区域增多，Cl^- 在表面的吸附、溶解和成膜的作用加剧。在钝化膜的形成和溶解竞争过程中，Cl^- 会随着膜表面吸附物的增多而富集。过多的 Cl^- 则会由于其渗透机制导致膜层表面导电性增加，膜层致密性降低，这种综合结果直接致使钝化膜的厚度减薄，腐蚀过程加快。另外，温度升高，压裂液黏度变稀，其中阴阳离子扩散速度增加，腐蚀的阴极和阳极过程被同时加速，腐蚀加快。温度升高，材料表面双电层厚度减薄，Cl^- 在其中的迁移作用也相应增强，易在材料表面吸附且更易渗入钝化膜，对钝化膜的破坏作用增加，导致钝化膜稳定性急剧下降，耐蚀性能下降。

（4）压裂液中 KCl 含量的影响

图 4-32 是三种套管钢在不同 KCl 含量压裂液中的动电位极化曲线。从图 4-32 可以看出，随 KCl 浓度增加，三种套管钢在压裂液中的腐蚀电位和点蚀电位均降低，钝化电流密度则呈增加趋势。同上，低的腐蚀电位说明腐蚀倾向增加，Cl^- 含量高时套管钢的腐蚀倾向明显增加；低的点蚀电位则说明其点蚀倾向增加，高 Cl^- 含量时套管钢的点蚀倾向也明显呈增加趋势；高的钝化电流密度则说明其钝化稳定性降低以及腐蚀速率的加快。

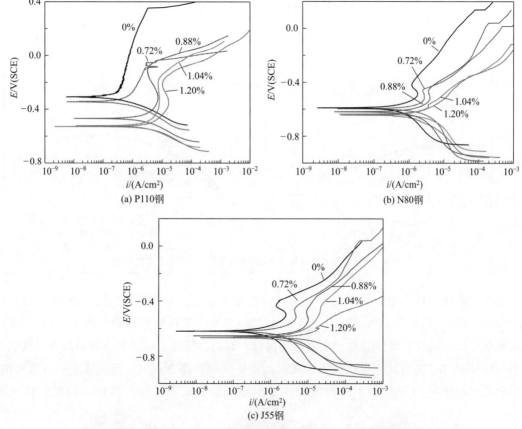

图 4-32　P110、N80 和 J55 钢在不同 KCl 溶液中动电位极化曲线

因此，随 KCl 浓度增加，套管钢的腐蚀倾向增加，钝化稳定性下降，点蚀敏感性增加，这主要与溶液中腐蚀性较强的阴离子 Cl^- 的作用相关。Cl^- 半径较小，穿透力强，易在钝化膜缺陷处累积并致使膜层发生点蚀，Cl^- 浓度越高，这种破坏概率越大，越易发生点蚀。一般来说，材料表面钝化膜的破坏主要源自 Cl^-。Cl^- 引起钝化膜点蚀的机理目前还没有定论。多数认为，Cl^- 发生迁移与金属/膜界面发生作用引起点蚀，或者 Cl^- 化学吸附在氧化物表面，参与反应并形成络合物，加速溶解过程的进行[32]。总之，Cl^- 的存在降低了套管

钢的钝化稳定性，增加了套管钢的点蚀风险。

（5）套管钢在压裂液中腐蚀机理研究

① 电化学腐蚀行为

三种套管钢在压裂液（浓度 4g/L，交联比 100∶1，KCl 含量 1.2％，温度 45℃）中动电位极化曲线和电化学阻抗谱如图 4-33 所示。由图 4-33（a）可知，三种套管钢在压裂液中的阳极极化曲线均呈现出明显的钝化行为。P110 钢点蚀电位最高（接近 0V），说明 P110 钢的钝化膜在较高的电位下才能被击穿，膜层抵抗破坏的能力强于 N80（约 -0.2V）和 J55 钢（约 -0.3V）。较小的钝化电流则反映出在同等条件下，材料更易形成稳定的钝化膜。P110 钢钝化电流密度最小，约 $1 \times 10^{-6} A/cm^2$，其次为 N80 钢（$1.5 \times 10^{-6} A/cm^2$），J55 钢（$2.5 \times 10^{-6} A/cm^2$）最高。P110 钢具有高的点蚀电位和低的钝化电流密度，这说明在三种套管钢中，P110 钢更易形成较为稳定的钝化膜。从三种套管钢电化学腐蚀后表面的点蚀形貌看（图 4-34），P110 钢比其他两种钢表面点蚀坑数量少且点蚀坑尺寸小。

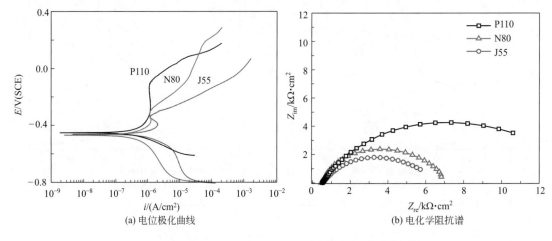

(a) 电位极化曲线　　(b) 电化学阻抗谱

图 4-33　三种套管钢在压裂液中的动电位极化曲线和电化学阻抗谱

电化学阻抗谱技术能够获得膜层下金属的电化学信息。常规的电化学阻抗谱有两种形式：Nyquist 图（阻抗实部和虚部图）和 Bode 图（频率与阻抗模值和相位角关系图）。图谱的高频端可以反映膜层腐蚀阻力大小的相关信息，高的容抗弧半径反映出材料具有高的腐蚀阻力。图 4-33（b）为三种套管钢在压裂液中的电化学阻抗谱 Nyquist 图，从图中可以看出，三种套管钢的阻抗图在高频区域均出现一个半圆形的容抗弧特征，高的容抗弧反映出材

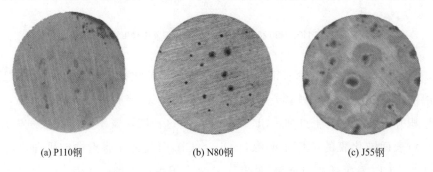

(a) P110钢　　　　　(b) N80钢　　　　　(c) J55钢

图 4-34　P110（a）、N80（b）和 J55（c）钢电化学测试后表面点蚀形貌

料具有高的腐蚀阻力。图中显示出，在压裂液中，三种套管钢腐蚀阻力大小顺序为：P110＞N80＞J55。这些结果与极化曲线测试结果相一致。

电化学阻抗谱可采用相应的等效电路进行拟合，进而分析腐蚀发生的微观作用过程。通常，电极的双电层阻抗与等效电容阻抗并不完全一致，会由于"弥散效应"[33]而产生一定偏离。拟合时，通常用一个常相位角元件 CPE 来代替（除纯电容外，还包含一个弥散指标 n）。弥散指数 n 的数值通常介于 0.5 和 1 之间。当 $n=0$ 时，CPE 相当于纯电阻 R；而若 $n=1$，相当于纯电容 C；若 $n=-1$，相当于纯电感 L；若 $n=0.5$，则表示由半无限扩散引起的 Warburg 阻抗。

对应的等效电路如图 4-35 所示，其中，R_s 表示溶液电阻，R_f 表示覆盖钝化膜层电阻，CPE_f 为钝化膜层电容，CPE_{dl} 为双电层电容，R_{ct} 表示阳极溶解过程的电荷转移电阻。在电极电位一定时，R_{ct} 相当于单位电极面积上的电阻。在电极电位是唯一表面状态变量时，R_{ct} 相当于材料的极化电阻 R_p。

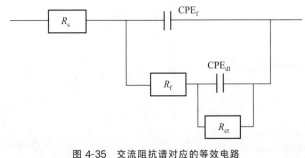

图 4-35　交流阻抗谱对应的等效电路

通过拟合电路得到的拟合结果见图 4-36。

由图 4-36 可以看出，经过等效电路拟合，三种套管钢的电化学阻抗谱测试结果与拟合结果能够较好地吻合，说明所选的等效电路是适合的，可以反映材料在压裂液中真实的腐蚀过程。另外，从图 4-36 的 Bode 图中可以看出，阻抗模值 $|Z|$ 的大小可以直接反映材料耐蚀阻力的大小，P110 钢 $|Z|$ 值＞N80 钢 $|Z|$ 值＞J55 钢 $|Z|$ 值，也进一步反映出 P110 钢具有较高的耐蚀阻力。Bode 图中相位角越高，说明其电容性越强，反映出膜层阻挡介质的作用增强，耐蚀性自然有所提高。所有 Bode 图中相位角均在 45°左右，P110 和 N80 钢相位角明显高于 J55 钢，表面形成钝化膜阻挡介质的能力强，耐蚀性提高。图 4-36 的拟合结果见表 4-8。从表中可以得出，P110 钢高的阻抗来源于高的电荷转移电阻（R_{ct}），以及低的双电层电容（CPE_{dl}）。

● 表 4-8　电化学阻抗谱拟合结果

材料	R_s /$\Omega \cdot cm^2$	R_f /$\Omega \cdot cm^2$	CPE_f /(F/cm^2)	CPE_f-n	R_{ct} /$\Omega \cdot cm^2$	CPE_{dl} /(F/cm^2)	CPE_{dl}-n
P110	445	1278	1.9×10^{-4}	0.80	5238	2.3×10^{-5}	0.99
N80	508	996	2.2×10^{-4}	0.73	5162	6.2×10^{-5}	0.75
J55	540	1402	2.1×10^{-4}	0.72	4268	1.0×10^{-4}	0.75

这说明 P110 钢表面钝化膜的保护能力与双电层电容及电阻特性密切相关，由于钝化膜

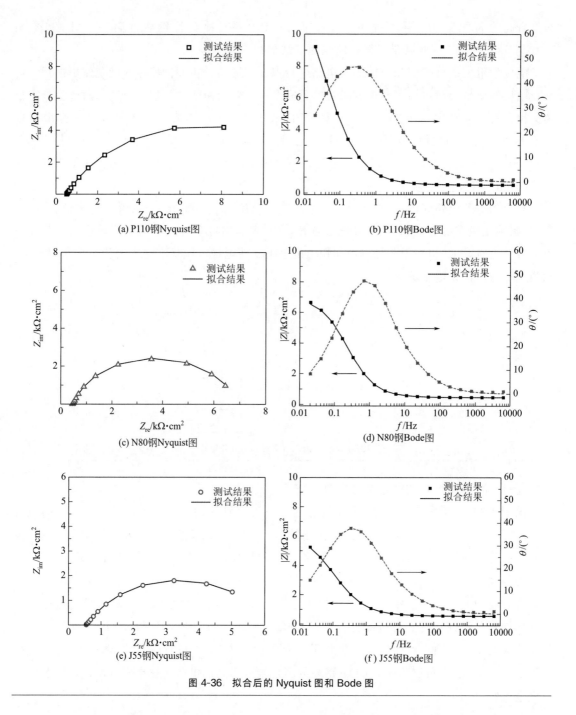

(a) P110钢Nyquist图

(b) P110钢Bode图

(c) N80钢Nyquist图

(d) N80钢Bode图

(e) J55钢Nyquist图

(f) J55钢Bode图

图 4-36 拟合后的 Nyquist 图和 Bode 图

中发生的过程主要为离子转移过程，如 Cl⁻ 的迁移和渗透作用，低的双电层电容有效阻止了 Cl⁻ 的迁移，而高的电荷传递电阻则又阻挡了 Cl⁻ 在钝化膜中的渗透，因而最终提高了 P110 钢的钝化稳定性。

② 成分对其钝化稳定性的影响

通常，材料的点蚀抗力主要取决于其化学成分。合金中对提高其点蚀抗力最有效的元素一般为 Cr、Mo 和 N。材料抗点蚀和缝隙腐蚀的性能往往用临界点蚀/缝隙腐蚀温度来表示。临界点蚀温度和临界缝隙腐蚀温度取决于合金成分，材料的耐蚀性 MARC 指数（measure of alloying for resistance against corrosion）可用下式表示[34]：

$$MARC = 1\%Cr + 3.3\%Mo + 20\%(C+N) - 0.5\%Mn - 0.25\%Ni \tag{4-4}$$

MARC 关系式在商用和试验奥氏体不锈钢中都得到了应用，和实验结果符合较好。Rodelli[35]等研究了 N 和 Mn 对不锈钢在含 Cl^- 的溶液中的点蚀行为的影响，提出 Mn 含量较高的不锈钢耐点蚀指数（PRE_{Mn}）与材料的成分之间存在如下关系：

$$PRE_{Mn} = 1\%Cr + 3.3\%Mo + 30\%N - 1.0\%Mn \tag{4-5}$$

为了获得较高的耐点蚀能力，不锈钢的 PRE_{Mn} 值应大于 45，且存在一个临界温度，在此温度之下，点蚀不发生。对于 $PRE_{Mn} < 35$ 的钢，其抗点蚀能力较差。

由于三种套管钢中基本不含 W 和 N，所以上面两式计算结果基本一致，经过计算的 PREN 值见表 4-9。高的 PREN 值说明材料抵抗点蚀的能力较强。P110 钢具有最高的 PREN 值（PREN=1.93），抗点蚀能力强；J55 钢具有最低的 PREN 值（PREN=1.02），所以抗点蚀能力较差；N80 钢则居中。可见，P110 钢具有比 N80 钢和 J55 钢更高的 PREN 值，说明材料成分中的合金元素 Cr 和 Mo 极大地提高了其抗点蚀能力。

● 表 4-9　三种套管钢的 PREN 值

材质	Cr	Mo	W	N	PREN1	PREN2
P110	1.436	0.151	—	—	1.93	1.93
N80	1.114	0.011	—	—	1.15	1.15
J55	0.968	0.015	—	—	1.02	1.02

钝化膜中 Cr 可以形成稳定致密的 Cr 氧化物层，进而起到抑制腐蚀发生的作用。不同腐蚀环境中，材料表面形成的 Cr_2O_3 或 $Cr(OH)_3$ 膜使其具有良好的耐蚀性[36,37]。钝化膜中 Cr 取代 γ-Fe_2O_3 中 Fe 原子的位置形成复杂氧化物[38]。根据 Cl^- 在钝化膜中的渗透破坏理论，一方面，当 Cl^- 到达金属基体时发生水解，降低溶液局部 pH 值，溶解钝化膜[39]；另一方面，Cl^- 可以和钝化膜中 Cr_2O_3 的缺陷部位发生作用，使 Cr_2O_3 从保护性良好的 p 型半导体转变为保护性较差的 n 型半导体，导致钝化膜对基体的保护能力降低[40]。Mo 的添加可以有效地提高钝化膜的稳定性和均匀性，表层中富 Mo 氧化物的形成对提高材料钝化能力和局部腐蚀具有双重作用，一是形成的 MoO_2 产物可以起到阻挡腐蚀介质的作用，进而降低了膜层的溶解速率。二是富 Mo 氧化物可以改善钝化膜的成分，富集 Mo^{6+} 氧化物增加钝化膜的厚度（如 MoO_3）且稳定了内层的 Cr 氧化物（如 MoO_4^{2-}）[41]，抑制了钝化膜的破裂过程和局部腐蚀的发生，进一步提高了材料的局部腐蚀阻力。

因此，套管 P110 钢高的 PREN 取决于成分中高的 Cr 和 Mo 含量，由于存在富 Cr、Mo 保护性强的表面膜层，使金属表面和溶液隔离，阻挡溶液中 Cl^- 和 SO_4^{2-} 等腐蚀离子迁移至基体金属，抑制腐蚀发生。这也是 P110 比 N80 和 J55 钢耐蚀性优异的原因。

4.5.2　硬质合金在压裂液中的电化学腐蚀行为

（1）压裂液温度的影响

两种硬质合金在不同温度时的动电位极化曲线如图 4-37 所示。

不论是硬质合金 YG8 还是 YW2，二者在不同温度下阳极极化曲线均呈现出明显的钝化

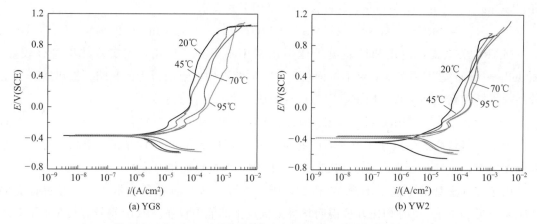

(a) YG8

(b) YW2

图 4-37　YG8 和 YW2 两种硬质合金在不同温度压裂液中的腐蚀行为

行为。二者的钝化电流密度均对温度变化敏感，随温度的升高钝化电流密度均增大。温度对于两种硬质合金点蚀电位没有影响，在所有温度下的点蚀电位或过钝化电位均为 1.0V，反映出具有相同的抵抗局部腐蚀的能力。

（2）压裂液中 KCl 含量的影响

两种硬质合金在不同 KCl 含量压裂液中的腐蚀行为见图 4-38。

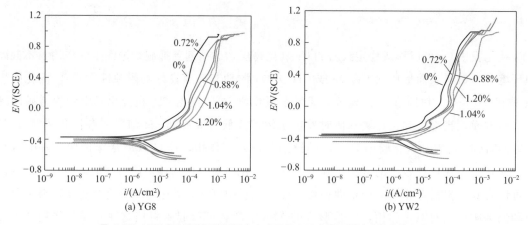

(a) YG8

(b) YW2

图 4-38　YG8 和 YW2 两种硬质合金在不同 KCl 含量压裂液中的腐蚀行为

KCl 含量的增加对两种硬质合金腐蚀行为的影响与温度的影响类似。随 KCl 含量增加，硬质合金点蚀电位没有变化，只是钝化电流密度呈现出增加的趋势。这种腐蚀行为特征类似于上述的涂层，说明其抵抗点蚀能力和涂层相当。

（3）硬质合金在压裂液中腐蚀机理研究

① 电化学腐蚀行为

两种硬质合金的极化曲线和电化学阻抗谱见图 4-39。由图 4-39（a）可知，两条极化曲线形状类似，说明其阳极钝化行为相差不大。两种硬质合金点蚀电位相同，约为 1.0V。

硬质合金 YG8 阳极极化曲线的钝化电流密度约 $6.0 \times 10^{-5} \, A/cm^2$，低于 YW2，约 $8.5 \times 10^{-5} \, A/cm^2$。这说明 YG8 的耐蚀性稍高于 YW2。更为直观的耐蚀性大小可由图 4-39（b）的电化学阻抗谱说明，YG8 的容抗弧半径明显大于 YW2，体现出较强的腐蚀阻力。

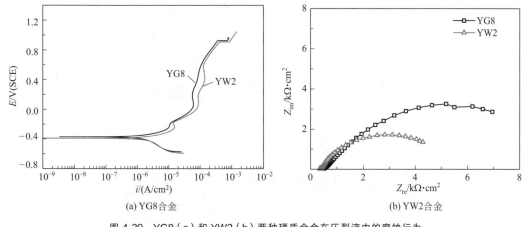

(a) YG8合金   (b) YW2合金

图 4-39 YG8（a）和 YW2（b）两种硬质合金在压裂液中的腐蚀行为

采用图 4-35 等效电路对图 4-39(b) 的电化学阻抗谱进行拟合，拟合后相应的 R_{ct}、CPE$_{dl}$、R_f 和 CPE$_f$ 值见表 4-10。相比硬质合金 YW2 来说，YG8 具有更高的 R_{ct} 值以及更低的 CPE$_{dl}$ 值。说明膜层表面的双电层对 YG8 的耐蚀性有重要的影响，与套管钢类似。

● 表 4-10 电化学阻抗谱拟合结果

材料	R_s /Ω·cm²	R_f /Ω·cm²	CPE$_f$ /(F/cm²)	CPE$_f$-n	R_{ct} /Ω·cm²	CPE$_{dl}$ /(F/cm²)	CPE$_{dl}$-n
YG8	8	360	$2.1×10^{-8}$	0.57	13450	$7.0×10^{-5}$	0.72
YW2	12	385	$5.3×10^{-9}$	0.85	5485	$9.1×10^{-5}$	0.71

从极化曲线分析，虽然两种硬质合金的钝化稳定性类似，但 YG8 钝化电流密度明显小于 YW2，这主要与其不同的钝化膜结构特性相关。

② 钝化膜结构特征

材料表面钝化膜的稳定性取决于膜层的结构（厚度、致密性）和膜层的成分[42]。涂层的 Mott-Schottky 曲线如图 4-40 所示。由图可知，两种硬质合金的 Mott-Schottky 曲线有着类似的形状。在 0.4~0.8V 之间为线性区间，其他部分线性不明显。高电位区段（>0.8V）偏离线性的原因则可能是钝化膜较高的缺陷浓度。

所有线性区的斜率均为正值，表示钝化膜在所测试条件下均为 n 型半导体膜。载流子密度（N_D）可以由线性区的斜率拟合得出；平带电位（E_{FB}）可以由 C_{SC}^{-2} 外推至零获得。

可以计算出，两种硬质合金载流子密度 N_D 值不尽相同，YG8：$4.42×10^{10}$ cm^{-3}；YW：$5.96×10^{11}$ cm^{-3}。YG8 的载流子密度比 YW2 低近一个数量级，低的载流子密度，反映出膜层低的缺陷浓度。材料钝化膜的半导体性质对于钝化膜的稳定性起着关键的作用。载流子密度越高，钝化膜的导电性越高。一旦发生钝化，一些阳离子或阴离子穿透氧化物层变成整个腐蚀反应的控制步骤。离子导电成为决定钝化电流密度最主要的因素。高的载流子密度将引起高的钝化电流密度。载流子密度小，钝化膜中缺陷数量少，抵抗点蚀能力自然提高。这正是硬质合金 YG8 具有较高点蚀阻力的内在因素。

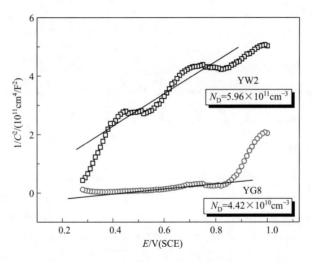

图 4-40　YG8（a）和 YW2（b）两种硬质合金在压裂液中的 Mott-Schottky 曲线

4.5.3　AC-HVAF 涂层在压裂液中的电化学腐蚀行为

（1）压裂液温度的影响

AC-HVAF 喷涂两种涂层在不同温度时的动电位极化曲线如图 4-41 所示。

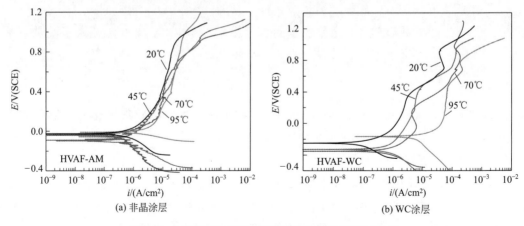

图 4-41　非晶涂层和 WC 涂层在不同温度时动电位极化曲线

图 4-41(a) 为非晶涂层的动电位极化曲线。非晶涂层的钝化电流密度对温度变化敏感，随温度的升高，从 $1\times10^{-5}\,\mathrm{A/cm^2}$（20℃）升高至 $2\times10^{-5}\,\mathrm{A/cm^2}$（95℃）。在所有温度下的点蚀电位或过钝化电位均为 1.0V，反映出非晶涂层在这些溶液中具有相同的抵抗局部腐蚀的能力。图 4-41(b) 为 WC 涂层的动电位极化曲线，由图可知，WC 涂层阳极极化曲线也呈现出明显的钝化特征。与非晶涂层不同的是，WC 涂层的极化曲线在 0.4V 左右出现再钝化现象，此时钝化电流密度急剧增加，而后发生过钝化，最终在 1.0V 左右发生点蚀。这种过钝化与其钝化膜中各个成分的溶解性差异相关，反映出 WC 涂层的钝化膜层具有不稳定性，尤其在高电位作用下。值得注意的是，WC 涂层的钝化电流密度也与温度之间存在一定关联。在 20℃时具有最低的钝化电流密度（约 $2\times10^{-6}\,\mathrm{A/cm^2}$），而在 95℃时的钝化

电流密度（约$8\times10^{-4}\,\mathrm{A/cm^2}$）值则最高。钝化电流密度随温度变化的幅值也明显高于非晶涂层。

（2）压裂液中 KCl 含量的影响

AC-HVAF 喷涂两种涂层在不同 KCl 含量溶液中的动电位极化曲线如图 4-42 所示。前面提到，KCl 加入，由于 Cl^- 含量增加，致使套管钢点蚀倾向增加，点蚀电位降低。对于非晶金属涂层，见图 4-42（a），在不同 KCl 含量溶液中涂层的点蚀电位基本一致。点蚀电位对 KCl 含量的变化并不敏感，这说明非晶涂层的抵抗局部腐蚀能力强，抗点蚀作用优异。随着 KCl 含量的增加，非晶涂层的钝化电流密度呈增加趋势，由 $4\times10^{-6}\,\mathrm{A/cm^2}$ 增加至1×10^{-5} $\mathrm{A/cm^2}$。WC 涂层的极化曲线见图 4-42（b），Cl^- 含量的增加虽然对点蚀电位没有太大影响，但对阳极极化曲线形状影响较大。在 KCl 含量低于 0.88% 时，极化曲线形状类似；当 KCl 含量为 1.04% 时，极化曲线过钝化现象明显；当 KCl 含量达到 1.20% 时，阳极极化曲线近似于活性溶解特性。这说明 Cl^- 对 WC 涂层阳极钝化产生重要的影响，WC 涂层钝化稳定性随 Cl^- 含量的增加而急剧下降。

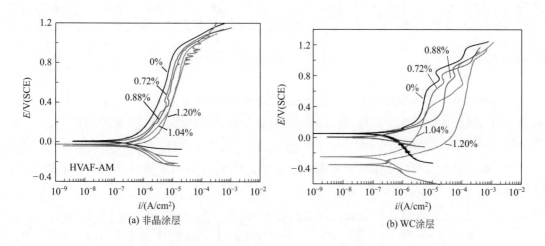

图 4-42　非晶涂层和 WC 涂层在不同 KCl 溶液中的动电位极化曲线

4.5.4　AC-HVAF 涂层在压裂液中腐蚀机理研究

（1）电化学腐蚀行为

将两种 AC-HVAF 涂层放在一起比较其腐蚀行为，见图 4-43。由图 4-43（a）的极化曲线可以发现，两者点蚀电位相同，说明具有相同的抵抗点蚀的能力。但非晶涂层具有比 WC 涂层更低的钝化电流密度，非晶涂层抵抗均匀腐蚀阻力明显强于 WC 涂层。另外，非晶涂层腐蚀电位高于 WC 涂层，在同等条件下，腐蚀倾向要远小于 WC 涂层。从图 4-43（b）的电化学阻抗谱分析，二者均呈现出单一容抗弧特征，非晶涂层具有较高的容抗弧半径，呈现出较高的腐蚀阻力。

等效电路拟合后相应的 R_{ct}、CPE_{dl}、R_f 和 CPE_f 值见表 4-11。由表可以看出，相比 WC 涂层来说，在压裂液中，非晶涂层具有更高的 R_{ct}、R_f、CPE_{dl} 和 CPE_f 值。WC 涂层则具有相反的趋势，在压裂液中具有较低的 R_{ct}、R_f、CPE_{dl} 和 CPE_f 值。

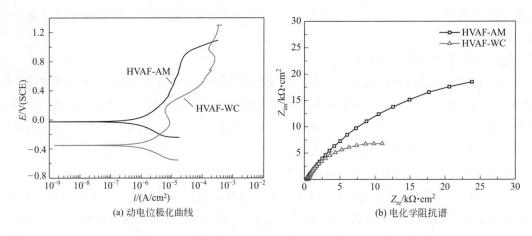

(a) 动电位极化曲线

(b) 电化学阻抗谱

图 4-43　非晶和 WC 涂层在压裂液中的动电位极化曲线和电化学阻抗谱

● 表 4-11　电化学阻抗谱拟合结果

材料	R_s /$\Omega \cdot cm^2$	R_f /$\Omega \cdot cm^2$	CPE_f /(F/cm^2)	CPE_f-n	R_{ct} /$\Omega \cdot cm^2$	CPE_{dl} /(F/cm^2)	CPE_{dl}-n
非晶涂层	10	376	2.1×10^{-8}	0.78	55741	3.2×10^{-5}	0.74
WC 涂层	21	245	1.4×10^{-8}	0.75	35682	2.1×10^{-5}	0.71

这说明双电层和钝化膜对于非晶合金在压裂液中的腐蚀有至关重要的影响。这点与前述的套管钢耐蚀性主要取决于双电层特性不太相同，钝化膜同样起着至关重要的作用。

（2）钝化膜点蚀倾向

涂层耐点蚀能力可以用循环极化曲线来说明。图 4-44 为两种涂层在压裂液中的循环极化行为。

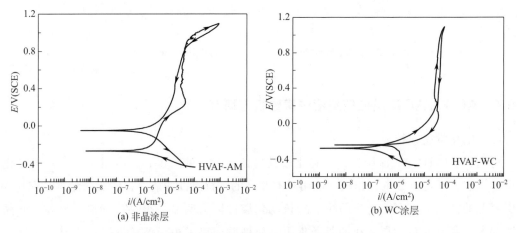

(a) 非晶涂层

(b) WC 涂层

图 4-44　非晶涂层和 WC 涂层在压裂液中的循环极化行为

非晶涂层具有最小的滞回环，说明其具有优异的抗点蚀能力。WC 涂层由于反向极化曲线扫描至自腐蚀电位时也无保护电位出现，呈现出比非晶涂层更大的滞回环面积。因此，非晶涂层抗点蚀能力远高于 WC 涂层。

图 4-45 为两种涂层在恒电位条件下电流随时间的响应情况。注意到，所记录的恒电位

$i\text{-}t$ 曲线上有许多电流的瞬间波动，或称之为电流暂态峰。每一个电流暂态峰都表现为腐蚀电流的急剧增大随后在一定时间内又回落到背底电流水平。电流增大的过程对应于亚稳蚀点的长大，电流回落过程则为蚀点的再钝化，其相应所需时间分别称作蚀点长大时间（growth time，t_G）和再钝化时间（repassivation time，h_R），总时间为蚀点的寿命（life time，t_L）。电流最大值与背底电流差值称为暂态峰高度（transient height，h_T）。暂态峰高度和持续时间可以反映亚稳蚀点由萌生、长大到再钝化的不同阶段。依据文献［43］定义，暂态峰高度为背底电流的噪声波动 3 倍以上，且蚀点寿命持续时间约 10s 以上定论为一个暂态峰。电流暂态峰的数目可以反映钝化膜局部破坏的概率，是评定钝化膜稳定性的一个重要指标。由图 4-45 可知，非晶涂层对应暂态峰数目较少，约为 7 个/cm^2；而 WC 涂层对应的暂态峰数目明显增多，约 32 个/cm^2。这一结果预示着在微观结构上，非晶涂层对钝化膜的局部破坏有更好的抑制作用。

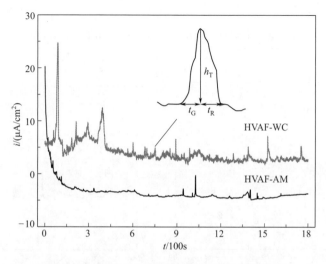

图 4-45　非晶和 WC 涂层在压裂液中的恒电位 $i\text{-}t$ 曲线

（3）钝化膜的结构特性

两种涂层的 Mott-Schottky 曲线见图 4-46。通过计算得出载流子密度 N_D 的值：AC-HVAF 非晶涂层 $2.98\times10^9\,cm^{-3}$；WC 涂层 $1.85\times10^{10}\,cm^{-3}$。可见，非晶涂层具有较低的载流子密度，这也是非晶涂层点蚀倾向小的一个原因。低的缺陷浓度是保证非晶涂层具有高钝化稳定的重要因素。

4.5.5　非晶涂层钝化膜成分分析

为了深入分析非晶涂层具有稳定钝化区间的原因，对 AC-HVAF 涂层在压裂液中浸泡 24h 后的表面膜层进行了 XPS 分析，典型的 XPS 全谱扫描见图 4-47。非晶涂层的表面膜中包含了一些特征谱线，如 Fe 2p、Cr 2p、Mo 3d、Mn 2p、W 4f、Cl 2p、O 1s 及 C 1s 等，表面钝化膜主要由 Fe、Cr、Mo、Mn 和 W 等元素组成。在 WC 涂层表面膜中则只出现 Fe 2p、Cr 2p、W 4f 和 Co 2p 等明显的特征谱线，表面钝化膜主要由 Fe、Cr、W 和 Co 等元素组成。由峰强度可见，钝化膜主要由 W、Fe 和 Cr 元素组成，非晶涂层钝化膜中元素种类明显高于 WC 涂层，尤其是 Mo、Cr、Mn 高的峰强度，说明涂层钝化膜中这些元素的含量要稍高一些。

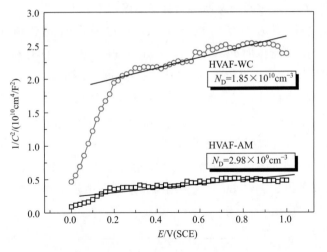

图 4-46　非晶和 WC 涂层在压裂液中的 Mott-Schottky 曲线

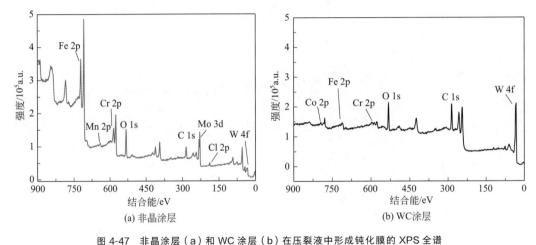

图 4-47　非晶涂层（a）和 WC 涂层（b）在压裂液中形成钝化膜的 XPS 全谱

　　腐蚀后未经溅射的非晶涂层表面典型的 Fe 2p、Cr 2p、Mo 3d、Mn 2p 和 W 4f 精细谱峰见图 4-48。Fe 2p 谱由两套彼此分开的 $2p_{3/2}$ 和 $2p_{1/2}$ 谱峰构成，每个谱峰包含金属态和氧化态子峰（主要为 Fe^{3+} 和 Fe^{2+}）。$Cr\ 2p_{3/2}$ 和 $Cr\ 2p_{1/2}$ 谱峰分别由金属态 Cr^0 以及氧化态 Cr^{3+} 和 Cr^{6+} 子峰构成。Mo 3d 谱由彼此交叠的 $3d_{5/2}$ 和 $3d_{3/2}$ 谱峰构成，主要包含了金属态 Mo^0 以及氧化态 Mo^{4+} 和 Mo^{6+} 子峰。$Mn\ 2p_{3/2}$ 和 $Mn\ 2p_{1/2}$ 谱峰分别由金属态 Mn^0 以及氧化态 Mn^{2+} 和 Mn^{4+} 子峰构成。W 4f 谱由彼此交叠的 $W\ 4f_{7/2}$ 和 $W\ 4f_{5/2}$ 谱峰构成，主要包含了金属态 W^0 以及氧化态 W^{4+} 和 W^{6+} 子峰。金属态 Fe、Cr、Mo 和 W 的谱峰强度相对其氧化态较高，说明钝化膜内层或界面上有部分未完全氧化相应金属存在。

　　钝化膜精细谱峰分析说明，非晶涂层中元素 Mo 和 Cr 极大地提高了其抗点蚀能力。其中，Mo 对于提高普通不锈钢抗局部腐蚀能力具有非常有益的作用，Mo 的添加可以减小不锈钢中亚稳蚀点形核的概率。高的 Mo 含量可以提高铁基非晶合金的耐蚀性，高的腐蚀阻力首先取决于富 Cr 的钝化膜，富 Cr 钝化膜的过钝化溶解则起源于 Cr^{6+} 物质的溶解，Mo 则

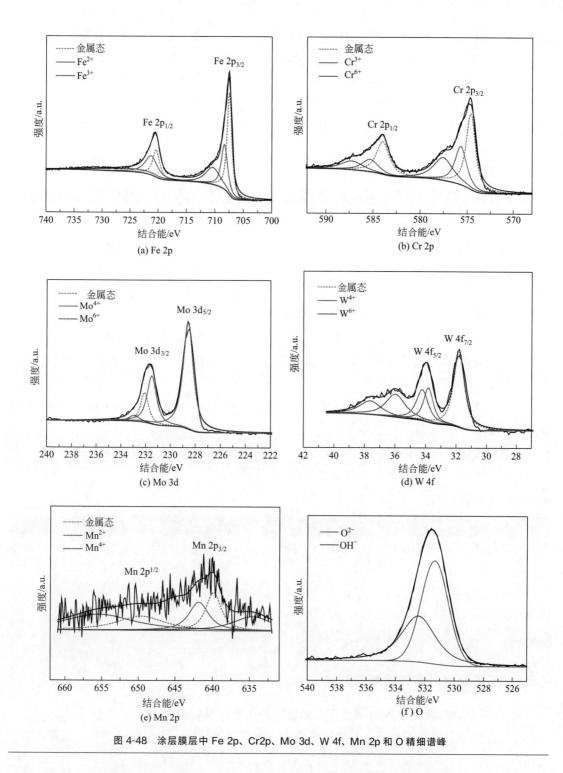

图 4-48　涂层膜层中 Fe 2p、Cr2p、Mo 3d、W 4f、Mn 2p 和 O 精细谱峰

可以抑制 Cr 的过钝化溶解，进一步提高了局部腐蚀阻力和钝化能力。另外，Mo^{6+} 氧化物（MoO_3）可以增加钝化膜厚度并稳定内层 Cr 氧化物的形成[44,45]。因此，非晶涂层与 WC 涂层相比，非晶涂层在压裂液中具有优异的耐蚀性与其表面富 Mo、Cr 和 Mn 的钝化膜成分和膜层低的缺陷浓度密切相关。

因此，对于三种套管钢和硬质合金，压裂液温度和 KCl 含量升高，耐蚀性下降。在压裂液中，套管 P110 钢具有比 N80 和 J55 钢更为优异的耐蚀阻力，耐蚀阻力来源于其双电层特性。YG8 具有比 YW2 更低的钝化电流密度，抵抗均匀腐蚀阻力强。压裂液温度和 KCl 含量增加，非晶涂层具有相同的抵抗局部腐蚀的能力。非晶涂层抵抗均匀腐蚀和点蚀阻力的能力强于 WC 涂层，膜层中高的 Mo、Cr、Mn 含量，使其具有更为稳定的钝化膜特征，膜层中较低的缺陷浓度是影响其钝化稳定性的决定性因素。

4.6　AC-HVAF非晶纳米晶涂层在三元复合驱溶液中的腐蚀行为

三元复合驱强化采油技术产生于 20 世纪 80 年代，来源于单一、二元化学驱，以多种驱替剂的协同效应为基础。目前在室内实验和矿场试验研究中常用的驱替剂有碱剂、表面活性剂、聚合物，三者协同使用就是三元复合驱（ASP）技术。ASP 既有较高的黏度，又能与原油形成超低界面张力，从而提高原油采收率。

本节主要研究 AC-HVAF 非晶涂层和油管钢 N80 钢在三元复合驱溶液中的腐蚀行为，分析温度、ASP 浓度对其腐蚀的影响规律，为非晶纳米晶涂层在三元复合驱领域的应用提供参考。

电化学腐蚀测试测量电位范围是 -0.25（vs. OCP）～1.2V（vs. SCE），扫描速度 0.5mV/s。

测试时考虑不同温度的影响，温度范围：15℃、34℃、55℃、75℃、95℃

测试时考虑不同 ASP 浓度影响，浓度变化范围见表 4-12。

● 表 4-12　不同 ASP 浓度

方案	碱/（mg/L）	表面活性剂/（mg/L）	聚合物/（mg/L）	温度/℃
1	1000	50	100	75
2	2000	100	200	75
3	3000	200	300	75
4	4000	300	400	75
5	5000	400	500	75

4.6.1　不同温度对腐蚀性能的影响

图 4-49 是非晶涂层和 N80 钢在不同温度下的动电位极化曲线。

非晶涂层随着温度的升高，自腐蚀电位大体上呈降低趋势，腐蚀倾向变大。在所有温度范围内，非晶涂层均呈现出明显的钝化特征，钝化区间较宽，约 1.3V。随着温度的升高，非晶涂层钝化电流密度在 95℃ 时达到最大，之后则降低。N80 钢则与非晶合金不同，在所有温度范围内均呈现出活化状态。随着温度的升高，自腐蚀电位降低，腐蚀倾向增大；腐蚀电流密度增大，腐蚀严重。温度的提高能够明显加快 N80 钢的腐蚀，在 15℃ 时腐蚀电流密度和腐蚀速率相对较低，自腐蚀电位最低，所以腐蚀最小。因此，在实际中要尽量降低温度，就能将 N80 钢的腐蚀影响降到最低。

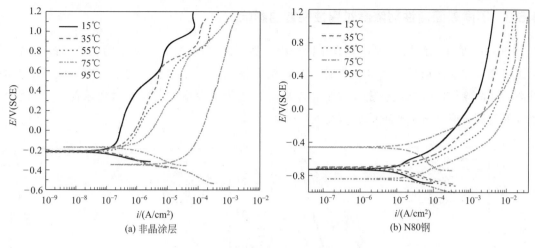

图 4-49　不同温度下动电位极化曲线

4.6.2　不同碱浓度对腐蚀性能的影响

图 4-50 是非晶涂层和 N80 钢在碱浓度不同的 ASP 溶液中的动电位极化曲线。

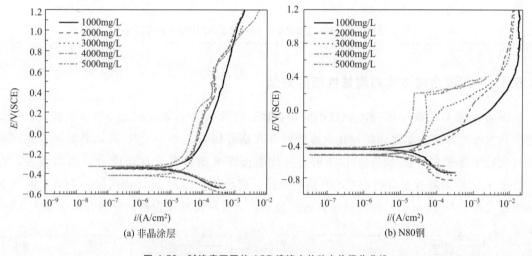

图 4-50　碱浓度不同的 ASP 溶液中的动电位极化曲线

由图可知，非晶涂层在所有碱浓度范围内均呈现出明显的钝化特征。随着碱的浓度的升高，自腐蚀电位大体呈降低趋势，腐蚀倾向变大。随着碱浓度的升高，非晶涂层钝化电流密度逐渐减小，涂层的钝化稳定性增加。碱浓度的增加对非晶涂层点蚀倾向没有影响。与之不同的是，在碱浓度从 1000mg/L 增加至 3000mg/L 时，N80 钢极化曲线由活化状态过渡为钝化状态。当碱的浓度提高到 4000mg/L 和 5000mg/L 时，出现较为明显的钝化区间。这说明，随着碱浓度的提高，N80 钢钝化区间也在不断地增大。这可能是由于 pH 值的提高在试件表面形成了一层碱性保护膜，阻止了反应的进行。如果在能够保证驱油效率的情况之下，最大限度地提高碱的浓度，将会使 N80 钢钝化而降低其腐蚀程度。

4.6.3 不同表面活性剂浓度对腐蚀性能的影响

图 4-51 是非晶涂层和 N80 钢在不同表面活性剂浓度的 ASP 溶液中的动电位极化曲线。由图可知，非晶涂层呈现出钝化特征，N80 钢则呈现出活化状态。随着表面活性剂浓度的升高，非晶涂层的钝化电流密度降低，涂层的钝化稳定性增加。N80 钢则随着表面活性剂浓度的升高，腐蚀电流密度降低，腐蚀程度降低。

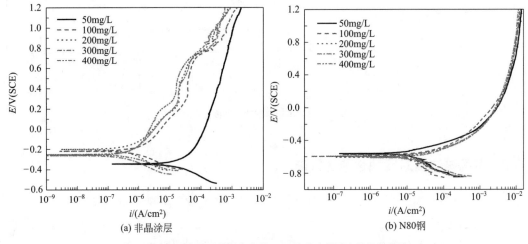

图 4-51　不同表面活性剂浓度的 ASP 溶液中的动电位极化曲线

4.6.4 不同聚合物浓度对腐蚀性能的影响

图 4-52 是非晶涂层和 N80 钢在不同聚合物浓度的 ASP 溶液中的动电位极化曲线。随着聚合物浓度的升高，非晶涂层钝化电流密度存在临界值，在 400mg/L 时达到最小，此时涂层钝化稳定性最好。在 400mg/L 之前，钝化电流密度随着聚合物浓度的升高而增加；在 400mg/L 之后则随着聚合物浓度的升高而降低。聚合物浓度对 N80 钢腐蚀行为的影响与非晶涂层类似，在 400mg/L 时腐蚀电流密度最小，之后则随着聚合物浓度的升高而增大。

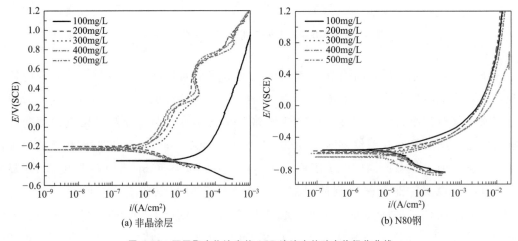

图 4-52　不同聚合物浓度的 ASP 溶液中的动电位极化曲线

4.6.5　不同配比的 ASP 溶液对腐蚀性能的影响

图 4-53 是非晶涂层和 N80 钢在不同配比浓度的 ASP 中的动电位极化曲线。不同配比的 ASP 溶液对非晶涂层和 N80 钢腐蚀有一定的影响，在特定的浓度范围时，非晶涂层钝化和 N80 钢腐蚀均出现临界点。因此，温度的不断升高会使非晶涂层和 N80 钢的腐蚀加快。碱、表面活性剂、聚合物三种因素当中碱的浓度影响最大。碱浓度增加时，非晶涂层钝化电流密度降低，但使得 N80 钢腐蚀行为由活化状态过渡为钝化状态。表面活性剂浓度的增加，提高了非晶纳米晶涂层和 N80 钢的耐蚀性。聚合物浓度的增加，以及特定配比的 ASP 溶液则使得非晶纳米晶涂层和 N80 钢耐蚀性存在临界值。

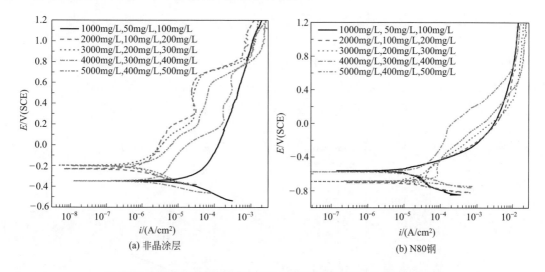

图 4-53　涂层在不同配比浓度的 ASP 溶液中电化学腐蚀的动电位极化曲线

4.7　AC-HVAF非晶纳米晶涂层盐雾腐蚀行为

盐雾腐蚀（salt spray corrosion）是一种主要利用盐雾试验设备所创造的人工模拟盐雾环境条件来考核产品或金属材料耐腐蚀性能的环境试验。人工模拟盐雾试验包括中性盐雾试验、醋酸盐雾试验、铜盐加速醋酸盐雾试验、交变盐雾试验。

本节主要研究 AC-HVAF 非晶涂层和 316L 不锈钢在盐雾条件下的腐蚀行为和腐蚀性能。盐雾腐蚀实验按照人造气氛盐雾腐蚀实验标准（GB/T 10125—2012）[46] 进行。实验在 YWX/Q-250（B）盐雾箱中进行。实验时，配制（50±5）g/L 的 NaCl 标准溶液，pH 值 6.5～7.2，有效空间温度为 35℃。

盐雾腐蚀实验前，需要进行连续 15～24h 的喷雾，确保实验在环境稳定条件下进行，预喷雾合格后将试样放入盐雾箱中。试样放置与实验箱垂直的平面呈 15°～30°，试样之间不能互相接触重叠。开始喷雾后计时，试验总时长为 144h，试样每次提取观察时间分别为实验进行之后的 16h、48h、144h，每次提取试样后观察实验腐蚀宏观及微观形貌，测量腐蚀失重并进行表面腐蚀产物成分分析。

4.7.1　非晶纳米晶涂层盐雾腐蚀行为

利用失重法，对非晶涂层和316L不锈钢重量损失进行计算，盐雾腐蚀失重数据及失重曲线如表4-13和图4-54所示。

● 表4-13　盐雾腐蚀失重表 单位:g/cm²

材料	失重		
	16h	48h	144h
316L	0.0007	0.0017	0.0061
非晶涂层	0.0015	0.0037	0.011

从图4-54可知，随着腐蚀时间延长，非晶涂层和基本316L不锈钢重量损失均增加。316L的重量损失和失重速度较非晶涂层小，非晶涂层的重量损失一直高于316L不锈钢，失重速度也较316L不锈钢大。说明非晶涂层耐盐雾腐蚀性能低于316L不锈钢。

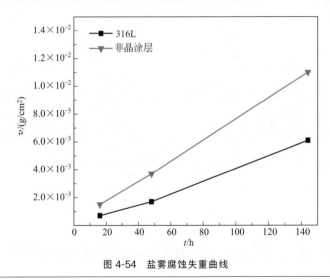

图4-54　盐雾腐蚀失重曲线

4.7.2　盐雾腐蚀试验形貌分析

图4-55表示的是316L不锈钢盐雾腐蚀后表面的腐蚀微观形貌。316L不锈钢在16h时无明显的均匀腐蚀以及点蚀现象；48h时试样表面出现分散的微小点蚀坑；试验144h结束后，试样表面有较大的点蚀坑，有较少的腐蚀产物出现。因此，可以看出316L不锈钢盐雾腐蚀形态为局部腐蚀，抗均匀腐蚀能力较强，但盐雾介质中的Cl⁻破坏了表面钝化膜，导致局部腐蚀的发生，形成了较严重的点蚀坑。

图4-56反映的是非晶涂层宏观和微观腐蚀形貌。试验16h时，非晶涂层表面形态完好，无明显腐蚀现象［图4-56(a)和（d）］；腐蚀48h时，非晶涂层表面出现均匀腐蚀，局部出现极少量淡褐色腐蚀产物［图4-56(b)和（e）］；腐蚀144h时，非晶涂层表面除均匀腐蚀外，局部有比较明显的深褐色腐蚀产物［图4-56(c)和（f）］。可以看出，非晶涂层盐雾腐

蚀形态主要为均匀腐蚀，由其钝化膜结构的稳定性所致，但涂层表面的孔隙或夹杂等局部结构缺陷，容易导致局部腐蚀的形成。

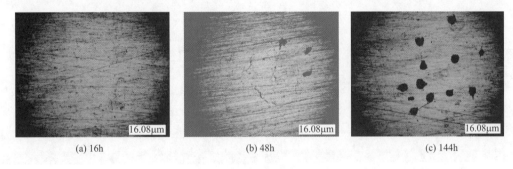

(a) 16h   (b) 48h   (c) 144h

图 4-55　316L 不锈钢腐蚀微观形貌

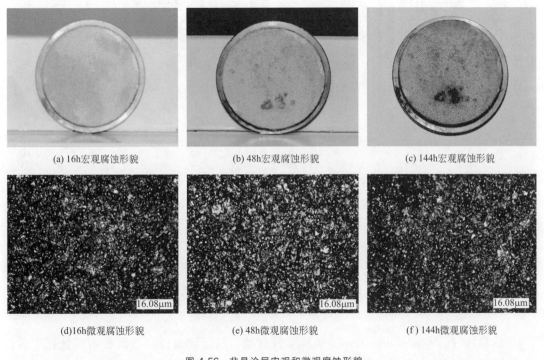

(a) 16h宏观腐蚀形貌   (b) 48h宏观腐蚀形貌   (c) 144h宏观腐蚀形貌

(d)16h微观腐蚀形貌   (e) 48h微观腐蚀形貌   (f) 144h微观腐蚀形貌

图 4-56　非晶涂层宏观和微观腐蚀形貌

　　图 4-57 反映的是非晶涂层与 316L 不锈钢盐雾腐蚀后表面腐蚀的微观形貌以及能谱元素分析结果。316L 不锈钢表面出现局部点蚀坑，而非晶涂层表面则是均匀腐蚀形态，表面形貌与腐蚀前没有太大差别。只是在未熔颗粒周围、夹杂缺陷部位出现少许局部腐蚀现象，无明显点蚀坑。非晶涂层和 316L 不锈钢表面腐蚀产物组成均以 Fe 和 O 为主，主要为 Fe 的氧化物。

　　因此，非晶涂层耐盐雾腐蚀性能低于 316L 不锈钢，主要原因为两种材料呈现不同的腐蚀形态。316L 不锈钢盐雾腐蚀形态为局部腐蚀，抗均匀腐蚀能力较强。非晶涂层盐雾腐蚀形态为均匀腐蚀，涂层孔隙或夹杂等缺陷易导致局部腐蚀。降低非晶涂层缺陷含量，提高涂层喷涂质量，有助于提高涂层的耐盐雾腐蚀性能。

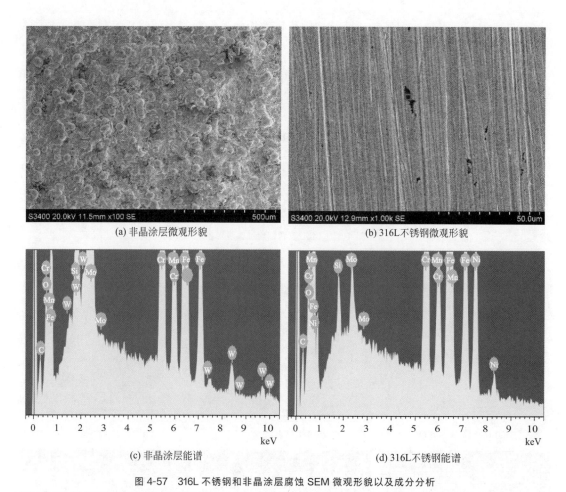

(a) 非晶涂层微观形貌　　　　　　　　　　　(b) 316L不锈钢微观形貌

(c) 非晶涂层能谱　　　　　　　　　　　　　(d) 316L不锈钢能谱

图 4-57　316L 不锈钢和非晶涂层腐蚀 SEM 微观形貌以及成分分析

4.8　AC-HVAF非晶纳米晶涂层电偶腐蚀

电偶腐蚀（galvanic corrosion），也称接触腐蚀、双金属腐蚀，指两种不同金属于溶液中直接接触，因其电极电位不同构成腐蚀电池，致使电极电位较负的金属发生溶解腐蚀。可根据实测电偶序选择相距较近的金属材料减少其电位差异，以减轻电偶腐蚀。

本节研究 AC-HVAF 非晶涂层和油管用钢 P110 钢、13Cr 不锈钢构成电偶对时的电偶腐蚀行为，分析不同阴/阳面积比、不同温度的影响规律。

电偶腐蚀根据 GB/T 15748—2013[47] 进行实验，实验后用 VW-9000 高速显微镜和光学显微镜观察腐蚀形貌，探讨腐蚀机理。选择电化学噪声（electrochemical noise，EN）法来测试电偶电流和电位随时间的变化曲线。电化学噪声是指在恒电位（或恒电流）控制下，测量通过金属电极溶液界面的电流（或电极电位）的自发波动，进而判断电极界面发生的电化学反应过程。测量采用三电极，P110 钢、13Cr 不锈钢作工作电极 WE1，非晶涂层作工作电极 WE2，参比电极为饱和甘汞电极（SCE）。接地模式为虚地模式，实验时间为 20h。每组实验结束后观察并记录腐蚀形貌。

选取非晶涂层和 P110 钢与 13Cr 不锈钢试样构成两种电偶对，阴/阳面积比 1∶1，浸泡在 3.5% NaCl 溶液中 3 天，之后取出使用 VW-9000 高速显微镜观察腐蚀形貌。

考察电偶对不同阴/阳极面积比的影响，面积比：1∶5、1∶2、1∶1、2∶1、5∶1。

考察温度的影响，温度：15℃、25℃、35℃、45℃。

4.8.1　电偶对在浸泡时的腐蚀行为

图 4-58 是非晶涂层与 P110 钢、13Cr 不锈钢组成的电偶对在 3.5% NaCl 溶液中浸泡 3 天后，P110 钢、13Cr 不锈钢的腐蚀形貌体视显微照片。P110 钢表面可以看到明显的腐蚀坑，说明 P110 钢与非晶涂层构成电偶对时，P110 钢发生的电偶腐蚀最为严重。13Cr 不锈钢表面则没有出现宏观的腐蚀坑现象。

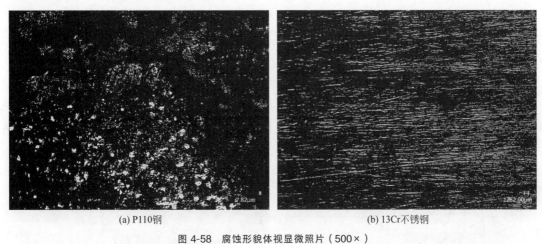

(a) P110钢　　　　　　　　　　　　　　(b) 13Cr不锈钢

图 4-58　腐蚀形貌体视显微照片（500×）

图 4-59 是 P110 钢、13Cr 不锈钢的腐蚀形貌 3D 高度色彩图。

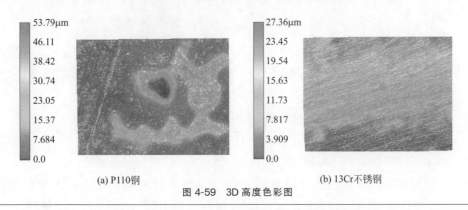

(a) P110钢　　　　　　　　　　　　　　(b) 13Cr不锈钢

图 4-59　3D 高度色彩图

可以明显看出，13Cr 钢微观表面出现了局部点蚀，蚀坑较浅，腐蚀多以局部腐蚀形态发生。P110 钢微观腐蚀形貌和宏观腐蚀形貌一致，出现明显的腐蚀坑，腐蚀多以均匀腐蚀形态发生。

4.8.2　不同阴/阳极面积比对电偶腐蚀的影响因素

（1）P110 钢与非晶涂层构成电偶对

P110 钢与非晶涂层组成电偶对时，P110 钢由于腐蚀电位较负作阳极，非晶涂层作阴极。不同阴/阳极面积比时电偶电流和电位随时间变化的曲线，如图 4-60 所示。

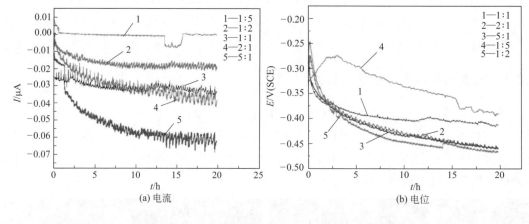

图 4-60　不同阴/阳极面积比时的电流和电位变化曲线

当阴/阳极面积比值增大时，电偶电流增大，说明 P110 钢的电偶腐蚀程度增加。另外，电偶电流随时间延长，曲线波动越来越剧烈，反映阳极表面腐蚀过程加剧。电偶电位随时间延长逐渐降低，说明电偶腐蚀倾向加剧。图 4-61 所示为阴/阳极面积比为 1∶5 和 5∶1 时的表面腐蚀形貌，阴/阳极面积比为 5∶1 时，由于出现大阴极-小阳极的作用，导致阳极 P110 钢的腐蚀过程加剧。

图 4-61　不同阴/阳极面积比时表面的腐蚀形貌体视显微图

（2）13Cr 不锈钢与非晶涂层构成电偶对

13Cr 不锈钢与非晶涂层组成电偶对时，13Cr 不锈钢腐蚀电位较负，也是阳极，非晶涂层为阴极。不同阴/阳极面积比时电偶电流和电位随时间变化的曲线，见图 4-62。与 P110 钢组成的电偶对不同的是，13Cr 不锈钢的电偶电流只在阴/阳极面积比为 5∶1 时，电偶电流急剧增加，且出现明显波动，此条件下的电偶电位出现明显负移。这两点说明，13Cr 不锈钢在阴/阳极面积比为 5∶1 时，发生了腐蚀突变。由图 4-63 的腐蚀形貌图可以确定，在阴/阳极面积比为 5∶1 时，13Cr 不锈钢表面出现了点蚀，形成了局部腐蚀。说明阴/阳极面积比足够大时，大阴极-小阳极的作用促使了 13Cr 钢局部腐蚀的发生。

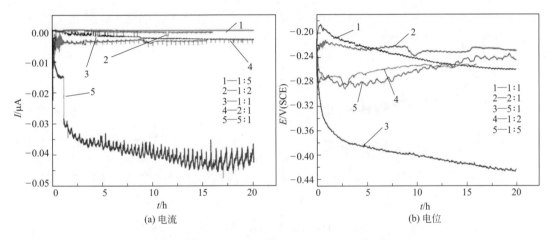

(a) 电流

(b) 电位

图 4-62　非晶涂层/13Cr 钢阴/阳极面积比不同的电流和电位变化曲线

(a) 1:5

(b) 5:1

图 4-63　非晶涂层/13Cr 钢阴/阳极面积比变化的体视显微图

4.8.3　温度对电偶腐蚀的影响

不同温度时，测得的非晶涂层和 13Cr 电偶对电流和电位随时间变化的曲线，如图 4-64 所示。测得的非晶涂层和 P110 钢电偶对电流和电位随时间变化的曲线，如图 4-65 所示。

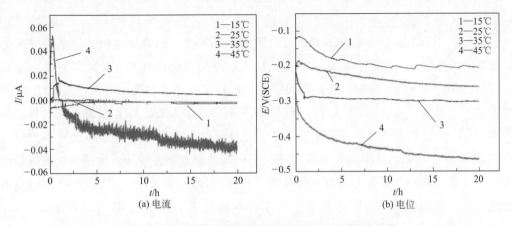

(a) 电流

(b) 电位

图 4-64　温度不同时非晶涂层/13Cr 钢的电流和电位变化曲线

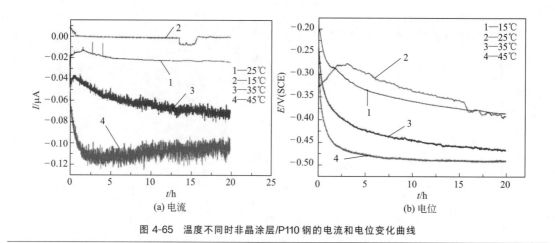

图 4-65　温度不同时非晶涂层/P110 钢的电流和电位变化曲线

由图可知，温度对两种材料的电偶腐蚀有一定的影响。随温度的升高，电偶电流值明显增大，电偶电位明显降低，腐蚀加剧。随着温度的升高，溶液中 Cl^- 的侵蚀能力也进一步增强，对材料表面侵蚀和对表面膜层的击穿作用也增强，进而加快了局部腐蚀的过程。

因此，13Cr 和 P110 钢的腐蚀电位比非晶涂层负，电偶腐蚀时作阳极，发生腐蚀。随着阴/阳面积比的增加，出现大阴极-小阳极，腐蚀进程加剧，P110 钢的腐蚀更严重，13Cr 在阴/阳极面积比达到 5∶1 时出现点蚀。随着温度的升高，13Cr 和 P110 钢与非晶涂层构成的电偶对，电偶电流和电位增大，腐蚀严重。

4.9　AC-HVAF非晶纳米晶涂层高温腐蚀性能

由于非晶态合金是处于亚稳态，温度是影响非晶材料使用性能的关键因素，高温高压的腐蚀环境对非晶涂层耐蚀性有极其重要的影响。在油气田的勘探开发过程中，地层伴生的 CO_2、H_2S 气体会导致油井管和集输管线发生严重的腐蚀，已成为油气生产和输运过程中急需解决的工程难题。

CO_2 可以引起材料迅速的全面腐蚀和严重的局部腐蚀，最典型的特征是呈现局部的点蚀、轮癣状腐蚀和台面状坑蚀。从材质角度出发，改变或优化材质，促使在钢表面生成致密、完整且保护性强的产物膜，或制备表面能生成稳定致密产物膜的材料，是 CO_2 腐蚀防护的关键。近年来，具有稳定钝化特征的 13Cr 不锈钢被认为是抗 CO_2 腐蚀最优材料，但研究中发现 Cl^- 的出现或环境参数的改变会极大增加其点蚀倾向[48]、均匀腐蚀速率和应力腐蚀开裂倾向[49]。通常，伴生气中 H_2S 除了极强的腐蚀性和剧毒性外，也是一种很强的渗氢介质。H_2S 腐蚀类型主要为由阳极溶解导致的局部壁厚减薄，点蚀、蚀坑及局部剥落形成的台地侵蚀、氢致开裂（HIC）和硫化物应力腐蚀开裂（SSCC）等局部腐蚀。实际上，H_2S 与 CO_2 往往在环境中共存，二者的腐蚀机理存在竞争与协同效应。研究表明，采用超低偏析、超低夹杂、超细晶化是获得优质抗 SSCC 管线用钢的可行途径[50]。非晶涂层的结构和成分的高度均匀性以及能够在表面迅速形成均匀、致密和覆盖性能良好的耐蚀钝化膜等特性，使其在抗 CO_2 腐蚀方面具有极大的应用潜力。非晶涂层在 CO_2 介质中的腐蚀行为研究将有助于在理论上发展和完善非晶腐蚀理论，并开拓其在油气井领域的应用，具有重要的科学意义和应用价值。

本节主要以含饱和 CO_2 的 NaCl 溶液（模拟含 CO_2 油井地层水）为环境，借助高温高压反应釜，采用电化学法和挂片失重法等手段，辅以 SEM、XRD 等分析技术，研究 AC-HVAF 非晶涂层、316L 不锈钢和 1Cr13 不锈钢，以及油套管钢 P110、N80 和 J55 钢在含饱和 CO_2 的溶液中的电化学腐蚀和浸泡腐蚀规律。

4.9.1 常温和高温二氧化碳腐蚀

（1）常温二氧化碳腐蚀

采用电化学测试法，研究几种材料在含 CO_2 介质中的腐蚀行为，分析 Cl^- 浓度和温度的影响。

考察 Cl^- 浓度的影响：10g/L，20g/L，30g/L，40g/L。

考察温度的影响：20℃，40℃，60℃，80℃。

（2）高温二氧化碳腐蚀

测试在高温高压反应釜中进行，主要借助失重法表征材料的腐蚀速率。重量法实验参考 JB/T 7901—2001《金属材料实验室均匀腐蚀全浸试验方法》和 GB/T 16545—2015《金属和合金的腐蚀　腐蚀试样上腐蚀产物的清除》。试样为标准腐蚀挂片 I 型。将试样清洗、除油、冷风吹干后测量其尺寸并称重记录。打开反应釜，注入介质溶液至釜体容积的 2/3，通氮气排空气后通入 CO_2 至饱和。实验时间为 100h。

实验结束后，取出腐蚀试样清洗，对腐蚀产物膜进行扫描电子显微镜观察和能谱分析。计算腐蚀速率时，按照公式(4-6)计算腐蚀速率：

$$V_{corr} = \frac{87600 \times (W_0 - W_1)}{S \times \rho \times T} \tag{4-6}$$

式中，V_{corr} 为腐蚀速率，mm/a；W_0 为试片腐蚀前的质量，g；W_1 为试片除去腐蚀产物后的质量，g；S 为试片表面积，cm^2；ρ 为试片密度，g/cm^3；T 为腐蚀所用的时间，h。

选用 L_9（3^4）正交表，探究温度、转速（流速）、CO_2 分压和 Cl^- 浓度等四种因素对非晶涂层腐蚀行为的影响，每个因素设定三个水平，具体因素水平表如表 4-14 所示。表 4-15 为本次实验的实验计划表。实验结果表现为钢的腐蚀速率，单位为 $g/(cm^2 \cdot h)$。

● 表 4-14　因素水平表

因素＼水平	温度/℃	转速/(r/min)	CO_2 分压/MPa	Cl^- 浓度/(g/L)
1	80	0	0.1	10
2	100	50	0.3	30
3	120	100	0.5	50

● 表 4-15　L_9（3^4）正交表

因素 实验号	温度/℃	转速/(r/min)	CO₂ 分压/MPa	Cl⁻ 浓度/(g/L)
1	80	0	0.1	10
2	80	50	0.3	30
3	80	100	0.5	50
4	100	0	0.5	10
5	100	50	0.3	30
6	100	100	0.1	30
7	120	0	0.1	50
8	120	50	0.5	30
9	120	100	0.3	10

4.9.2　温度对非晶纳米晶涂层电化学腐蚀的影响

图 4-66 是非晶涂层在 20g/L Cl⁻ 溶液中不同温度下的极化曲线和电化学阻抗谱图。由图可知，非晶涂层在不同温度时均呈现出明显的钝化行为，点蚀电位在 1.1V 左右，钝化区间宽 0.7～0.8V，维钝电流密度在 20℃ 时最小，为 4×10^{-3} A/cm²；80℃ 时最大，为 5×10^{-2} A/cm²，相差一个数量级，受温度影响较大。由 EIS 拟合结果可知：20℃ 的 EIS 曲线的半径即阻抗模最大，且 R_p 与 R_f 值最大，故 20℃ 时耐蚀性最好；同理，可推知 80℃ 时非晶涂层的耐蚀性最差。

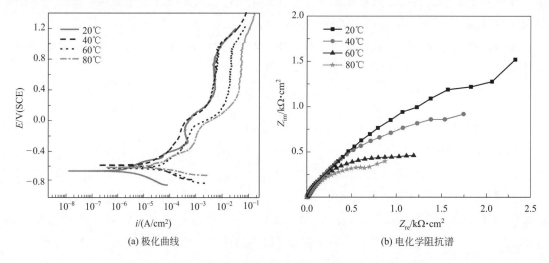

(a) 极化曲线　　　　　　　　　　　　　(b) 电化学阻抗谱

图 4-66　20g/L Cl⁻ 溶液中不同温度下的极化曲线和电化学阻抗谱图

从图中可以看出，涂层在阳极区先发生短暂的自腐蚀，然后开始钝化，稳定一段时间后钝化膜被破坏，但是很快又再次钝化并保持稳定，直至电位增大到 1.0V 左右，涂层的钝化膜被击穿，发生点蚀。在这个过程中，温度的变化对自腐蚀电位 E_0 和自腐蚀电流密度 i_0 的影响较为明显，而对钝化区间宽度与点蚀电位影响不大。

在所实验的温度中，非晶涂层在所有含 Cl⁻ 溶液中表现出相似的腐蚀规律。20～40℃ 腐蚀速率略有上升；40～60℃腐蚀速率明显上升；60～80℃时腐蚀速率略微增加，80℃时腐蚀速率最大，但仍然很小。这是因为在非晶涂层的表面形成了以 $Cr(OH)_3$ 形式存在的保护膜，因其致密平整且均匀而具有较强的保护性。

4.9.3　Cl^- 浓度对非晶纳米晶涂层电化学腐蚀的影响

图 4-67 是非晶涂层在 20℃不同 Cl^- 浓度下的极化曲线和电化学阻抗谱图。可知，非晶涂层在不同 Cl^- 浓度时均呈现出明显的钝化行为，钝化区间宽 0.6～0.7V，维钝电流密度在浓度为 10g/L 时最小，为 $8×10^{-6}A/cm^2$；40g/L 时最大，为 $8×10^{-5}A/cm^2$，受 Cl^- 浓度影响较大。由 EIS 拟合可知，10g/L Cl^- 时 EIS 曲线半径，即阻抗模最大，且 R_f 值最大，故其耐蚀性最好；同理可知，40g/L Cl^- 时 Fe 基非晶涂层的耐蚀性最差。

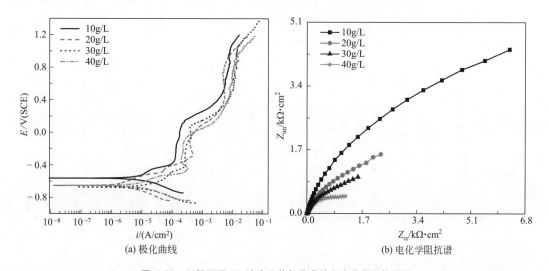

(a) 极化曲线　　(b) 电化学阻抗谱

图 4-67　20℃不同 Cl^- 浓度下的极化曲线和电化学阻抗谱图

Cl^- 对材料腐蚀的影响表现在两个方面。一方面，Cl^- 可以降低材料表面钝化膜形成的可能性或加速钝化膜的破坏，从而促进局部腐蚀的发生。另一方面，Cl^- 是促进金属材料发生点蚀的主要因素，Cl^- 不是去极化剂，但在腐蚀过程中起着重要的作用。其原因就是 Cl^- 的半径较小，穿透力很强，所以，很容易进入腐蚀产物膜，吸附在金属表面，进而与腐蚀生成的 Fe^{2+} 形成强酸弱碱盐 $FeCl_2$，使微小环境更趋酸性，从而加速腐蚀过程，这就是所谓"电偶电池"或"闭塞电池"效应。

非晶涂层在所有含 Cl^- 溶液中表现出相似的腐蚀规律。维钝电流密度在 10g/L 时最小，40g/L 时最大。40g/L Cl^- 时，非晶涂层的耐蚀性最差。Cl^- 浓度的变化对钝化区间宽度与点蚀电位影响不大。

4.9.4　高温二氧化碳腐蚀性能分析

（1）非晶涂层腐蚀失重分析

① 确定温度的三个水平对实验指标的影响

非晶涂层高温高压腐蚀失重实验结果如表 4-16 所示，分别计算出 A 因素（温度）的 A_1 水平（80℃）在 1、2、3 号实验方案中的腐蚀速率，A_2 水平（100℃）在 4、5、6 号实验方案中的腐蚀速率，A_3 水平（120℃）在 7、8、9 号实验方案中的腐蚀速率。设 9 次实验的结果分别为 y_1、y_2、y_3、y_4、y_5、y_6、y_7、y_8、y_9。

● 表 4-16 非晶涂层腐蚀失重结果

因素 实验号	温度/℃	转速 /(r/min)	CO_2 分压 /MPa	Cl^- 浓度 /(g/L)	腐蚀速率 /[g/(cm²·h)]
1	80	0	0.1	10	0
2	80	50	0.3	30	7.57571×10^{-8}
3	80	100	0.5	50	-7.67291×10^{-8}
4	100	0	0.5	10	1.51289×10^{-7}
5	100	50	0.3	50	-3.24794×10^{-6}
6	100	100	0.1	30	4.50353×10^{-7}
7	120	0	0.1	50	5.34149×10^{-7}
8	120	50	0.5	30	2.72176×10^{-5}
9	120	100	0.3	10	1.31364×10^{-5}
K_1	-9.72×10^{-10}	6.85×10^{-7}	9.84×10^{-7}	1.32×10^{-5}	—
K_2	-2.64×10^{-6}	2.41×10^{-5}	9.96×10^{-6}	2.77×10^{-5}	—
K_3	4.08×10^{-5}	1.35×10^{-5}	2.72×10^{-5}	-2.79×10^{-6}	—
$k_1 = K_1/3$	-3.24×10^{-10}	2.28×10^{-7}	3.28×10^{-7}	4.42×10^{-6}	—
$k_2 = K_2/3$	-8.82×10^{-7}	8.01×10^{-6}	3.32×10^{-6}	9.21×10^{-6}	—
$k_3 = K_3/3$	1.36×10^{-5}	4.51×10^{-6}	9.09×10^{-6}	-9.31×10^{-7}	—
R_i	1.45×10^{-5}	7.78×10^{-6}	8.76×10^{-6}	1.01×10^{-5}	—

可以得出：

A_1 水平在实验 1、2、3 中总腐蚀速率为：$K_1 = y_1 + y_2 + y_3 = -9.72009 \times 10^{-10}$ g/(cm²·h)；

A_2 水平在实验 4、5、6 中总腐蚀速率为：$K_2 = y_4 + y_5 + y_6 = -2.6463 \times 10^{-6}$ g/(cm²·h)；

A_3 水平在实验 7、8、9 中总腐蚀速率为：$K_3 = y_7 + y_8 + y_9 = 4.08882 \times 10^{-5}$ g/(cm²·h)。

将上面的各个因素不同水平下的腐蚀速率总和求取平均值（各自除以相同的水平数），即可得出非晶涂层在各因素不同水平下的平均腐蚀速率 k_i。其中，非晶涂层在 A_1 水平下平均腐蚀速率 $k_1 = K_1/3 = -3.24003 \times 10^{-10}$ g/(cm²·h)；在 A_2 水平下平均腐蚀速率 $k_2 = K_2/3 = -8.82098 \times 10^{-7}$ g/(cm²·h)；在 A_3 水平下平均腐蚀速率 $k_3 = K_3/3 = 1.36294 \times 10^{-5}$ g/(cm²·h)。

k_1、k_2 和 k_3 之间的差异即可反映 A 因素的三个水平对非晶涂层腐蚀速率的影响。而在 k_1、k_2 和 k_3 中，k_3 最大，k_2 最小。

② 极差分析，确定各因素对实验指标的影响

最好与最差水平所得结果之差，称为极差，用 R_1 来表示。对 A 因素来说，其极差 $R_1 = k_3 - k_2 = 1.45115 \times 10^{-5}$。A 因素取 A_2 时的腐蚀速率最小，其意义是 A 因素（温度）为第二水平时，非晶涂层的腐蚀速率与最差的 3 水平相比，平均可减慢 1.45115×10^{-5} g/(cm²·h)。

同理，经过计算，得到 B 因素、C 因素、D 因素的相应三水平对铁基非晶涂层的腐蚀速

率的影响。其中，R_i 为各因素三水平中的极差值，如下所示：

$$R_1 = 1.45115 \times 10^{-5}\,\text{g/(cm}^2 \cdot \text{h)}$$

$$R_2 = 7.78666 \times 10^{-6}\,\text{g/(cm}^2 \cdot \text{h)}$$

$$R_3 = 8.76922 \times 10^{-6}\,\text{g/(cm}^2 \cdot \text{h)}$$

$$R_4 = 1.01781 \times 10^{-5}\,\text{g/(cm}^2 \cdot \text{h)}$$

分析比较各因素所对应的极差值 R_i，可以看出，当各因素各水平取 $A_2B_1C_1D_3$ 时，即温度为 100℃、转速为 0r/min、CO_2 分压为 0.1MPa、Cl^- 浓度为 50g/L 时，非晶涂层腐蚀速率最小。当各因素各水平取 $A_3B_2C_3D_2$ 时，即温度为 120℃、转速为 50r/min、CO_2 分压为 0.5MPa、Cl^- 浓度为 30g/L 时，非晶涂层腐蚀速率最大。

③ 确定主次因素

根据表分析结果得出：$R_1 > R_4 > R_3 > R_2$。温度是影响非晶涂层腐蚀速率的首要因素，Cl^- 浓度略小于温度，为次要影响因素，CO_2 分压影响能力低于二者，但高于转速。

通过计算并比较各材料在九组实验条件下的平均腐蚀速率，来判定非晶涂层、316L 不锈钢、1Cr13 马氏体不锈钢和 P110、J55、N80 三种油田常用油套管钢的耐蚀性。

$$V_{涂层} = (V_1 + V_2 + V_3 + V_4 + V_5 + V_6 + V_7 + V_8 + V_9)/9 = 4.24899 \times 10^{-6}\,\text{g/(cm}^2 \cdot \text{h)}$$

$$V_{316L} = (V_1 + V_2 + V_3 + V_4 + V_5 + V_6 + V_7 + V_8 + V_9)/9 = 1.00621 \times 10^{-6}\,\text{g/(cm}^2 \cdot \text{h)}$$

$$V_{1Cr13} = (V_1 + V_2 + V_3 + V_4 + V_5 + V_6 + V_7 + V_8 + V_9)/9 = 2.11473 \times 10^{-6}\,\text{g/(cm}^2 \cdot \text{h)}$$

$$V_{P110} = (V_1 + V_2 + V_3 + V_4 + V_5 + V_6 + V_7 + V_8 + V_9)/9 = 3.83605 \times 10^{-4}\,\text{g/(cm}^2 \cdot \text{h)}$$

$$V_{N80} = (V_1 + V_2 + V_3 + V_4 + V_5 + V_6 + V_7 + V_8 + V_9)/9 = 2.85277 \times 10^{-4}\,\text{g/(cm}^2 \cdot \text{h)}$$

$$V_{J55} = (V_1 + V_2 + V_3 + V_4 + V_5 + V_6 + V_7 + V_8 + V_9)/9 = 2.84867 \times 10^{-4}\,\text{g/(cm}^2 \cdot \text{h)}$$

由上述结果可知几种材料的腐蚀速率顺序为：

$$V_{316L} < V_{1Cr13} < V_{涂层} < V_{J55} < V_{N80} < V_{P110}$$

非晶涂层的耐蚀能力略低于 316L 钢和 1Cr13 不锈钢，但远高于油田常用油套管钢 P110、N80 和 J55。

(2) 非晶涂层腐蚀形貌分析

经分析失重法数据可知，温度是影响非晶涂层腐蚀速率的首要因素，温度为最高水平 120℃时，非晶涂层腐蚀最严重。使用扫描电镜观察腐蚀前后非晶涂层微观形貌，图 4-68 为腐蚀前后非晶涂层微观形貌。

腐蚀前后，涂层表面并未发生明显改变，这表示非晶涂层在实验条件下并未发生明显腐蚀行为。然而，这与失重法测试，非晶涂层具有较大的失重结果不符。使用体视显微镜观察涂层侧面，如图 4-69 所示，发现铁基非晶涂层与 316L 基体之间的结合部位出现脱落，涂层脱落处出现了严重的缝隙腐蚀。

缝隙腐蚀的发展是一个闭塞区内的酸化自催化过程。在缝隙腐蚀的起始阶段，缝隙内外金属表面会发生以氧还原作为阴极反应的腐蚀反应。由于缝隙内的溶解氧很快就会被消耗掉，而通过扩散补充氧十分困难，缝隙内氧还原的阴极反应逐渐减缓甚至停滞，从而使缝隙内外建立氧浓差电池。缝隙外金属表面在很大面积上进行氧还原阴极反应，形成了大阴极小阳极结构，促进了缝隙内金属阳极溶解。而缝隙内金属溶解，会产生过剩金属阳离子，又吸

引缝隙外的 Cl^- 进入狭缝内以保持电中性。随之发生的金属离子水解会提高缝隙内酸度，进而又加速了阳极溶解。

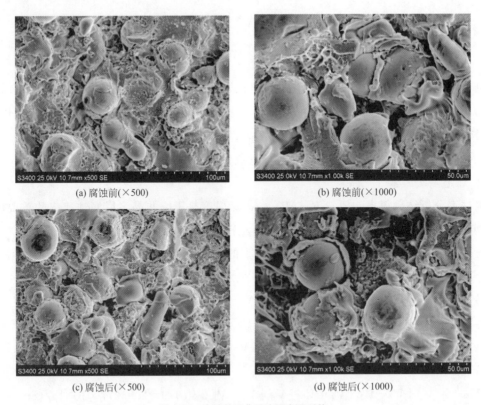

(a) 腐蚀前(×500)

(b) 腐蚀前(×1000)

(c) 腐蚀后(×500)

(d) 腐蚀后(×1000)

图 4-68　腐蚀前后非晶涂层表面形貌

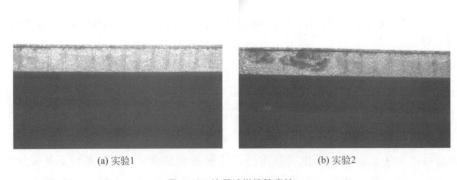

(a) 实验1

(b) 实验2

图 4-69　涂层试样缝隙腐蚀

316L 和 1Cr13 马氏体不锈钢的腐蚀微观形貌见图 4-70。与非晶涂层不同的是，316L 和 1Cr13 不锈钢的耐 CO_2 腐蚀性能优良，在本实验条件下失重极少。从腐蚀形貌可以看出，这两种不锈钢主要发生的是局部小孔腐蚀。可以确定的是，非晶涂层在 CO_2 腐蚀过程中，缝隙腐蚀的形成加剧了非晶涂层 CO_2 腐蚀性能。

因此，非晶涂层在含饱和 CO_2 的 NaCl 溶液中呈现出明显的钝化行为，Cl^- 浓度升高时，非晶涂层的维钝电流密度呈现线性增加的趋势，在 40g/L 时耐蚀性最差。当温度升高

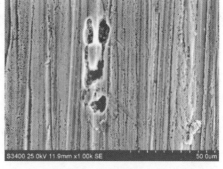

(a) 316L不锈钢　　　　　　　　　　　　　(b) 1Cr13不锈钢

图 4-70　316L 和 1Cr13 钢腐蚀微观形貌

时，非晶涂层在 80℃时耐蚀性最差。

非晶涂层的耐 CO_2 腐蚀性能低于 316L 和 1Cr13 不锈钢，高于油套管用钢。非晶涂层与基体间缝隙腐蚀的形成恶化了涂层的 CO_2 腐蚀性能。温度为 120℃、流速为 50r/min、CO_2 分压为 0.5MPa、Cl^- 浓度为 30g/L 时，非晶涂层 CO_2 腐蚀速率最大。温度是影响非晶涂层腐蚀速率的首要因素，Cl^- 的影响次之，其次是 CO_2 分压和流速。提高非晶涂层与基体的结合力，是提高非晶涂层耐 CO_2 腐蚀的主要措施。

可见，非晶涂层具有结构和成分的高度均匀性以及能够在表面迅速形成均匀、致密和覆盖性能良好的耐蚀钝化膜等特性，如果涂层结合力良好，其在 CO_2 腐蚀领域将具有极大的应用潜力。实际腐蚀环境中往往 CO_2、H_2S、Cl^- 介质并存，研究非晶涂层在 CO_2、H_2S、Cl^- 介质中的腐蚀行为将有助于在理论上发展和完善非晶腐蚀理论，并开拓其在油气井领域的应用，具有重要的科学意义和应用价值。

参考文献

［1］　Shan X，Ha H，Payer J H. Comparison of crevice corrosion of Fe-based amorphous metal and crystalline Ni-Cr-Mo alloy ［J］. Metallurgical and Materials Transactions A，2009，40（6）：1324-1333.

［2］　Zhou Z，Wang L，Wang F C，et al. Formation and corrosion behavior of Fe-based amorphous metallic coatings by HVOF thermal spraying ［J］. Surface and Coatings Technololgy，2009，204（5）：563-570.

［3］　Farmer J，Chol J S，Saw C，et al. Iron-based amorphous metals：High-performance corrosion-resistant material development ［J］. Metallurgical and Materials Transactions A，2009，40（6）：1289-1305.

［4］　Liu X Q，Zheng Y G，Chang X C，et al. Microstructure and properties of Fe-based amorphous metallic coating produced by high velocity axial plasma spraying ［J］. Journal of Alloys and Compounds，2009，484（1-2）：300-307.

［5］　Stern M，Geary A L. Electrochemical polarization I. A theoretical analysis of the shape polarization curves ［J］. Journal of Electrochemica Society，1957，104（1）：56-63.

［6］　Peter W H，Buchanan R A，Liu C T，et al. Localized corrosion behavior of a zirconium-based bulk metallic glass relative to its crystalline state ［J］. Intermetallics，2002，10（11-12）：1157-1162.

［7］　Wang A P，Chang X C，Hou W L，et al. Corrosion behavior of Ni-based amorphous alloys and their crystalline counterparts ［J］. Corrosion Science，2007，49（6）：2628-2635.

［8］ Zhou Z，Wang L，Wang F C，et al. Formation and corrosion behavior of Fe-based amorphous metallic coatings by HVOF thermal spraying ［J］. Surface and Coatings Techonolgy，2009，204（5）：563-570.

［9］ Ni H S，Liu X H，Chang X C，et al. High performance amorphous steel coating prepared by HVOF thermal spraying ［J］. Journal of Alloys and Compounds 2009，467（1-2）：163-167.

［10］ Perren R A，Suter T A，Uggowitzer P J，et al. Corrosion resistance of super duplex stainless steels in chloride ion containing environments：investigations by means of a new microelectrochemical method：Ⅰ. precipitation-free states ［J］. Corrosion Science，2001，43（4）：707-726.

［11］ Hu C L，Xia S，Li T G，et al. Improving the intergranular corrosion resistance of 304 stainless steel by grain boundary network control ［J］. Corrosion Science，2011，53（5）：1880-1886.

［12］ Pang S J，Zhang T，Asami K，et al. Bulk glassy Fe-Cr-Mo-C-B alloys with high corrosion resistance ［J］. Corrosion Science，2002，44（8）：1847-1856.

［13］ Ilevbare G O，Burstein G T. The role of alloyed molybdenum in the inhibition of pitting corrosion in stainless steels ［J］. Corrosion Science，2001，43（3）：485-513.

［14］ Leygraf C，Huktquist G，Olefjord I，et al. Selective dissolution and surface enrichment of alloy components of passivated Fe18Cr and Fe18Cr3Mo single crystals ［J］. Corrosion Science，1979，19（5）：343-357.

［15］ Newman R C，Sieradzki K. Electrochemical aspects of stress-corrosion cracking of sensitised stainless steels ［J］. Corrosion Science，1983，23（4）：363-378.

［16］ Kawakita J，Kuroda S，Fukushima T，et al. Improvement of corrosion resistance of high-velocity oxyfuel-sprayed stainless steel coatings by addition of Molybdenum ［J］. Journal of Thermal Spray Technology，2005，14（2）：224-230.

［17］ Souza V A D，Neville A. Linking electrochemical corrosion behaviour and corrosion mechanisms of thermal spray cermet coatings（WC-CrNi and WC/CrC-CoCr）［J］. Material Science and Engineering A，2003，352（1-2）：202-211.

［18］ Scully J R，Gebert A，Payer J H. Corrosion and related mechanical properties of bulk metallic glasses ［J］. Journal of Materials Research，2007，22（2）：302-313

［19］ 陈庆军，胡林丽，周贤良，等. 氢氧化钠溶液浓度对Fe-Cr-Mo-C-B非晶合金涂层耐腐蚀性能的影响 ［J］. 稀有金属材料与工程，2012，41（1）：152-156.

［20］ Wang Y，Jiang S L，Zheng Y G，et al. Electrochemical behaviour of Fe-based metallic glasses in acidic and neutral solutions ［J］. Corrosion Science，2012，63（10）：159-173.

［21］ 郭金花，吴嘉伟，倪晓俊，等. 电弧喷涂含非晶相的Fe基涂层的电化学行为 ［J］. 金属学报，2007，43（7）：780-784.

［22］ Pang S J，Zhang T，Asami K，et al. Bulk glassy Fe-Cr-Mo-C-B alloys with high corrosion resistance ［J］. Corrosion Science，2002，44（8）：1847-1856.

［23］ Wang S L，Yi S. The corrosion behaviors of Fe-based bulk metallic glasses in a sulfuric solution at 70 ℃ ［J］. Intermetallics，2010，18（10）：1950-1953.

［24］ Pardo A，Merino M C，Otero E，et al. Influence of Cr additions on corrosion resistance of Fe- and Co-based metallic glasses and nanocrystals in H_2SO_4 ［J］. Journal of Non-Crystalline Solids，2006，352（30-31）：3179-3190.

［25］ Lloyd A C，Noel J J，McIntyre S，et al. Cr，Mo and W alloying additions in Ni and their effect on passivity ［J］. Electrochimica Acta，2004，49（17-18）：3015-3027.

［26］ Wang Y，Jiang S L，Zheng Y G，et al. Electrochemical behaviour of Fe-based metallic glasses in acidic and neutral solutions ［J］. Corrosion Science，2012，63（10）：159-173.

［27］ Zhang B P，Kawashima A，Asami K，et al. The effect of microcrystallites in the amorphous matrix on the corrosion behavior of melt-spun Cr-Ni-P alloys ［J］. Cheminform，1991，32（4）：433-442.

［28］ Maurice V，Strehblow H H，Marcus P. In situ scanning tunneling microscope study of the passivation of Cu（111）［J］. Journal of The Electrochemical Society，1999，146（2）：524-530.

［29］ Pedraza F，Roman E，Cristobal M J，et al. Effects of yttrium and erbium ion implantation on the AISI 304 stainless steel passive layer ［J］. Thin Solid Films，2002，414（2）：231-238.

［30］ 张旭昀. 压裂工况下工具材料及表面涂层冲刷磨损机理研究 ［D］. 大庆：东北石油大学，2013.

［31］ 程学群，李晓刚，杜翠薇，等. 316L 不锈钢在醋酸溶液中的钝化膜电化学性质 ［J］. 北京科学大学学报，2009，29（9）：55-59.

［32］ Bogar F D，Foley R T. The influence of chloride ion on the pitting of aluminum ［J］. Journal of Electrochemical Society，1972，119（4）：462-464.

［33］ Jeyaprabha C，Sathiyanarayanan S，Venkatachari G. Influence of halide ions on the adsorption of diphenylamine on iron in 0.5M H₂SO₄ solutions ［J］. Electrochimica Acta，2006，51（19）：4080-4088.

［34］ Speidel H J C，Speidel M O. Nickel and chromium-based high nitrogen alloys ［J］. Materials and Manufacturing Processes，2004，19（1）：95-109.

［35］ Rodelli G，Vicentini B，Cigada A. Influence of nitrogen and manganese on localized corrosion behaviour of stainless steels in chloride environments ［J］. Materials and Corrosion，1995，46（11）：628-632.

［36］ Singh V B，Gupta A. Active，passive and transpassive dissolution of In-718 alloy in acidic solutions ［J］. Materials Chemistry and Physics，2004，85（1）：12-19.

［37］ Wang Y，Jiang S L，Zheng Y G，et al. Electrochemical behaviour of Fe-based metallic glasses in acidic and neutral solutions ［J］. Corrosion Science，2012，63（10）：159-173.

［38］ Ha H Y，Jang H J，Kwon H S，et al. Effects of nitrogen on the passivity of Fe-20Cr alloy ［J］. Corrosion Science，2009，51（1）：48-53.

［39］ Ningshen S，Mudali U K，Mittal V K，et al. Semiconducting and passive film properties of nitrogen-containing type 316LN stainless steels ［J］. Corrosion Science，2007，49（2）：481-496.

［40］ Liu L，Li Y，Wang F H. Influence of nanocrystallization on passive behavior of Ni-based superalloy in acidic solutions ［J］. Electrochimica Acta，2007，52（7）：2392-2400.

［41］ Wang Y，Zheng Y G，Ke W，et al. Corrosion of high-velocity oxy-fuel（HVOF）sprayed iron-based amorphous metallic coatings for marine pump in sodium chloride solutions ［J］. Materials and Corrosion，2012，63（8）：685-694.

［42］ Martini E M A，Muller I L. Characterization of the film formed on iron in borate solution by electrochemical impedance spectroscopy ［J］. Corrosion Science，2000，42（3）：443-454.

［43］ 王子明. 非晶态结构及微组元与金属玻璃腐蚀行为的关联性研究 ［D］. 沈阳：中国科学院金属研究所，2010.

［44］ Leygraf C，Huktquist G，Olefjord I，et al. Selective dissolution and surface enrichment of alloy components of passivated Fe18Cr and Fe18Cr3Mo single crystals ［J］. Corrosion Science，1979，19（5）：343-357.

［45］ Pedraza F，Roman E，Cristobal M J，et al. Effects of yttrium and erbium ion implantation on the AISI 304 stainless steel passive layer ［J］. Thin Solid Films，2002，414（2）：231-238.

［46］ GB/T 10125—2012. 人造气氛腐蚀试验 盐雾试验.

［47］ GB/T 15748—2013. 船用金属材料电偶腐蚀实验方法.

［48］ 姜毅，董晓焕，赵国仙. 温度对 13Cr 不锈钢在含 CO₂ 溶液中电化学腐蚀的影响 ［J］. 腐蚀科学与防护技术，2009，21（2）：140-142.

［49］ 刘亚娟，吕祥鸿，赵国仙，等. 超级 13Cr 马氏体不锈钢在入井流体与产出流体环境中的腐蚀行为研究 ［J］. 材料工程，2012（10）：21-25.

［50］ Wei L，Pang X，Ga K. Effect of small amount of H₂S on the corrosion behavior of carbon steel in the dynamic supercritical CO₂ environments ［J］. Corrosion Science，2016，103（2）：132-144.

第5章 非晶纳米晶涂层冲刷腐蚀性能

涂层材料在应用过程中不可避免存在摩擦磨损、疲劳、腐蚀磨损等机械作用。铁基非晶合金具有优异的耐蚀性和力学性能，如高硬度、高强度以及高的耐磨性等，可以实现优异耐蚀性和耐磨性的有机结合，是应用于腐蚀/磨损等苛刻条件的理想材料。

本部分主要研究 HVOF 和 AC-HVAF 非晶纳米晶涂层在不同介质中的冲刷腐蚀性能，以期为铁基非晶纳米晶涂层在耐蚀耐磨领域的应用提供参考。

5.1 冲刷腐蚀研究

5.1.1 摩擦磨损

目前非晶材料耐磨性研究主要集中在非晶条带和非晶合金镀层，对大块非晶合金耐磨性研究也主要集中在 Zr 基块体非晶合金，关于铁基块体非晶耐磨性的研究较少。快淬制备出的铁基非晶条带表现出优异的摩擦力学性能。而 HVOF 铁基非晶涂层，其摩擦磨损性能明显优于 Ni 基非晶涂层和电镀 Cr 涂层，是不锈钢、等离子喷涂 Al_2O_3 涂层以及电镀硬 Cr 涂层的 2～3 倍[1]。非晶纳米晶涂层对载荷、摩擦介质以及摩擦速度等摩擦环境均较为敏感。较低的摩擦载荷、润滑的摩擦介质以及较低的摩擦速率可以减少磨损量，提高磨损性能。非晶合金的摩擦满足 Archard 摩擦公式[2]，其耐磨性不仅受硬度的影响，还取决于材料成分。高的硬度是其具备优异耐磨性的先决条件，涂层中固有孔隙和摩擦磨损形成的孔洞提高其耐磨性[3]，涂层氧化程度增加则降低了摩擦磨损性能[4]。

铁基非晶合金磨损机理复杂，影响摩擦磨损行为的因素和产生的磨损机制也有多种。目前非晶合金的磨损模式还不是很清晰，多种磨损机理交叉并存。非晶合金表面基本不产生塑变，其失效形式主要为层状剥落的疲劳磨损失效[5]，同时伴随少量黏着磨损及氧化磨损，而条件严苛时则会发生严重的磨粒磨损[6]。干滑动摩擦磨损时，铁基非晶涂层还会发生氧化磨损机制[7]。摩擦距离会影响非晶涂层磨损机理。在滑动速度很低时，磨损为氧化磨损；摩擦距离增大，形成磨粒磨损、磨粒-黏着复合磨损、疲劳兼磨粒磨损等不同机理[8]。温度会影响非晶涂层磨损机理。目前多数摩擦磨损研究都是在室温，高温下甚少。高温下材料磨损机理更为复杂，取决于材料类型、摩擦副几何形状和实验条件。温度的升高造成摩擦系数的影响不同于室温，高温下由于发生玻璃化转变和形成氧化膜，耐磨损性不仅取决于材料硬度，而且取决于表面形成的保护氧化膜。铁基块体非晶合金即使在高温条件下依然保持了较好的耐磨性能，但磨损机理仍不明朗，主要为氧化磨损、黏着和磨粒磨损，以及包含磨粒、塑性变形和氧化磨损等多种类型。截至目前，针对铁基块体非晶合金的微动磨损鲜有报道，更缺乏对不同条件下的铁基非晶涂层的摩擦磨损行为以及磨损失效机制的系统理论研究，严重制约了人们对非晶涂层的摩擦磨损机理的认识。

5.1.2 冲刷腐蚀

实际工业应用时，非晶涂层不仅承受单纯的摩擦磨损作用，多数情况下还受到摩擦磨损与腐蚀（冲刷腐蚀，或称冲蚀）的联合作用。暴露在运动流体中的设备如料浆泵的过流部件、弯头和三通等，都会遭受严重的冲蚀破坏，寿命极大缩短。我国每年因冲蚀造成的损失就达 13 亿～26 亿美元[9]。在石油化工、能源交通、农机、建材、矿山、煤的燃烧和选洗以及冶金、水利电力等行业的机械设备中，腐蚀磨损造成的损失占总腐蚀量的 9%、磨损量的 5%。我国 40% 的水电站的水轮机过流部件在含砂水流中遭受严重的冲蚀、空蚀和腐蚀破坏，极大地影响了水电站的安全和经济运行，每年造成的电能损失达 $2 \times 10^9 \mathrm{kW \cdot h}$[10]。核电站的情况比这还要严重，目前利用核能发电已成为世界各国解决能源问题的重要途径。我国核电发展迅速，2020 年，我国大陆核电装机容量达 4000 万千瓦，在建容量 1800 万千瓦。其中"十五"末和"十一五"期间开工的约有 16～18 套机组，分布在浙江、广东、辽宁、山东、福建等省，这些机组的厂址均在沿海地带。合理利用资源的要求是发展核电的主要推动力，而安全性和经济性则是能大规模发展核电的前提和关键。海水循环泵是核电站的重要组成部分，作为海水冷却环节的重要设备，这些沿海地带海水泵的正常运行与否直接关系到核电机组的正常运行。

非晶涂层在腐蚀和磨损环境中的失效行为要远复杂于单纯条件下的情况。机械冲刷和腐蚀强烈交互作用加速了非晶涂层的腐蚀过程[11]。铁基非晶合金磨损行为及机理本身就不同于晶体合金，在腐蚀介质下的摩擦磨损涉及机械摩擦和电化学/化学行为时，失效更为复杂。腐蚀和磨损多数情况下会相互促进，但具体腐蚀磨损机理现在还没有统一的结论。值得注意的是，耐蚀性和耐磨性决定了非晶涂层的腐蚀磨损性能，而热处理后晶化相的出现极大地恶化了铁基非晶涂层的腐蚀性能，便同时有可能提高了非晶涂层硬度，进而有助于改善涂层的冲蚀性能和磨损性能。通过调整喷涂参数可以实现非晶相和晶体相含量平衡，进而满足耐蚀性和磨损性能要求，这也是非晶涂层独特的地方，具有比传统材料更强的自愈合性。因此，对于非晶涂层在腐蚀磨损环境中的影响规律和机理，亟待开展研究。

冲刷腐蚀，也称冲蚀，是指材料受到小而松散的流动粒子冲击，表面出现破坏的一种磨损现象，流动粒子可以是固体、液滴或气泡等。按介质及流动粒子类型可分为喷砂冲蚀、水滴（雨）冲蚀、料浆冲蚀和气蚀四类，其中涉及的腐蚀因素备受关注的是料浆冲蚀[12]，简称冲蚀。料浆冲蚀是材料表面在受到固体粒子冲刷和腐蚀介质交互作用时产生的一种危害性极大的局部腐蚀，涉及造成材料大量流失的两种主要失效形式——腐蚀和磨损，广泛存在于石油、化工、水电、矿山等工业过程中。

根据介质的相数可划分为：单相流，液/固、液/气双相流，液、固、气多相共存的冲蚀。双相流冲蚀是工业界比较普遍的一种，也是一直以来研究者研究的焦点。多相流冲蚀过程复杂，如油气开采、高含砂量河水中操作的水轮机等，往往掺杂有冲刷、腐蚀和气蚀的同时作用，是研究的难点。

从 20 世纪 80 年代第一个冲蚀理论问世，研究者们根据不同的冲蚀环境提出了不同的冲蚀模型，但目前还没有一种模型能完整、全面地解释材料冲蚀的内在机制。对于冲蚀损伤的原因，主要分塑性和脆性冲蚀两种类型。

塑性材料目前被普遍认可的冲蚀理论主要是 Finnie[13,14] 提出的首个定量描述的微切削冲蚀机制。塑性材料体积冲蚀率 V 与冲击角 α 变化的关系如下：

$$V = \frac{cMv^n}{p}f(\alpha) \tag{5-1}$$

式中，c 为粒子分数；M 为颗粒粒子质量；v 为粒子速率；p 为粒子与材料间弹性流变应力或临界切应力，即材料开始发生塑性变形时所承受的应力，也有研究用弹性模量来表征[15]；n 为 2.2～2.4。

微切削模型是基于硬度高且不发生变形的刚性粒子对塑料材料的冲蚀过程，可以较好地解释低冲击角条件下，塑料材料受刚性粒子冲蚀的现象。但对于高冲击角（如 90°）时，由于冲蚀体积接近零，与实际不符。对于脆性材料这个模型计算的偏差也较大。另外，Bitter[16] 基于冲蚀过程能量平衡提出了变形磨损理论，认为冲蚀磨损总量由变形磨损量和切削磨损量组成。该理论侧重于冲蚀时变形历程及能量变化，可以较好地解释部分实验现象，但缺少物理模型。Levy[17] 在大量实验基础上，提出了锻造挤压理论，也称为薄片理论，侧重于解释高入射角时冲蚀成片的过程，在特定条件下具有一定的说服力。Hutchings[18] 的临界应变理论是一种基于应变量的模型，临界应变可作为材料塑性的衡量指标，并且由材料的微观结构所决定。该模型在解释球状粒子正向冲击条件下时比较符合，但与实际结果尚有偏差，目前还没有得到普遍认可。

脆性材料冲蚀机理的研究起步较晚，Sheldon[19] 于 20 世纪 60 年代末建立了第一个脆性材料冲蚀模型。裂纹扩展和交叉是脆性材料发生冲蚀以及断裂的主要机制，但情况不同，裂纹扩展和交叉的原因大相径庭。之后，Evans[20] 提出的弹塑性压痕破裂理论被认为是一种比较成熟的理论，材料表面在冲击颗粒压痕部位形成弹性形变区，裂纹在冲击载荷作用下向弹性区下端扩展，产生径向裂缝，并由此推导出脆性材料冲蚀量 V 的关系式：

$$v = k \cdot v_0^{3.2} \cdot r^{3.7} \cdot \rho^{1.58} \cdot K_{IC}^{-1.3} \cdot H^{-0.226} \tag{5-2}$$

式中，k 为比例常数；v_0 为颗粒冲击速率；r 为颗粒粒径；ρ 为颗粒密度；K_{IC} 为材料临界应力强度因子；H 为材料硬度。可见，对材料冲蚀性能影响最大的是颗粒速率，影响脆性材料冲蚀率的外在因素是颗粒动能，内在因素是材料断裂韧性和硬度。随后，Wiederhorn[21] 根据材料硬度和接触时的最大透入深度，提出粒子动能完全消耗于粒子冲蚀的塑性变形，推导出与之十分相似的关系式：

$$v = k \cdot v_0^{2.4} \cdot r^{3.7} \cdot \rho^{1.2} \cdot K_{IC}^{-1.3} \cdot H^{0.11} \tag{5-3}$$

这种弹塑性压痕破裂理论可以成功解释特定条件下（如低温时）刚性粒子对脆性材料的冲蚀影响行为，对于多数冲蚀环境该理论还需进一步完善。

5.1.3　冲刷腐蚀影响因素

影响材料冲蚀的因素也比较复杂，主要包括环境、材料和流体力学三大方面因素。

（1）环境因素

介质的种类（酸性、中性或碱性）、温度、阴离子含量（Cl^-、SO_4^{2-}）、外加电位等都会影响材料的耐蚀性或钝化稳定性，进而影响其冲蚀性能。

（2）材料因素

材料的化学成分影响表面腐蚀产物膜或钝化膜，以及改善基体第二相种类与含量，提高材料的强度、硬度或韧性，最终提高抗冲蚀性能。Cr、Ni、Mo、Cu等耐蚀元素在某种程度上提高合金钢或不锈钢的抗冲蚀性能。铸铁中的碳、铬或碳化物形成元素W等对其冲蚀有重大影响[22]。

化学成分一定时，调整热处理工艺获取不同数量、形状及分布的M_3C、M_7C_3、$M_{23}C_6$硬化相，影响材料的硬度、断裂韧性等进而影响材料的抗冲刷性能。适当提高硬化相（碳化物或σ相）数量对提高冲蚀性能有利[23]。另外，不同种类、数量、形状及分布的硬化相起到不同的阴极相作用，这又显著影响了材料的耐蚀性。

研究者一直以来都试图将材料的力学性能与其冲蚀性能相关联，如硬度、韧性、屈服强度等。冲蚀时颗粒的冲击可造成极高的应变速率，冲蚀性能很难同其硬度或其他低应变速率的力学性能相关联[24]。只有纯金属[14]和铸铁[25]的抗冲蚀能力随硬度或强度的增加而提高，铁基、镍基和钴基合金力学性能差别较大，但冲蚀行为和冲蚀率区别不大[26]。可见，硬度并不是唯一一个衡量材料抗冲蚀性能的指标，但在特定的工况尤其是高速、高携砂量的条件下，硬度的提高的确有助于改善低硬度材料的抗冲蚀性能。对脆性材料冲蚀性能影响也颇有争议，Srinivasan[27]认为硬度对脆性材料的抗冲蚀能力起决定性作用，但Bell[28]则认为硬度对脆性材料的影响是相对的。对于硬度较高的铸铁等脆性材料，硬度的进一步提高益处不大，此时断裂韧性便成为主要控制因素。可见，硬度对材料冲蚀行为有重要影响，但是不是决定因素不得而知，实际时应考虑具体材料和冲蚀条件，通过实验加以分析和确定。

（3）流体力学因素

流体力学因素通过改变冲刷强度大小进而影响材料的冲蚀性能，包括冲击角、流速流态、颗粒性质、流体性质等。冲击角是指材料表面与入射粒子间的夹角，也称攻角或入射角。通常，塑性金属材料在低冲蚀角时，冲蚀率存在极值；脆性材料冲蚀率则随冲击角增大而增大[29]。但冲蚀工况不同，冲击角影响规律有所不同。颗粒冲击速度存在临界值，高于此速率时则与冲击速率成指数关系[30]。颗粒流量不会对冲击机理产生影响，但会影响冲蚀速率大小。颗粒粒度与冲蚀速率间存在"粒度效应"[31]。颗粒形状和硬度[32]对冲蚀也有一定影响。因此，预测材料的抗冲蚀性能，不能仅以某一个指标作为判断标准，应综合考虑特定冲蚀工况和材料特性加以确定。

（4）交互作用的影响

由于液/固双相流冲刷腐蚀的复杂性，既有力学作用又有化学或电化学作用，同时还有交互作用，至今仍没有一种像气/固冲蚀那样被大家普遍接受的冲刷腐蚀机理模型。在冲刷腐蚀条件下，材料的流失方式只有两种：一是以离子形式脱离材料表面，这就是腐蚀，即冲蚀中的腐蚀分量；二是以固体颗粒（分子状态）形式脱离材料表面，这就是冲刷，即冲蚀中的冲刷分量。还有一个就是二者之间的交互作用。因不同学者对上述各项理解上的差异和测试方法的不同，使实验所得的各项失重率和交互作用失重率有较大差别，实验数据缺乏可比性。

交互作用包括两个方面：冲刷对腐蚀的影响和腐蚀对冲刷的影响。根据冲刷腐蚀中腐蚀和冲刷分量比例的不同，可以对冲刷腐蚀过程进行分析，即冲刷腐蚀的作用转型机制图。了解材料在不同环境下的冲刷腐蚀作用区域，可对冲刷腐蚀的破坏采取相应的措施。

5.1.4　冲刷腐蚀研究方法

材料在多相流中的损伤一般分为数值模拟和试验测试两种研究方法。

（1）实验研究

材料的冲刷腐蚀数据随实验方法的不同而有很大的差异。单相液流或液/固双相流冲刷腐蚀的实验方法包括：旋转实验、管流实验和喷射实验。其中，喷射实验由贮液槽、循环泵、管道和喷嘴组成，优点是可以精确控制冲击液流的流速，而且流速可以很高，因而实验周期可以很短。由于试样固定不动，因此即使在很高的冲击速度下电化学测量也十分容易[33]。借助于喷射实验可以在最大限度范围内模拟其真实的冲蚀工况，为冲蚀性能理论的研究提供有效的实验数据支撑，进一步揭示其典型材质的冲蚀机理。

材料的多相流损伤过程，是材料、（电）化学和流体力学（流速、流态、攻角和颗粒性质）的交叉作用，是一个多因素耦合过程。材料和环境参数是影响多相流损伤的主要因素。多相流损伤过程中，化学方面加速了传质或溶解过程，力学方面则使表面膜或基体损伤失效，研究其损伤机理既有广泛的工业背景，又有重要的理论价值，是涉及材料学、电化学和流体力学等学科的交叉问题。由于多相流损伤问题的复杂性及所涉及因素的众多性，迄今为止仍有诸多不确定的或混淆的问题。其中，硬度与耐蚀性在多相流损伤过程中的主导作用已成为该领域的长期困扰，亟待澄清。目前人们的理解还很有限，尚难以实现多相流损伤的针对性控制。

对于材料冲蚀的研究始于20世纪50年代，早期的研究多集中于研究铜及其合金在流动海水中的冲蚀行为，之后偏重于冲蚀的研究方法以及影响因素。英国斯特拉恩克莱德大学 Margaret Stack、英国利兹大学 Anne Neville、中国科学院金属研究所郑玉贵（Y. G. Zheng）、英国南安普顿大学 Robert J. K. Wood、美国俄亥俄大学 Srdjan Nešić、英国剑桥大学 Ian Hutchings、加拿大卡尔加里大学 YuFeng Cheng、加拿大阿尔伯塔大学 JingLi Luo、科威特科学研究院 Hamdy M. Shalaby 等学者均针对冲蚀进行了长期且系统的研究。

材料成膜性能与其临界流速之间存在一定关联[34]，保护膜特性与耐冲蚀性能之间也存在一定关系。材料表面钝化膜形成与流体剪切应力间存在特定区域，滞留区（stagnation）、高紊流区（high turbulence）和低紊流区（low turbulence），区域不同，膜层厚度不同。

20世纪80年代，郑玉贵等[33]和 Poulson[35]对动态条件下的电化学测试进行了研究，实现了高流速条件下冲蚀电化学测试的需要。Heitz[36]从力学-化学两方面深入论述了冲刷腐蚀机理。Hutchings[37]通过控制极化电位了解钝化膜在受到含固体粒子的液流冲击时的损伤规律。Stack 等[38]探索了电化学参数（电流密度、极化曲线）与力学参数（速度）同时作用对材料表面流失基本过程的影响规律。交互作用的研究始于 Pitt 等[39]提出的冲刷和腐蚀交互作用定量化研究，此后成为研究热点之一。Madsen[40]、Neville[41]、Wood[42]等对交互作用提出了具体表达式，更深入地探究了材料在流失过程中力学和电化学因素的作用关系。但到目前为止仍未能建立起较完整的材料冲蚀理论，都存在一定的局限性。

对于套管钢冲刷腐蚀的研究并不多见，但也存在不相一致的地方。套管 P110 钢在含砂海水介质中的冲刷腐蚀行为，冲蚀时电化学腐蚀占主要因素[43]。套管钢 P110 在含石英砂 3.5%（质量分数）NaCl 溶液中的冲蚀，材料流失在冲蚀角度较小时较严重[44]。可见，研究者所建立的冲蚀理论，只能在一定范围内解释部分冲蚀实验现象。况且由于冲蚀影响因素多，在实际中针对冲刷或腐蚀在冲蚀中的主导作用，有针对性地防护还有许多工作要做，有必要作深入的研究。

（2）数值模拟研究

目前已经建立的两相流物理模型包括：Lagrange 法[45] 和 Euler 法[46]。Lagrange 法把流体当作连续介质，将固体颗粒视为离散体系，采用完全弹性碰撞或颗粒离散单元法处理液固两相流的颗粒相互作用。Euler 法则是将每一相均看作连续介质，固相与液相一样同属连续介质。液-固两相流体的流速和流态对材料的冲刷磨损具有重要影响[47]。从流体力学角度对冲刷磨损进行研究，可以深入理解冲刷磨损的作用机制。自 20 世纪 50 年代始，学者就试图寻找流体力学参数与冲刷磨损之间的关系，从流体力学角度对冲刷磨损进行研究已经取得了一定成果。Iwai 等[48]基于不同冲角和颗粒尺寸条件下材料的磨损特性，确定了冲刷磨损经验计算公式。Walker 等[49]则通过相应试验确定了材料冲刷磨损的主要参数，并将数值模拟和实验结果之间建立了关联。刘少胡等[50]利用 CFD 技术建立了气体钻井环空岩屑运移模型，研究了钻柱接头附近岩屑粒子对套管的冲蚀情况。李国美等[51]采用离散颗粒硬球模型模拟了颗粒的运动，在结构设计上为减弱冲蚀提供了一种有效的方法。

2005 年，Li 等[52]借助 CFD 法模拟了水平井喷砂器附近的流体流态，将液固两相流冲刷磨损数值模拟的研究引入喷砂器领域。此后，喷砂器的流场形态和喷砂器结构在不同速度和含砂量时最大冲蚀磨损量通过模拟得以确定[53]。入口压力、含砂量、颗粒大小和密度、液相黏度对喷嘴壁受到的剪切应力大小有影响[54]，其中入口压力和含砂量对喷嘴壁剪切应力大小的影响最大。王尊策等[55,56]采用 CFD 方法对压裂管柱及喷砂器液固双相流冲刷磨损进行了系统的研究，取得了一些有益的结果。这些系统的研究证实了数值模拟方法在液固两相流冲刷磨损领域的可靠性，对水平井压裂管柱及喷砂器流场特性的分析及结构的优化设计提供了一定的经验参数。但这些研究只考虑液固两相流的情况，并没有考虑气相存在时的空化影响，仅适用于纯液固冲蚀的情形，无法真实地反映高速携砂液对壁面多相流流动的流场特性。

5.1.5　冲刷腐蚀损伤的防护研究

对于冲蚀损伤，防护方法一般有以下几种途径。

① 研发新的性能优异的抗冲蚀材料；

② 在材料表面喷涂涂层提高其抗冲蚀性能；

③ 优化流体特性，改进结构参数，降低冲蚀发生概率。

（1）不锈钢

不锈钢是含铬量大于 12% 的高合金钢。一般以奥氏体不锈钢耐蚀性最好，铁素体不锈钢次之，马氏体不锈钢又次之。总的来说，不锈钢耐海水全面腐蚀的性能是比较好的。

奥氏体不锈钢是最重要的一类，以 18-8 型 Cr-Ni 奥氏体不锈钢应用最广，如 ZG1Cr18Ni9、ZG1Cr18Ni12Mo2Ti 等，但在海水中易产生缝隙腐蚀和点蚀。1Cr18Ni12Mo2Ti（316 钢）具有较好的耐海水局部腐蚀性能，用以制作海水泵的叶轮和泵轴等。奥氏体系的不锈钢或不锈铸钢（304 钢、316 钢等），在流速为每秒几米的流动海水中可维持稳定状态，在常温海水中，大体上显示出完美的耐蚀性。况且，这些不锈钢对由气蚀等原因造成的侵蚀也显示出良好的耐久性，大量使用在重要部件上。

奥氏体-铁素体双相不锈钢具有很好的力学性能、焊接性和优良的耐海水腐蚀性能，耐全面腐蚀性能不低于 18-8 和 18-12Mo 型 Cr-Ni 奥氏体不锈钢，而且抗缝隙腐蚀、点蚀等局部腐蚀性能更为优越。尤其在腐蚀和磨损兼存条件下性能更突出，是制作海水泵过流部件较理想的材料。这些抗海水冲蚀性能优良的材料，在含有一定固体颗粒的海水中作为叶轮材料直接使用是不成功的。

（2）铸铁

普通灰铸铁耐海水腐蚀性能较差。为改善铸铁的耐蚀性，已研制添加适当镍、铜、铬等合金成分的低合金铸铁，如低铬石墨铸铁、球墨铸铁和灰口铸铁。加入 12%～36% 的镍而形成的奥氏体高镍铸铁，耐海水腐蚀性能大大提高。例如，灰铸铁在大气中腐蚀率已达 0.07～0.5mm/a，而高镍铸铁在海水中腐蚀率仅为 0.02～0.06mm/a，可用以制作海水泵的叶轮、泵体等零件。铸铁虽具有较好的耐海水腐蚀性，但是这些材料的强度较低，而且铸件的脆性限制了其使用范围。

（3）铜合金

铜合金耐蚀性较好，尤其是黄铜和青铜类合金在海水泵中得到普遍采用。磷青铜、镍铝青铜等青铜铸件能较强地耐高速海水流动而产生的腐蚀侵蚀作用，目前也用来制作大型海水泵的叶轮。还有一种含镍 40% 左右的蒙乃尔合金，具有出色的耐海水腐蚀性和良好的力学性能，可用在镍铝青铜制泵中作为泵轴、螺栓、螺母等零件的材料，但价格昂贵。因此，从性能价格比的角度考虑，镍铝青铜都是海水泵用材料的主要候选材料，但在污染海水中的耐腐蚀性能下降，加上腐蚀电位差异而易形成电偶腐蚀，况且铸造工艺不够稳定，只能在低流速海水介质中稳定使用。

（4）钛和钛合金

钛和钛合金即使在污染严重的海水中也有极好的耐蚀性，尤其具备很高的耐磨耗腐蚀、汽蚀腐蚀、应力腐蚀、缝隙腐蚀和腐蚀疲劳等能力。这些合金目前在国内外受到一定的重视，但价格非常昂贵。

（5）防护涂层

在材料的表面技术中最经济可行的是热喷涂（焊）方法，通过热喷涂、激光熔覆等手段在材料表面形成耐蚀材料（不锈钢、镍基合金）、高硬度耐磨陶瓷以及耐蚀耐磨涂层（金属陶瓷、非晶金属涂层），是解决空蚀或冲蚀问题的主要手段，效果往往十分显著。

① 金属或陶瓷涂层

对材料表面热喷涂耐蚀金属涂层，主要是减少因腐蚀引起的材料流失。由于腐蚀在冲蚀中所占的比例有限，因此喷涂耐蚀金属涂层对于提升设备抗冲蚀性能空间不大[57]。对材料表面进行热喷涂陶瓷或金属陶瓷涂层，主要是减少因冲刷引起的材料流失。研究的涂层材料主要集中在陶瓷材料和金属陶瓷（WC基或Cr_3C_2基金属陶瓷）。这些涂层具有较高的硬度，结构致密、结合强度高、抗冲蚀磨损性能优异等。对于金属陶瓷涂层磨损以及冲蚀行为，学者们也进行了较为深入的研究，一直致力于耐冲蚀磨损防护涂层的研制及开发。

超音速火焰喷涂镍铝青铜涂层在一定程度上都比普通材料具有更高的抗冲蚀性能，但陶瓷或高分子与基体不锈钢的结合力以及涂层孔隙等缺陷都是影响其性能的弊端。利用超音速热喷涂技术在碳钢基体上制备316L合金涂层，在实际炼油环境中具有非常好的抗冲蚀性能，在含砂海水中抗冲蚀性不是很明显。WC抗磨蚀硬面复合材料在水轮机上成功应用，使水轮机过流部件寿命提高3～6倍，但喷焊WC粉末工艺难，与基体结合力差，而且喷焊热变形大，不可恢复。纳米结构热喷涂强韧耐磨抗蚀陶瓷涂层，在涂层中加入纳米稀土添加剂增加涂层的硬度、耐磨抗蚀性能，但涂层制备工艺复杂，成本高，主要应用于舰艇。在钨（W）-钴（Co）类硬质合金基体上，通过高压高温原位烧结金刚石粉末形成聚晶金刚石复合体（PDC），应用于高温高压差减压阀，满足了煤化工、石油化工等特殊工况下对材料抗磨蚀性能的要求。另外，在金属基体表面上沉积一层表面硬化合金粉，然后在一定工艺条件下进行熔结处理，使表面硬化、合金熔融、凝固并与基体金属冶金结合形成耐磨耐腐蚀CoCrW合金涂层。CoCrW合金涂层具有优异的耐磨性，一方面价格昂贵多用于汽轮机末级叶片，在水轮机及泵上较少使用；另一方面，CoCrW合金涂层抗腐蚀性并不是最好，这也限制了其在海水介质中的使用寿命。Cr_2O_3基金属陶瓷涂层在动态海水中的冲刷腐蚀失重约为基体铝青铜的1/9，耐流动海水冲刷腐蚀性能更优异。WC-Co硬质涂层抗泥砂磨损性能出色（不锈钢1/10），其耐空蚀性能则不及不锈钢。WC-Co-Cr涂层抗磨损性能约为基体的16倍，空蚀率则下降至母材的70%。

② 有机涂层

抗冲刷腐蚀的有机涂层分为两类，一类是所谓的耐磨胶黏涂层，即颗粒填料增强环氧树脂，广泛应用于水力机械的过流部件中，其性能与树脂、固化剂、颗粒填料的种类与含量、增韧剂等众多因素有关，需根据具体工况加以调整。"改性环氧＋颗粒陶瓷"高分子耐磨涂层，提高金属表面耐磨削性能并缓解对叶轮基体的破坏，但涂层自身的强度、厚度及使用寿命的提高等都是亟待解决的问题。环氧粉末涂层的固化度越高，抗冲蚀性能越好，高温短时间固化涂层不如低温长时间固化涂层耐冲蚀。另一类是橡胶类（聚氨酯）弹性体，利用其高弹性吸收并耗散冲击能，传统的衬胶即是这个道理。在含泥砂河流中运行的水轮机上应用效果非常好，具有较好的耐泥砂磨损和抗气蚀性能。环氧-聚氨酯复合保护涂层已在多泥砂河流上水机过流件部件应用，取得不错效果，在海水介质中并没有成功应用的实例。表面磷化涂料防腐、外加电流阴极保护防腐、泵轴喷涂不锈钢等防腐方案成本不高，在短时间内也效果明显，但其缺点就是运行一段时间后，由于受水力的冲击，表面防腐漆脱落，防腐性能就会大大减弱。这也是所有有机涂层的致命缺陷，与基体金属结合力差，导致涂层在含水介质中脱落失效。

③ 非晶金属涂层

铁基非晶合金高的强度和耐蚀性、高的玻璃形成能力、低廉的价格及简单的制备工艺等，有望使其作为新型的工程材料得以应用。热喷涂工艺、粉末粒径、表面粗糙度等对涂层结构和组织有重要影响，进而影响其腐蚀和钝化行为。可以说，铁基非晶纳米晶涂层正迎合了低成本、高耐蚀与耐磨性的完美结合，该涂层的开发致力于实现耐蚀和耐磨性于一体。这些高硬度耐磨涂层能否满足冲蚀复杂的多相流环境不得而知。具有优异抗冲蚀磨损性能的涂层的研究仍是今后研究的一个热点。

5.2　HVOF非晶纳米晶涂层在海水中冲刷腐蚀研究

由前述结果可知，在海水介质中铁基非晶涂层具有很好的抗点蚀能力，但呈现出相对较差的均匀腐蚀抗力。由于冲蚀是腐蚀与机械冲刷过程的综合结果，在高速含砂海水介质中非晶涂层的冲蚀行为还不得而知。

在冲蚀过程中，流速是一个影响冲蚀性能最关键的因素。在海水条件下，以往的冲蚀研究主要采用两大类实验设备：喷射式和旋转圆盘式。在高速条件下，喷射式是应用最为广泛的方法，众多的研究者都采用喷射式方法研究材料在不同流速下的冲蚀规律，流速范围从低于 10m/s[58-62]到高于 20m/s（30m/s[63]、72m/s[64]和 100m/s[65]）。喷射式方法由于喷嘴小，可以在小试样表面上实现较大的喷射角度调节，易于实现不同攻角条件下冲蚀情况的模拟。但喷射式的方法也存在一个弊端，即与海水泵的真实旋转工况条件有一定差异。为了反映海水泵叶轮在实际旋转工况条件下的冲蚀行为[63,66]，本节采用旋转圆盘仪来开展实验研究，主要研究非晶涂层和 304 不锈钢在高速含砂海水中的冲蚀行为，旨在分析涂层的冲蚀规律，理解其冲蚀机理，从而为解决海水泵抗冲蚀涂层的筛选和评价提供参考。

用于冲蚀实验的材料包括：HVOF 非晶纳米晶涂层和 304 不锈钢。实验介质的选择主要参考秦山核电站实际海水环境，$[Cl^-]$ 0.519%～0.921%，平均含砂量 3～6kg/m³，最大含砂量 12kg/m³，pH 值为 7.93～8.38，电导率为 9.52～17.2mS/cm。为模拟真实的海水环境，实验介质通常由 1%NaCl 和不同含量石英砂组成。

冲蚀实验采用自制旋转圆盘仪进行评价，见图 5-1。该装置可实现在恒温条件下砂粒较好的悬浮状态，可以较方便地对实验流速、温度、介质浓度等进行控制。实验时，在圆盘边上平均放置 6 个试样，并保证同种试样沿相对位置安装。为防止试样与旋转圆盘间发生电偶腐蚀，试样用尼龙夹具固定在转盘的盘面上，试样的表面与盘面保持在同一平面，试样暴露面积 7.07cm²。实验时主要考察砂粒粒径、砂含量、流速、NaCl 浓度以及冲蚀时间对冲蚀性能的影响。石英砂颗粒粒径选取 200～300 目和 75～150 目两种；砂含量变化范围选取 0、3kg/m³、6kg/m³、9kg/m³ 和 12kg/m³；电机转速变化通过变频器来实现，并转换成圆盘试样处的实际线速度，范围为 10m/s、12m/s、14m/s、16m/s 和 18m/s。除时间因素外，其他冲蚀实验时间均为 10h。每次实验时同种材料至少选取 2 个平行试样，并取 3 次重复的实验结果作为最终计算值，实验后计算失重和冲蚀速率。

涂层结合强度是在伺服控制系统万能材料试验机（江都天源 TY800 系列）上进行的。通过黏结剂的拉伸试验评定。拉伸试验前，对偶试样和涂层的背面均需要喷砂处理，然后用 E-7 胶将涂层试样和对偶试样黏结在一起并使其同轴，经 100℃保温 3h 后随炉冷却，放置 24h 即可进行测试。待胶结固化后，放于试验机夹具上，以 1mm/min 的速度进行拉伸。对

5 组试样进行测试，取其算术平均值。记下拉断时所施加的载荷大小，试样破断时的最大载荷与涂层面积之比即为抗拉结合强度。

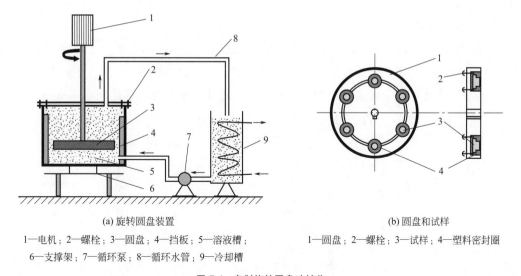

(a) 旋转圆盘装置

1—电机；2—螺栓；3—圆盘；4—挡板；5—溶液槽；
6—支撑架；7—循环泵；8—循环水管；9—冷却槽

(b) 圆盘和试样

1—圆盘；2—螺栓；3—试样；4—塑料密封圈

图 5-1　自制旋转圆盘冲蚀仪

5.2.1　HVOF 非晶涂层冲刷腐蚀影响因素

（1）砂粒粒径的影响

在流速为 18m/s、1% NaCl+12kg/m³ 石英砂浆料的条件下，涂层和 304 不锈钢的冲蚀速率随砂粒粒径变化结果如图 5-2 所示。一般来说，大粒径颗粒的冲蚀速率要远大于小粒径颗粒[67]。涂层和 304 不锈钢在 75～150 目条件下的冲蚀速率分别是 200～300 目条件下的 8倍和 42 倍。很明显，大粒径的砂粒可以引起更高的冲蚀速率，涂层表现出比 304 不锈钢更高的抗冲蚀能力。为加速实验过程的进行，以下实验若无特殊说明，均选用 75～150 目粒径砂粒作为实验介质。

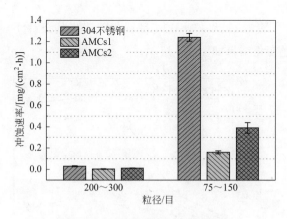

图 5-2　冲蚀速率随砂粒粒径变化图

对于浆料体系中的冲蚀过程，材料硬度的增加由于降低了冲刷的作用进而减小了冲蚀速率。从图 5-2 可知，涂层的平均硬度高出 304 不锈钢近 2 倍多，这也是涂层呈现出较低的冲蚀速率的主要原因。从图 4-2 涂层的 XRD 结果可以得出，涂层中 Fe_2C、Cr_7C_3、Cr_2B 及 $M_{23}C_6$ 等高硬晶体相的出现增加了涂层的硬度。这说明通过 HVOF 方法可以实现较高抗冲蚀性能涂层的制备。

（2）流体流速的影响

在 1‰ $NaCl$＋12kg/m³、75～150 目石英砂浆料的条件下，涂层和 304 不锈钢的冲蚀速率随流速变化结果如图 5-3 所示。从图中可知，304 不锈钢的冲蚀速率在实验流速范围内（10～18m/s）随流速近乎成线性增加，而非晶涂层的冲蚀速率对流速的变化不敏感。

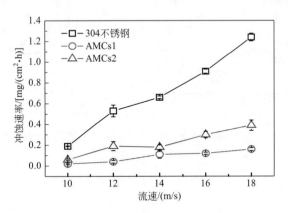

图 5-3　冲蚀速率随流速的变化图

一般来说，冲蚀过程的失重速率与流速具有以下关系：

$$w \propto v^n \tag{5-4}$$

式中，w 为失重速率；v 为流速；n 为速率指数，通常在 0.8～12 之间，主要取决于不同的冲蚀机制，比如材料类型、腐蚀介质、冲击角度、砂含量、粒径以及流速等因素。

速率指数 n 多随流速和冲刷作用的增强而增加，在高流速时作用更为明显[68]。304 不锈钢在高流速时冲蚀速率的增加主要来源于冲蚀过程中机械损伤部分的增加，涂层的高硬度和均匀的非晶组织结构使涂层在海水介质中呈现出优异的抗冲蚀性能。

（3）含砂量的影响

在流速为 18m/s、1‰ $NaCl$ 和 75～150 目石英砂浆料的条件下，非晶涂层和 304 不锈钢的冲蚀速率随含砂量变化结果如图 5-4 所示。

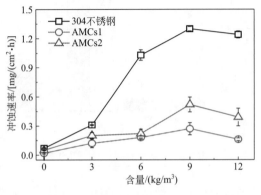

图 5-4　冲蚀速率随含砂量变化图

由图可知，在实验含砂量范围内，涂层具有比 304 不锈钢更优的抗冲蚀性能，薄涂层的抗冲蚀性能优于厚涂层。随含砂量的增加，涂层和 304 不锈钢的冲蚀速率均增加至一最大值（9kg/m³），然后趋于平稳。对于液固两相为主的冲蚀体系，含砂量越高，冲蚀速率一般越大，主要是由于冲蚀和腐蚀过程均随含砂量的增加而增强。但当含砂量增加到一定程度时，过量的砂粒间会产生"屏蔽效应"[69]，砂粒间互相碰撞概率的增加，降低了在试样表面的有效撞击作用，况且过量的砂粒往往会粘贴或沉积在试样表面，这样会形成所谓的润滑层或障碍层影响冲蚀过程的继续进行。在达到最大含砂量之前，304 不锈钢的冲蚀速率急剧增加，而涂层的冲蚀速率则对含砂量的变化不敏感。

（4）NaCl 浓度的影响

为了评价不同氯离子浓度对材料冲蚀过程的影响，选用 3%NaCl 溶液作为对比。在流速为 18m/s，12kg/m³、75～150 目石英砂浆料的条件下，涂层和 304 不锈钢的冲蚀速率随 NaCl 溶液浓度变化规律如图 5-5 所示。由图可知，涂层和 304 不锈钢在 3%NaCl 溶液中的冲蚀速率稍高于其在 1%NaCl 溶液中，主要是因为 NaCl 浓度增加时，材料的均匀腐蚀抗力和点蚀抗力均降低，也说明钝化膜在腐蚀和冲刷过程中具有一定的作用。

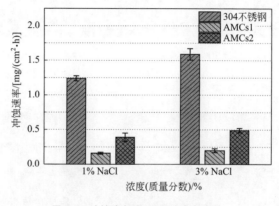

图 5-5　冲蚀速率随 NaCl 浓度变化图

5.2.2　冲刷腐蚀形貌和表面粗糙度分析

在流速为 18m/s，1% NaCl＋12kg/m³、75～150 目石英砂浆料的条件下，涂层和 304 不锈钢的冲蚀后表面及侧面的 SEM 形貌见图 5-6。从冲蚀后试样的表面形貌看 [图 5-6（a）～（c）]，所有试样表面均发生与流动方向一致的颗粒划伤，可以断定两者的冲蚀过程均是以冲刷为主进行。在 304 不锈钢表面均匀分布着程度较小的颗粒划伤，由于其较低的硬度出现了明显的韧性冲刷损伤特征，在局部部位还出现少量点蚀坑 [图 5-6(a) 箭头所示]。相对来说，涂层表面则出现一些较严重的冲蚀坑 [尤其在涂层孔隙处，图 5-6(b)、(c) 箭头所示]，但坑外部位则无明显的颗粒划伤。

图 5-6(d) 和图 5-6(g) 分别为 304 不锈钢沿平行和垂直于流动方向冲蚀后的侧面形貌，平行于流动方向的侧面呈现出与流动方向一致的表面减薄层，而垂直于流动方向的侧面则只有和流动方向一致的微小的槽状冲蚀痕迹出现 [图 5-6(g) 箭头所示]，说明 304 不锈钢的冲蚀过程是以层状减薄的方式在材料表面逐步进行的。涂层沿平行和垂直于流动方向冲蚀后的

侧面形貌如图 5-6(e)、(f) 和图 5-6(h)、(i) 所示，涂层的两个侧面都没有减薄层出现，表现出与流动方向无关的特征，冲蚀破坏只发生在涂层局部的孔隙处，而孔外其他区域只有微小的刮擦痕迹，可见孔隙的恶化可能是引起涂层冲蚀破坏的主要原因。

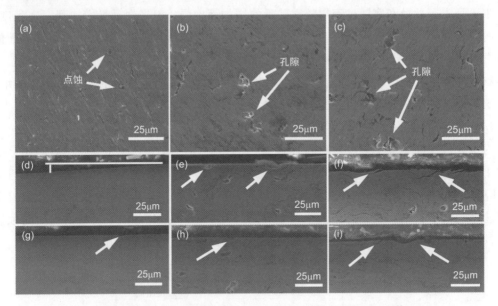

图 5-6　涂层和 304 不锈钢在 1% NaCl 溶液中冲蚀后表面 SEM 形貌

(a)～(c) 表面；(d)～(f) 平行于冲蚀方向侧面；(g)～(i) 垂直于冲蚀方向侧面

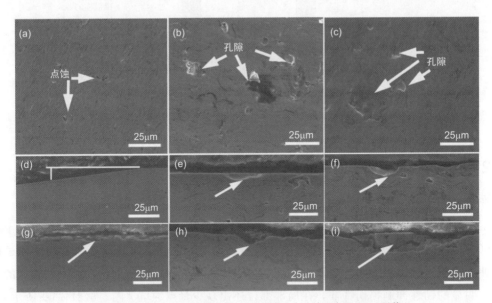

图 5-7　涂层和 304 不锈钢在 3% NaCl 溶液中冲蚀后表面 SEM 形貌

(a)～(c) 表面；(d)～(f) 平行于冲蚀方向侧面；(g)～(i) 垂直于冲蚀方向侧面

在流速为 18m/s，3% NaCl＋$12kg/m^3$、75～150 目石英砂浆料的条件下，涂层和 304 不锈钢的冲蚀后表面及侧面的 SEM 形貌见图 5-7。从 304 不锈钢和涂层表面看 [图 5-7 (a)～(c)]，由于 NaCl 含量的增加，两者的表面形貌更为粗糙，304 不锈钢表面点蚀坑数量也增多，涂层孔隙外形貌更为恶化。从 304 不锈钢的侧面看 [图 5-7(d) 和图 5-7(g)]，304

不锈钢除韧性冲刷痕迹更为明显粗糙外，冲刷也引起了更为明显的减薄层。从涂层的侧面看〔图 5-7(e)、(f) 和图 5-7(h)、(i)〕，涂层孔隙处恶化程度明显增加，在腐蚀介质的作用下，涂层层与层间由于腐蚀导致结合力降低，部分涂层剥落〔图 5-7(i)〕。可以说，由于腐蚀过程的加剧，导致涂层均匀腐蚀抗力极大地降低，同时也使冲蚀作用明显增加。

为了进一步反映 304 不锈钢和涂层在两种不同浓度 NaCl 溶液中冲蚀后表面损伤的程度大小，对冲蚀后的表面粗糙度（Ra）进行了测量，见图 5-8。曲线中的小细峰表示的是冲蚀后材料表面的冲蚀痕迹，涂层中的一些大峰则表示涂层中孔隙的存在。由图可知，在同种溶液中 304 不锈钢的 Ra 值均明显低于涂层，说明 304 不锈钢和涂层具有截然不同的冲蚀机理，而且所有材料在 3% NaCl 溶液中的 Ra 值〔图 5-8(b)〕远高于其在 1% NaCl 中〔图 5-8(a)〕。这些结果也符合材料冲蚀后表面及侧面的 SEM 形貌，也说明氯离子含量的增加加剧了腐蚀过程，进而引起整个冲蚀作用的增加。

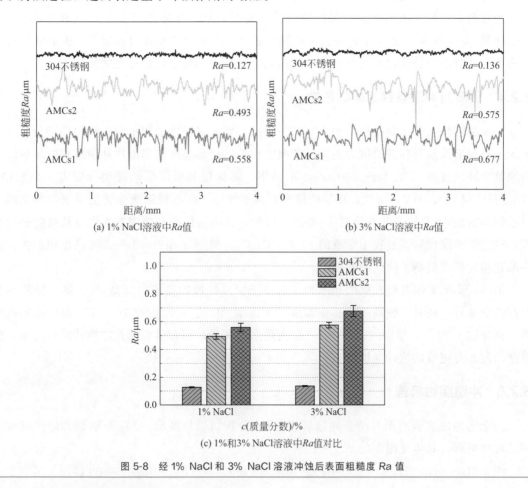

(a) 1% NaCl 溶液中 Ra 值 (b) 3% NaCl 溶液中 Ra 值

(c) 1%和3% NaCl 溶液中 Ra 值对比

图 5-8　经 1% NaCl 和 3% NaCl 溶液冲蚀后表面粗糙度 Ra 值

5.2.3　钝化膜在冲刷腐蚀过程中的作用

由图 4-14 极化曲线可知，涂层具有较高的过钝化电位、较宽的钝化区间和优异的局部腐蚀抗力，但由于孔隙等缺陷的存在，涂层的维钝电流密度也较高，即孔隙等缺陷极大地降低了涂层的均匀腐蚀抗力。由图 4-12 可知，涂层钝化膜成分包括 Fe、Cr、Mo、Mn、W、Cl、O 和 C，根据峰强度可判定膜成分主要由 Fe、Cr、Mo 和 Mn 组成。而 304 不锈钢钝化膜则主要由 Fe、Cr、Ni 和 Mn 组成。涂层钝化膜中的 Mo 和 W，尤其是高含量 Mo 的存在，是其具有稳定钝化膜的主要因素。由图 4-13 可知，Mo 主要由金属态的 Mo，Mo^{4+} 和 Mo^{6+} 氧化物组成，这些 Mo 的氧化物可以提高钝化膜抵抗局部腐蚀的能力。Cl 2p 的深度分布也可以从图 4-13 看出，Cl $2p_{3/2}$ 峰随 Ar 离子溅射时间的延长而减小，80s 时还能依稀看见 Cl $2p_{3/2}$ 峰，说明 Cl^- 参与了钝化膜的形成过程。这也与非晶 Fe-Cr-(B,P)-C 合金[70] 和非晶 Fe-Cr 合金[71] 结果一致。钝化膜中 Cl^- 的出现，符合 Cl^- 渗透机制，即 Cl^- 可以在膜层表面形成浓度梯度，有利于外侧 Cl^- 扩散入膜层内部，在膜局部发生水解降低局部 pH 值，引起膜的溶解。

介质侵蚀性比较弱时，破裂的钝化膜可以被迅速修复，这样钝化膜在冲蚀过程中便可以起到抑制腐蚀，进而抑制冲蚀过程的作用[72]。如上所述，Cl^- 的出现由于增强了氧化物的溶解过程而降低了钝化膜的稳定性。因此，也降低了钝化膜在抑制冲蚀过程中的作用。实际上，钝化膜在苛刻冲蚀条件下的保护作用并不是很有效。在冲蚀条件下，高的含砂量[73]、冲蚀能量[74] 及流速[75] 都会加速表面钝化膜的破坏。在砂粒机械冲刷作用下，破裂的钝化膜不能得到及时修复，便起不到抑制腐蚀的作用，最终引起整个冲蚀过程的加剧。

5.2.4　硬度对冲刷腐蚀速率的影响

从冲蚀实验结果可知，材料冲蚀失重的增加主要来自冲蚀过程中的机械损伤部分。一般来说，材料抵抗浆料冲蚀的抗力主要与其硬度相关，增加硬度可以削弱冲刷过程的影响进而抑制整个冲蚀过程[65]。本研究中，304 不锈钢、薄涂层和厚涂层的硬度分别为 308.5HV、828.3HV 和 713.2HV。可见，涂层的硬度要高于普通 304 不锈钢至少 2 倍以上，与文献中报道的不锈钢[76] 和铁基非晶涂层[77] 类似。可见，薄涂层低的冲蚀速率主要与其高的硬度相关。这主要与涂层制备过程中形成的 Fe_2C、Cr_7C_3、$M_{23}C_6$ 和 Cr_2B 等高硬晶化相相关，这些晶化相的形成提高了涂层的硬度。

另外，高的非晶含量和低的孔隙率也有助于涂层抗冲蚀性能的提高[76]。薄涂层除具有较高的硬度外，还具有较高的非晶相含量（薄涂层 74.9%，厚涂层 70.1%）和较低的孔隙率（薄涂层 1.25%，厚涂层 1.45%），在高硬度、高非晶相含量和低孔隙率共同作用下，使得薄涂层具有更高的抗冲蚀性能。

5.2.5　冲刷腐蚀机理

由上述冲蚀实验结果并结合冲蚀形貌 SEM 分析可以推断出，304 不锈钢和涂层具有不同的冲蚀机理，具体见图 5-9。

图 5-9(a)～(d) 为 304 不锈钢冲蚀过程，图 5-9(e)～(h) 为涂层的冲蚀过程。虽然二者在含氯溶液中均可在表面形成钝化膜，但破裂的钝化膜只有在化学稳定的介质中才能迅速修复，才可能对冲蚀过程起到抑制作用。另外，高的含砂量、高的冲击角及高的流速都会破坏表面的钝化膜，削弱其对冲蚀的抑制作用。在此实验条件下，介质中的 Cl^- 会破坏钝化膜的稳定性，尤其对于点蚀能力较低的 304 不锈钢，在其表面极易发生点蚀坑［图 5-9(b)］。砂粒冲刷作用优先发生于钝化膜破裂处，阻碍其及时修复［图 5-9(c)］，这种冲刷作用同时也致使材料表面粗糙度增加。在点蚀或钝化膜破裂的局部区域，冲刷过程易于进行，这些薄弱

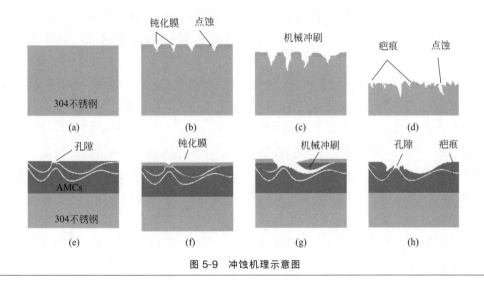

图 5-9　冲蚀机理示意图

区域也正好是 Cl⁻ 易侵蚀且不容易修复的区域。所以，砂粒的机械冲刷作用加速了整个冲蚀过程的进行。再加上 304 不锈钢较低的硬度，最终导致冲蚀以层状减薄的方式逐步进行，在冲蚀后的不锈钢表面形成以犁削为主的冲刷痕迹和少量点蚀坑［图 5-9(d)］。虽然从表面形貌上看，304 不锈钢的犁削冲蚀痕迹轻微且较均匀，但层状的冲蚀过程最终致使其冲蚀失重率的急剧增加。

对于涂层来说，喷涂过程中形成的孔隙缺陷及层状结构不可避免［图 5-9(e)］，但涂层在含氯介质中具有较稳定的钝化膜，并无点蚀现象发生［图 5-9(f)］。再加上涂层具有非常高的硬度，在这种条件下，高速含砂的浆料只能破坏表层的钝化膜层，尤其是涂层表面比较低凹的孔隙部位。冲刷会在涂层孔隙破坏处形成一极强的湍流区，从而加速孔隙部位的冲刷破坏。一旦孔隙恶化，腐蚀介质便易沿孔隙进入涂层层状间隙处并引起局部的缝隙腐蚀，导致相邻涂层间结合强度降低，发生涂层剥离［图 5-9(g)］。如此类推，发生剥离涂层处再次成为腐蚀和冲刷的薄弱区域，最终在孔隙处形成比较明显的冲蚀坑形貌，孔隙之外的其他部位则只有较小的刮擦特征。所以，涂层孔隙的存在增大了机械冲刷过程的概率，也引起涂层层状间隙处的腐蚀，加速了整个冲蚀过程的进行。因此，涂层中孔隙是影响涂层腐蚀以及冲蚀性能的致命因素。增加涂层厚度或降低涂层的孔隙率是提高铁基非晶涂层抗冲蚀性能的关键措施。

从冲蚀机理来看，304 不锈钢的冲刷机理与文献中报道的其他不锈钢类似，包括钝化膜的破裂或去除[77] 以及机械冲刷过程[64,65,68]。然而，涂层的冲刷机理则不同于以往报道的一些陶瓷和金属涂层[78]。比如：对于陶瓷 WC 涂层，冲刷优先发生于涂层黏结剂中的一些硬度较低的区域[68]，在硬相 WC 周围容易发生优先腐蚀溶解[79]，引起冲蚀过程的加剧。对于 HVOF 喷涂的 WC-Co-Cr 金属涂层[78]，金属黏结剂也削弱了涂层中硬相和基体界面的结合力，致使界面裂纹萌生，加速了腐蚀失重过程的进行。与这些涂层不同的是，铁基非晶涂层损伤只起源于孔隙，而孔隙则可以通过工艺参数优化或其他方法来降低或消除。

5.2.6　冲刷与腐蚀交互作用

为了模拟实际海水泵的工作环境，在流速为 18m/s，1%NaCl＋12kg/m³、200～300 目石英砂浆料的条件下，对涂层和 304 不锈钢进行了为期 3 周期的 12h 冲蚀＋12h 浸泡腐蚀间歇实验，结果见图 5-10。由图 5-10(a) 可知，整个 72h 实际冲蚀总失重（72h E′-C′）分可为 3 部分：36h 的冲蚀失重（36h E-C，由 10h 的平均冲蚀速率计算获得）、36h 的浸泡腐蚀失重（36h C，由极化曲线计算获得）和 S 部分（间歇实验导致的失重增加部分）。也就是说，72h 的间歇冲蚀实验失重量的增加，主要源于 S 部分。304 不锈钢点蚀抗力小，S 部分失重量大。涂层与之不同，涂层冲蚀性能的恶化来自孔隙，厚涂层由于孔隙率高，所以具有比薄涂层更高的 S 部分失重。为了降低 S 部分失重，对于海水泵来说，应该尽量减小或避免这种间歇操作。当然，降低涂层孔隙或停机时排空腐蚀介质也是非常有效的措施。

因此，在高速含砂海水中，非晶涂层具有比普通 304 不锈钢更优异的抗冲蚀性能，也反映出这种涂层在条件苛刻的冲蚀环境中具有很好的应用前景，可以应用于含砂海水介质中的一些旋转设备，诸如泵、叶轮、阀等的抗冲蚀防护涂层。但要注意的是，厚涂层抵抗腐蚀性介质 Cl⁻ 的作用强于薄涂层，所以耐蚀性较优；薄涂层具有较高的硬度、高的非晶含量以及低的孔隙率，呈现出更高的抗冲蚀性能。

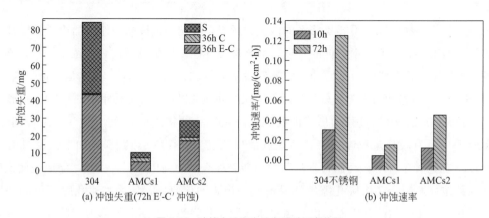

图 5-10　冲蚀失重和失重率随时间变化图

36h C—浸泡 36h；36h E-C—冲蚀 36h；72h E′-C′—浸泡 36h＋冲蚀 36h

在平衡涂层的耐蚀和抗冲蚀性能时，还要同时兼顾涂层厚度和成本之间的关系。如果海水泵叶轮上喷涂的涂层可以挺过一个大修期（比如：2 年），则薄涂层优异的抗冲蚀性能和低成本是一个最佳选择。否则，只能通过增加涂层厚度和成本来满足海水泵长期服役的要求。从目前的实验结果看，与点蚀抗力较低的 304 不锈钢相比，涂层稳定的钝化膜特性使其可以应用于海水环境。况且，涂层具有比 304 不锈钢更优异的抗冲蚀性能，可以作为在一些高速含砂海水中易发生失效的过流部件（泵、阀等）的冲蚀防护涂层。但是，涂层中孔隙的存在是引起涂层均匀腐蚀速率增大的主要原因，而冲蚀的破坏也源自涂层中的孔隙。所以，实际应用时应根据具体的工况条件来平衡非晶形成能力、硬度和孔隙率等多种因素。进一步优化喷涂工艺，降低涂层孔隙及后续的封孔处理是提高铁基非晶涂层抗腐蚀及抗冲蚀性能的重要途径。

5.3　AC-HVAF非晶纳米晶涂层在海水中冲刷腐蚀研究

本部分主要研究 AC-HVAF 铁基非晶涂层的冲蚀行为，为了对比，选择 HVOF 法铁基非晶涂层和基体 316L 不锈钢。

冲蚀实验：冲蚀时间 6h，砂粒粒径 75～150 目，含砂量 2.0％，冲击角 90°，流速 20m/s，含 NaCl 3.5％。纯冲刷实验：冲蚀时间 6h，砂粒粒径 75～150 目，含砂量 2.0％，冲击角 90°，流速 20m/s，不含 NaCl 的介质模拟纯冲刷环境。纯腐蚀实验：在 3.5％ NaCl 溶液中，测试材料在静态和动态冲刷条件下的动电位极化曲线，极化曲线的扫描速率为 0.5mV/s，扫描范围为 −0.6V 至 1.2V。

在 CS310 电化学工作站上进行腐蚀电化学行为测试。腐蚀介质为 3.5％（质量分数）NaCl 溶液，用不同浓度（质量分数）的 NaCl 溶液（0.5％、2％和 3.5％），3.5％ NaCl 溶液在不同温度（15℃、25℃和 35℃）和不同 pH 值（pH 值 5.5、pH 7 和 pH 值为 8.5）的溶液中进行对比实验。

冲蚀实验在中国科学院金属研究所自行研制的喷射式冲刷腐蚀测试试验台上进行，见图 5-11。冲蚀磨损评价可参考 SY/T 7394—2017《管道系统冲蚀磨损评估推荐作法》。在喷嘴处通过设计电化学测试的电解池槽，安装测试电极和电化学工作站，该装置集失重法测试和电化学测试于一体，能测试在冲刷腐蚀过程中，冲刷和腐蚀的份数及交互作用影响。失重实验的喷流速率保持恒定为 20m/s。液体射流喷嘴直径为 3mm，实验时液体喷射流撞击测试试样中心。射流喷嘴出口和试样表面之间的距离保持 5mm，试样的面积是 2.01cm²。为了研究冲蚀和腐蚀之间的交互作用，对介质为 3.5％ NaCl 无砂粒的纯溶液进行纯腐蚀测试，分别与介质为蒸馏水加入 2％硅砂的纯冲蚀进行对比。经 6h 冲蚀实验，样品经过脱脂冲洗晾干，再用精度为 0.1mg 的分析天平称重，每个测试重复至少三次得到最终可靠的结果。

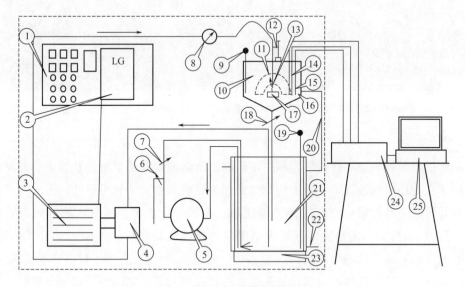

图 5-11　喷射式冲刷腐蚀测试试验台

1—控制柜；2—变频器；3—电机；4—小叶泵；5—搅拌泵；6,7—阀门；

8—螺旋提升机；9—热电偶Ⅰ；10—冲击柜；11—冲击角计；12—电磁流量计；

13—喷嘴；14—参比电极；15—对电极；16—pH 计探头；17—样品（工作电极）；

18—阀门；19—热电偶Ⅱ；20—溢流管；21—泥浆容器；22—冷却水；

23—加热器；24—电化学工作站；25—计算机

涂层显微硬度在 MVK-H3 硬度计上测试，所施压力为 100g，持续时间为 10s。用 Links2005 表面粗糙度测试长度分别为 0.8mm 和 4mm 的试件的表面粗糙度。测试参数：尺寸 $100\mu m$，测试点 1280 个，驱动速率 1.0mm/s，沿 X 轴采样间隔 $3.125\mu m$。用扫描电子显微镜 SEM 观察冲蚀实验后实验表面和侧面的腐蚀形貌和冲刷损伤。

5.3.1　AC-HVAF 和 HVOF 非晶涂层性能特征

（1）涂层的微观特征

图 5-12 显示的是 AC-HVAF 和 HVOF 两种非晶涂层的表面和侧面的 SEM 形貌。

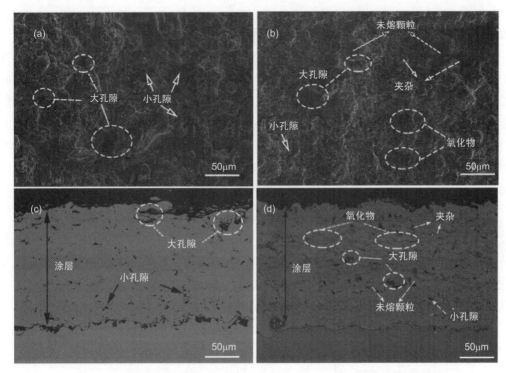

图 5-12　AC-HVAF 及 HVOF 涂层表面 [(a), (b)] 和侧面 [(c), (d)] 的 SEM 形貌

(a)，(c) AC-HVAF 涂层；(b)，(d) HVOF 涂层

两种涂层表面颗粒铺展性较好。图中可见的黑色区域则是涂层中的孔隙，有两种类型的孔隙取决于在涂层中的位置，一种大的孔隙是在未熔融的颗粒附近形成的，另一种小孔隙是在涂层与基体的交界处形成的。HOVF 涂层除了孔隙外，更多的黑色区域可视为夹杂物和氧化物，见图 5-12(b)。两种涂层都呈现出明显的层状结构特征，其中 HVOF 涂层更能体现出超音速火焰喷涂层状的喷涂结构。AC-HVAF 非晶涂层呈现出比 HVOF 涂层相对致密的微观结构特征，涂层基本不含氧化物夹杂。两种涂层与基体之间的界面结合良好。

（2）涂层的硬度

为了反映 AC-HVAF 和 HVOF 非晶涂层的硬度，对两种涂层进行显微维式硬度测试。测试时沿涂层表面至基体的顺序进行，测试间隔为 $50\mu m$。图 5-13 显示的是两种涂层的显微硬度随涂层厚度变化的曲线，由图可知，HVOF 涂层的硬度是 913HV，AC-HVAF 涂层的硬度是 1433HV。

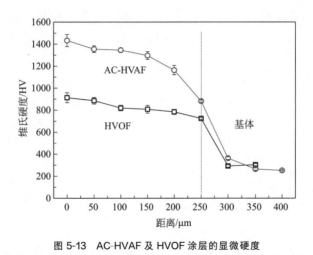

图 5-13　AC-HVAF 及 HVOF 涂层的显微硬度

5.3.2　AC-HVAF 非晶涂层电化学腐蚀行为

（1）非晶涂层钝化行为

图 5-14 表示的是 AC-HVAF 涂层、HVOF 涂层和 316L 不锈钢在 3.5% NaCl 溶液中的动电位极化曲线。

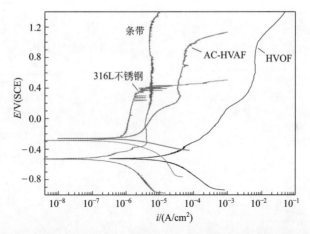

图 5-14　AC-HVAF 和 HVOF 涂层在 3.5% NaCl 溶液中的动电位极化曲线

由图可知，316L 不锈钢点蚀电位较低，约为 0.4V，说明 316L 不锈钢点蚀阻力低，抵抗局部腐蚀能力差。AC-HVAF 涂层、HVOF 涂层的点蚀电位为 1.1V 左右，具有比不锈钢更为优异的耐局部腐蚀性。从钝化电流密度看，316L 不锈钢钝化电流密度最低（约 $10^{-6}A/cm^2$），其次是 AC-HVAF 涂层（$3\times10^{-5}A/cm^2$），最高为 HVOF 涂层（8×10^{-3} A/cm^2）。与不锈钢相比，涂层不致密的结构是导致其具有较高钝化电流密度的主要原因，高的孔隙率及氧化物等缺陷结构导致涂层具有较高的钝化电流密度，降低了 HVOF 涂层抵抗均匀腐蚀的能力。

AC-HVAF 涂层及 316L 不锈钢在不同条件下的动电位极化曲线见图 5-15。图 5-15（a）和（b）显示的是 316L 不锈钢和 AC-HVAF 涂层在不同浓度 NaCl 溶液中的动电位极化曲线。由图可知，316L 不锈钢点蚀电位对 NaCl 溶液浓度变化敏感，随 NaCl 溶液浓度的增加，316L 不锈钢点蚀电位逐渐降低（0.5% NaCl 0.51V，2% NaCl 0.41V，3.5% NaCl 0.14V）。AC-HVAF 涂层点蚀电位恒定为 1.1V，点蚀电位对 NaCl 浓度的变化不敏感，这说明 AC-HVAF 涂层在三种溶液中具有稳定的抵抗局部腐蚀的能力。

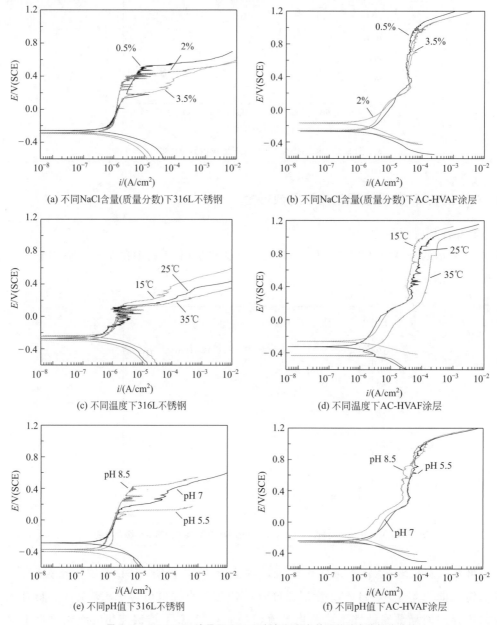

图 5-15　AC-HVAF 涂层及 316L 不锈钢不同条件下的动电位极化曲线

图 5-15(c) 和 (d) 显示的是 316L 不锈钢和 AC-HVAF 涂层在 NaCl 溶液中随温度变化时的动电位极化曲线。同样，316L 不锈钢的点蚀电位对温度变化敏感，随温度升高而降低（15℃、0.21V，25℃、0.18V 和 35℃、0.16V），而 AC-HVAF 涂层点蚀电位则与温度变化关系不大。与之不同的是，温度的变化影响了 AC-HVAF 涂层的钝化电流密度，AC-HVAF 涂层在溶液中的钝化电流密度随温度的升高而增大（15℃ 时 2×10^{-5} A/cm²，25℃ 时

$4 \times 10^{-5} A/cm^2$，35℃时 $1 \times 10^{-4} A/cm^2$）。

316L 不锈钢和 AC-HVAF 涂层在 NaCl 溶液中随 pH 值变化的动电位极化曲线如图5-15（e）和（f）所示。同理，pH 值影响了 316L 不锈钢的点蚀电位和 AC-HVAF 涂层的钝化电流密度，316L 不锈钢点蚀电位随 pH 值得降低而降低（pH＝8.5 时 0.40V，pH＝7 时 0.15V，pH＝5.5 时 14V），AC-HVAF 涂层的钝化电流密度随 pH 值减小而增大（pH＝8.5 时 $1 \times 10^{-5} Acm^{-2}$，pH＝7 时 $1.9 \times 10^{-5} A/cm^2$，pH＝5.5 时 $2.1 \times 10^{-5} A/cm^2$）。

（2）非晶涂层点蚀行为

图 5-16（a）、（c）和（e）表示的是 316L 不锈钢、AC-HVAF 涂层和 HVOF 涂层的循环

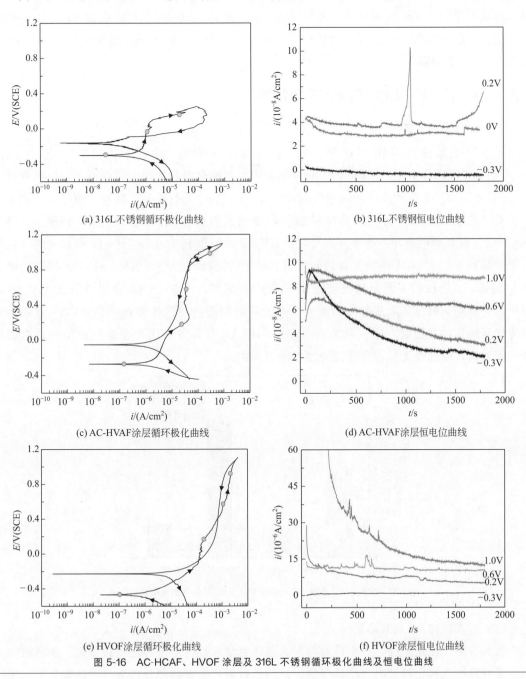

图 5-16　AC-HCAF、HVOF 涂层及 316L 不锈钢循环极化曲线及恒电位曲线

极化曲线。316L 不锈钢的滞回环面积最大，反向极化曲线上的保护电位较低，HVOF 涂层循环极化曲线中的滞回环面积次之，而 AC-HVAF 涂层的滞回环面积最小，因此 AC-HVAF 涂层抗点蚀能力最强。图 5-16（b）、（d）和（f）显示的是几种材料的电流-时间曲线。恒电位测试是在 3.5% NaCl 溶液中不同恒电位条件下（316L 不锈钢：−0.3V，0V，0.2V；涂层：−0.3V，0.2V，0.6V，1.0V）进行的。所有的这些给定的恒电位均位于材料钝化电位区间。由图可知，在 316L 不锈钢和 HVOF 涂层恒电位极化曲线中存在很多的腐蚀电流急剧增大又在一定时间回落到背底电流水平的电流暂态峰，且电位越高，这种类型的暂态峰越多。i-t 曲线中出现的暂态峰是由于电流增大过程中亚稳点蚀的长大导致的钝化膜局部破损而后又重新形成钝化。相比于 HVOF 涂层，AC-HVAF 涂层的 i-t 曲线中的暂态峰较少，这说明在 AC-HVAF 涂层中点蚀萌生的概率小，抵抗局部腐蚀能力比 HVOF 涂层和 316L 不锈钢强。

5.3.3 AC-HVAF 非晶涂层冲刷腐蚀行为

（1）冲刷腐蚀失重

图 5-17 表示的是 316L 不锈钢、AC-HVA 涂层、HVOF 涂层分别在含 3.5% NaCl＋2%石英砂以及蒸馏水＋2%石英砂中的冲刷腐蚀失重速率图。从图中可以得出，三种材料在 3.5% NaCl＋2%石英砂中的冲蚀速率远高于在蒸馏水＋2%石英砂中的冲蚀速率，这主要是由于 Cl⁻ 浓度的增加减弱了三种材料的均匀腐蚀和局部腐蚀阻力。316L 不锈钢在 3.5% NaCl＋2%石英砂中的冲蚀速率分别是 AC-HVAF 涂层和 HVOF 涂层的 12 倍和 4 倍，这是由于涂层具有比 316L 不锈钢更高的硬度（316L 不锈钢硬度为 260HV，HVOF 涂层的硬度是 913HV，AC-HVAF 涂层的硬度是 1433HV）。另外，AC-HVAF 涂层具有比 HVOF 涂层更高的耐均匀腐蚀和局部腐蚀的能力，高的硬度和高的耐蚀性使得 AC-HVAF 涂层具有更为优异的抗冲蚀性能。这一结果表明，AC-HVAF 制备方法优化了涂层的结构，涂层致密，硬度高，耐蚀性优异，进而抗冲蚀性能得到提高。

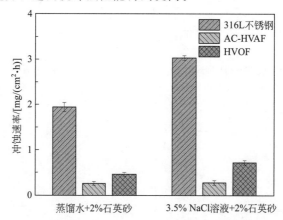

图 5-17 AC-HVAF 涂层、HVOF 涂层及 316L 不锈钢的冲刷腐蚀失重

（2）临界流速 i-t 曲线确定

工程应用中流速是唯一一个易被控制的流体力学参数。对于钝化材料来说，临界流速反映的是材料表面钝化膜破裂的临界参数，是钝性材料从钝态向冲蚀破坏过渡的临界值，可以

反映钝化材料抗冲蚀性能的优劣[80,81]。在钝化电位区间，给定材料一个恒电位，测试材料在不同流速下的恒电位 i-t 曲线，根据 i-t 曲线电流的变化，可以判断材料的临界流速值[82]。钝化材料在砂粒的冲击作用下，由于扩散层厚度减薄，溶解氧的传递作用被加强，阴极反应过程被加剧。同时，材料表面所形成的钝化膜还遭受砂粒的机械冲刷作用。这两方面导致钝化膜在形成和去除之间竞争生长，有时也称为去钝化和再钝化过程。从恒电位 i-t 曲线上看，在临界流速以下时，电流密度处于一个较小的值。如果改变流速，使其超过某个流速时，相对应的电流密度则增加至一个较高的水平，这种电流密度增加幅度一般高于起始测试时的电流密度值，这时的流速就预示着临界流速，表明此时钝化膜已发生溶解，或者表面钝化膜在砂粒冲击作用下被去除，表面失去了保护性，处于高度活性状态，据此我们就可以判断材料的临界流速。

图 5-18 表示的是 316L 不锈钢、AC-HVAF 和 HVOF 涂层冲蚀过程中的 i-t 曲线。由图中可知，AC-HVAF 非晶涂层临界流速达 16m/s，具有比 316L 不锈钢（12m/s）和 HVOF 涂层（14m/s）更高的临界流速值，在同等条件下，具有比 316L 不锈钢和 HVOF 涂层更高的抗冲蚀性能。如果实际应用时流速小于 12m/s，则 316L 不锈钢和涂层均能较安全服役，但一旦流速超过 12m/s，非晶涂层则体现出一定的优势。值得注意的是，这种优势至多维持至 16m/s，超过此值钝化膜的保护性也一并不复存在。可见，AC-HVAF 和

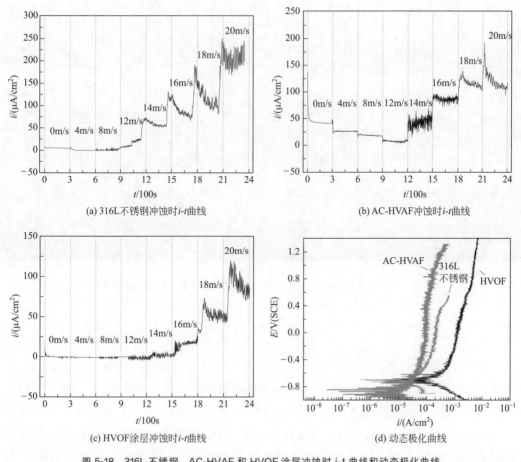

图 5-18 316L 不锈钢、AC-HVAF 和 HVOF 涂层冲蚀时 i-t 曲线和动态极化曲线

HVOF 非晶涂层具有比 316L 不锈钢抵抗更高流速的先决条件。

（3）冲刷腐蚀表面形貌表征

冲蚀后形貌的观察可以为冲刷腐蚀机制的分析提供更有用的信息，可以区分是机械冲刷损伤为主还是腐蚀损伤为主。图 5-19 表示的是 316L 不锈钢、AC-HVAF 涂层、HVOF 涂层在冲蚀前后的表面和截面 SEM 照片。图 5-19（a）～（c）显示，316L 不锈钢在冲蚀之前经过 4％硝酸酒精酸洗后观察到更清晰的晶界，AC-HVAF 涂层中则发现有极少的孔隙存在，HVOF 涂层中则有更多的孔隙、不熔颗粒和灰色的氧化物夹杂区域存在。HVOF 中在部分熔融颗粒周围存在的灰色区域主要是氧化物及一些夹杂物，这些并未在 AC-HVAF 涂层中出现。

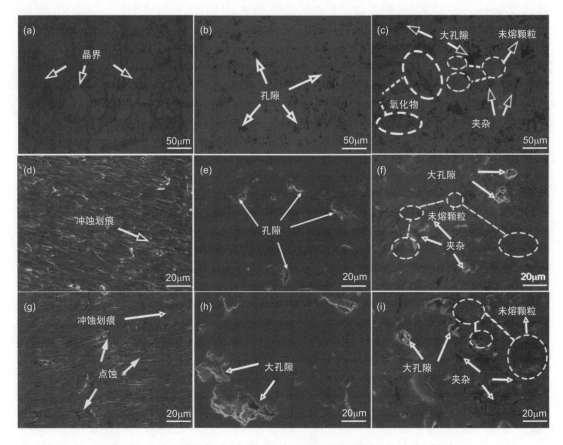

图 5-19 316L 不锈钢 [（a），（d），（g）]、AC-HVAF 涂层 [（b），（e），（h）]、

HVOF 涂层 [（c），（f），（i）] 冲蚀前后表面形貌

（a），（b），（c）冲蚀前；（d），（e），（f）蒸馏水＋2％石英砂 6h；（g），（h），（i）3.5％ NaCl＋2％石英砂 6h

在含有 2％石英砂的蒸馏水中冲蚀 6h 后，在三种材料中观察到与冲刷流动方向一致的冲蚀划痕，见图 5-19（d）～（f）。316L 不锈钢表面的划痕深一些，主要是由 316L 不锈钢相对较低的硬度所致，严重的划痕均匀地分布在整个 316L 不锈钢表面，这是韧性材料冲蚀损伤的一个典型特点。相比之下，图 5-19（e）、（f）所观察到非晶涂层则只有极轻微的划痕和一些大而深的孔洞，这些孔洞是涂层孔隙或缺陷存在的区域。AC-HVAF 涂层表面比 HVOF 涂层表面更为光滑，主要由于硬度较高所致，在 AC-HVAF 涂层表面只在孔隙存在的区域

才会被砂粒冲蚀破坏，其他部位则由于高的硬度损伤较少。HVOF 涂层除了在孔隙处严重损伤外，不熔颗粒周围的氧化物夹杂等薄弱区域也是遭受砂粒严重冲击损伤的区域，发生冲蚀损伤的程度要高于 AC-HVAF 涂层。与在蒸馏水中的 SEM 图 5-19(d)～(f) 相比，三种材料在 3.5% NaCl 溶液中的 SEM 图 5-19(g)～(i) 表面更粗糙一些，主要是由 Cl^- 的腐蚀作用所致。另外，图 5-19(g) 中 316L 不锈钢表面可观察点蚀坑，主要是由于 316L 不锈钢具有低的点蚀阻力。

为了进一步反映三种材料冲蚀后表面损伤的程度，对冲蚀后的表面粗糙度（Ra）进行测量，见图 5-20。图中，316L 不锈钢曲线中的小细峰表示的是其冲蚀后表面的冲蚀痕迹，而涂层中的一些大峰则表示的是其中有孔隙存在。含 NaCl 介质中，三种材料的表面粗糙度明显高于蒸馏水中的值，意味着冲蚀损害增大与 Cl^- 浓度增大之间存在一定的相关性，Cl^- 的腐蚀作用增加了冲蚀的过程，加剧了材料的冲蚀失重。三种材料中，316L 不锈钢表面峰值最小，HVOF 涂层曲线中的峰强于 AC-HVAF 涂层，这表明 HVOF 涂层中存在更多的孔隙。这些结果与图 5-19 冲蚀前后的表面形貌相对应。

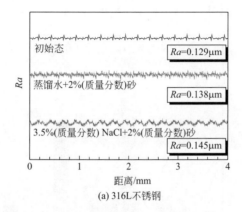

(a) 316L不锈钢

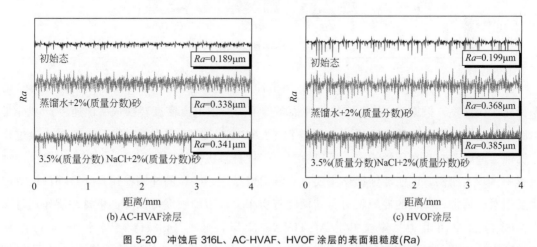

(b) AC-HVAF涂层　　　　　　　　　　　(c) HVOF涂层

图 5-20　冲蚀后 316L、AC-HVAF、HVOF 涂层的表面粗糙度(Ra)

316L 不锈钢硬度低，表面冲蚀痕迹小，表面粗糙度小，冲蚀遵循韧性冲蚀机理，冲蚀时材料以层状方式被去除，冲蚀失重率大；非晶涂层硬度高，表面冲蚀痕迹大，表面粗糙度大，冲蚀时遵循脆性冲蚀机理，冲蚀在涂层孔隙缺陷部位优先发生，冲蚀失重率小。这一结果表明 316L 不锈钢与两种涂层遵循的是不同的冲蚀机理。

（4）冲刷腐蚀机理

AC-HVAF 涂层抗冲刷腐蚀性能远强于 316L 不锈钢和 HVOF 涂层（图 5-21）。冲刷腐蚀过程不简单是冲刷和腐蚀的简单加和过程。冲蚀失重量往往高于单纯的机械冲刷和腐蚀失重量之和。多余的部分称之为交互作用，交互作用是影响材料冲蚀过程的重要因素，有时候也成为影响材料总冲蚀失重的决定性因素。在冲蚀条件下，材料的总失重量 W_T 可以表示为：

$$W_T = W_C' + W_E' \qquad (5-5)$$

式中，W_C' 是由材料纯腐蚀引起的失重，由 Faraday 定律计算出；W_E' 则是由颗粒冲刷作用引起的失重，属于非 Faraday 部分计算的失重。W_T 有时也可表示为下式：

$$W_T = W_C + W_E + W_S \qquad (5-6)$$

式中，W_C 为由静态极化曲线计算出的纯腐蚀失重；W_E 为冲蚀实验过程中，不含腐蚀介质时测得的冲刷失重量；W_S 则为腐蚀与冲刷的交互作用引起的失重。从以上两公式可得出：

$$W_S = (W_C' - W_C) + (W_E' - W_E) = W_{EIC} + W_{CIE}$$

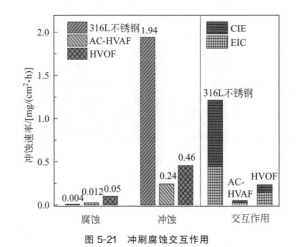

图 5-21　冲刷腐蚀交互作用

整个交互作用失重包括两部分：W_{EIC} 是由冲刷加速腐蚀所引起的失重增量，可通过动态极化曲线计算，根据 Faraday 定律将冲蚀条件下的腐蚀电流密度转换成腐蚀速率；W_{CIE} 是由腐蚀加速冲刷所引起的失重增量。图 5-21 是 AC-HVAF 涂层和 316L 不锈钢在冲蚀过程中腐蚀、冲刷及交互作用影响图。可以看出，三种材料机械冲刷作用导致的失重在整个冲蚀过程中占较大比例，说明冲蚀损伤主要由力学因素导致，砂粒的冲刷作用是导致冲蚀失效的主要因素。通常，材料的冲蚀阻力与其硬度密切相关，增加硬度可以降低机械冲刷作用进而提高材料的冲蚀阻力。本文中，AC-HVAF 涂层硬度（1433HV）高于 HVOF 涂层（913HV），由机械冲刷引起的失重自然较低，因此具有最优异的抗冲蚀性能。316L 不锈钢硬度平均为 250HV，这就是涂层的抗冲蚀性能比不锈钢优异的主要原因。

由图 5-21 还可以得出，三种材料冲蚀过程的交互作用中，纯冲刷过程引起的冲蚀速率最高，其次为交互作用，最低为纯腐蚀。由图 5-19 冲蚀前后的表面形貌可以看出，在蒸馏水中，三种材料表面出现明显的冲刷沟槽。不锈钢硬度较低，冲刷沟槽更为明显，涂层在孔隙的部位冲刷痕迹明显。在含 NaCl 腐蚀介质中，除了冲刷痕迹明显外，还出现点蚀或腐蚀坑。在冲蚀过程中，机械冲刷过程加速了腐蚀介质的传质，也加速了腐蚀产物脱离材料表面的过程，加速了腐蚀进程。另外，在力学冲刷作用下，材料表面钝化膜稳定性不高，材料表面的钝化膜减薄，甚至破裂，加速了腐蚀的过程。由于不锈钢的硬度较低，在冲刷作用下，表面易出现凸凹不平的冲蚀坑，冲蚀坑的出现也增加了其比表面积，材料暴露面积的增加也无疑增加了腐蚀过程。这主要与不锈钢低的硬度和不稳定的钝化特性相关。涂层钝化膜稳定性高于不锈钢，机械冲刷只作用于涂层薄弱的孔隙部位，加剧的孔隙的恶化。AC-HVAF涂层致密，氧化物含量低，孔隙率低，硬度高，砂粒只作用于孔隙部位。而 HVOF 涂层氧化物含量高，孔隙率高，硬度稍低，砂粒除了作用于孔隙部位外，还作用于未熔颗粒周围以及氧化物等薄弱区域，砂粒冲击的部位增多，对涂层冲刷作用强，冲刷腐蚀失效严重。另外，AC-HVAF 冲蚀后表面恶化程度较轻，低的孔隙和氧化物含量使得 AC-HVAF 涂层呈现出比 HVOF 涂层更优异的冲蚀阻力。

交互作用在冲蚀过程中的作用不可忽略，尤其对于 HVOF 涂层和 316L 不锈钢[83]。由图 5-21 可知，HVOF 涂层和 316L 不锈钢的交互作用明显高于 AC-HVAF 涂层。316L 不锈钢呈现出较高的 W_{EIC}，Cl^- 在晶界或相界侵蚀加剧钝化膜破裂，低的点蚀阻力加速了随后的冲刷过程，况且不锈钢硬度较低。AC-HVAF 涂层钝化稳定性高，硬度高，W_E、W_{CIE} 和 W_{EIC} 三者数值相对较低。在 AC-HVAF 涂层的交互作用中，W_{CIE} 和 W_{EIC} 的含量相差不大，二者作用相当。HVOF 涂层的交互作用中，W_{EIC} 占较大比例，影响整个交互过程，在高速含砂海水中，砂粒破坏 HVOF 表面的钝化膜，尤其在孔隙部位和氧化物夹杂区域。HVOF涂层高的孔隙和氧化物夹杂增加了砂粒冲击的概率，而孔隙和氧化物夹杂又会导致腐蚀介质浸透引起内部腐蚀，介质在缺陷部位的渗透则会加剧随后的腐蚀过程。这些冲击部位很明显降低了涂层的冲蚀阻力，加速了涂层的冲蚀失效，导致 W_{EIC} 作用增强。

因此，AC-HVAF 涂层高的硬度、低的孔隙率以及极少的氧化物夹杂是其具有较高冲蚀阻力的主要原因。AC-HVAF 热喷涂方法适合制备高致密非晶涂层，制备的涂层冲蚀阻力高，在腐蚀/冲刷条件苛刻的环境中具有广泛的应用前景。

5.4 AC-HVAF非晶纳米晶涂层在压裂介质中冲刷腐蚀研究

对套管钢在传统含氯介质中的冲刷腐蚀行为已取得一定认识，对压裂液中的冲刷腐蚀行为还没有系统的研究报道。本节研究水力压裂液对喷砂器及套管用材的冲蚀破坏机理，分析材质、冲击时间、含砂量、流速、冲击角度及 KCl 含量等因素对其冲刷腐蚀行为的影响规律，确定腐蚀与冲刷交互作用影响规律。研究结果可为压裂工具的优化设计提供有效的理论依据。

（1）实验材料

实验材料为 AC-HVAF 非晶涂层、WC 涂层，套管钢（P110、N80 和 J55）、衬套用硬质合金（YW2、YG8）。两种涂层厚度均为 $250\mu m$。

实验介质压裂液基础配方参照：改性胍胶 4g/L，基液：交联剂比＝100：1，含 KCl。陶粒粒径：0.4～0.8mm。根据实验条件不同，配方有所不同。

冲蚀实验是在东北石油大学自行设计的管道冲刷腐蚀模拟测试试验台上进行，该装置即为一种喷射式实验装置（图 5-22），主要包括 50-160 立式离心泵、交流电机、凸轮泵以及智能电磁流量计，该系统可实现含砂量、流速、冲刷时间的调节和非接触测量。在喷嘴处通过自行设计电化学测试的电解池槽，安装测试电极［图 5-22（a）］和电化学工作站［图 5-22（b）］，该装置集失重法测试和电化学测试于一体，能测试在冲刷腐蚀过程中，冲刷和腐蚀所占比例及交互作用影响。

(a) 测试电极安装　　　　　　　　(b) 电化学测试

图 5-22　管道冲刷腐蚀模拟测试试验台

实验时，在喷嘴托盘底部放置安装试样的模具，并保证试样沿与喷嘴相对应位置安装。试样用尼龙夹具固定在转盘的盘面上，试样周围用聚四氟乙烯生料带缠绕密封，试样的表面与盘面保持在同一平面，试样暴露面积 3.14cm²。

（2）各因素影响

实验时主要考察冲蚀时间、陶粒粒径、含砂量、冲击角、流速、KCl 含量和外加电位等因素对冲蚀性能的影响。实验时采用单因素变量法。

考察 0.5h、1h、1.5h、2h、3h、4h 和 5h 等时间的影响。

考察 40～60 目和 75～150 目两种陶粒颗粒粒径的影响。

考察 0.2％、0.3％、0.4％、0.5％和 0.6％等含砂量的影响。

考察不同冲击角影响：套管钢选取 10°、20°、30°、40°、60°和 80°；硬质合金和涂层选取 20°、40°、60°、70°、80°和 90°。

考察 13m/s、16m/s、19m/s、22m/s、25m/s 和 28m/s 等流速的影响。

考察 0、0.72％、0.88％、1.04％、1.2％和 3％等 KCl 含量的影响。

考察 −0.8V、−0.6V、−0.4V、−0.2V、0V 和 0.2V 等外加电位的影响。

实验前后用感量为 0.1mg 的电子天平称重，并取平均失重值。每次实验时同种材料至少选取 3 个平行试样，实验后计算失重和冲蚀速率。

（3）电化学腐蚀测试

电化学测试时，极化曲线的扫描速率为 0.5mV/s，扫描电位范围 ±0.1V。动电位极化曲线的扫描速率为 0.5mV/s，扫描范围根据材料不同而改变，套管钢一般为 −0.6V 至 0.6V，涂层和硬质合金则为 −0.6V 至 1.2V。

临界流速是评估材料在冲蚀条件下失效损伤的一个非常重要的参数，尤其是对于具有钝化特征的材料。恒电位 i-t 曲线可以研究材料在冲蚀条件下的钝化行为。在腐蚀电位时，测试材料在不同时间阶段的 i-t 曲线，根据曲线钝化特征，以此确定材料的临界流速。测试时，每隔 300s 改变流速，测试相对应的 i-t 曲线。流速变化范围：6m/s、8m/s、10m/s、12m/s、14m/s、16m/s、18m/s、20m/s 和 22m/s。

（4）冲刷与腐蚀交互作用实验

纯冲刷实验：冲蚀时间 3h，陶粒粒径 40～60 目，含砂量 0.5%，冲击角 90°，流速 25m/s，不含 KCl 的介质模拟纯冲刷环境。纯腐蚀实验：测试材料在静态和动态冲刷条件下的动电位极化曲线。试样冲蚀前后的表面形貌采用重庆奥特 DV500 体视显微镜和日立 S-3400Ⅱ扫描电子显微镜（SEM）进行观察。

5.4.1　AC-HVAF 非晶涂层在压裂液中冲刷腐蚀影响因素

（1）冲蚀时间的影响

图 5-23 是三种套管钢在冲蚀过程中累积失重 W 和冲蚀速率 v 随时间变化的数据。由图 5-23(a) 可知，三种材料失重均随时间延长而增大，表明此时套管钢在喷射冲蚀条件下逐渐处在稳定冲蚀阶段。在冲蚀达 5h 时，J55 钢具有最高的冲蚀失重量 55mg，其次为 P110 钢 38mg，最后为 N80 钢 34mg。在整个冲蚀过程中，N80 钢相比于其他两种套管钢始终具有最低的冲蚀失重量。从冲蚀速率上看［图 5-23(b)］，三种套管钢在冲蚀 1～1.5h 时，冲蚀速率达到极值，随后随冲蚀时间延长，冲蚀速率逐渐下降，最后趋于一稳定值。J55 钢的冲蚀速率明显地高于 P110 钢和 N80 钢，5h 后 J55 钢的冲蚀速率是 P110 钢和 N80 钢的 1.3 和 1.5 倍。

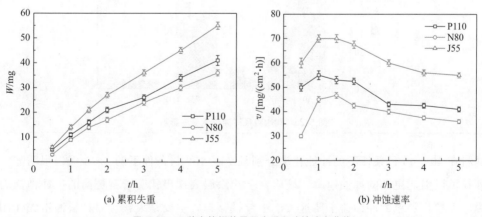

(a) 累积失重　　　　　　　(b) 冲蚀速率

图 5-23　三种套管钢的累积失重和冲蚀速率曲线

图 5-24 是硬质合金及 AC-HVAF 涂层在冲蚀过程中累积失重和冲蚀速率随时间变化的数据。从图 5-24(a) 的累积失重图上可以看出，与图 5-23 的套管钢相比，硬质合金和涂层的累积失重量整体水平降低，5h 后非晶涂层累积失重量最高，约 10mg，为套管钢的 1/3～1/5。

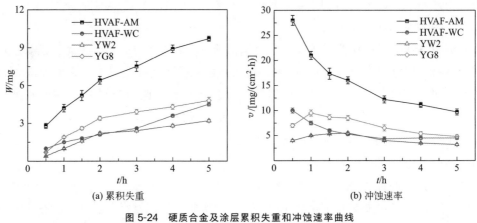

(a) 累积失重　　　　　　　　　　　(b) 冲蚀速率

图 5-24　硬质合金及涂层累积失重和冲蚀速率曲线

另外，四种材料的累积失重量随时间增加的程度较小，说明其随时间延长稳态冲蚀的速率处于一个偏低的水平。从图 5-24(b) 的冲蚀速率图上分析，硬质合金及 AC-HVAF 涂层呈现出不同的趋势，涂层的冲蚀速率随时间的延长呈逐渐降低的趋势，而硬质合金则和套管钢冲蚀速率趋势类似，起始增加至 1h 达到极值，随后逐渐降低并趋于一个稳态值。这些说明硬质合金、涂层与套管钢具有不同的冲蚀过程和机理。

（2）陶粒粒径的影响

陶粒粒径对材料冲蚀速率的影响规律图见图 5-25。

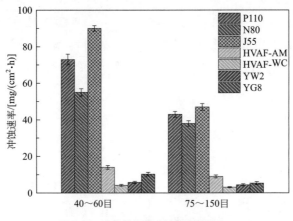

图 5-25　陶粒粒径对冲蚀速率的影响

材料在 40～60 目条件下的冲蚀速率分别是 75～150 目条件下的 2～3 倍。很明显，大粒径的砂粒可以引起更高的冲蚀速率，硬质合金和涂层表现出比套管钢更高的抗冲蚀能力。一般来说，大粒径颗粒的冲蚀速率要远大于小粒径颗粒，主要是大颗粒对材料冲击的作用力增强所致。细砂粒之间由于延迟效应（retardation effect）导致低的碰撞效率，冲击时动能耗散低进而降低了冲蚀速率。另外，小粒径颗粒由于挤压膜效应（squeeze film effect）从材料表面回弹作用弱，颗粒越小这种冲击表面的作用越弱。但已有的研究表明，单纯的颗粒粒径增加与冲蚀速率增加之间并不是绝对的关系。这其中涉及砂粒碰撞效率的情况，所谓碰撞效率是指单位面积上颗粒碰撞的数量除以单位体积内悬浮的颗粒数量，再除以时间，该效率是一个非常有用的评价冲蚀过程中砂粒的冲刷作用的指标[84]。碰撞效率低时，大粒径颗粒会导致砂粒浓度的增加，形成屏蔽效应（screening effect）[85]，反而又会降低冲蚀速率。此外大粒径颗粒并未对颗粒碰撞效率产生影响，在实验条件下呈现出较高的冲蚀速率。

（3）含砂量的影响

含砂量对材料冲蚀速率的影响规律见图 5-26。

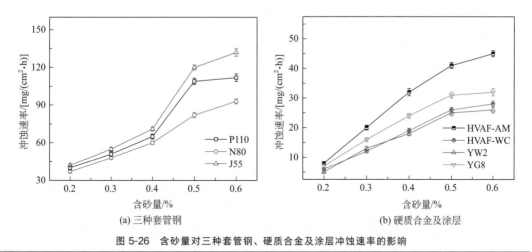

图 5-26　含砂量对三种套管钢、硬质合金及涂层冲蚀速率的影响

关于在液/固双相流中砂粒浓度对材料冲蚀速率的影响，已有的研究表明砂粒浓度存在临界值，低于临界值时冲蚀失重随含砂量增加而增加，主要是由于数量较多的颗粒会导致材料表面过多的质量损失。当浓度大于临界值时，材料的失重将达到一稳定值。也有研究表明，过多的砂粒颗粒会由于砂粒在近表面的回弹，而对材料表面有一个保护作用，进而减小对表面的冲击损伤[86]。本实验条件下，材料随含砂量的增加，冲蚀速率呈增加趋势，套管钢在含砂量为 0.4%～0.5%时，增加幅度明显，说明高的砂含量对材料表面的冲击损伤作用增加。涂层和硬质合金在含砂量为 0.2%～0.5%时，增加幅度比较稳定。几种材料在砂含量高于0.5%时，冲蚀速率均有降低趋势，这也说明砂粒含量在 0.5%时存在临界浓度，之后降低的冲蚀速率正是由于砂粒浓度高于临界浓度所致。当含砂量达到临界含量时，过量的砂粒间会产生"屏蔽效应"，砂粒间互相碰撞概率增加，降低了在试样表面的有效撞击作用，况且过量的砂粒往往会粘贴或沉积在试样表面，这样会形成所谓的润滑层或障碍层影响冲蚀过程的继续进行。

（4）冲击角的影响

图 5-27 为冲击角对材料冲蚀速率的影响规律图。冲击角为材料表面与浆料入射方向之间的夹角。一般冲击角不同，入射的流体对材料表面的作用不同，可将流体作用在表面的力分为水平和垂直两部分，水平部分主要对材料表面产生切削，而垂直部分则主要产生撞击。

冲击角对材料冲蚀速率的影响规律众说纷纭，主要分为塑性材料和韧性材料两种。冲击角对塑性材料冲蚀速率的影响规律较为复杂，通常认为 15°～40°之间存在最大的冲蚀失重[87]。但也有认为与流速之间还存在一定关联，不同流速时，塑性材料出现冲蚀极大值的冲击角不同，可能是 30°～60°、80°或 90°，更有甚者在个别角度还出现极小值。比如，当速度小于 20m/s 时，冲击角为 90°时冲蚀率最大；而当速度高于 30m/s 时，在冲击角为 30°～60°和 90°则出现两个冲蚀速率极大值，同时 60°～70°出现冲蚀速率极小值[88]。脆性材料冲蚀速率随冲击角变化的规律比较统一，通常认为在80°～90°时存在最大冲蚀失重量[14]。本实验中，套管钢塑性材料，随冲击角增大，冲蚀速率逐渐增加，达到极大值后急速开始降低，冲击角极大值出现的位置在30°左右。对于硬质合金和涂层，冲击角极大值位置则出现在90°左右。塑性材料和脆性材料不同的冲击角体现出二者不同的冲蚀机理。根据冲蚀率与冲击角的关系，在实际应用时，应合理设计喷砂器的零部件形状、结构，尽可能避免套管钢等塑性材料在30°冲击角下服役；而对于硬质合金和涂层等脆性材料，则要力争其不受陶粒粒子的垂直入射，以减少冲蚀损伤的发生。

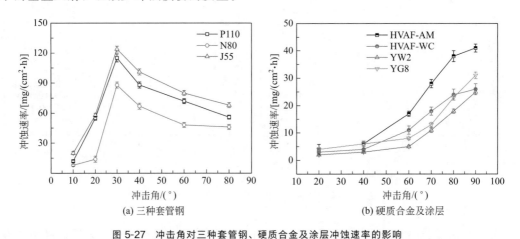

图 5-27　冲击角对三种套管钢、硬质合金及涂层冲蚀速率的影响

（5）流速的影响

图 5-28 为流速对材料冲蚀速率的影响规律图。从图中可知，套管钢的冲蚀速率在实验流速范围内（从 13m/s 到 28m/s）随流速近乎成线性增加，而硬质合金和涂层的冲蚀速率随流速增加而增加的趋势不是很明显。

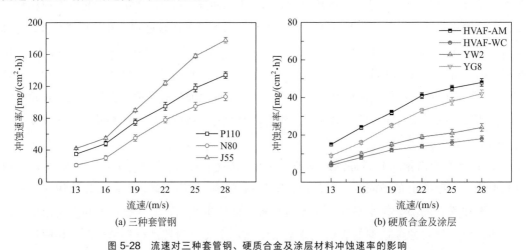

图 5-28　流速对三种套管钢、硬质合金及涂层材料冲蚀速率的影响

一般来说，冲蚀过程的失重速率与流速具有以下关系：$w = kv^n$。其中 k 为常数；n 为速率指数，通常在 $0.8 \sim 12$ 之间，主要取决于不同的冲蚀机制，比如材料类型、腐蚀介质、冲击角度、含砂量、粒径以及流速等因素。速率指数 n 多随流速的增大和冲刷作用的增强而增加，在高流速时作用更为明显。通常，n 值不同损伤机制不同，n 值越大力学因素越

大。根据指数 n 的变化可判别材料的损伤机制：边界层传质控制、表面膜传质控制以及表面层或基材的力学损伤控制[89]。

采用 Origin 软件对所有数据进行幂函数拟合，得出 $n_{P110}=2.1$，$n_{N80}=2.0$，$n_{J55}=2.4$，$n_{AM}=1.65$，$n_{WC}=1.48$，$n_{YW2}=1.89$，$n_{YG8}=1.98$。套管钢 n 值均高于涂层和硬质合金，说明在冲蚀过程中，套管钢力学损伤因素强。在每种材料中，硬度高的材料 n 值偏小，如套管钢 N80、WC 涂层和 YW2 硬质合金，说明硬度高的材料力学损伤因素小。值得注意的是，这些拟合结果与文献中塑性材料（$n=2.55$）和陶瓷脆性材料（$n=3$）[90]结果有点偏差，均低于这些值。说明力学损伤作用要小，这主要是压裂液存在的原因，压裂液具有一定的黏度，对陶粒冲击作用具有一定的缓冲效应，减缓力学损伤。可见，硬质合金和涂层的高硬度使其在压裂液介质中呈现出相对于套管钢更为优异的抗冲蚀性能，硬度对于材料冲蚀过程具有决定性作用，套管钢在高流速时冲蚀速率的增加主要来源于冲蚀过程中机械损伤部分的增加。

（6）压裂液中 KCl 浓度的影响

压裂液中 KCl 浓度对材料冲蚀速率的影响见图 5-29。

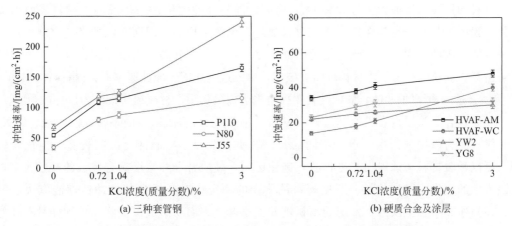

图 5-29　压裂液中 KCl 浓度对三种套管钢、硬质合金及涂层冲蚀速率的影响

由图可知，随 KCl 浓度的增加，所有材料的冲蚀速率均上升。主要是因为 KCl 浓度增加时，材料的均匀腐蚀阻力降低，冲刷腐蚀过程中，腐蚀的作用增强，这也说明腐蚀在冲蚀过程中具有直接的影响作用。值得注意的是，材料在 3% KCl 溶液中的冲蚀速率要明显高于其他 KCl 溶液。三种套管钢冲蚀速率增加的幅度要稍高一些，P110、N80 和 J55 钢在含 3% KCl 压裂液中的冲蚀速率分别是无 KCl 压裂液中的 3.0 倍、3.2 倍和 3.5 倍。硬质合金和涂层冲蚀速率因介质腐蚀性的增加而增加的幅度较小，非晶涂层和 WC 涂层分别增加 1.4 倍和 2.8 倍，而 YG8 和 YW2 则相应增加 1.4 倍和 1.5 倍。耐蚀性较差的 WC 涂层和 YW2 增加幅度稍高。可见，耐蚀性较差的套管钢 J55、YW2 硬质合金和 WC 涂层，在腐蚀性增加介质中抵抗冲蚀性能也较差，反映出耐蚀性尤其是钝化膜的稳定性对冲蚀过程有一定的影响。

（7）外加电位的影响

图 5-30 为外加电位对对材料冲蚀速率的影响规律图。可见，材料在不同电位下冲蚀速率呈现出不同的特征。外加电位对材料的冲蚀损伤有一定的影响。对于套管钢，在腐蚀电位

以下（电位低于−0.4V），材料处于阴极保护状态，腐蚀过程被抑制，材料的冲蚀损伤主要为砂粒粒子冲击作用造成的，冲蚀速率较低。

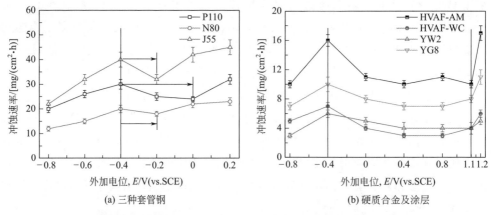

图 5-30 外加电位对三种套管钢、硬质合金及涂层冲蚀速率的影响

随外加电位增加至腐蚀电位，腐蚀过程逐渐被加剧，腐蚀加剧，因而冲蚀速率呈增加趋势。材料的损伤由冲蚀为主过渡到冲蚀-腐蚀。随着外加电位进一步升高，材料表面形成钝化膜，膜层可起到一定的保护作用，对腐蚀过程也产生抑制，因而冲蚀速率随之降低。冲蚀速率降低的区域即为材料钝化稳定的区域。之后，电位的升高会引起点蚀的发生，材料钝化膜被击穿，砂粒的冲击下，材料表面被破坏，腐蚀过程加剧，冲蚀速率上升。材料的损伤由冲蚀-腐蚀又过渡为腐蚀-冲蚀，最后钝化膜完全失去保护作用，材料损伤最终为以冲蚀为主。

硬质合金和涂层也有类似的规律，材料的损伤过程由冲蚀、冲蚀-腐蚀、冲蚀、腐蚀-冲蚀最终过渡为以冲蚀为主。唯一不同的是，硬质合金和涂层的钝化区间较宽，钝化膜较稳定，可以延缓材料腐蚀损伤的进程。在钝化区间，硬质合金和涂层具有较低的冲蚀速率，以冲蚀为主的损伤阶段也较长，可见材料钝化膜的稳定性对于提高其抗冲蚀性能有决定的作用。在高速和中速范围内，常用的不锈钢和镍铬合金表面易形成保护膜，也同样具有较好的抗冲刷能力[91]。因此，针对不同的冲蚀环境，选择不同的钝化稳定材料可以减少冲蚀损伤。

（8）不同材料冲蚀性能对比

套管钢、硬质合金和涂层在冲蚀时间 3h、陶粒粒径 40～60 目、含砂量 0.5％、KCl 含量 3％、冲击角 90°和流速 25m/s 时的冲蚀速率见图 5-31。

由图可知，三种套管钢具有最高的冲蚀速率，经过 3h 冲蚀后，P110、N80 和 J55 三种套管钢的冲蚀速率分别达到 73mg/(cm² · h)、55mg/(cm² · h) 和 90mg/(cm² · h)。硬质合金和涂层冲蚀速率则处于较低的水平，硬质合金 YW2 和 YG8 的冲蚀速率分别为 5.8mg/(cm² · h) 和 10.3mg/(cm² · h)。非晶涂层和 WC 涂层冲蚀速率分别为 14mg/(cm² · h) 和 4.2mg/(cm² · h)。对照图 6-23 不同材料硬度对比图，套管钢硬度低于 350HV，而硬质合金和涂层硬度则高于 1200HV。可以得出，硬质合金和涂层硬度至少高于套管钢 3 倍，硬度高的材料其相对应的冲蚀速率较低。一般来说，材料抵抗浆料冲蚀的抗力主要与其硬度相关，增加硬度可以削弱冲刷过程的影响进而抑制整个冲蚀过程。在每种材料内部也符合这个规律，N80、YW2 硬质合金和 WC 涂层分别具有最高的硬度，其冲蚀速率处于最低值。N80 在套管钢中虽具有最低的冲蚀速率，但也具有比 YW2 硬质合金和 WC 涂层高 9.5 和

13.1 倍的冲蚀速率，反映出套管钢较差的抗冲蚀性能。

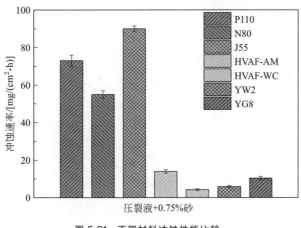

图 5-31　不同材料冲蚀性能比较

5.4.2　冲刷腐蚀条件下的电化学腐蚀行为

（1）极化电阻

材料在冲蚀过程中极化电阻 R_p 随时间变化曲线如图 5-32 所示。极化电阻随冲蚀时间延长逐渐下降。三种套管钢极化电阻随时间延长下降的趋势相当，没有发生突变，降低幅度均匀。涂层和硬质合金稍有不同，极化电阻在 1.5h 前降幅明显，随后随时间延长降幅趋于缓慢。极化电阻随冲蚀时间延长而降低的过程，可以反映出在冲蚀过程中腐蚀作用被加剧，腐蚀引起的损伤呈增加趋势。在整个测试时间内，套管钢均呈现出较低的极化电阻，反映出套管钢在冲蚀过程中较低的耐蚀性。其中 J55 钢极化电阻在所有时间内均最小，腐蚀引起的损伤部分占比较其他两种套管钢大。硬质合金和涂层的极化电阻相对来说比套管钢要高，腐蚀引起的损伤比例要小。其中 YW2 硬质合金和 WC 涂层极化电阻值较小，在同种类型材料中耐蚀性稍差，由腐蚀引起的损伤所占比例相对较高。

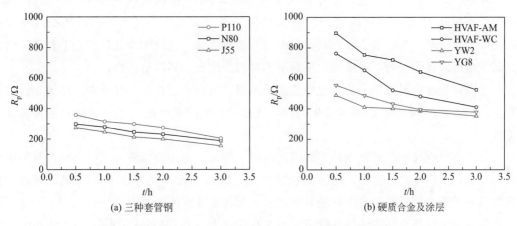

(a) 三种套管钢　　　　　　　　(b) 硬质合金及涂层

图 5-32　冲蚀过程中三种套管钢、硬质合金及涂层极化电阻随时间的变化

（2）动电位极化曲线

图 5-33 和图 5-34 为套管钢、硬质合金和涂层在静态和动态冲蚀时的动电位极化曲线。

对于套管钢来说，冲蚀对其极化曲线的影响有以下几点：一是改变了极化曲线阳极的形状，从图 5-33 可以明显看出，三种套管钢在静态时阳极极化曲线呈现出明显的钝化特征，有稳定的钝化区间。

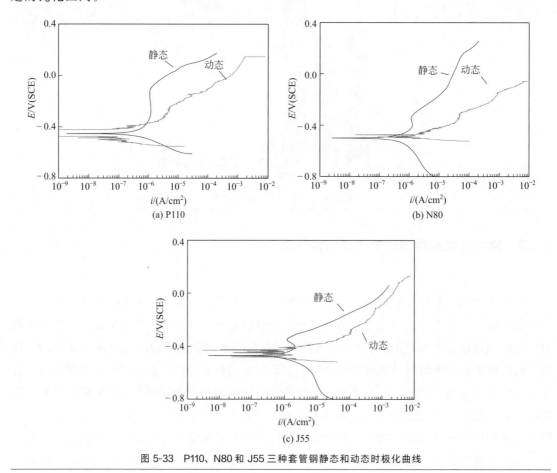

图 5-33 P110、N80 和 J55 三种套管钢静态和动态时极化曲线

但在冲蚀动态条件下，这种钝化区间发生改变，P110 钢钝化区间变窄（静态时 0.5V 减小为动态时 0.2V）且钝化电流密度急剧增加（静态时 $1.0 \times 10^{-6} A/cm^2$ 增加为动态时 $4.0 \times 10^{-6} A/cm^2$），N80 和 J55 钢则由钝态变为活性溶解。这说明冲蚀过程中砂粒的流动条件打破了材料的钝化行为，对于钝化不稳定的材料则改变了其溶解特性。

二是套管钢在静态条件下的腐蚀电位几乎相同，但在动态冲蚀条件下都发生了正移（正移 0.1~0.2V）。与之前空蚀测试结果类似，动态时介质的流动加速了氧传质，使得腐蚀电位正移。

三是所有材料在动态冲蚀条件下的腐蚀电流均增加。对于液固双相流，砂粒与材料表面作用后，材料会产生塑性变形，冲蚀的能量转化为材料内能[92]，引起腐蚀电流的增加，且塑性变形越严重，位错在晶界塞积的数量越多，阳极电流的增量越大。

硬质合金和涂层在动态冲蚀条件下，也呈现出类似的极化行为（图 5-34）。冲蚀的流动过程提高了硬质合金和涂层的腐蚀电位。不同的是，冲蚀并没有改变四种材料的钝化行为，只是增加了相应的钝化电流密度，主要是由于硬质合金和涂层具有比套管钢更为稳定的钝化特征。冲蚀时，稳定的钝化膜对于材料的冲刷具有一定的抑制作用。

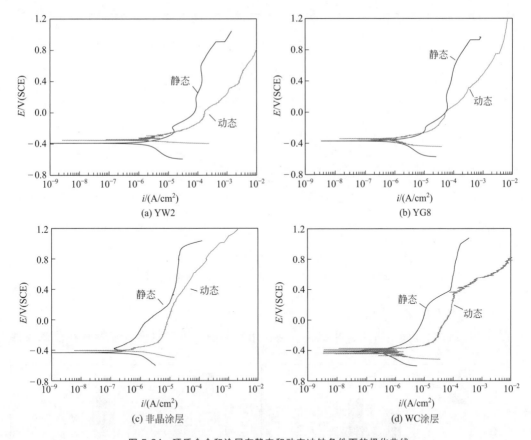

图 5-34　硬质合金和涂层在静态和动态冲蚀条件下的极化曲线

(a) YW2　(b) YG8　(c) 非晶涂层　(d) WC涂层

由图 5-33 和图 5-34 还可以看出，不同材料腐蚀电位正移的幅度不同。这可以用图 5-35 简化的理想极化曲线示意图来说明。此分析以三种套管钢为例，图中，c_{static} 和 $c_{dynamic}$ 分别代表静态和动态条件下的阴极极化曲线；a_1、a_2、a_3 分别代表静态条件下 P110 钢、N80 钢和 J55 钢的阳极极化曲线。由图 5-35 可知，虽然静态条件下三种套管钢的腐蚀电位几乎相同，但它们的阳极反应却有很大差别，阳极电流大小顺序是：J55＞N80＞P110。由于其阴极反应主要受氧极限扩散控制，三种套管钢静态条件时的阴极电流几乎相等。图 5-35 中，c_1 和 a_1、a_2、a_3 的交点 A_1、A_2、A_3 分别代表静态时 P110 钢、N80 钢和 J55 钢所处的电化学状态，此时相对应的腐蚀电位分别是 E_{corr1}、E_{corr2}、E_{corr3}。当冲蚀开始时，由于加速了氧传质过程，阳极反应的加速与阴极反应相比要小得多。因此，阴极极化曲线由 c_1 变为 c_2，三种套管钢的电化学状态分别由 A_1、A_2、A_3 变为 A_4、A_5、A_6；所对应的三种介质中腐蚀电位变为 E_{corr4}、E_{corr5}、E_{corr6}，很显然较 E_{corr1}、E_{corr2}、E_{corr3} 要正。三种套管钢材料正移的幅度大小是：$E_{corr1} \rightarrow E_{corr4} ＞ E_{corr2} \rightarrow E_{corr5} ＞ E_{corr3} \rightarrow E_{corr6}$，因此 J55 钢的腐蚀电位正移的数值最小。

由图中还可得到，与其他两种套管钢相比，J55 钢的腐蚀电流在动态条件下增加的幅度最为明显。这也反映出耐蚀性差的材料在冲蚀动态过程中腐蚀作用体现得更为明显。以此类推，AC-HVAFWC 涂层和 YW2 硬质合金耐蚀性稍差于 AC-HVAF 非晶涂层和 YG8，其腐蚀电位正移的幅度较大，相应的钝化电流密度增加的幅度也较大。

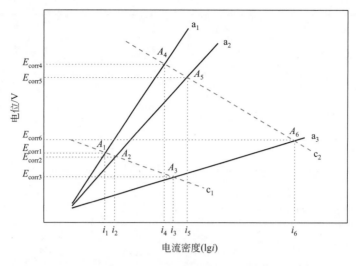

图 5-35 静态和动态极化曲线腐蚀电位及腐蚀电流分析

（3）冲蚀与腐蚀交互作用

图 5-36 是冲蚀过程中腐蚀、冲刷及交互作用影响图。可以看出，套管钢在静态条件下

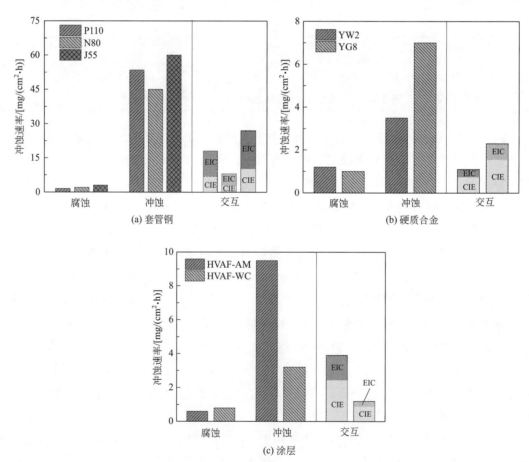

图 5-36 套管钢、硬质合金和涂层冲蚀交互作用影响

（纯腐蚀：压裂液＋3％ KCl；纯冲刷：压裂液＋陶粒＋0％ KCl；冲蚀：压裂液＋陶粒＋3％ KCl）

纯腐蚀分量（corrosion）较小，但纯冲蚀量占总失重的百分比分别是 73％、82％和 67％。可见，交互作用由力学因素引起的腐蚀增量（W_{EIC}）十分明显，尤其是硬度较低的 J55 套管钢，冲刷引起的腐蚀增量最高［图 5-36（a）］。三种材料的交互作用分量总和（$W_{EIC}+W_{CIE}$）分别占各自总失重量的 24％、15％和 30％，交互作用在套管钢冲蚀失重中占了很大比例，仅次于纯冲刷失重。

对于套管钢来说，力学因素之所以明显，硬度低是最主要因素。在冲蚀过程中，机械冲刷过程加速了介质的传质，也加速了腐蚀产物脱离材料表面的过程，加速了腐蚀进程。另外，在力学冲刷作用下，套管钢钝化膜稳定性不高，材料表面的钝化膜减薄，甚至破裂，加速了腐蚀的过程。由于套管钢较低的硬度，在冲刷作用下，表面易出现凸凹不平的冲蚀坑，冲蚀坑的出现也增加了其比表面积，材料暴露面积的增加也无疑增加了腐蚀过程。这主要与套管钢低的硬度和不稳定的钝化特性相关。

与套管钢在冲蚀条件下的失重相比，硬质合金和涂层纯腐蚀所占分量有所增加，纯机械冲刷所占的比例也较高［图 5-36（b）、（c）］，YW2 和 YG8 硬质合金纯机械冲刷所占比例则分别为 60％和 67％；AC-HVAF 非晶涂层和 WC 涂层机械冲刷所占比例分别为 68％和 76％。交互作用分量的总和（$W_{EIC}+W_{CIE}$），AC-HVAF 非晶涂层和 WC 涂层分别达到 28％和 29％；YW2 和 YG8 硬质合金则分别为 20％和 22％。这些结果反映出，机械冲刷因素在硬质合金和涂层冲蚀过程中占主导作用。

图 5-36（b）反映的是硬质合金交互作用失重率规律图，纯腐蚀所占比例较套管钢和涂层有所提高，说明腐蚀在冲蚀过程中作用增强。和涂层类似，交互作用中由腐蚀引起的增量（W_{CIE}）较力学因素引起的腐蚀增量（W_{EIC}）比例大，说明在冲刷过程中腐蚀恶化加剧了冲蚀的进程。这可能与硬质合金组织结构相关。

由图 5-36（c）的进一步分析得出，涂层在交互作用过程中，由腐蚀引起的增量（W_{CIE}）占比较高，非晶涂层和 WC 涂层由腐蚀引起的增量（W_{CIE}）占比分别达 71％和 82％。在涂层制备过程中，涂层缺陷、孔隙的存在会增加腐蚀的倾向。腐蚀过程之所以可以加剧冲蚀失重，是因为腐蚀粗化了材料的表面状态，如涂层缺陷部位所形成的局部腐蚀，在冲蚀时则形成微湍流，促进了冲刷的进程。个别涂层缺陷部位还易形成裂纹，在固相粒子冲击与腐蚀联合作用下，裂纹扩展致使涂层加速剥离，进而促进冲刷的进程。因此，如能提高涂层耐蚀性，则可缩小由腐蚀引起的此部分失重。可见，对于硬度较高的涂层材料，在冲蚀过程中，耐蚀性的好坏对于其交互作用影响比较重要，提高其耐蚀性可以减少交互作用失重，进而提高其抗冲蚀性能。

5.4.3　压裂液中材料冲刷腐蚀临界流速研究

流体的流速流态对材料冲蚀过程具有十分重要的影响。其中流速的影响最为重要。流速影响颗粒的冲击能量和材料的冲蚀行为。流速增大，机械冲刷作用和腐蚀速率均随之增加而增大，况且冲刷与腐蚀的交互作用也加强。临界流速为评价材料耐冲蚀性能的重要指标之一，尤其是钝化材料，也是工程上选择抗冲蚀材料的重要依据。

（1）临界流速恒电位 i-t 确定

图 5-37 和图 5-38 分别是套管钢、硬质合金和涂层在恒电位时的 i-t 曲线。

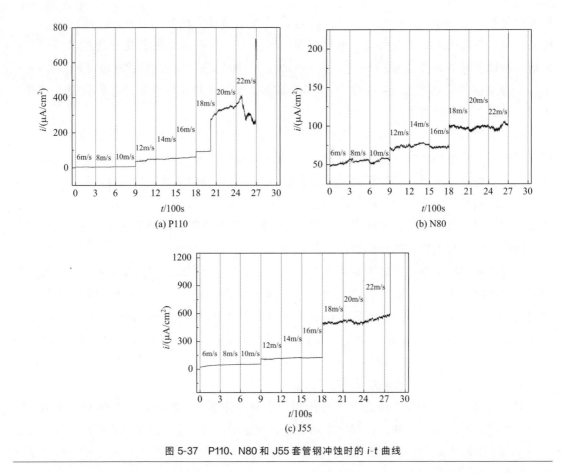

图 5-37　P110、N80 和 J55 套管钢冲蚀时的 i-t 曲线

从图 5-37 可知，三种套管钢电流密度在 12m/s 时发生了突变，电流密度值明显高于起始时的电流密度值，可以断定套管钢的临界流速为 12m/s。与套管钢不同的是，硬质合金和涂层的电流密度在 16m/s 时发生突变（图 5-38），此时的电流密度值高于起始值，说明硬质合金和涂层的临界流速高达 16m/s。也就是说，硬质合金和涂层具有比套管钢更高的临界流速值，在同等条件下，具有比套管钢更高的抗冲蚀性能。如果实际应用时流速小于 12m/s，则套管钢、硬质合金和涂层均能较安全服役，但一旦流速超过 12m/s，硬质合金和涂层则体现出一定的优势。值得注意的是，这种优势至多维持至 16m/s，超过此值钝化膜的保护性也一并不复存在。可见，硬质合金和涂层具有比套管钢抵抗更高流速的先决条件。

（2）AC-HVAF 涂层的临界流速与钝化膜关系

临界流速可通过测试材料表面的钝化膜来进一步验证。由于涂层的钝化性能最为稳定，此处分析仅以涂层作为研究对象。为了统一比较，在临界流速前后（14m/s 和 18m/s）钝化膜 XPS 测试选择区域均在滞留区进行。在临界流速前后（14m/s 和 18m/s）涂层在压裂液中形成的钝化膜的 XPS 测试的全谱扫描见图 5-39。

非晶涂层 XPS 全谱的主要谱线有 Fe 2p、Cr 2p、Mo 3d、Mn 2p、W 4f、C 1s 和 O 1s 等，WC 涂层则主要包括 Fe 2p、Cr 2p、Co 2p、W 4f、C 1s 和 O 1s 等。部分 C 元素来自表面污染层，以 C1s 对应的结合能 284.6eV 为基准校正其他谱线位置。从峰的强度看，18m/s 冲蚀条件下的峰强度明显低于 14m/s 冲蚀条件，说明两种涂层在 18m/s 冲蚀条件下的钝化

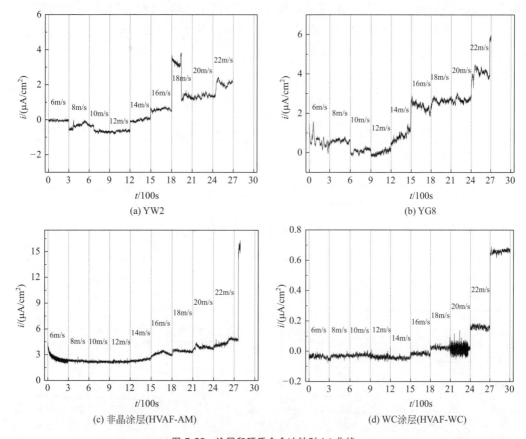

图 5-38　涂层和硬质合金冲蚀时 i-t 曲线

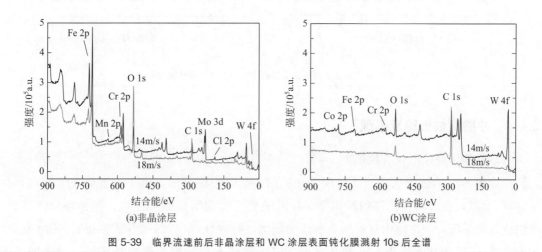

图 5-39　临界流速前后非晶涂层和 WC 涂层表面钝化膜溅射 10s 后全谱

膜成分较 14m/s 时低。

XPS 深度分析不仅能够获得涂层表面钝化膜组成元素的相关信息，而且能够获得垂直于表面纵深方向的深度信息。对临界流速前后（14m/s 和 18m/s）涂层的 XPS 进行深度分析，可得膜层各元素随溅射深度变化规律（图 5-40）。将氧含量下降一半定义为钝化膜的厚度[93]，可知，非晶涂层在临界流速前，即 14m/s 时表面形成的钝化膜厚度约 6nm；在临界流速之后，即 18m/s 时钝化膜厚度则为 1nm。同样，WC 涂层在临界流速前后钝化膜厚度分别为 10nm 和 4nm。这说明在涂层在流速达到临界流速之前，钝化膜较厚，此时膜层生成速率高于溶解速率；之后膜层则由于颗粒冲刷作用强，溶解速率高于生成速率，导致膜层减薄。可以想象，在随后更高的冲蚀速率下，膜层完全减薄后会失去保护。这也符合恒电位 i-t 曲线的测试结果。

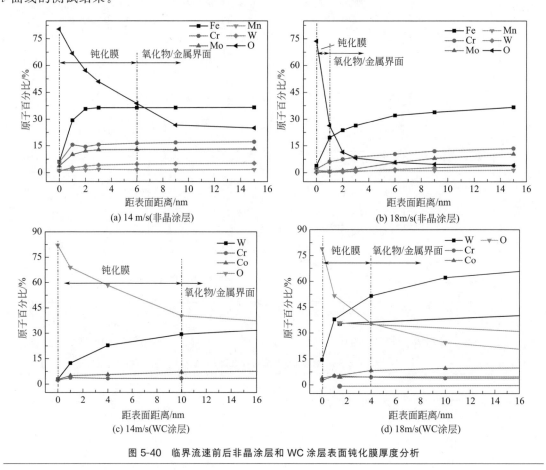

图 5-40 临界流速前后非晶涂层和 WC 涂层表面钝化膜厚度分析

5.4.4 冲刷腐蚀形貌及机理

（1）套管钢冲蚀形貌及机理

套管钢 N80 表面形貌随冲蚀时间变化见图 5-41。由图可知，由于套管钢硬度较低，在冲蚀 0.5h 时，在含陶粒流体的冲击下，N80 表面已出现明显的冲蚀坑，随冲蚀时间延长，冲蚀坑逐渐加深，冲蚀坑内材料损失量逐渐增加。将冲蚀 3h 后的试样表面进行 SEM 观察，表面冲蚀 SEM 形貌见图 5-42。由图可知，冲蚀整体形貌分为三个典型区域：冲击区［图 5-42(b)，A 区］、过渡区［图 5-42(c)，B 区］和边缘区［图 5-42(d)，C 区］。

在冲击区，材料表面分布着程度大小均一的颗粒划伤，由于陶粒颗粒在流体带动下以 90°的冲击角直接撞击于材料表面，在硬度较低的部位便形成了韧性冲刷坑，部分区域还出现黑色腐蚀坑。在过渡区，颗粒以小于 90°的冲击角被喷射出来，颗粒与表面的作用除了撞击，还有切向切削作用。此时的区域表面主要形成长而浅的凹坑，符合 Hutchings 切削理论[18]提出的多角粒子第Ⅱ类切削特征。在边缘区，颗粒基本与材料表面平行切削（冲击角

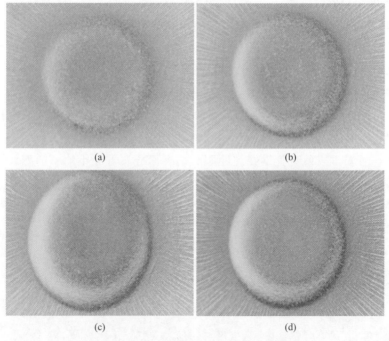

图 5-41　N80 套管钢表面形貌随冲蚀时间变化

（a）0.5h；（b）1h；（c）2h；（d）3h

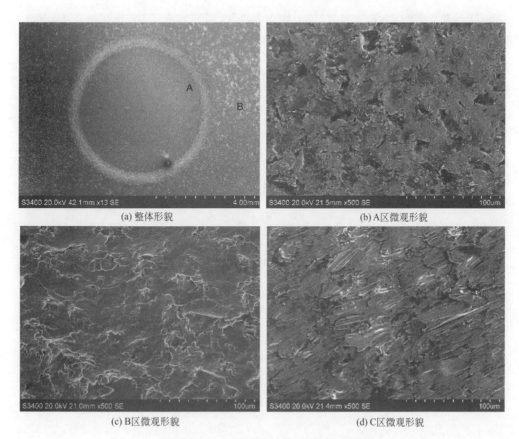

(a) 整体形貌　　　　　　　　　　　(b) A区微观形貌

(c) B区微观形貌　　　　　　　　　　(d) C区微观形貌

图 5-42　N80 套管钢不同冲蚀区域 SEM 形貌

0°），此时的表面遍布着与流体方向一致的犁沟划痕，这种凹坑类似于犁铧对土地造成的沟，材料被挤到沟的侧面，在凹坑的出口端没有明显的材料堆积。这种凹坑符合 Budinski[94] 提出的犁削而形成的犁沟特征。整体看，C 区比 A、B 区划痕更为密集，表面损伤情况相对比较严重。这也符合 Cooper[95] 对于韧性材料冲蚀的实验结果，韧性材料冲蚀损伤严重区域并不是发生在流体垂直下方，位于以最大流速为半径的区域。

由于冲蚀不同区域形貌差别较大，下面的冲蚀形貌分析仅以 A 区的形貌作为参考。套管钢在纯冲刷（压裂液＋陶粒＋0％KCl）和冲蚀（压裂液＋陶粒＋3％KCl）后表面 SEM 形貌见图 5-43。可知，三种套管钢在纯冲刷时，表面分布着大小均一的颗粒划伤，由于其

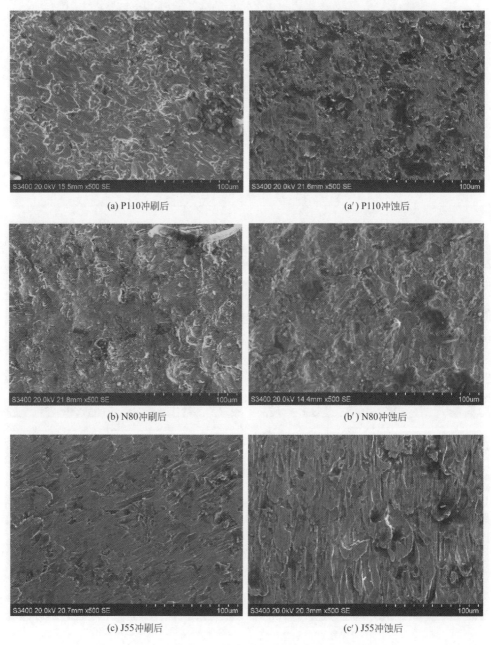

(a) P110冲刷后　　　　　　　　　　　　(a′) P110冲蚀后

(b) N80冲刷后　　　　　　　　　　　　(b′) N80冲蚀后

(c) J55冲刷后　　　　　　　　　　　　(c′) J55冲蚀后

图 5-43　P110、N80 和 J55 三种套管钢冲刷和冲蚀后表面 SEM 形貌

硬度较低，出现了明显的韧性冲刷损伤特征［图 5-43(a)～（c）］，这些槽状犁沟划痕与流体的流动方向基本一致。在划痕的前端都有一个剪切唇薄片，这些薄片之间有的相互重叠，有的被压入已形成的冲击坑内。这表明材料并不是被磨粒一次切除，大多数的粒子以犁沟或形唇的方式去除材料。

加入 KCl 后，套管钢表面冲蚀损伤痕迹更为严重，形貌更为粗糙，犁沟划痕也更为密集，在划痕局部部位还出现少量腐蚀坑［图 5-43(a′)、(b′)、(c′)］。

N80 钢冲蚀后的表面也可见与试样运动方向一致的划痕，但其划痕前端没有十分凸出的剪切唇，在划痕的两侧剪切唇也不是很明显，这表明表面的材料少数是以犁削为主的方式脱离材料的表面。由于 N80 钢硬度较其他两种钢高，因此表面犁沟划痕数量少，冲蚀损伤较轻。

套管钢的冲蚀过程见图 5-44。虽然套管钢在压裂液中可在表面形成钝化膜，但破裂的钝化膜只有在化学稳定的介质中才能迅速修复，才可能对冲蚀过程起到抑制作用。高含砂量、高冲击角及高流速都会破坏表面的钝化膜，削弱其对冲蚀的抑制作用。在此实验条件下，介质中的 Cl$^-$ 会破坏钝化膜的稳定性，尤其对于点蚀能力较低的 N80 钢和 J55 钢，在其表面极易发生点蚀坑。陶粒冲刷作用优先发生于钝化膜破裂处，阻碍其及时修复，使材料表面粗糙度增加。在点蚀或钝化膜破裂的局部区域，冲刷过程易于进行。所以，陶粒的机械冲刷作用加速了整个冲蚀过程的进行。再加上套管钢较低的硬度，最终导致冲蚀以层状减薄的方式逐步进行，在冲蚀后的套管钢表面形成以犁削为主的冲刷痕迹和少量点蚀坑。虽然，从表面形貌上看，套管钢的犁削冲蚀痕迹轻微且较均匀，但层状减薄的冲蚀过程最终致使其冲蚀失重率的急剧增加。这种冲蚀机理与不锈钢在含砂海水中的冲蚀机理类同。

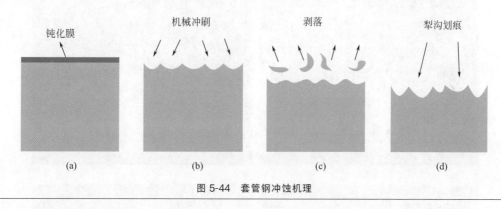

图 5-44　套管钢冲蚀机理

（2）硬质合金冲蚀形貌及机理

图 5-45 和图 5-46 分别是硬质合金 YW2 和 YG8 冲刷和冲蚀后表面 SEM 形貌。纯冲刷时，YW2［图 5-45(a)、(b)］和 YG8［图 5-46(a)、(b)］表面出现类似鱼鳞状冲刷坑，没有出现犁削或剪切唇等韧性冲蚀特征。对鱼鳞状冲刷坑放大后可见脆性断裂痕迹，并出现明显的断裂裂纹，裂纹附近出现一些冲刷孔，二者冲蚀形貌均符合脆性冲蚀特征。图 5-45 (a′)、(b′) 和图 5-46(a′)、(b′) 分别是 YW2 和 YG8 在含 KCl 压裂液中冲蚀后的表面形貌。

与纯冲刷时相比，冲蚀后的形貌损伤更为严重，由于腐蚀介质，冲蚀坑外可见明显腐蚀坑。另外，裂纹尺寸同比增大，腐蚀加剧了冲蚀过程。对比 YW2 和 YG8 两种硬质合金

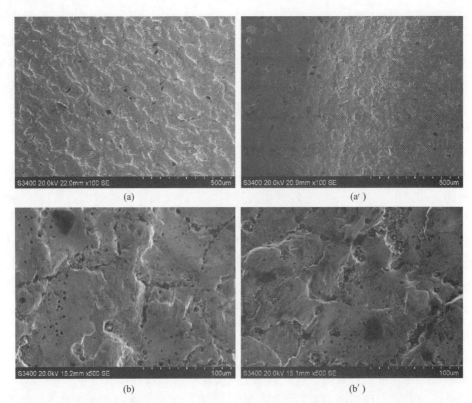

图 5-45　YW2 冲刷 [（a），（b）] 和冲蚀 [（a′），（b′）] 后表面 SEM 形貌

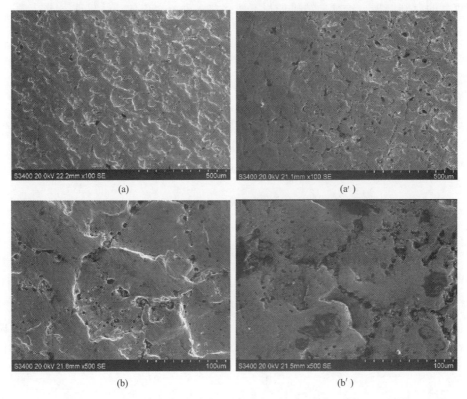

图 5-46　YG8 冲刷 [（a），（b）] 和冲蚀 [（a′），（b′）] 后表面 SEM 形貌

（图 5-45 和图 5-46），可知，YW2 冲蚀坑稍小，同一区域内可见更多裂纹交叉。这主要与 YW2 和 YG8 不同组织相关。YW2 合金中由于存在过多的 TiC 相和 NbC 相，可以细化 WC 颗粒晶粒，使得 YW2 合金中 WC 颗粒小于 YG8 合金。而对于 WC-Co 材料，材料的硬度和强度会随着 WC 颗粒尺寸的减小而增加。YW2 合金呈现出较高的硬度和强度，因而抵抗颗粒冲刷的能力要稍强。

图 5-47 是硬质合金冲蚀机理示意图。合金表面虽然形成钝化膜，但在颗粒高速冲刷作用下，膜层失去保护性。根据前面分析可知，WC 硬相和基体 Co 黏结相之间的界面结合处薄弱，颗粒冲刷易在此区域发生损伤。另外该区域腐蚀性较 WC 相低，易发生腐蚀［图5-47 (b)］。在腐蚀和冲刷双重作用下，基体 Co 相被切削甚至脱落［图 5-47(c)］。由于硬质合金属于脆性材料，与套管钢等塑性材料微观组织和力学性能不同，这些脆性材料在受到颗粒的足够应力时，不发生塑性变形，冲击能量不能缓冲和吸收，易在材料表面颗粒冲击部位存在缺陷的地方形成裂纹。裂纹在随后的冲击作用下，发生扩展和交叉，进而使材料发生脆性断裂［图 5-47(d)］。

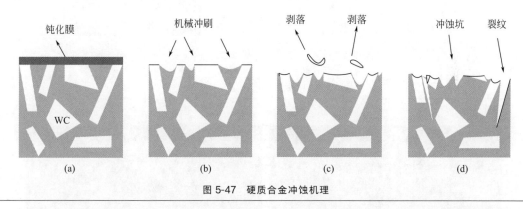

图 5-47　硬质合金冲蚀机理

硬质合金这种冲蚀过程符合压印破碎机制[96]。材料中碳化物尺寸和分布对材料抗冲蚀性能有一定影响，碳化物含量达到 80％时，连续碳化物框架处浸蚀会造成冲蚀性能恶化[97]。可见，硬质合金在冲蚀过程中，不光要抵抗颗粒冲击，还要抵抗断裂。因此，WC 类硬质合金的耐冲蚀阻力不能只通过其力学性能（如硬度）高低来判断[98]，应该主要取决于两方面，一是抵抗颗粒冲击的能力（局部塑性应变）；二是抵抗断裂的能力（剪切断裂），二者的联合作用才可以评价硬质合金的耐冲蚀性能。

（3）涂层冲蚀形貌及机理

AC-HVAF 非晶涂层的表面形貌随冲蚀时间变化见图 5-48。由于非晶涂层硬度较高，在冲蚀 0.5h 时，非晶涂层表面只出现冲蚀坑的局部轮廓，随冲蚀时间延长，冲蚀坑虽逐渐加深，但冲蚀坑内的材料损失量增加幅度不大。与套管钢冲蚀过程相比，冲蚀表面损伤较轻，这也与非晶涂层冲蚀失重较小一致。

图 5-49 反映的是非晶涂层在纯冲刷和冲蚀后表面的 SEM 形貌。可知，在纯冲刷条件下，图 5-49(a)、(b)，涂层表面局部区域出现一些均匀分布的冲蚀坑，为初始孔隙所在部位。坑外部位则无明显的颗粒划伤特征，也没有出现与流动方向一致的划痕。图 5-49(a′)、(b′) 是在加入 KCl 冲蚀后的表面形貌。涂层表面则出现较为严重的冲蚀损伤，部分区域还

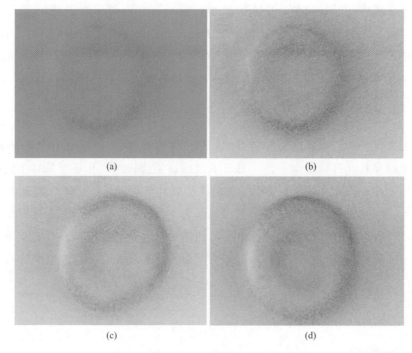

图 5-48　非晶涂层表面形貌随冲蚀时间变化

（a）0.5h；（b）1h；（c）2h；（d）3h

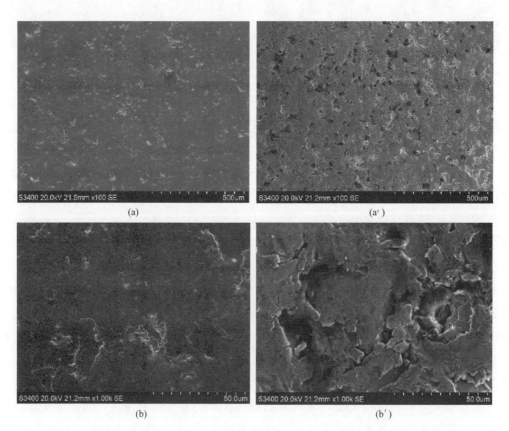

图 5-49　非晶涂层冲刷［(a),(b)］和 KCl 冲蚀［(a′),(b′)］后表面 SEM 形貌

出现黑色的腐蚀坑，在坑外只有和流动方向一致的、微小的槽状冲蚀痕迹出现。

这说明冲蚀破坏只发生在涂层局部的孔隙处，而孔外其他区域只有微小的刮擦痕迹。腐蚀介质使得孔隙恶化程度明显增加，孔隙的恶化是引起涂层冲蚀破坏的主要原因。涂层层与层间由于腐蚀导致结合力降低，部分涂层剥落，同时也增强了冲蚀过程。

图 5-50 是非晶涂层冲蚀的具体过程。虽然 AC-HVAF 喷涂可制备高致密、低氧化物含量的非晶涂层，但在喷涂过程中孔隙不可避免。HVAF 喷涂的特点决定了所制备的涂层具备典型的层状结构 [图 5-50(a)]，层与层之间结合力会较其他部位弱。前面的腐蚀性能测试结果表明，涂层在含氯介质中具有较为稳定的钝化特征，发生点蚀的概率较小，表面钝化膜较为完整 [图 5-50(b)]。

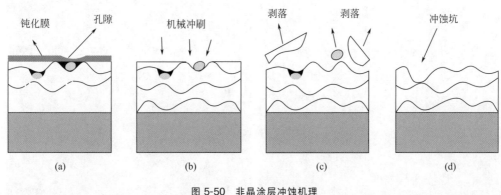

图 5-50　非晶涂层冲蚀机理

最为主要的是，非晶涂层具有较高的硬度，一旦发生冲蚀，高速携砂的压裂液首先破坏涂层表层的钝化膜层，尤其是涂层表面比较低凹的孔隙部位。流体会在涂层孔隙处形成一个极强的湍流区，对孔隙部位表面的膜层产生冲刷破坏。膜层被破坏后，孔隙发生恶化，压裂液中的腐蚀介质便会沿孔隙进入涂层层状间隙处，由于闭塞原电池的作用，引起局部缝隙腐蚀，致使相邻涂层间的结合强度下降，涂层界面之间发生剥离 [图 5-50(c)]，这就是导致冲蚀在孔隙处形成明显的坑状形貌，而孔外部位则只有较小刮擦的主要原因。以此类推，发生剥离涂层的孔隙处会再次成为随后腐蚀和冲刷的薄弱区域，最终导致涂层以层状剥离的方式失效。孔隙的存在增加了涂层机械冲刷过程的概率，也加剧了涂层层状间隙处的腐蚀，加速了整个冲蚀过程的进程。研究表明，较低的孔隙有利于提高脆性材料的抗冲蚀性能[99]，主要是因为较低的孔隙使得裂纹扩展和萌生变得困难。因此，降低涂层的孔隙率是提高非晶涂层抗冲蚀性能的关键措施。在制备条件和生产成本允许的情况下，适当增加涂层的厚度也是一个提高非晶涂层在冲蚀环境中使用寿命的可行方法。

图 5-51 是 AC-HVAF WC 涂层在纯冲刷和冲蚀后表面的 SEM 形貌图。可知，经过纯冲刷后，WC 涂层表面出现与非晶涂层不尽相同的局部冲蚀损伤，可见明显坑状冲蚀损伤区和部分原始涂层表面，坑外无明显冲蚀痕迹，也未出现与流动方向一致的犁削沟槽。坑外涂层的原始状态仍清晰可见 [图 5-51(a)、(b)]，说明冲蚀损伤只发生于涂层局部区域。加入 KCl 腐蚀介质后，WC 涂层冲蚀形貌恶化，见图 5-51(a')、(b')。冲蚀坑数量增多，冲蚀浓度增加。坑外原始涂层区域减小，坑内部分区域可见黑色腐蚀坑。对冲蚀坑放大照片分析，可见明显的颗粒冲蚀凹坑，坑周围有少量不规则形状的 WC 颗粒出现。与非晶涂层相比，

这种冲蚀坑数量少，尺寸也较小，这主要与 WC 涂层结构特性相关。从 WC 涂层形貌分析，所制备的 WC 涂层结构致密，涂层中颗粒之间结合紧密，颗粒分布均匀。主要是由于粒径较小的颗粒在喷涂时具有较高的动能，对基体撞击作用强，可以获得充分的变形，因而结构致密。另外，WC 涂层并没有像非晶涂层类似的层状结构出现。

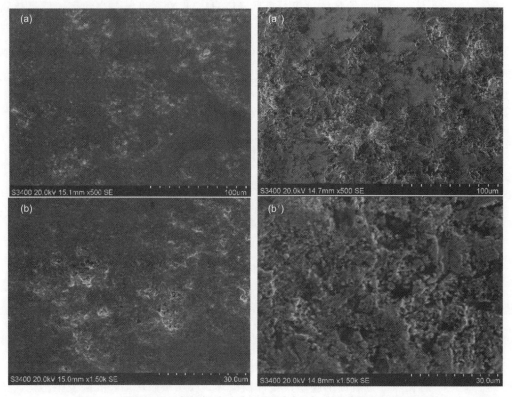

图 5-51　WC 涂层冲刷 [（a），（b）] 和冲蚀 [（a'），（b'）] 后表面 SEM 形貌

图 5-52 是 WC 涂层冲蚀机理示意图。在 WC 涂层表面及内部存在少量 WC 未熔颗粒 [图 5-52(a)]，WC 涂层表面钝化膜虽然稳定，但一旦服役于高速冲蚀环境，钝化膜层被破坏，失去保护性 [图 5-52(b)]。由于 Co 黏结相相对于 WC 颗粒硬度较低，冲刷优先作用于 WC 颗粒周围较软的黏结相。由于喷射陶粒会对被冲击表面施加压应力，WC 颗粒和黏结相都会被颗粒同时切削，黏结相较软优先被切削，致使 WC 颗粒周围结合力下降。在腐蚀介

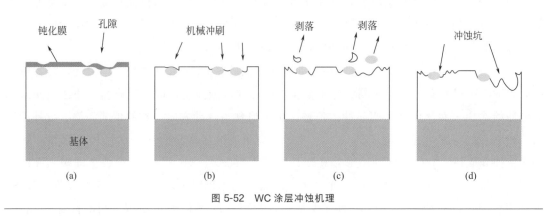

图 5-52　WC 涂层冲蚀机理

质作用下，部分颗粒被孤立，随后脱落［图 5-52(c)］。这也是冲蚀后表面可见部分未熔颗粒的原因。WC 颗粒脱落后，流体继续在颗粒脱落部位进行冲击作用，致使该区域出现明显的颗粒冲蚀凹坑［图 5-52(d)］。

已有的研究表明，WC-12Co 涂层中 WC 的存在提高了显微硬度，增加了涂层抗微切削性能[100]。但同时，涂层中 WC 颗粒腐蚀速率低，基体 Co 相腐蚀倾向高，在 WC 颗粒周围极易发生电化学腐蚀，此相界面结合处也极易成为电偶腐蚀或缝隙腐蚀的发源地[101]，见图5-53。在含砂海水介质中，冲刷优先发生于 WC 涂层中硬度较低的黏结相区域。由于黏结相Co 高的腐蚀速率，由腐蚀引起的交互失重量明显增加，腐蚀诱导冲刷增量比纯腐蚀失重增加 3 倍多，极大地降低了 WC 涂层的抗冲蚀性能。同样的结果也发生在 HVOF 法制备的WC-Co-Cr 热喷涂中，在冲蚀腐蚀过程中，在硬相 WC 颗粒周围容易发生优先腐蚀溶解，致使冲蚀失重量增加。HVOF 喷涂 WC-Co-Cr 金属涂层，含金属相的黏结剂削弱了涂层中硬相 WC 和基体 Co 界面的结合力，在冲蚀作用下，致使界面结合处裂纹萌生，颗粒脱落，在颗粒脱落部位局部腐蚀被加剧，随后的冲刷过程源自腐蚀损伤部位，进而恶化了涂层的冲蚀性能。

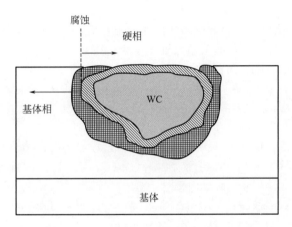

图 5-53　WC 颗粒与基体结合处腐蚀示意图

虽然这些 WC 类涂层的冲蚀介质与本文不同，但冲蚀损伤优先发生于基体 Co 与硬相颗粒结合处是一个不争的事实。WC 颗粒与基体结合相的优先腐蚀，增加了涂层发生冲蚀的概率，使得冲蚀损伤在 WC 颗粒周围较软的黏结相发生和扩展，对涂层造成损伤。另外，涂层中的孔隙也会引发空蚀，加剧涂层空蚀的损伤程度。

从本质上讲，要想提高 WC 涂层的抗冲蚀性能，提高其与基体的结合力是核心，即通过设计改变涂层的成分。与 WC 类涂层不同的是，铁基非晶涂层损伤只起源于孔隙，而孔隙则可以通过工艺参数优化或其他方法来降低或消除。相比来说，非晶涂层具有比 WC 涂层更为便利的提高其抗冲蚀性能的先决条件。

因此，在水力压裂过程中，机械冲刷的力学因素占主导作用，提高硬度是提高材料抗冲蚀性能的关键。在硬度达到一定条件时，提高材料的耐蚀性则可减少交互作用失重，进而降低冲蚀总失重。在选材时需引起一定重视，在考虑硬度的同时，应关注其耐蚀性的优劣。高耐磨高致密的涂层将有可能有效地增加抗冲蚀性能。

腐蚀和磨损苛刻的环境对非晶涂层应用至关重要。对于非晶涂层在各种摩擦磨损和腐蚀磨损以及耦合环境中的损伤影响规律和机理，还有许多工作要做。

参考文献

[1] 张诚. 非晶涂层的制备、结构与性能研究 [D]. 武汉：华中科技大学，2012.

[2] Archard J F. Contact and rubbing of flat surfaces [J]. Journal of Applied Physics，1953，24 (8)：981-988.

[3] 赵国强，张松. 铁基非晶态合金涂层表面耐磨损及耐腐蚀性能 [J]. 稀有金属材料与工程，2016，45 (4)：957-962.

[4] Wang G，Xiao P，Huang Z J，et al. Microstructure and wear properties of Fe-based amorphous coatings deposited by high-velocity oxygen fuel spraying [J]. Journal of Iron and Steel Research，2016，23 (7)：699-704.

[5] 肖华星，陈光，喇培清. 铁基大块非晶合金的摩擦磨损性能研究 [J]. 摩擦学学报，2006，26 (2)：140-144.

[6] Zhang H，Hu Y，Hou G，et al. The effect of high-velocity oxy-fuel spraying parameters on microstructure, corrosion and wear resistance of Fe-based metallic glass coatings [J]. Journal of Non-Crystalline Solids，2014. 406 (15)：37-44.

[7] 孙亚娟，曲寿江，罗强，等. 一种新型致密 Fe 基非晶涂层的制备与耐磨性能 [J]. 材料热处理学报，2015 (10)：175-180.

[8] 王莉，晁月盛. 铁基块体非晶合金的摩擦磨损性能 [J]. 功能材料，2011，42 (1)：77-79.

[9] 姜晓霞，李诗卓，李曙. 金属的腐蚀磨损 [M]. 北京：化学工业出版社，2003：1-5，88.

[10] 顾四行. 我国有关水机磨损研究和防护措施 [J]. 水力发电学报，1991，33 (2)：27-38.

[11] Wang Y，Zheng G Y，et al. Slurry erosion-corrosion behaviour of high-velocity oxy-fuel (HVOF) sprayed Fe-based amorphous metallic coatings for marine pump in sand-containing NaCl solutions [J]. Corrosion Science，2011，53 (10)：3177-3185.

[12] 郑玉贵. 液/固双相流冲刷腐蚀实验规律及机理研究 [D]. 沈阳：中国科学院金属腐蚀与防护研究所，1998.

[13] Finnie I，McFadden H D. On the velocity dependence of the erosion of ductile metals by solid particles at low angles of incidence [J]. Wear，1978，48 (1)：181-190.

[14] Finnie I. Some observations on the erosion of ductile metals [J]. Wear，1972，19 (1)：81-90.

[15] 哈宽富. 金属力学性质的微观理论 [M]. 北京：科学出版社，1983.

[16] G J Bitter A. A study of erosion phenomena part I [J]. Wear，1963，6 (1)：5-21.

[17] Alan V Levy. The platelet mechanism of erosion of ductile metals [J]. Wear，1986，108 (1)：1-21.

[18] Hutchings I M. A model for the erosion of metals by spherical particles at normal incidence [J]. Wear，1981，70 (3)：269-281.

[19] Sheldon G L，Finnie I. On the brittle behavior of nominally brittle materials during erosive cutting [J]. Journal of Wind Engineering and Industrial，1966 (88)：387-392.

[20] Evans A G，Rana A. High temperature failure mechanisms in ceramics [J]. Acta Metallurgica，1980，28 (2)：129-141.

[21] Wiederhorn S M，R E Fuller R. et al. Micromechanisms of crack growth in ceramics and glasses in corrosive environments [J]. Metal Science，1980，14 (8-9)：450-458.

[22] Wang M C，Ren S Z，Wang X B，et al. A study of sand slurry erosion of W-alloy white cast irons [J]. Wear，1993，160 (2)：259-264.

[23] Fishman. Corrosion and wear resistant steel for fertilizer production [C]. Manchester：Int. Conf. Advances in Corrosion and Prot，1992.

[24] Hutchings I M. Mechanical and metallurgical aspects of the erosion of metals [C]. Berkeley：Proc. Corrosion/Erosion of Coal Conversion System Materials Conference，1979.

[25] Balan K P, Reddy A V, Joshi V, et al. The influence of microstructure on the erosion behaviour of cast irons [J]. Wear, 1991, 145 (2): 283-296.

[26] Ninham A J. The erosion of carbide-metal composites [J]. Wear, 1988, 121 (3): 347-361.

[27] Srinivasan S, Scattergood O R. Effect of erodent hardness on erosion of brittle materials [J]. Wear, 1988, 128 (2): 139-152.

[28] Bell J F, Rogers P S. Laboratory scale erosion testing of a wear resistant glass-ceramic [J]. Materials Science and Technology, 1987, 3 (10): 807-813.

[29] Sheldon G L, Finnie I. On the ductile behavior of nominally brittle materials during erosive cutting [J]. Journal of Manufacturing Science and Engineering, 1966, 88 (4): 387-392.

[30] 董刚, 张九渊. 固体粒子冲蚀磨损研究进展 [J]. 材料科学与工程学报, 2003, 21 (2): 307-308.

[31] Misra A, Finnie I. On the size effect in abrasive and erosive wear [J]. Wear, 1981, 65 (3): 359-373.

[32] 章磊, 毛志远, 黄兰珍. 钢的冲蚀磨损与机械性能的关系及其磨损机理的研究 [J]. 浙江大学学报 (自然科学版), 1991, 25 (2): 188-194.

[33] 郑玉贵, 姚治铭, 龙康, 等. 液/固双相流冲刷腐蚀实验装置的研制及动态电化学测试 [J]. 腐蚀科学与防护技术, 1993, 5 (4): 286-290.

[34] Danek G J. The effect of sea-water velocity on the corrosion behavior of metals [J]. Naval Engineers Journal, 1966, 78 (5): 763-769.

[35] Poulson B. Electrochemical measurements in flowing solutions [J]. Corrosion Science, 1983, 23 (4): 391-430.

[36] Heitz E. Chemo-mechanical effects of flow on corrosion [J]. Corrosion, 1991, 47 (2): 135-145.

[37] Li Y, Burstein G T, Hutchings I M. The influence of corrosion on the erosion of aluminium by aqueous silica slurries [J]. Wear, 1995, 186-187: 515-522.

[38] Stack M M, Newman R C. Effects of particle velocity and applied potential on erosion of mild steel in carbonate/bicarbonate slurry [J]. Materials Science and Technology, 1996, 12 (3): 261-268.

[39] Pitt C H, Chang Y M. Jet slurry corrosive wear of high-chromium cast iron and high-carbon steel grinding ball alloys [J]. Corrosion, 1986, 42 (6): 312-317.

[40] Madsen B W. Measurement of erosion-corrosion synergism with a slurry wear test apparatus [J]. Wear, 1988, 123 (2): 127-142.

[41] Neville A, Mcdougall B A B. Erosion-corrosion and cavitation-corrosion of titanium and its alloys [J]. Wear, 2001, 250 (1-12): 726-735.

[42] Wood R J K, Hutton S P. The synergistic effect of erosion and corrosion: trends in published results [J]. Wear, 1990, 140 (2): 387-394.

[43] 徐哲. 液固两相流条件下 P110 钢冲刷腐蚀研究 [D]. 大庆: 东北石油大学, 2011.

[44] 王凯. 油井管材料液固两相流体冲刷腐蚀研究 [D]. 西安: 西安石油大学, 2013.

[45] 郭烈锦. 两相与多相流动力学 [M]. 西安: 西安交通大学出版社, 2002.

[46] Gidaspow D. Multiphase flow and fluidization continuumand kinetic theiry descriptions [M]. Boston: Academic Press, 1994.

[47] 田兴岭, 林玉珍, 刘景军, 等. 碳钢在液/固双相管流中的磨损腐蚀机理研究 [J]. 北京化工大学学报, 2003, 30 (5): 40-43.

[48] Iwai Y, Nambu K. Slurry wear properties of pump lining materials [J]. Wear, 1997, 210 (1-2): 211-219.

[49] Walker C I, Bodkin G C. Empirical wear relationships for centrifugal slurry pumps-part 1: side-liners [J]. Wear, 2000, 242 (1): 140-146.

[50] 刘少胡, 郑华林. 基于气固两相流的气体钻井套管冲蚀数值模拟研究 [J]. 热加工工艺, 2014, 43 (12): 95-98.

[51] 李国美, 王跃社, 黄刚, 等. 套管壁面颗粒冲蚀预测及减弱措施研究 [J]. 石油机械, 2010, 38 (1): 20-24.

[52] Li J, Hamid S, Oneal D. Prediction of tool erosion in gravel-pack and frac-pack applications using computational fluid

dynamics (CFD) simulation [C]. Offshore Technology Conference，2005.

[53] 赵丹妮. 水平井压裂喷砂器喷射冲蚀数值模拟 [D]. 大庆：东北石油大学，2013.

[54] 吕露，欧阳传湘，张伟. 水力压裂过程喷嘴冲刷腐蚀数值计算 [J]. 腐蚀与防护，2012，33（4）：300-303.

[55] 王尊策，徐艳，李森，等. 深层气井压裂管柱突扩结构内流态及磨损规律模拟 [J]. 大庆石油学院学报，2010，34（5）：87-91.

[56] 王尊策，王森，徐艳，等. 基于 Fluent 软件的喷砂器磨损规律数值模拟 [J]. 石油矿场机械，2012，41（8）：11-14.

[57] 孙家枢，王小同，郭大展. 几种等离子喷涂陶瓷涂层之固体粒子冲蚀磨损的特性与数学模型 [J]. 摩擦学学报，1994，14（1）：57-64.

[58] Sasaki K，Burstein G T. Erosion-corrosion of stainless steel under impingement by a fluid jet [J]. Corros Sci，2007（49）：92-102.

[59] Burstein G T，Sasaki K. The birth of corrosion pits as stimulated by slurry erosion [J]. Corros Sci，2000（42）：841-860.

[60] Hussain E A M，Robinson M J. Erosion-corrosion of 2205 duplex stainless steel in flowing seawater containing sand particles. [J] Corros Sci，2007（49）：1737-1754.

[61] Stack M M，Abd T M，Badia-El. Some comments on mapping the combined effects of slurry concentration，impact velocity and electrochemical potential on the erosion-corrosion of WC/Co-Cr coatings [J]. Wear，2008（9-10）：826-837.

[62] Shrestha S，Sturgeon A J. Use of advanced thermal spray processes for corrosion protection in marine environments [J]. Surf Eng，2004（20）：237-343.

[63] Wood R J K，Puget Y，Trethewey K R，et al. The performance of marine coatings and pipe materials under fluid-borne sand erosion [J]. Wear，1998，219（1）：46-59.

[64] Shrestha S，Hodgkiess T，Neville A. Erosion-corrosion behaviour of high-velocity oxy-fuel Ni-Cr-Mo-Si-B coatings under high-velocity seawater jet impingement [J]. Wear，2005，259（1-6）：208-218.

[65] Neville A，Hodgkiess T，Dallas J T. A study of the erosion-corrosion behavior of engineering steels for marine pumping applications [J]. Wear，1995，186-187：497-507.

[66] Bouaricha S，Legoux J G，Marple B R. HVOF coatings properties of the newly thermal spray composition WC-WB-Co [C]. ITSC 2005 Proc，2005，5：981-985.

[67] Rajahram S S，Harvey T J，Wood R J K. Erosion-corrosion resistance of engineering materials in various test conditions. [J] Wear，2009，267（1-4）：244-254.

[68] Bjordal M，Bardal E，Rogne T，et al. Erosion and corrosion properties of WC coatings and duplex stainless steel in sand-containing synthetic sea water [J]. Wear，1995，186-187：508-514.

[69] Turenne S，Fiset M，Masounave J. The effect of sand concentration on the erosion of materials by a slurry jet [J]. Wear，1989 133（1）：95-106.

[70] Virtanen S，Moser E M，Bohni H. XPS studies on passive films on amorphous Fe-Cr-（B，P）-C alloys [J]. Corrosion Science，1994，36（2）：373-384.

[71] Landolt D，Mischler S，Vogel A，et al. Chloride ion effects on passive films on FeCr and FeCrMo studied by AES，XPS and SIMS [J]. Corrosion Science，1990（31）：431-440.

[72] Matsumura M，Oka Y，Hiura H，et al. The role of passivating film in preventing slurry erosion-corrosion of austenitic stainless steel [J]. ISIJ International，1991，31（2）：168-176.

[73] Bjordal M，Bardal E，Rogne T，et al. Combined erosion and corrosion of thermal sprayed WC and CrC coatings [J]. Surface and Coating Technology，1995，70（2-3）：215-220.

[74] Sasaki K，Burstein G T. Observation of a threshold impact energy required to cause passive film rupture during slurry erosion of stainless steel [J]. Philosophical Magazine Letters，2000，80（7）：489-493.

[75] Madsen B W. Measurement of erosion-corrosion synergism with a slurry wear test apparatus [J]. Wear，1988，123

(2)：127-142.

[76]　Farmer J，Wong F，Haslam J，et al. Development，processing and testing of high-performance corrosion-resistant HVOF coatings [C]. California：Global 2003 Topical Meeting at the American Nuclear Society Conference，2003 (8)：1-6.

[77]　Burstein G T，Sasaki K. Effect of impact angle on the slurry erosion-corrosion of 304L stainless steel [J]. Wear，2000，240 (1-2)：80-94.

[78]　Perry J M，Neville A，Wilson V A，et al. Assessment of the corrosion rates and mechanisms of a WC-Co-Cr HVOF coating in static and liquid-solid impingement saline environments [J]. Surface and Coating Technology，2001，137 (1)：43-51.

[79]　Souza V A D，Neville A. Corrosion and synergy in a WC-Co-Cr HVOF thermal spray coating-understanding their role in erosion-corrosion degradation [J]. Wear，2005，259 (1-6)：171-180.

[80]　Hu X，Neville A. The electrochemical response of stainless steels in liquid-solid impingement [J]. Wear，2005，258 (1-4)：641-648.

[81]　Zheng Y G，Yang F，Yao Z M，et al. On the critical flow velocity of Cu-Ni alloy BFe30-1-1 in flowing artificial seawater [J]. Zeitschrift Für Metallkunde，2000，91 (4)：323-328.

[82]　Zheng Z B，Zheng Y G，Sun W H，et al. Erosion-corrosion of HVOF-sprayed Fe-based amorphous metallic coating under impingement by a sand-containing NaCl solution [J]. Corrosion Science，2013，76 (10)：337-347.

[83]　Wang Y，Xing Z Z，Luo Q，et al. Corrosion and erosion-corrosion behaviour of activated combustion high-velocity air fuel sprayed Fe-based amorphous coatings in chloride-containing solutions [J]. Corrosion Science，2015，98 (9)：339-353.

[84]　Rajahram S S，Harvey T J，Wood R J K. Erosion-corrosion resistance of engineering materials in various test conditions [J]. Wear，2009，267 (1-4)：244-254.

[85]　Neville A，Reza F，Chiovelli S. Erosion-corrosion behaviour of WC-based MM-Cs in liquid-solid slurries [J]. Wear，2005，259 (1-6)：181-184.

[86]　Turrene S，Fiset M，Masounave J. The effect of sand concentration on the erosion of materials by a slurry jet [J]. Wear，1989，133 (1)：95-106.

[87]　Tang X，Xu L Y，Cheng Y F. Electrochemical corrosion behaviour of X-65 steel in the simulated oil-sand slurry. Ⅱ：synergism of erosion and corrosion [J]. Corrosion Science，2008，50 (5)：1469-1474.

[88]　Levy A V，Yau P. Erosion of steels in liquid slurries [J]. Wear，1984，98：163-182.

[89]　Lotz U，Heitz E. Flow-dependent corrosion-Ⅱ：ferrous materials in pure and particulate chloride solutions [J]. Materials and Corrosion，1985，36 (4)：163-173.

[90]　Manish Roy，Vishwanathan B，Sundararajan G. The solid particle erosion of polymer matrix composites [J]. Wear，1994，171 (1-2)：149-161.

[91]　于宏. 典型过流部件材料在模拟河水和海水中的动态腐蚀机理 [D]. 沈阳：中国科学院金属研究所，2007.

[92]　古特曼 E M. 金属力学化学与腐蚀防护 [M]. 北京：科学出版社，1989.

[93]　Pedraza F，Roman E，Cristobal M J，et al. Effects of yttrium and erbium ion implantation on the AISI 304 stainless steel passive layer [J]. Thin Solid Films，2002，414 (2)：231-238.

[94]　Budinski K G，Chin H. Surface alteration in abrasive blasting [J]. Wear of Materials，1983，1：311-318.

[95]　Cooper D，Davis F A，Wood R J K. Selection of wear resistant materials for the petroleum industry [J]. Journal of Physics D：Applied Physics，1992，25 (1)：195-204.

[96]　刘家浚. 材料磨损原理及其耐磨性 [M]. 北京：清华大学出版社，1993.

[97]　Levy Alan V，Wang Bu Qian. Erosion of hard material coating systems [J]. Wear，1988，121 (3)：325-346.

[98]　Heinrich Reshetnyak，Jakob Kuybarsepp. Mechanical properties of hard metals and their erosive wear resistance [J]. Wear，1994，177 (2)：185-193.

[99]　Ajayi O O，Ludema K C . The effect of microstructure on wear modes of ceramic materials [J]. Wear，1992，154 (2)：371-385.

[100]　赵辉，丁彰雄. 超音速火焰喷涂纳米结构 WC-12Co 涂层耐泥沙冲蚀性能研究 [J]. 热加工工艺，2009，38（10）：84-88.

[101]　John D Voorhies. Electrochemical and chemical corrosion of tungsten carbide（WC）[J]. Journal of The Electrochemical Society，1972，119（2）：219-222.

第6章 非晶纳米晶涂层空泡腐蚀性能

非晶纳米晶涂层具有高硬度、高耐蚀以及高的抗冲蚀性能，可以应用于腐蚀/磨损等苛刻条件的环境。在实际应用过程中，由于流体压力变化，空蚀损伤不可避免。非晶涂层在不同介质中的空蚀规律还不得而知，使得在实际应用时，对抗空蚀损伤材质的选用还存在瓶颈。因此，研究非晶涂层的空蚀规律及交互作用机理显得十分必要。

本章主要介绍 HVOF 和 AC-HVAF 非晶纳米晶涂层在不同介质中的空蚀性能，以期为铁基非晶涂层在多相流损伤领域的应用提供参考。

6.1 空泡腐蚀

空泡腐蚀，也称空蚀或气（汽）蚀，是由于流体内部压力突变，流体中气泡形核、生长与溃灭，在材料表面形成强烈的冲击或微射流作用，对表面造成损伤。空蚀包括空化和气蚀两个过程，当液体高速流动时，局部的低压会导致部分液体汽化并溢出，而气泡由于压力炸裂，导致物体表面出现损伤，形成气蚀。空化气泡溃灭瞬间温度高达 4200K，压力高至 1000MPa，无形中会加速过流部件的材料损失，致使材料强度降低或产生疲劳破坏。空蚀过程是一种瞬息万变的随机过程，被认为是一个不易解决的"癌症"问题。牵涉流动条件、流体的物理化学特性、运动物体的材料响应及材料在液体中的电化学过程等各种复杂因素，是一个多学科交叉的问题。

对于空蚀损伤的原因，目前还没有统一的认识，但也形成了普遍接受的空蚀破坏的机械作用理论，即冲击波机制[1]和微射流机制[2]，见图 6-1。冲击波机制认为，气泡溃灭时储存

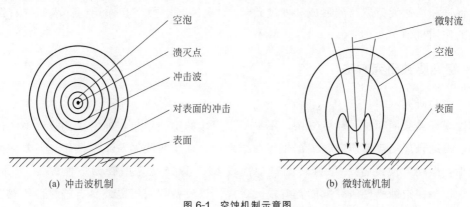

(a) 冲击波机制　　　　　　　　　　　(b) 微射流机制

图 6-1 空蚀机制示意图

的势能会转变为流体动能,在流体内形成冲击波,冲击波传递至材料表面,会由于应力脉冲使材料塑性变形,产生空蚀坑。微射流机制则认为,气泡溃灭时由于上下壁角边界不对称,溃灭速度不同,形成垂直材料表面的微射流。这种微射流速度高达 $100\sim500m/s$,极短时间内的"水锤"作用会使材料表面发生定向冲击,导致损伤。

除了上述机械作用理论外,空蚀破坏还存在着化学腐蚀理论、电化学理论和热作用理论等。空蚀是过流部件常见的一种问题,并且可以严重影响这些部件的性能和使用寿命。由于空蚀问题比较复杂,影响金属材料空蚀的因素较多,概括起来主要包括材料(硬度、加工硬化、表面状态、晶粒尺寸等)和环境(温度、水质及第二相)两个方面。

6.1.1 空泡腐蚀影响因素

影响材料空蚀的因素复杂,主要包括环境因素和材料因素两方面[3-7]。

(1) 材料因素

一般来讲,材料力学性能与其抗空蚀性能之间没有较好的对应性,也很难定量表达,主要是由于空化瞬间的力学加载速率极快,以及空化过程中局部的瞬时高温高压作用。有学者认为,硬度可以较好地体现材料的抗空蚀性能,尤其对于结构相近的材料[8],但加工硬化、元素偏析及夹杂物含量在一定条件下所起的决定作用有时会远超越硬度[9]。

(2) 环境因素

介质的含盐量、pH 值以及溶解氧含量等不同,腐蚀会直接影响材料抗空蚀性能。液体的物理特性如密度、表面张力、黏度等影响空化气泡的形成能力。介质的流速、砂含量、是否含有气体、所含气体的量,以及热传导率等都影响空化气泡的形成和溃灭。但由于环境的复杂导致空化影响的规律不同,还有许多细致的工作有待于开展。

(3) 交互作用影响

在腐蚀介质中材料空蚀时,会受到空蚀(力学因素)和腐蚀(电化学因素)的共同作用。空蚀和腐蚀之间存在着交互作用,二者相互促进,这种交互作用所引起的材料破坏通常要远远高于二者单独作用时产生的破坏量。铜合金在 2.4% NaCl 溶液中腐蚀引起的附加空蚀率达 41.4%[3],20SiMn 约 59%,而铸铁则高达 70%~85%[4]。耐蚀性优异的不锈钢在 NaCl 介质中因腐蚀引起的附加空蚀量则可以忽略[5]。腐蚀和空蚀交互作用主要包括:空蚀对腐蚀的影响(空蚀加速了腐蚀反应和传质的进程)以及腐蚀对空蚀的影响(腐蚀粗化材料表面,促进和加速疲劳裂纹的形成和发展)[6]。对腐蚀与空蚀交互作用的深入研究有助于理解空蚀的作用机理。

6.1.2 空泡腐蚀研究方法

(1) 实验研究

空蚀现场实验周期长、环境复杂,不易得出规律的实验结果,通常采用空蚀设备进行室内模拟,再结合现场对比研究,根据规律性结果指导现场实践。对于空蚀研究,常用的实验设备包括:振动空蚀设备[10]、旋转圆盘空蚀设备[11]以及文丘里管型空蚀设备[12]。其中,振动空蚀设备在空蚀机理研究方面具有较大优势,该设备利用压电或具有趋磁性传感器在交变电流下伸长或变短的特性,在试样表面产生高频振动,用以模拟材料表面气泡的形成和溃灭。实验时空蚀速率较快，效果明显。

一直以来研究者试图用一个统一的指标来表征材料的耐空蚀能力，但到目前为止仍然没有得到令人满意的结果。一方面是由于空蚀涉及的因素过于复杂，另一方面是材料种类繁多，在一类材料上适用的准则到了另外一类材料却会得到完全不同的结果。一般，对于特定的材料，空蚀过程可分为以下几个阶段：

① 空蚀初始期，即孕育期。材料不发生损失或损失量较少，表面产生严重的塑性变形。

② 空蚀积累期。材料空蚀失重率增加至最大值，在材料表面发生加工硬化甚至是裂纹扩展，形成局部麻点。

③ 空蚀稳态期。材料的整个表面已发生加工硬化，由于气泡均匀冲击加工硬化表面，空蚀速率趋于稳定值。

④ 空蚀衰减期。由于损伤和气泡溃灭压力的减小，空蚀速率降低，材料空蚀失重率缓慢降低或出现波动。

在空蚀实验中，空蚀损伤速率取决于时间。理想（不都是）情况下的空蚀失重与时间关系曲线符合 S 形。在曲线起始阶段，失重非常小（铝合金换算为深度为 $0.06\mu m$，316 不锈钢则为 $0.02\mu m$）或为零时的阶段，便为孕育期（或称 IP）。用孕育期评估材料的抗空蚀能力的方法叫孕育期评估法（mean depth of penetration rate，MDPR 法），MDPR 可由下式计算[13]：

$$MDPR = 10 \times \frac{W}{\rho A \Delta T} \tag{6-1}$$

式中，MDPR 为平均空蚀速率，$\mu m/min$；W 为质量损失，mg；A 为试样面积，cm^2；ΔT 为发生最小失重时间间隔，min；ρ 为试样密度，g/cm^3。

材料的空蚀孕育期与空蚀的最大空蚀速率 $MDPR_{max}$ 之间有密切的相依关系：

$$MDPR_{max} = k(IP)^{-n} \tag{6-2}$$

式中，IP 为空蚀孕育期；$MDPR_{max}$ 为最大空蚀速率；n 是与试验装置有关的指数，对悬臂振动空蚀测量装置 $n = 0.93$；k 是与空蚀特性曲线形状有关的经验数据。可见，具有较长孕育期的材料，必然具有较小的最大空蚀速率，从而具有较优的抗空蚀性能。因此可用孕育期长短来评估材料的抗空蚀性能。但孕育期与材料疲劳[14]、屈服强度[10]、表面粗糙度[15,16]等众多因素有关。材料的强度、硬度、弹性模量等力学性能指标不足以预测其抗空蚀性能优劣，流体、介质以及材料表面的参数等均应考虑在内，目前的研究还尚有不足。

就目前研究看，对于套管钢、硬质合金以及耐蚀耐磨涂层在压裂液中的抗空蚀性能研究并没有见于报道。另外，压裂液中含有浓度不等的 Cl^-，材料会同时遭受空蚀和腐蚀的双重作用，交互作用不容忽视，但目前真正关注腐蚀因素的研究不多。因此，空蚀、腐蚀以及二者交互作用等亟待澄清。

（2）数值模拟研究

空蚀与空化气泡在材料壁面的形成与溃灭过程密切相关，目前公认空蚀是由于气泡在材料表面溃灭所产生强烈的冲击或微射流作用造成的。研究者也尝试采用 CFD 方法对这种气液两相流进行数值模拟。Catania 等[17]对高压注射系统的空化过程进行了模拟，得出空化模拟可以真实反映空化的损伤过程的结论。陈庆光[18]、张文军[19]等模拟了水轮机全流道内的空化湍流情况，结果可以预测水轮机运行时流道内空化发生的部位和程度。Bouziad 等[20]对空化瞬态溃灭过程进行模拟发现，选用模型与实际空化还存在一定差距，但 Ding 等[21]发现 CFD 模型模拟结果与实验图像测试结果可以实现较好的吻合。孙冰[22]对超声空化进行数值模拟，通过分析流场内的绝对压力、汽含率以及流体速度的变化，确定了超声空化的发生机理和影响因素。王智勇[23]和章昱[24]对文丘里管中的水力空化流场进行了数值模拟，计算结果为喷口和文丘里管的优化设计提供了依据。这些基础的研究和所建立的不同模型，对于影响空化气泡的运动状态以及影响因素有一定的认识。但由于部分模拟过于简化，简化模拟求解结果与实际还存在一定偏差，不能反映真实的工况。目前有针对性地对水力压裂过程复杂的空化磨损模拟甚少。

6.2 HVOF非晶涂层在海水介质中的空泡腐蚀性能

利用无锡超声电子设备厂生产的磁致伸缩空蚀试验机（见图 6-2）进行空蚀实验，试验机主要由磁化电源、超声发生器、换能器和变幅杆等组成。设备功率为 500W，振动频率为 20kHz，本工作所用变幅杆的峰振幅为 $60\mu m$。空蚀失重采用下试样，试样工作面积为 $1.82cm^2$。每种材料至少采用两个平行试样，然后取平均值作为一个数据点。用于空蚀失重测量的试样工作面需依次经 $150^{\#} \sim 800^{\#}$ 水磨砂纸预磨（用于形貌观察的试样再用 W1.5 的抛光膏抛光），涂层试样空蚀实验之前只需进行超声清洗处理。实验过程中，试样经超声清洗、干燥，然后用感量为 0.1mg 的德国 Sartorius BS 210S 型电子天平称重。空蚀实验介质为 1% NaCl 溶液。空蚀实验参照 ASTM G32—92 空蚀标准[25]进行。

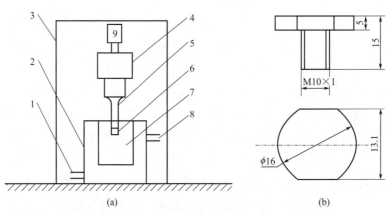

图 6-2 （a）磁致伸缩空蚀试验机和（b）空蚀试样示意图

1—进水口；2—水浴；3—隔声罩；4—换能器；5—变幅杆工具头；

6—空蚀试样；7—工作介质；8—出水口；9—超声发生器

用 MVK-H3 维氏硬度计测试涂层和 304 不锈钢的硬度。用 JMS-6301 型 SEM 观察冲蚀后试样表面及侧面损伤形貌。用 Links 2205 表面粗糙度测试仪测试冲蚀后涂层和 304 不锈钢的表面粗糙度（Ra）变化值，测试参数：尺度 $100\mu m$，测试点 1280 个，驱动速率

1.0mm/s，沿 X 轴采样间隔 3.125μm。

6.2.1　HVOF 非晶涂层空泡腐蚀失重

涂层和 304 不锈钢在 1% NaCl 溶液中空蚀累积失重 W 和失重率 v 随空蚀时间变化曲线见图 6-3。由图 6-3(a) 累积失重量可知，在 1% NaCl 溶液中两种不同厚度涂层表现出了较基体 304 不锈钢更差的抗空蚀性能。特别是厚涂层（AMCs2），随空蚀时间延长，其累积失重量呈近线性急剧增加趋势，抗空蚀性能相对更差。薄涂层（AMCs1）累积失重急剧增加至 1h 后，逐渐趋于稳定，失重率约恒定为 30mg，也高于基体 304 不锈钢的累积失重量。304 不锈钢累积失重量随空蚀时间延长呈缓慢增加趋势，但失重量明显低于涂层。从图 6-3(b) 失重率曲线可知，304 不锈钢失重率缓慢增加，但始终保持在较低的水平。与此不同的是，涂层的失重率则急剧增加至一定值，随后则缓慢下降。这说明涂层与 304 不锈钢发生了不同的空蚀损伤机理。

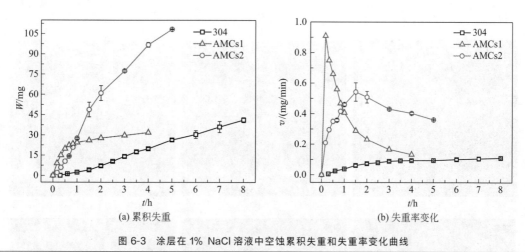

(a) 累积失重　　　　　　　　　　(b) 失重率变化

图 6-3　涂层在 1% NaCl 溶液中空蚀累积失重和失重率变化曲线

图 6-4 示出了 3 种材料在空蚀过程中表面粗糙度随空蚀时间的变化。由图 6-4 可知，涂层在空蚀发生后表面粗糙度急剧增加，随后趋于稳定，而 304 不锈钢的表面粗糙度则一直呈缓慢增加趋势。此外，由图 6-3(a) 累积失重量曲线可判断出 304 不锈钢在 NaCl 溶液中空

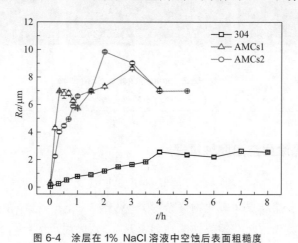

图 6-4　涂层在 1% NaCl 溶液中空蚀后表面粗糙度

蚀的孕育期大约为 2h，而涂层则无明显的孕育期。

6.2.2　HVOF 非晶涂层空泡腐蚀损伤形貌

图 6-5 为两种涂层空蚀 10min 后的表面微观形貌。图 6-5（a）～（e）为同一区域不同放大倍数的微观形貌，经过 10min 空蚀后，薄涂层表面涂层基本已经剥落，说明薄涂层对基体的保护效果已经非常有限，而厚涂层经过空蚀也发生了涂层表面部分剥落的现象，说明涂层与基体的结合力不是很理想。涂层的结合强度也是一个很重要的性能指标。涂层在结合强度测试时，经拉伸后的断裂通常发生于涂层中最薄弱的地方，如：未熔颗粒或孔隙集中的地方。涂层经拉伸断裂主要发生在涂层与基本结合处以及两层粒子间的结合界面处，所测得的涂层结合强度大约为 50MPa 以内。另外，对于厚涂层来说，在未剥落涂层的表面也发生了一定的空蚀损伤，由图 6-5（e）、（f）微观形貌看更为明显。在未剥落涂层的表面，出现大量的凹坑，表面可见遗留未熔颗粒，但在未熔颗粒周围出现一定深度的凹坑，见图 6-5（e）和（f）。

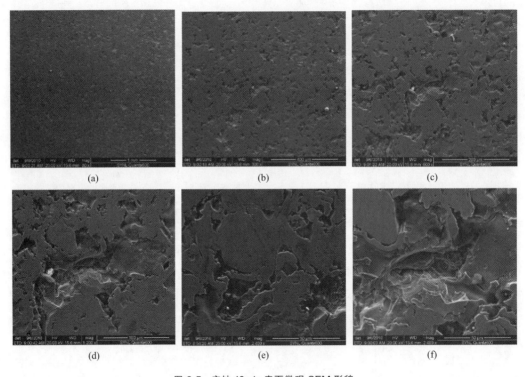

图 6-5　空蚀 10min 表面微观 SEM 形貌

（a）～（f）为不同放大倍数

6.2.3　HVOF 非晶涂层空泡腐蚀机理

由于涂层在 HVOF 制备过程中是以层状的方式形成，在涂层表面难免会存在一些未熔颗粒和缺陷（如孔隙、涂层层间氧化物夹杂等），见图 6-6（a）。这样在空泡的强烈冲击作用下会优先破坏未熔颗粒周围和孔隙等缺陷薄弱区域，致使在这些区域内的损伤逐渐增加，见图 6-6（b）。

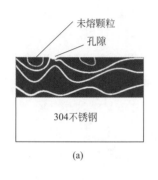
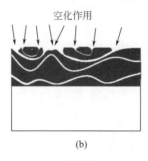
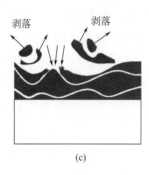

图 6-6　空蚀机理示意图

　　当这些薄弱区域的空化损伤达到一定程度时，由于未熔颗粒与基体的结合力较差，未熔颗粒便会发生剥落。另外，空化损伤也会进一步恶化孔隙等缺陷部位，再加上涂层的薄弱环节都位于层与层的间隙处，损伤在孔隙缺陷处的发展会沿层间隙进行，最终由于层与层结合力较差，发生层状涂层的剥落，见图 6-6(c)。

　　由于非晶涂层中无任何韧性相存在，涂层硬度极高，这种空化损伤会沿涂层厚度方向逐渐由涂层表面向内层持续发生，直至涂层完全剥落。这就是涂层的空化累积失重会随时间延长一直呈急剧增加的原因。应该注意的是，图 6-3(a) 中薄涂层的累积失重随时间延长至 1h 后缓慢趋于平稳，这主要是由于此时薄涂层已完全剥落，此后的平稳阶段主要是基体 304 不锈钢的损伤过程。综合来说，铁基非晶涂层的抗空蚀性能较差，这主要与其高硬度、高缺陷的层状结构本质相关，但涂层与基体结合力差也是影响涂层空蚀性能的重要因素，需要在后续的工作中加以改善。

6.3　AC-HVAF非晶涂层在压裂液中的空泡腐蚀性能

　　在水力压裂过程中，喷砂器内部和油套环空区域流体压力发生变化，气泡在材料表面溃灭，在腐蚀介质中便会形成空蚀。利用计算流体力学理论进行空化磨损的模拟计算与实验研究仍是今后一段时间多相流研究的发展趋势。通过 CFD 方法可以模拟压裂过程中喷砂器及油套环空内部的气泡形成，对于空蚀的发生和空化损伤部位的预测有一定的指导作用。但关于水力压裂空化磨损的数值模拟研究还有许多核心问题需要进一步深入研究和探索。由于空化磨损的影响因素众多、规律复杂，而空化又是微观、瞬时、随机、多相的复杂现象，使得理论计算模型的建立难度大，如何以 CFD 理论为基础，考虑流体力学因素建立符合实际工况的理论计算模型，是研究水力压裂多相流中材料损伤问题必须攻克的难关。

　　不同材质在压裂液中的空蚀规律还不得而知，使得在实际应用时，对抗空蚀损伤材质的选用还存在瓶颈。况且，在复杂压裂液中，空蚀和腐蚀之间也存在着交互作用。由此可见，要想获得压裂工况下典型用材的空蚀行为，研究典型用材在压裂液中的空蚀规律及交互作用机理显得十分必要。

　　(1) AC-HVAF 涂层制备

　　采用 AC-HVAF 法制备非晶涂层和 WC 涂层，厚度均为 $250\mu m$。对比材料为套管钢

（P110、N80 和 J55），喷砂器衬套用硬质合金（YW2、YG8）。

（2）空泡腐蚀性能测试

选用 SLQS-1900 型智能温控超声波材料气蚀试验机，仪器符合 ASTM G32 要求。仪器主要由超声发生器、变幅杆、超声反应杯和恒温水槽构成，见图 6-7。通过大功率超声波作用于样品，在不同试验条件下研究材料抗空蚀性能。

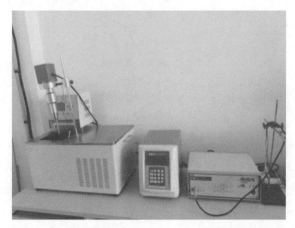

图 6-7　智能温控超声波汽蚀试验机 SLQS-1900（含电化学测试）

空蚀失重采用下试样。每种材料至少采用两个平行试样，然后取平均值作为一个数据点。用于空蚀失重测量的试样工作面需依次经 $200^\#$、$400^\#$、$800^\#$ 和 $1200^\#$ 水磨砂纸预磨（用于形貌观察的试样再用 W3.5、W1.5、W0.5 的抛光膏抛光），涂层试样空蚀实验之前只需进行超声清洗处理。实验过程中，试样经酒精、丙酮超声波清洗、干燥后，用电子天平称重。空蚀实验参照 ASTM G32—2016《使用振动装置对气泡侵蚀的标准试验方法》和 GBT 6383—2009《振动空蚀试验方法》进行，空蚀时间 3h。

实验时为了反映空蚀过程中腐蚀的影响，在空蚀时同时测试其电化学腐蚀行为。电化学测试时，试样固定在自制的模具上，只露出工作面，其余用环氧树脂密封，只留出导线与工作站相连，辅助电极和参比电极固定在试样表面附近。变幅杆端面距离表面 1mm。变幅杆深入液面深度 10cm。研究电极浸入压裂液 30min 后，启动超声发生器，空蚀 15min 后开始电化学测试。测试材料动电位极化曲线和恒电位 i-t 曲线。

空蚀实验介质为油田用压裂液，范围覆盖实际应用条件：

考察 3g/L、4g/L、5g/L 和 6g/L 等不同压裂液浓度的影响。

考察 20℃、45℃、60℃、70℃、80℃ 和 95℃ 等不同温度的影响。

考察 0、0.72％、0.88％、1.04％、1.2％ 和 3％ 等不同 KCl 浓度的影响。

试样空蚀前后的表面形貌采用重庆奥特 DV500 体视显微镜和日立 S-3400Ⅱ扫描电子显微镜（SEM）进行观察。

6.3.1　空泡腐蚀失重

（1）空蚀时间的影响

图 6-8 为三种套管钢在压裂液中的平均累积失重和失重率随空蚀时间的变化曲线。由图

6-8(a) 可知，三种套管钢累积失重随时间基本呈线性增加关系。压裂液空蚀 3h 后，P110 钢的平均累积失重量为 2.4mg，而 N80、J55 两种套管钢的平均累积失重量依次分别为 4.1mg、7.0mg。显然 P110 钢表现出了较其他两种套管钢更为优异的抗空蚀性能，尤其是 J55 钢，平均失重量为 P110 钢的近 3 倍。从图 6-8(b) 的失重率与空蚀时间关系曲线可以看出，空蚀失重率曲线的变化趋势比较明显，三种套管钢一开始失重率增加明显，达到 0.5h 后曲线斜率稍有降低，在空蚀 1.5h 时失重率基本达到最大值，然后进入平台区，随后三种套管钢的空蚀速率趋于一个稳态值。

可见，P110 钢在整个实验周期内表现出了较低的累积失重，失重率也较 N80 和 J55 钢小得多。通过空蚀累积失重曲线初步推断 P110 钢具有较好的抗空蚀性能。

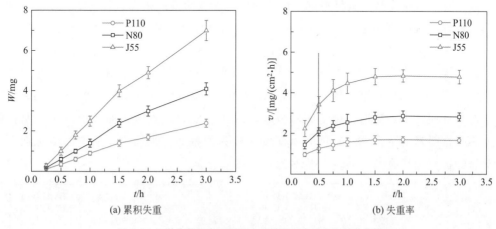

(a) 累积失重　　　　　　　　　　　(b) 失重率

图 6-8　三种套管钢在压裂液中空蚀累积失重和失重率曲线

图 6-9 为两种硬质合金在压裂液中的平均累积失重和失重率随空蚀时间的变化曲线。与上述结果不同的是，两种硬质合金的累积失重曲线在空蚀起始阶段呈现出急剧增加的趋势，在空蚀时间达到 1h 后，增加程度趋于平缓，见图 6-9(a)。YG8 合金在空蚀过程中累积失重明显高于 YW2。在空蚀 3h 时，YG8 累积失重达 14.5mg，YW2 累积失重达 12.7mg，二者均处于较高的水平。由图 6-9(b) 的失重率曲线可以更明显看出，两种硬质合金自空蚀开始，其失重率便处于一个极大值，随空蚀时间延长，失重率逐渐降低，并最后趋于一个稳定

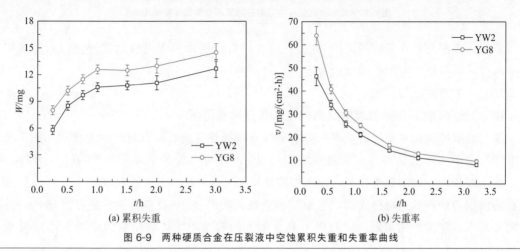

(a) 累积失重　　　　　　　　　　　(b) 失重率

图 6-9　两种硬质合金在压裂液中空蚀累积失重和失重率曲线

值。YW2 的空蚀失重率低于 YG8，说明 YW2 具有比 YG8 更为优异的抗空蚀性能。

图 6-10 为两种 AC-HVAF 涂层在压裂液中的平均累积失重和失重率随空蚀时间的变化曲线。由图 6-10(a) 可以看出，两种涂层累积失重曲线在起始阶段比较平稳，非晶涂层在空蚀时间超过 1h 后曲线增加程度明显，呈线性增加；对于 WC 涂层则在超过 1.5h 后曲线呈线性增加。空蚀 3h 后，WC 涂层在压裂液中失重为 6.2mg，而非晶涂层累积失重则为 12.5mg。非晶涂层的累积失重是 WC 涂层的 2 倍。从图 6-10(b) 的失重率曲线分析，两种涂层失重率曲线在起始波动之后，在 1h 和 1.5h 后分别呈现出一个稳态增加的趋势。WC 涂层的失重率低于非晶涂层，空蚀 3h 时非晶涂层的失重率为 WC 涂层的 2 倍。可以说，WC 涂层抗空蚀性能稍优于非晶涂层。

空蚀孕育期被认为是衡量材料抗空蚀性能的一个很重要的指标，长的孕育期可以判断出材料具有较好的抗空蚀性能。本文中，空蚀孕育期是按照累积失重-时间曲线最大斜率在横轴上的截距来确定的[26]。从图 6-8(b) 可以看出，三种套管钢孕育期没有太大变化，均约为 0.5h，此后空蚀失重与时间呈近线性关系，累积失重率最后趋于恒定，空蚀失重达到稳定期。图 6-10(b) 的失重率曲线反映出，AC-HVAF 涂层空蚀孕育期均小于 0.5h，两种涂层的空蚀孕育期低于套管钢。对于硬质合金，图 6-9(b)，从失重率曲线上分析，两种硬质合金并不存在明显的孕育期，空蚀开始便发生较为严重的空蚀损伤。从空蚀孕育期上分析看，套管钢抗空蚀性能优于 AC-HVAF 涂层和硬质合金。

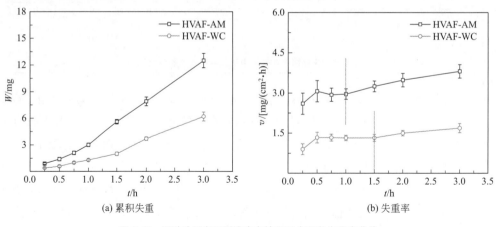

(a) 累积失重   (b) 失重率

图 6-10　两种涂层在压裂液中空蚀累积失重和失重率曲线

需要注意的是，在实验测试的 3h 内，所有材料空蚀失重率仍然比较稳定，未出现明显的衰减期，这可能与空蚀时间周期短有关，但并不影响孕育期的判断。

（2）压裂液浓度的影响

图 6-11 为不同压裂液浓度时材料的空蚀失重率变化曲线。

压裂液浓度变化对空蚀失重率的影响呈现出规律性变化，所有材料的失重率均随压裂液浓度增加呈现出降低趋势。在压裂液浓度超过 4g/L 时，失重率降低幅度较小。分析其原因，这主要与压裂液的黏度相关，在压裂液浓度低于 4g/L 时，溶液黏度较小，空蚀气泡易于在溶液中传播并抵达材料表面，进而形成空蚀；而高于 4g/L 后，溶液的黏度增大，黏滞性明显增大，空蚀作用消弱，同时由于黏度增大的程度不大，致使空蚀消弱作用降低也不明显。

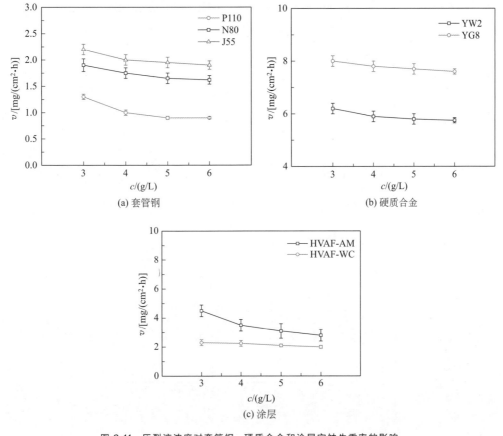

图 6-11 压裂液浓度对套管钢、硬质合金和涂层空蚀失重率的影响

（3）温度的影响

图 6-12 为不同压裂液温度时，几种材料的空蚀失重率随时间变化曲线。温度的影响主要体现在以下两个方面，一是温度升高，压裂液黏度减小，易于气泡的形成、析出与气泡的溃灭作用。黏度对空化气泡的形成与溃灭有明显的抑制作用，黏度越大，气泡溃灭过程越缓慢，溃灭压强越小，因而材料的空蚀损伤越轻。二是介质温度高低关系气体饱和蒸气压，影响气泡的溃灭压强。从图 6-12 可以明显看出，温度从室温 20℃升高至 70℃，材料的空蚀失重速率均增加，达到极值，之后随温度升高反而下降。这主要是因为温度低于 70℃时，介质黏度较大，空泡形成困难，空化作用弱，自然空蚀失重小。当温度高于 70℃后，介质黏度降低，此时气体饱和蒸气压的影响占主导作用，温度升高压裂液气体溶解度降低，溶液中析出的气体量虽增加，但高温的气体饱和蒸气压也随之加大，空泡溃灭压强反而降低。因此，在温度达到 95℃时空蚀失重反而下降。

通常在流动性较好的介质空蚀过程中，液体温度约为沸点温度的一半时空蚀最严重[27]，水中温度约为 50℃时空蚀最为严重[28]。压裂液黏度影响温度对其空蚀性能的影响。另外，在温度较高时，压裂液腐蚀性阴离子如 Cl^- 迁移能力强，对表面材料的腐蚀破坏作用增加，腐蚀过程同时也被加剧。在套管钢中［图 6-12（a）］，N80 和 J55 钢空蚀失重率明显高于 P110 钢，且随温度升高二者增加趋势也稍高。在硬质合金中［图 6-12（b）］，YW2 空蚀失重率低于 YG8。在 AC-HVAF 涂层中［图 6-12（c）］，HVAF-WC 涂层空蚀失重率低于

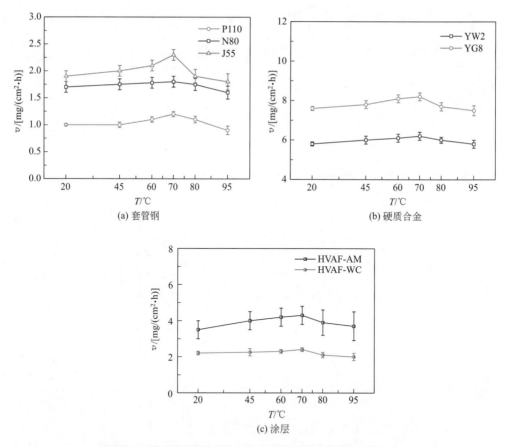

图 6-12　压裂液温度对套管钢、硬质合金和涂层空蚀失重率的影响

HVAF-WC 非晶涂层。

（4）压裂液中 KCl 含量的影响

压裂液在水力压裂过程中，在不同工况下，所处环境杂质和氯离子含量有较大差异，因此有必要研究不同 KCl 浓度条件下不同材质的空蚀行为。压裂液中 KCl 浓度不同时，对材料空蚀失重率的影响见图 6-13。加入 KCl 后，材料的空蚀失重率明显高于不含 KCl 时的情况。随 KCl 浓度升高，空蚀失重率急剧增大。将浓度横坐标换成对数坐标，发现在浓度介于 0.7% 与 3% 之间时，空蚀失重率与 KCl 浓度的对数呈线性关系，通过最小二乘法线性拟合求得空蚀失重率与 KCl 浓度的关系式，见图 6-13。

由拟合结果可知，失重率与 KCl 的对数浓度之间可实现较好拟合，拟合后的关系式可判断不同 KCl 浓度时材料的空蚀失重率。由拟合斜率可以得出不同材料的抗空蚀性能。斜率高的，说明空蚀失重率较大，抗空蚀性能相对较差。KCl 的加入主要体现为对腐蚀性能的影响。加入 KCl 后，对同种材料来说是增加了空蚀失重率，降低了空蚀阻力。对不同材料来说，KCl 的加入恶化了材料的腐蚀性能，必然影响空蚀行为。

在三种套管钢中，J55 钢的拟合斜率最大，说明腐蚀占的比重较其他两种套管钢要多。P110 钢耐蚀性较优异，KCl 浓度的增加对其腐蚀性能的影响较小，空蚀失重率增加幅度较小。同理，对于涂层和硬质合金也可以得出类似的关系式，非晶涂层耐蚀性高于 WC 涂层，而 YG8 耐蚀性则高于 YW2，这样在高 KCl 浓度介质中，腐蚀作用没有被加强，腐蚀对于空

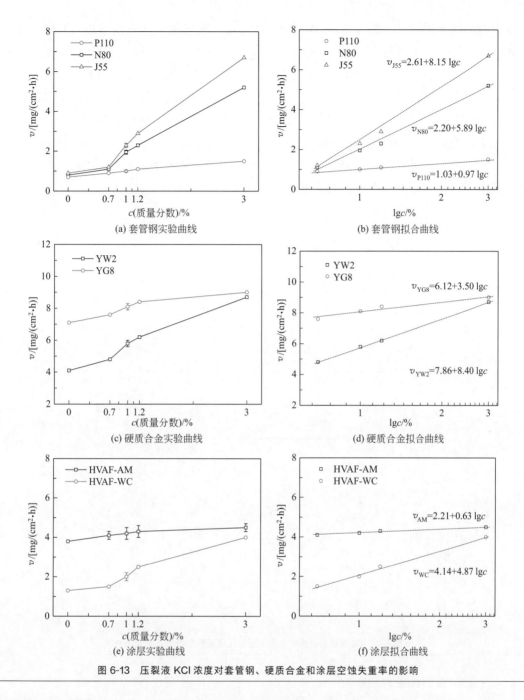

图 6-13　压裂液 KCl 浓度对套管钢、硬质合金和涂层空蚀失重率的影响

蚀失重率的增加程度不大，有助于其抗空蚀性能的提高。但实际上，涂层和硬质合金的抗空蚀性能与其腐蚀性能之间并没有得到相应的关联性，非晶涂层和硬质合金 YG8 的耐蚀性和钝化稳定性明显优于 WC 涂层和硬质合金 YW2，但其空蚀失重率却处于一个较高的水平。这说明对于这两类脆性材料，除了腐蚀因素，还有别的因素影响空蚀性能，如硬度。

6.3.2　空泡腐蚀条件下电化学腐蚀行为

（1）空蚀对极化电阻的影响

材料在压裂液中空蚀不同时间测得的线性极化电阻见图 6-14。极化电阻是在极化电位变化非常小的范围内（一般为±10mV）测得的，由于施加的极化电位较小，对体系破坏影响较小，可以对材料进行无损和在线检测，评价材料在腐蚀过程中的反应阻力大小。由图可知，随空蚀时间延长，所有材料的极化电阻均呈降低趋势，反映出所有材料随空蚀过程的进行，腐蚀阻力逐渐降低。对于套管钢［图 6-14（a）］，极化电阻在空蚀初期快速下降，空蚀1.5h 后逐渐趋于稳定，表明腐蚀速率在 1.5h 后达到最大值，而后趋于稳定。这与空蚀失重率在 1.5h 时达到最大值的变化规律是一致的。对于硬质合金［图 6-14（b）］和 AC-HVAF涂层［图 6-14（c）］，极化电阻随空蚀时间变化呈现出类似降低的趋势，说明除了腐蚀因素之外，还有别的因素影响其空蚀最大失重率。

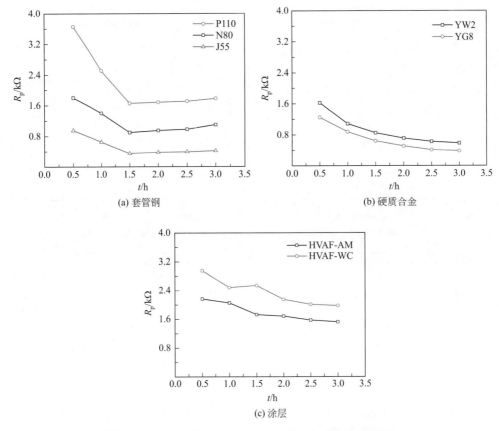

图 6-14　套管钢、硬质合金和涂层极化电阻随空蚀时间变化曲线

（2）空蚀对腐蚀电位的影响

图 6-15～图 6-17 分别比较了空蚀对套管钢、硬质合金和 AC-HVAF 涂层在压裂液中腐蚀电位的影响。可以看出，与静态时相比，空蚀均使腐蚀电位正移 100mV 以上，反映出空蚀影响了腐蚀的反应过程。空蚀对于阴极和阳极反应的影响可以通过下面的极化曲线直观分析。另外，随空蚀时间延长，在空蚀作用下，材料的腐蚀电位逐渐降低，反映出材料腐蚀倾向的增加。

（3）空蚀对极化曲线的影响

图 6-18～图 6-20 分别比较了空蚀对不同材料在压裂液中的极化曲线的影响。可以看出，对于套管钢（图 6-18），空蚀使其极化曲线的阴极和阳极极化电流密度急剧增大。静态时，

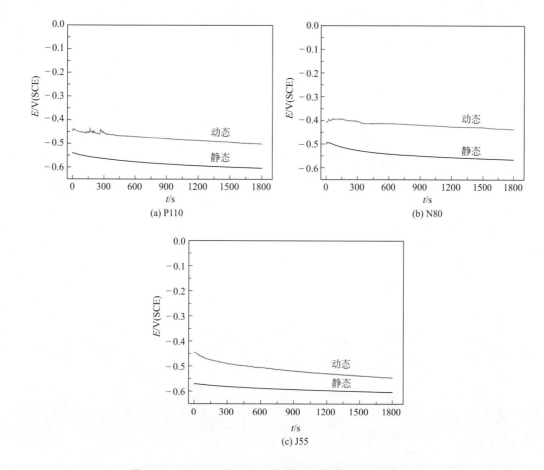

图 6-15　P110、N80 和 J55 三种套管钢腐蚀电位随空蚀时间变化

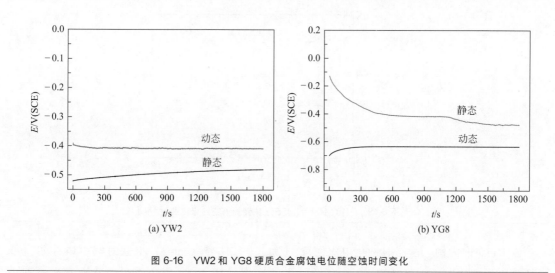

图 6-16　YW2 和 YG8 硬质合金腐蚀电位随空蚀时间变化

套管钢的阳极极化曲线呈现出钝化特征，但在空蚀作用下，这种钝化特征消失，转变为阳极为活化状态的极化曲线。这说明空蚀影响了套管钢的钝化行为。为了直观比较静态和空蚀对腐蚀速率的影响，静态时采用钝化电流密度作为参考，空蚀时则以腐蚀电流密度为准。

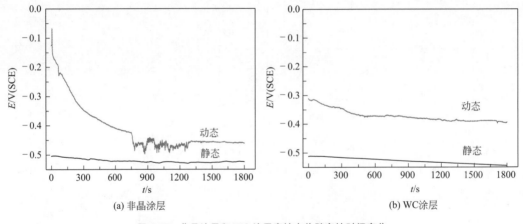

图 6-17　非晶涂层和 WC 涂层腐蚀电位随空蚀时间变化

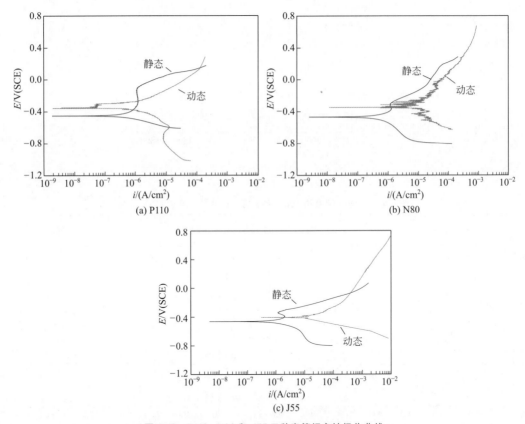

图 6-18　P110、N80 和 J55 三种套管钢空蚀极化曲线

以 P110 钢为例，静态时钝化电流密度约为 $1.0 \times 10^{-6} \mathrm{A/cm^2}$，空蚀时则由塔菲尔直线段外推求得腐蚀电流密度约为 $7.5 \times 10^{-6} \mathrm{A/cm^2}$，空蚀使 P110 钢的电化学腐蚀速率提高近 7.5 倍。同理，可以得出空蚀分别提高 N80 和 J55 钢的腐蚀速率 30 倍和 50 倍。

空蚀对阳极反应的加速主要体现在，空化的力学冲击作用增加了材料内部的位错密度，致使材料塑性变形能力加强，空蚀冲击功转化为机械变形功[29]。由力学作用造成的金属塑性变形可引起腐蚀电流的增加[30]，且塑性变形越严重，位错在晶界塞积的数量越多，阳极电流的增量也就越大[31]。

　　空蚀对硬质合金和涂层在压裂液中极化曲线的影响分别见图 6-19 和图 6-20。由于涂层和硬质合金钝化稳定性较套管钢高，空蚀作用下，四种材料的阳极钝化特征基本没有变化。空蚀对阳极极化曲线的影响有两方面：一是增加了阳极曲线的点蚀电位；二是增加了钝化电流密度。在 AC-HVAF 涂层中，空蚀对两种涂层的影响大小不同，非晶涂层钝化电流密度增加约 2 倍；而 WC 涂层增加了约 10 倍。同样的情形也发生在两种硬质合金中，YW2 钝化电流密度在空蚀作用下增幅约 3 倍，而 YG8 则增至 12 倍。这说明在空蚀过程中，材料的腐蚀性能不同，腐蚀在空蚀损伤中所占的份数也不尽相同，这有可能成为同种类型材料在相同条件下具有不同的空蚀失重率的原因。

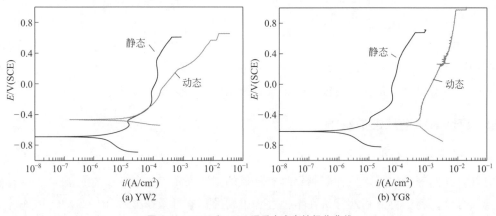

图 6-19　YW2 和 YG8 硬质合金空蚀极化曲线

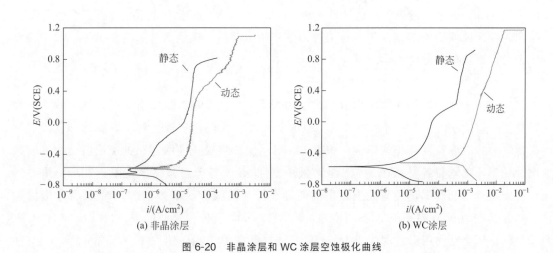

图 6-20　非晶涂层和 WC 涂层空蚀极化曲线

6.3.3　空泡腐蚀对腐蚀的影响

　　由上述极化曲线分析可知，空蚀不仅对试样产生力学作用，而且对腐蚀的阴极和阳极反应也同样起一定的作用。

　　空蚀对材料阳极过程有一定影响。材料发生塑性变形时，随着位错在障碍前形成数量的增加，阳极溶解过程加速，线性极化电阻减小，腐蚀电流增加。当塑性变形到一定阶段，位错在障碍前形成的数量不再增加或增加缓慢，阳极溶解速率也不再增加或增加缓慢，因此空蚀到一定程度，线性极化电阻都逐渐趋于稳定。事实上空蚀对材料阳极过程的影响远比这要复杂得多，空蚀条件下材料表面的受力状态极为复杂，随机载荷作用类似于低周应变疲劳，在气泡溃灭处形成高温、高压区域，对材料阳极行为产生不同程度的影响。但值得肯定的是，空蚀时，腐蚀性阴离子 Cl^- 在材料表面的吸附状态被打破，Cl^- 对材料表面钝化膜的破坏作用减小，影响材料阳极钝化曲线，进而提高材料的抗点蚀能力。

在中性介质中，材料腐蚀的阴极过程通常是氧的去极化反应。氧在溶液中溶解度较小，氧分子只能依靠对流和扩散向电极表面输送。静态时，无搅拌作用，氧的扩散过程成为氧化还原反应的控制步骤。空蚀时，气泡的形成与溃灭产生强烈的搅拌，加速了氧的传质过程，使扩散层厚度减薄，材料表面富集高浓度的氧，增加了氧的极限扩散电流，氧离子化反应速度加快，腐蚀随之加速。一些研究者也得到过类似的结论，如 20SiMn 低合金钢在 NaCl 溶液中的空蚀行为，以及 Cu-Mn-Al 合金在海水中的空蚀行为[32]等，不管是空蚀还是流体速度引起的试样与介质的相对运动都使腐蚀电位正移，据 Nernst 公式，氧浓度增大，氧去极化反应的平衡电极电位正移，腐蚀电位正移，极化曲线的阴极电流密度增加。

6.3.4　腐蚀对空泡腐蚀的影响

图 6-21 为不同材料在压裂液中（4g/L，95℃，KCl 含量 3％）空蚀 3h 后的性能对比。由图可知，在同等条件下，三种套管钢具有最低的空蚀失重率，其次为涂层，空蚀性能最差的为硬质合金。为了更清晰地分析在空蚀过程中腐蚀、空蚀及交互作用的影响，特进行了交互作用影响实验。纯空蚀实验（cavitation erosion）：压裂液不含 KCl，空蚀后计算失重；纯腐蚀实验（corrosion）：静态时测试材料在含 3％KCl 压裂液中的极化曲线，计算其腐蚀失重。

假定纯空蚀实验中的空蚀失重是由纯力学作用引起的，则含 3％ KCl 溶液中的总空蚀腐蚀失重可由下式的各分量表示[33]。

$$W = W_E + W_C + W_S \tag{6-3}$$

式中，W_E 为不含 KCl 的压裂液中的空蚀失重；W_C 为静态条件下 3％ KCl 溶液中的纯腐蚀失重；W_S 为交互作用引起的失重。通过上式可以求得在空蚀过程中，腐蚀和空蚀引起的失重，分析二者交互作用的影响。根据 Faraday 定律将极化曲线测试的腐蚀电流密度转换成腐蚀速率，以求得各材料在 3％ KCl 溶液中空蚀 3h 的各分量，结果见图 6-22。由图 6-22(a) 可知，对于套管钢，纯腐蚀失重由前面静态极化曲线测试获得，P110 钢具有最低的腐蚀失重，其次为 N80 钢和 J55 钢。纯空蚀条件下，N80 钢具有最低的失重，其次为 P110 钢和 J55 钢。从交互作用引起的失重看，J55 钢具有最高的交互作用失重。综合分析，在空蚀过程中，腐蚀所占的分量较高，P110 钢、N80 钢和 J55 钢腐蚀所占份数分别为 50％、43％和 40％。可见，腐蚀对三种套管钢的空蚀力学破坏过程有显著影响，直接影响套管钢最终的空蚀总失重。

由图 6-22(b) 和图 6-22(c) 可知，硬质合金和涂层的空蚀交互作用实验中，纯空蚀所占的比例较高。对于硬质合金，YW2 合金纯空蚀所占比例约为 74％，而 YG8 合金则为 75％。对于涂层来说，纯空蚀所占比例 AC-HVAF 非晶涂层约 91％，而 AC-HVAF WC 涂层约 69％。虽然 AC-HVAF 非晶涂层和 YG8 硬质合金具有最低的腐蚀失重，但所占份数较大的纯空蚀部分影响了最终的空蚀总失重。可见，空化作用的力学破坏对涂层和硬质合金的空蚀过程有显著影响。

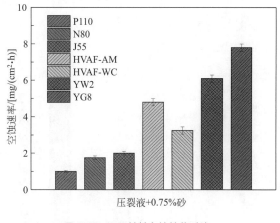

图 6-21　不同材料空蚀性能对比

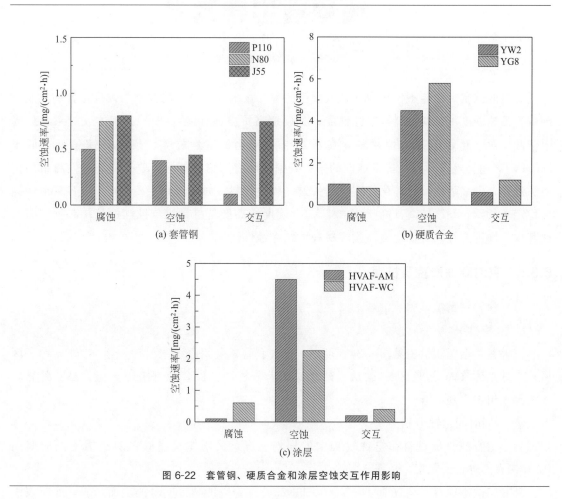

图 6-22　套管钢、硬质合金和涂层空蚀交互作用影响

6.3.5　硬度和耐蚀性对空泡腐蚀性能的影响

图 6-23 为不同材料硬度的对比图。结合图 6-21 的空蚀结果，可以得出，塑性材料（套

管钢）和脆性材料（涂层和硬质合金）呈现出不同的空蚀性能。套管钢硬度普遍偏低，但呈现出较为优异的抗空蚀性能，腐蚀在空蚀过程中占有比较大的比重，P110 钢耐蚀性好，抗空蚀性优异。涂层和硬质合金硬度高，呈现出较差的抗空蚀性能。空化的力学作用在空蚀过程中占较大的比重，其中硬度是影响空蚀失重的主要因素。WC 涂层和 YW2 硬质合金硬度相对较高，所以抗空蚀性能较优。

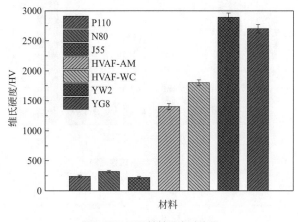

图 6-23　不同材料硬度对比图

材料的抗空蚀性能不仅是耐蚀性或硬度的单变量函数，更是耐蚀性与硬度结合的双变量函数。虽然硬度可反映材料抗空蚀性能，如硬度高抗空蚀性能好[34,35]，但本文结果不仅局限于此。对于套管钢等塑性材料，在压裂液中钝化稳定性较差，硬度普遍偏低（低于 350HV），耐蚀性成为材料抗空蚀性的第一判据，硬度为第二判据。要想提高塑性材料的抗空蚀性能，提高耐蚀性或钝化稳定性是关键。脆性材料，如涂层和硬质合金，在压裂液中钝化稳定性优异，硬度较高（高于 1200HV），硬度的高低是材料抗空蚀性的第一判据，腐蚀性其次。硬度的提高有助于提高脆性材料的抗空蚀性能。

6.3.6　空泡腐蚀形貌及机理

（1）套管钢空蚀形貌及机理

① 金相组织

三种套管钢金相组织见图 6-24。可知，三种套管钢金相组织主要为铁素体（F，白色区域）＋珠光体（P，黑色区域）。从三种金相图上分析，三种套管钢组织类似，没有差异较大或异常组织出现。

② 不同时间空蚀形貌

为了更直观分析材料在空蚀过程中的损伤情况，采用体视显微镜对空蚀不同时间的 P110 钢表面进行了观察，见图 6-25。

套管钢的空蚀存在孕育期（0.5h）。图 6-25(b) 为空蚀孕育期时的表面形貌，此时表面并没有明显的空蚀损伤，图 6-25(c) 为空蚀 1.5h 的表面形貌，空蚀损伤在失重率曲线上达到极值，从表面形貌上看，空蚀损伤呈现出明显的轮廓，此后的空蚀以一个平衡的速率进行，表面损伤逐渐增加。

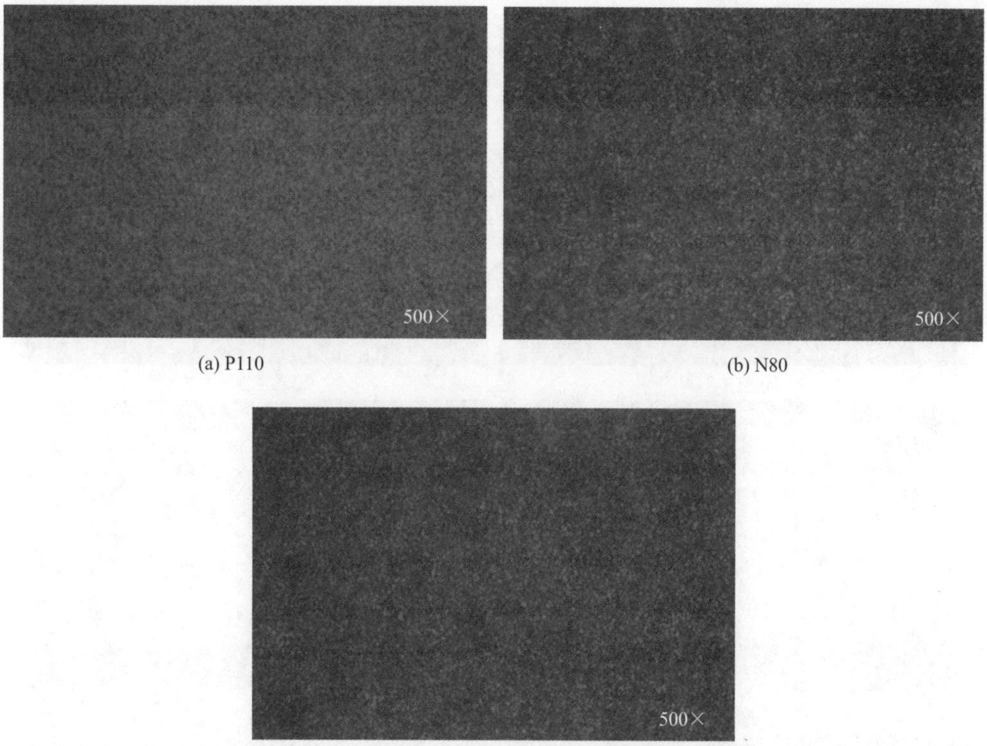

(a) P110

(b) N80

(c) J55

图 6-24　P110、N80 和 J55 三种套管钢金相组织

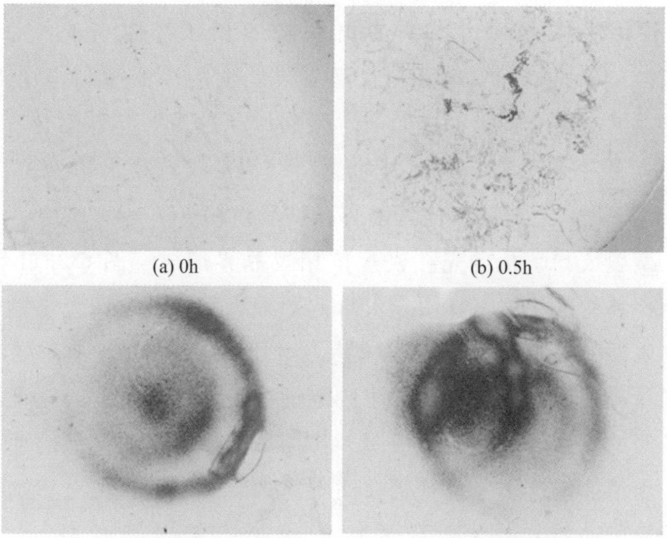

(a) 0h

(b) 0.5h

(c) 1.5h

(d) 3h

图 6-25　套管钢 P110 表面形貌随空蚀时间变化

图 6-26 为 P110 在空蚀失重率达到最大值时表面的 SEM 形貌。从图 6-26(a) 空蚀整体形貌上看，空蚀损伤分为空蚀孕育期形貌［图 6-26(b)，A 区］、空蚀稳态期形貌［图 6-26(c)，B 区］和空蚀衰减期形貌［图 6-26(d)，C 区］三个典型特征，分别体现了空蚀的三个不同阶段。随空蚀时间的延长材料表面的粗糙度增大。

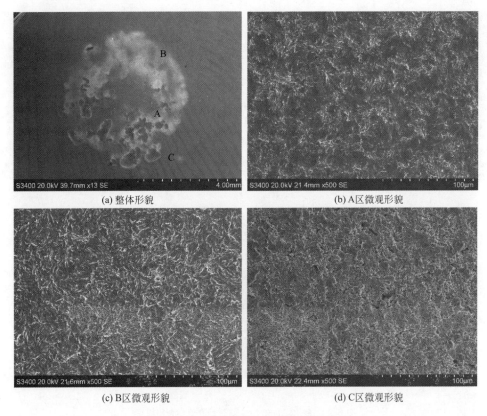

(a) 整体形貌	(b) A区微观形貌
(c) B区微观形貌	(d) C区微观形貌

图 6-26　P110 钢在空蚀 1. 5h 时的 SEM 形貌

由于 P110 套管钢基体金相组织主要由铁素体和珠光体组成，而铁素体显微硬度（150HV）较珠光体（300HV）低[34]，在气泡溃灭产生的冲击能量作用下，铁素体相及其晶界处容易成为空蚀的潜在激发区，进而产生微裂纹。这主要与铁素体相的脆性失效有关，由于体心立方（bcc）的铁素体对应变比较敏感，气泡溃灭产生的应变率接近体心立方金属延性-脆性失效临界点[31]，空蚀自然优先破坏在铁素体相。

空蚀破坏时，微裂纹和微孔首先在铁素体相及晶界形成 ［图 6-26(b)］；随后空穴逐渐将破坏区域扩展至相邻的珠光体上 ［图 6-26(c)］；最后空蚀破坏珠光体组织，并覆盖整个试样表面，致使材料表面大块脱落 ［图 6-26(d)］。对比 A、B、C 三个区域，试样表面由空蚀初期在铁素体相和晶界处形成大量比较窄小的空蚀损伤，逐渐演变为宽且深的空蚀微孔。在空蚀后期，由于较深的空蚀坑对溶液形成缓冲作用，降低了空化气泡的冲击作用，进而影响空蚀失重率的进一步增加，这正是套管钢在达到空蚀衰减期后，失重率始终处于一个稳定数值而没有呈现出明显增加的主要原因。

③ 不同 KCl 浓度空蚀形貌

腐蚀对于套管钢的空蚀过程有显著的促进作用。图 6-27 为 P110 钢在不同 KCl 含量的压裂液中空蚀 3h 后的表面 SEM 形貌。KCl 含量的不同影响 P110 钢的钝化稳定性。钝化行为直接决定着材料的空蚀过程。无 KCl 时，P110 钢钝化稳定性较高，表面无明显孔蚀坑出现 ［图 6-27(a)］。一旦被引入 Cl$^-$，Cl$^-$ 可能对钝化膜产生多方面影响[36]，一是在空化作用下，Cl$^-$ 以高的速率向表面迁移，抑制钝化膜的形成，阻碍钝化材料再钝化的过程；二是

Cl⁻可能成为钝化膜内的杂质，降低钝化膜的完整性和与基体材料的附着力，随后的空化微射流冲击作用使得该膜层更易被去除。在双重作用下，Cl⁻使得钝化材料表面极易形成小孔腐蚀或称孔蚀。借助空化作用，孔蚀形成区域的表面钝化膜被减薄，形成微孔坑，由于Cl⁻的侵蚀作用，微孔来不及钝化而处于活化-钝化过渡区，坑底表面处于活化状态，而坑外表面处于钝化状态，形成大阴极-小阳极局部腐蚀，加速空蚀坑底部的活性溶解。因此，Cl⁻的存在增加了材料的点蚀倾向，也加速了材料的空蚀损伤。

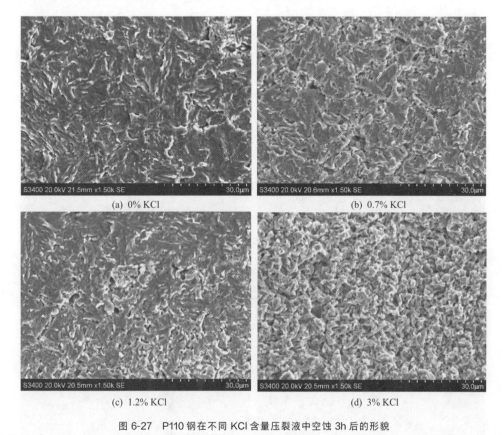

(a) 0% KCl

(b) 0.7% KCl

(c) 1.2% KCl

(d) 3% KCl

图 6-27 P110 钢在不同 KCl 含量压裂液中空蚀 3h 后的形貌

图 6-27(b) 和图 6-27(c) 为 Cl⁻含量增加时，P110 钢表面的损伤，可见明显的点蚀坑存在，Cl⁻含量高，点蚀坑数量明显。Cl⁻含量增加至 3%（腐蚀性最强）时，过多的点蚀，致使腐蚀和空蚀交互作用增强，空蚀损伤严重 [图 6-27(d)]。空蚀逐渐由单一的铁素体相破坏过渡到珠光体相上。

④ 套管钢的空蚀机理

三种套管钢空蚀 3h 后的表面 SEM 形貌见图 6-28。三种钢金相组织类似，空蚀损伤形貌既有相同点，也有区别。相同点为，三种钢的表面无明显的脆性裂纹形成，空蚀破坏均优先发生在基体中铁素体相以及铁素体与珠光体晶界处（图 6-29），再逐渐扩展到珠光体。不同点为，N80 钢和 J55 钢的铁素体的破坏程度比 P110 钢更严重，其中 J55 钢表面铁素体已基本溶解和脱落，在珠光体之间形成很深的空蚀坑，留下孤岛状珠光体。究其原因，一方面由于套管钢属于低合金钢，由铁素体和珠光体组成的这类亚共析钢，抗应变性能较差，在空蚀过程中不具有应力诱发相变特点[4]，因而空蚀损伤体现出较低的孕育期和较为严重的损伤形貌。另一方面，硬度不是决定套管钢抗空蚀性能的决定性因素。钝化性能在空蚀过程中占有重要作用，气泡的溃灭过程对钝化膜产生破坏，钝化膜破裂即对基体失去保护作用。对套管钢组织来说，珠光体相对铁素体来说更易发生腐蚀。空蚀损伤优先作用于铁素体，但另一相珠光体的消失预示着空蚀损伤进程的快慢。N80 和 J55 钢耐蚀性相对较差，在空蚀时珠光体腐蚀过程也较快，在同样气泡溃灭作用下，加速了空蚀的整个进程。这也就是 P110 钢抗空蚀性能优于其他两种套管钢的原因。可见，Cl^- 的存在增加了钝化稳定性较差材料的空蚀损伤风险。

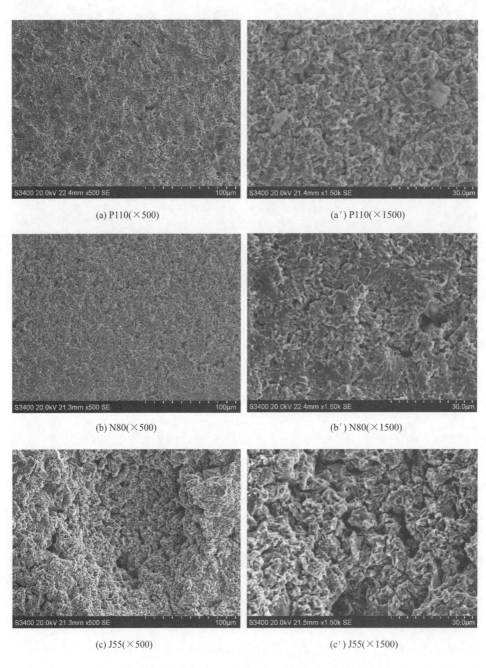

(a) P110(×500)   (a′) P110(×1500)

(b) N80(×500)   (b′) N80(×1500)

(c) J55(×500)   (c′) J55(×1500)

图 6-28　P110、N80 和 J55 三种套管钢空蚀 3h 后表面 SEM 形貌

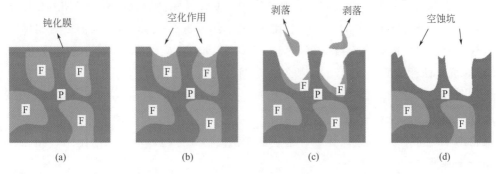

钝化膜   空化作用   剥落   剥落   空蚀坑

(a)   (b)   (c)   (d)

图 6-29 套管钢空蚀机理

尽管如此，套管钢仍然呈现出比其他材料更为优异的抗空蚀性能。虽然材料抗空蚀性与力学性能之间相关度较低，但硬度低的材料具有良好的弹性，可有效地减少冲击力，空蚀应力响应特性降低，吸收大量能量，因而具有较高的抗空蚀性能[37]。这可能是硬度较低的套管钢具有较高抗空蚀性能的主要原因。

（2）硬质合金及涂层空蚀形貌和机理

① 硬质合金空蚀机理

图 6-30 为两种硬质合金空蚀 3h 后表面的 SEM 形貌。两种硬质合金具有相似的空蚀损

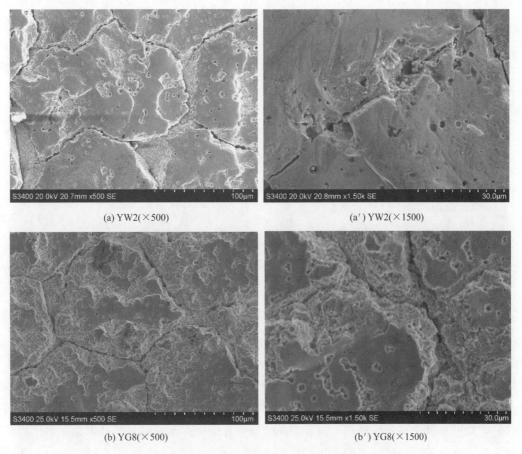

(a) YW2(×500)   (a′) YW2(×1500)

(b) YG8(×500)   (b′) YG8(×1500)

图 6-30 YW2 和 YG8 两种硬质合金空蚀 3h 后表面 SEM 形貌

伤形貌。空蚀后表面粗糙，由典型的孔洞状空蚀坑和交叉脆性裂纹构成，说明其已遭受严重的空蚀破坏。YG8［图6-30(b)、(b′)］比YW2［图6-30(a)、(a′)］表面更为粗糙，仔细观察发现只有极少的原始表面被保存下来，说明YG8空蚀破坏更为严重。这也符合前面提到的YG8抗空蚀性能低于YW2。主要原因是两种硬质合金具有不同的成分，通常硬质合金主要由棱角形态WC相和Co基体黏结相组成，如YG8通常含有92％WC＋8％Co，YW2则稍有不同，通常含有WC＋TiC＋TaC/NbC＋Co，除了WC相和基体Co黏结相外，还含有立方晶格的TiC和NbC复式碳化物，这些复式碳化物分布均匀，可以细化WC相晶粒并提高硬质合金硬度。

空蚀发生时，空化损伤优先发生于WC颗粒与Co黏结相结合处［图6-31(b)］，该区域属于软硬结合过渡区域，结合力弱。WC相周围由于气泡溃灭的冲击而形成薄弱区域，钝化膜在空蚀泡冲击下优先失去保护，随后腐蚀介质浸入，降低了颗粒与基体间的结合。在空化气泡强烈的冲击作用下，WC颗粒脱落形成空蚀坑［图6-31(c)］。随空蚀的进行，合金表面粗糙化程度增加，并形成有一定数量的空蚀坑群。YW2合金中过多的TiC相和NbC相细化了WC颗粒晶粒，空蚀坑扩展的作用被削弱；YG8合金WC颗粒晶粒粗大，空蚀坑数量明显高于YW2。这样过多的空蚀坑密集相连，便会形成片状剥落优先发生的区域。此后，在片状剥落区域，空化作用的强化会形成应力集中，加深空蚀破坏区域并形成脆性断裂裂纹。由于硬质合金中没有韧性相物质，裂纹一旦形成，便会失稳扩展，裂纹扩展连接导致材料异常流失，见图6-31(d)。这就是在两种硬质合金中均观察到明显的纵横交错脆性裂纹的原因。另外，在部分断裂区域可见脆性解理台阶。由于金相组织的差异，在YG8合金中形成分布比较密集的空蚀坑，部分裂纹因扩展连接导致材料大块脱落［图6-30(b′)］，导致其空蚀失重增大。

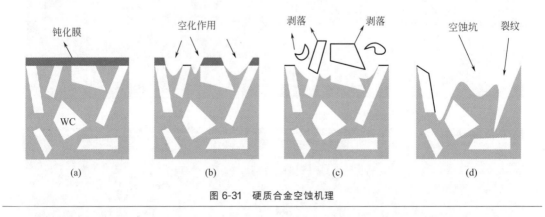

图6-31　硬质合金空蚀机理

② 非晶涂层空蚀机理

非晶涂层表面形貌随空蚀时间变化见图6-32。与套管钢不同的是，在空蚀早期，非晶涂层即发生表面损伤，损伤随时间增加而更为明显。

图6-33是非晶涂层空蚀3h后表面SEM形貌，非晶涂层呈现出典型的阶梯状断裂形貌，阶梯层状处可见极个别未熔颗粒。由于非晶制备时孔隙不可避免，这些孔隙包括氧化物或碳化物夹杂，以及部分粒径较大的未熔颗粒与基体结合处［图6-34(a)］。空蚀发生时，孔隙存在区域钝化膜保护性较其他部位差，易成为气泡溃灭优先发生区域。一旦形成气泡，气泡溃

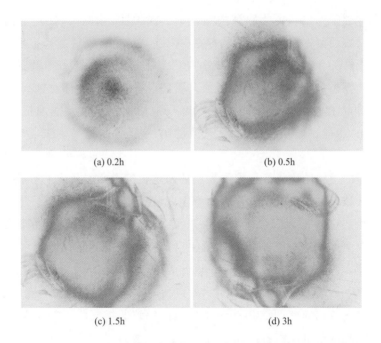

(a) 0.2h　　　　　　　　　　　　(b) 0.5h

(c) 1.5h　　　　　　　　　　　　(d) 3h

图 6-32　非晶涂层表面形貌随空蚀时间变化

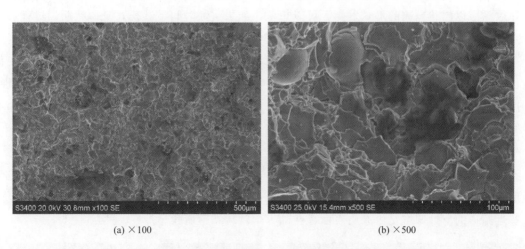

(a) ×100　　　　　　　　　　　　(b) ×500

图 6-33　非晶涂层空蚀 3h 后表面 SEM 形貌

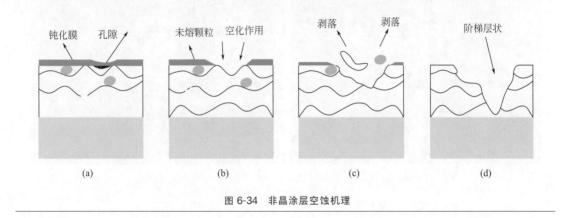

(a)　　　　　　　(b)　　　　　　　(c)　　　　　　　(d)

图 6-34　非晶涂层空蚀机理

灭作用于这些孔隙缺陷部位，钝化膜被击穿，失去保护性［图6-34(b)］。孔隙在气泡作用下被恶化，在涂层表面留下凹坑。凹坑的存在会对涂层的抗空蚀性能产生不利的影响。空化气泡易在凹坑处形核并发生破裂，进而产生应力集中，提高了凹坑位置的局部应力［图6-34(c)］。另外，孔隙的存在极易导致腐蚀介质的浸入，形成局部腐蚀。未熔颗粒与基体结合力较差，在腐蚀和空化双重作用下，未熔颗粒被直接剥落。空蚀损伤一旦在凹坑形成，便具有深挖的功能，凹坑变成随后空蚀的另一个薄弱位置，又遭受更严重的空蚀破坏。

由于涂层典型的层状结构特征，涂层表层的凹坑在气泡冲击载荷下形成应力集中，裂纹从表层应力集中区域萌生、扩展，致使表面特定区域涂层脆性断裂脱落。当最表面涂层脆断剥落之后，次层涂层会露出新表面［图6-34(d)］，空蚀破坏直接作用在涂层次表面层上。次表面层性能和表面层相当，既不能有效吸收空蚀能量，也不能在一定程度上减轻空蚀破坏、阻止裂纹传播，该层涂层被破坏剥落。以此类推，空蚀破坏在非晶涂层的层与层之间交替进行，逐层剥离，最终形成如图6-34所示的典型的阶梯状断裂形貌。随着空蚀不断进行，凹坑的数量越来越多，相邻的凹坑相互连接贯通而导致凹坑间涂层的剥落，形成较大的凹坑，导致涂层大块脱落断裂。

可见，非晶涂层的空蚀损伤是基于涂层中表层孔隙恶化以及阶梯状断裂裂纹的扩展，最终导致涂层以层状剥离的形式发生。可以想象，如果空蚀时间足够长，阶梯状断裂过程会随着空蚀破坏的进行而不断扩展并最终穿透整个涂层直达基体，从而导致涂层的失效。这与Ti/TiN[38]多层涂层和Ti/Ti-Si-C-N多层结构涂层[13]研究结果不同，这些涂层层与层交替进行，隔层中含有能吸收空蚀能量的Ti层，进而呈现出比单层结构涂层更高的耐磨损性、韧性以及抗冲蚀能力。非晶涂层全是脆性层与层结合，这也是非晶涂层抗空蚀性能不高的主要原因。

③ WC涂层空蚀机理

WC涂层空蚀3h后表面SEM形貌见图6-35。WC涂层表现出与非晶涂层截然不同的空蚀形貌特征。WC涂层空蚀后表面部分可见原始涂层，部分则形成麻窝状或针孔状空蚀坑。一些近圆形的空蚀凹坑是由涂层表面存在的未熔颗粒剥落所致。

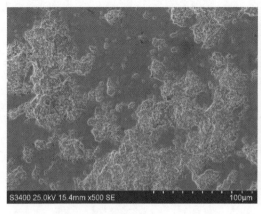
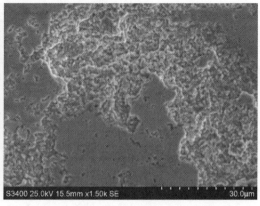

(a) ×500　　　　　　　　　　　　　　　　(b) ×1500

图 6-35　WC 涂层空蚀 3h 后表面 SEM 形貌

由于 WC 熔点较高，在涂层制备时难免有一些未熔颗粒存在，未熔颗粒与基体结合处薄弱 [图 6-36(a)]。空蚀时，气泡溃灭易在颗粒与基体结合区域优先发生，该区域钝化膜易在气泡冲击下失去保护作用 [图 6-36(b)]。WC 颗粒与基体结合力在气泡溃灭时也大大降低，由于没有能量缓冲，WC 颗粒率先被剥落形成凹坑 [图 6-36(c)]。邻近的凹坑随着空蚀破坏的进行相互连接，最终成为一个尺寸较大的凹坑并导致表层涂层大面积剥落，见图 6-36(d)。另外，腐蚀介质易在 WC 颗粒脱落凹坑处聚集，孔隙所在部位被扩大，进而加剧局部腐蚀和空蚀过程。

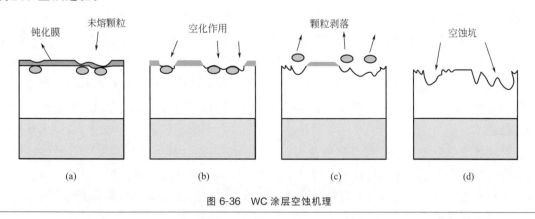

图 6-36　WC 涂层空蚀机理

可见，WC 涂层的空蚀损伤是由于表面颗粒脱落形成凹坑，密集凹坑相连，导致原始表层大面积剥落。造成颗粒脱落损伤的主要原因是气泡溃灭时产生的高速（50～4000m/s[39]）、高压（上万兆帕[36]）微射流对涂层面产生巨大的冲击作用。而 WC 硬质颗粒和基体黏结相 Co 之间结合强度低，微射流直径（2～3μm[40]）恰好与涂层 WC 微粒相当，极有可能把 WC 微粒从表面直接剥离。这也符合热喷涂 WC 涂层实验结果[41]，扁平粒子的弱结合导致涂层内部粒子或粒子碎片发生脱落。虽然非晶涂层和 WC 涂层具有相似的空蚀过程，气泡溃灭均是由涂层组织薄弱或孔隙部位开始，慢慢扩大形成较大孔隙。但由于 WC 涂层不具有非晶涂层典型的层状涂层特征，没有呈现出阶梯状断裂特征。尽管非晶涂层具有优异的耐蚀性，但抗空蚀性低于 WC 涂层。另外，由于腐蚀在涂层空蚀失重中所占的比重小，对两种涂层的总空蚀失重量的贡献较低。再加上振动空蚀实验是加速实验，较强的力学作用掩盖了空蚀过程中腐蚀的作用，使得腐蚀对两种涂层的空蚀损伤影响没有显露出来。这也是空化力学作用影响空蚀失重的主要原因。

值得注意的是，即使腐蚀作用不显著，但当两种涂层处在腐蚀性介质中时，涂层的空蚀破坏也会由于腐蚀的存在而变得严重。腐蚀介质会通过裂纹贯穿到涂层底部与基体接触，涂层便会失去保护。腐蚀介质一旦贯通，便会形成大阴极-小阳极的腐蚀微电池，加剧腐蚀的过程，造成对基体材料的极大破坏。即使如此，涂层也没有出现整体剥落的情况，这有益于 AC-HVAF 喷涂制备涂层与基体良好的结合能力。增加涂层的厚度、减少涂层缺陷等都会提高涂层的抗空蚀性能。

④ 空蚀与冲蚀性能对比

空蚀时，耐蚀性影响套管钢抗空蚀性能，P110＞N80＞J55；冲蚀时硬度则决定套管钢抗冲蚀性能，N80＞P110＞J55。可以肯定的是 J55 钢在多相流中抗损伤性能最差，对于

P110 和 N80 钢，实际中如果环境冲蚀损伤为主，则考虑选用 N80 钢，否则选用 P110 钢，可以在一定程度上降低其在多相流中的损伤倾向。

硬质合金和 AC-HVAF 涂层在压裂多相流中的空蚀和冲蚀，抗损伤性能均由硬度占主导。硬度高的 YW2 硬质合金和 WC 涂层抵抗多相流的损伤性能优异，实际应用时可考虑选用。对于喷砂器衬套可选用 YW2 硬质合金作为加工材料，WC 涂层则可以应用于高速携砂压裂工况中一些过流部件的表面防护涂层。由于涂层未熔颗粒的存在及结合力差等原因，涂层的抗空蚀性差于套管钢。由于空蚀和冲蚀对材料表面不同的破坏作用机理，实际应用时应根据具体压裂工况，确定腐蚀、空蚀以及冲蚀发生所占的比例大小，合理制备涂层进行防护。今后，提高和改进 WC 涂层的耐空蚀性能仍需要深入地研究。WC 金属陶瓷涂层中硬相 WC 的加入虽然提高了硬度和耐磨损性，但由于与基体间较差的腐蚀性能影响了其耐空蚀和耐冲蚀性能。应在保持涂层高耐冲蚀性能的基础上，提高涂层的致密性和内部结合强度，如在喷涂材料中增加黏合金属成分或添加具有自熔倾向的材料，最终提高涂层的抗空蚀和冲蚀综合性能。

对于硬质合金和 WC 涂层等脆性材料，空蚀损伤形貌和冲蚀损伤形貌有点类似，但空蚀损伤形貌更为严重，表面脱落情况明显。这主要与空蚀和冲蚀不同的作用过程相关。空蚀时，气泡损伤一旦形成，便具有深挖的功能，脆性材料中的硬相与周围黏结相结合薄弱，气泡溃灭垂直冲击导致硬相直接被剥离表面，形成凹坑，凹坑密集相连，造成材料大面积空蚀损伤。这种损伤可能比基体要严重得多。在冲蚀过程中，颗粒的冲击也会优先作用于硬相和黏结相结合处，但由于喷射时，陶粒颗粒对材料表面的切削作用会产生部分压应力，硬相颗粒和黏结处同时发生冲刷，黏结相硬度低于硬相颗粒，冲刷损伤优先作用于黏结相界面结合处。腐蚀介质会在冲刷区域累积，加速冲蚀损伤过程。随冲蚀时间延长，暴露出的孤立的硬相颗粒才被冲击掉。因此冲蚀时侧重于固相颗粒对涂层面的碰撞和切削剥蚀作用，硬相颗粒的脱落程度要小于空蚀损伤。这也是冲蚀后表面出现比空蚀更多未熔颗粒的原因。这些不同的机理有助于我们理解不同的损伤行为，对于选用和制备防护新材料具有一定的理论指导意义。

实际上，腐蚀、空蚀和冲蚀在实际中往往并存，三者多相流损伤中的主导因素及三者之间的交互与耦合作用机制，人们的理解还很有限，尚难以实现材料在多相流中损伤的针对性控制，亟待解决。

参考文献

[1] Kornfeld M，Suvorov L. On the destructive action of cavitation [J]. Journal of Applied Physics，1944，15（6）：495-506.

[2] Tomlinson W J，Talks M G. Erosion and corrosion of cast iron under cavitation condition [J]. Tribology International，1991，24（2）：67-75.

[3] 于宏. 典型过流部件材料在模拟河水和海水中的动态腐蚀机理 [D]. 沈阳：中国科学院金属研究所，2007.

[4] 柳伟. 耐多相流损伤的金属材料及作用机制研究 [D]. 沈阳：中国科学院金属研究所，2001.

[5] Kwok C T，Cheng F T，Man H C. Synergistic effect of cavitation erosion and corrosion of various engineering alloys in

3. 5% NaCl solution [J]. Material Science and Engineering (A), 2000, 290 (1-2): 145-154.

[6] 郑玉贵. 液/固双相流冲刷腐蚀实验规律及机理研究 [D]. 沈阳: 中国科学院金属腐蚀与防护研究所, 1998.

[7] 柳伟, 郑玉贵, 姚治铭, 等. 金属材料的空蚀研究进展 [J]. 中国腐蚀与防护学报, 2001, 21 (4): 250-255.

[8] Karimi A, Lartin M J. Cavitation erosion of materials [J]. International Metels Reviews, 1986, 31 (1): 1-26.

[9] Tomlinson W J, Moule R T, Blount G N. Cavitation erosion of pure iron in distilled water containing chloride and chromates [J]. Tribology International, 1988, 21 (1): 21-24.

[10] Thiruvengadan A, Preiser H. Recent investigation of cavitation and cavitation damage [J]. Journal of Ship Review, 1964, 8: 39-42.

[11] Wood G M, Knudson L K, Harmmit F G. Cavitation studies with rotating disk [J]. Journal of Basic Engineering, 1967, 89: 98-102.

[12] Hammitt F G. Wear Control Handbook [M]. USA: The American Society of Mechanical Engineers, 1980.

[13] 秦承鹏. 汽轮机末级叶片液滴冲蚀防护涂层研究 [D]. 沈阳: 中国科学院金属研究所, 2010.

[14] Preece C M, Vaidya S, Dakshinamoorthy S. Influence of crystal structure on the failure mode of metal by cavitation erosion [C]. Philadelphia: ASTM, 1979.

[15] Zhou Y K, Hammitt F G. Vibratory cavitation erosion in aqueous solutions [J]. Wear, 1983, 87 (2): 163-171.

[16] Ahmed S M, Hokkirigawa K, Ito Y. Scanning electron microscopy observation on the incubation period of vibratory [J]. Wear, 1991, 142 (2): 303-314.

[17] Andrea E Catania, Alessandro Ferrari, Michele Manno, et al. A comprehensive thermodynamic approach to acoustic cavitation simulation in high-pressure injection systems by a conservative homogeneous two-phase barotropic flow model [J]. Journal of Engineering Gas Turbines Power, 2005, 128 (2): 434-445.

[18] 陈庆光, 吴玉林, 刘树红, 等. 轴流式水轮机全流道内非定常空化湍流的数值模拟 [J]. 机械工程学报, 2006, 42 (6): 211-216.

[19] 张文军. 离心泵全流道内空化流场的数值模拟及预测 [D]. 兰州: 兰州理工大学, 2008.

[20] Bouziad Youcef Ait, Guennoun Faic? al, Mohamed Farhat, et al. Numerical simulation of leading edge cavitation [C]. Honolulu: ASME/JSME 2003 4th Joint Fluids Summer Engineering Conference, 2003.

[21] Ding H, Visser F C, Jiang Y, et al. Demonstration and validation of a 3D CFD simulation tool predicting pump performance and cavitation for industrial applications [J]. Journal of Fluids Engineering, 2011, 133 (1): 1-14.

[22] 孙冰. 基于 FLUENT 软件的超声空化数值模拟 [D]. 大连: 大连海事大学, 2008.

[23] 王智勇. 基于 FLUENT 软件的水力空化数值模拟 [D]. 大连: 大连理工大学, 2006.

[24] 章昱. 水力空化及 CFD 数值模拟 [D]. 杭州: 浙江工业大学, 2011.

[25] ASTMG32-06. Standard method of vibratory cavitation erosion test. Annual Book of ASTM Standards [S]. Philadelphia, ASTM: 2006: 1-15.

[26] Hammitt F G, De M K. Cavitation damage prediction [J]. Wear, 1979, 52 (2): 243-262.

[27] 李根生, 沈晓明, 施立德, 等. 空化和空蚀的机理及其影响因素 [J]. 石油大学学报, 1997, 21 (1): 97-102.

[28] Kwok C T, Man H C, Leung L K. Effect of temperature, pH and sulphide on the cavitation erosion bahavior of super duplex stainless steel [J]. Wear, 1997, 211 (1): 84-93.

[29] 古特曼 E M. 金属力学化学与腐蚀防护 [M]. 北京: 科学出版社, 1989.

[30] Linderstron O. Physico-chemical aspects of chemically active ultrasonic cavitation in aqueous solution [J]. The Journal of the Acoustical Society of America, 1995, 27 (4): 654-659.

[31] Auret J G, Damm O F R A, Wright G J, et al. The influence of water air content on cavitation erosion in distilled water [J]. Tribology International, 1993, 26 (6): 431-433.

[32] Trethewey K R, Haley T J, Clark C C. Effect of ultrasonically induced cavitation on corrosion of a copper-manganese-aluminium alloy [J]. British Corrosion Journal, 1988, 23 (1): 55-60.

[33] Zheng Yugui, Yao Zhiming, Wei Xiangyui, et al. The synergistic effect between erosion and corrosion in acidic slurry

medium [J]. Wear, 1995, 186-187: 555-561.

[34] 骆素珍. 几种钢铁材料在 NaCl 和 HCl 溶液中的空蚀规律和机理 [D]. 沈阳：中国科学院金属研究所, 2003.

[35] Zhao Kang, Gu Chenqing, Shen Fusan, et al. Study on mechanism of combined action of abrasion and cavitation erosion on some engineering steels [J]. Wear, 1993, 162-164: 811-819.

[36] 黄继汤. 空化与空蚀的原理及应用 [M]. 北京：清华大学出版社, 1991.

[37] Liu W, Zheng Y G, Liu C S, et al. Cavitation erosion behavior of NiTi alloy and its relation with mechanical properties [J]. Metallurgical and Materials Transactions A, 2004, 35A (1): 356-359.

[38] Bromark M, Hedenqvist P, Hogmark S. The influence of substrate material on the erosion resistance of TiN coated tool steels [J]. Wear, 1995, 186-187: 189-194.

[39] Blak John R, Keen Giles S, Tong Robert P. Acoustic cavitation: the fluid dynamics of non-spherical bubbles [J]. Philosophical Transactions Mathematical Physical & Engineering Sciences, 1999, 357 (2): 251-267.

[40] Hammit F G. Mechanical cavitation damage phenomena and corrosion-fatigues [C]. UMICH Report, University of Michigan, 1971.

[41] 李勇, 太江, 李巍, 等. 水轮机过流部件表面 WC-CoCr 涂层的失效机理 [J]. 中国表面工程, 2014, 27 (1): 18-24.

第7章 载荷作用下非晶纳米晶涂层腐蚀性能

载荷和腐蚀是非晶涂层在生产使用中导致其失效的至关重要的影响因素，但目前仍缺少非晶涂层在残余应力、外载荷和腐蚀耦合作用下行为的系统研究，非晶涂层在力和腐蚀多因素耦合环境中的服役行为还不明朗。

本章主要介绍非晶纳米晶涂层在载荷和腐蚀作用下的腐蚀行为、环境敏感断裂性能，为非晶涂层在载荷和腐蚀环境中的应用提供参考，推进非晶涂层的进一步实际应用。

7.1 力学作用下涂层腐蚀性能

本节介绍磨损和拉伸等纯外加载荷对非晶涂层本身性能的影响，以及腐蚀介质存在时，两种外载荷和腐蚀耦合作用对涂层性能的影响，为进一步开展外力和腐蚀环境相互作用对非晶涂层性能的影响的研究提供了思路和参考。

7.1.1 外载荷作用对非晶涂层腐蚀的影响

在现代工业领域，涂层在应用过程中不可避免存在摩擦磨损、拉伸、冲击、疲劳等外部载荷作用。摩擦磨损是涂层失效的一种主要形式，非晶涂层常见摩擦磨损一般有磨粒磨损和疲劳磨损两种形式。铁基非晶涂层在摩擦磨损过程中表面会发生硬化，降低涂层耐磨性，涂层中固有孔隙和摩擦磨损形成的孔洞会稍微提高材料的耐磨性[1]。根据 Archard 定理[2]，提高硬度会使材料磨损体积减小，进而提高涂层的耐磨性。可见，非晶涂层高的硬度使其具备了优异耐磨性的先决条件。

非晶涂层作为一种高强度亚稳态材料，在使用过程中还会承受拉伸载荷导致断裂，但传统晶体材料的断裂准则不完全符合非晶材料的断裂行为。目前，研究者们对非晶纳米晶涂层的拉伸断裂研究表明，拉伸断裂主要有两个特征，一种是拉伸剪切断裂，另一种是拉伸正断，其拉伸断裂符合"椭圆准则"[3]。非晶合金模量和极限强度随着尺寸的增加而增大，破坏仅仅来自局部颈缩[4]，并且空位的微小长大对断裂行为没有太大影响。

实际上，在工业环境中应用时，非晶涂层不仅承受单纯的外载荷作用，多数情况下是受到外载荷与腐蚀的联合作用，如在腐蚀介质中的磨损，腐蚀介质中的拉伸，腐蚀介质的存在使得非晶合金在外载荷作用时性能变得极不稳定。材料在应力和腐蚀介质作用下，表面的氧化膜被腐蚀而受到破坏，破坏的表面和未破坏的表面分别形成阳极和阴极，阳极处的金属成为离子而被溶解，产生电流流向阴极。由于阳极面积比阴极的小得多，阳极的电流密度很大，进一步腐蚀已破坏的表面。加上拉应力的作用，破坏处逐渐形成裂纹，裂纹随时间逐渐扩展直到断裂。这种裂纹不仅可以沿着金属晶粒边界发展，而且还能穿过晶粒发展。

在腐蚀介质中承受外部拉应力作用，进而容易引发应力腐蚀开裂，主要是指承受应力的材料在腐蚀性环境中由于裂纹的扩展而发生失效的一种现象。不锈钢应力腐蚀实验[5,6]结果表明，不锈钢在一定的应变速率下应力腐蚀敏感性随着应变速率的不断增大先增大后减小。应力腐蚀是从材料表面钝化膜破坏发生点蚀开始，逐步在裂纹源扩展，最终导致不锈钢的应力腐蚀断裂。随着外在载荷的不断增大、Cl^-浓度的不断升高，材料应力腐蚀时间缩短，耐腐蚀性变差。铝合金应力腐蚀实验[7-9]结果表明，在腐蚀介质中加入 HCl，合金的腐蚀敏感性增加，并且 O_2 的存在对腐蚀断裂有很大的影响，断裂扩展速率随温度升高而加快，温度越高试样寿命缩短幅度越大。316L 不锈钢在载荷作用下的腐蚀实验[10,11]证明 Cl^- 增加了材料的腐蚀断裂敏感性，促进了表面钝化膜的破坏，加速了应力腐蚀。同时，温度对 316L 不锈钢的腐蚀断裂影响很明显，并非是单调递增的关系，脆性断裂和韧性断裂也都存在。不锈钢在酸性环境下有较强的腐蚀断裂敏感性，腐蚀速率也加快，Cl^-、H^+ 以及温度是影响材料腐蚀断裂的重要因素[12]。

目前已经有大量的晶体材料的外载荷腐蚀作用实验研究，但是研究者们对非晶纳米晶涂层的载荷与腐蚀协同作用的研究只有很少的一部分，载荷作用下腐蚀机理也尚不明确。铁基非晶涂层与不锈钢相比能形成更稳定的钝化膜，再加上自身结构无缺陷，与晶体的晶格结构不同，氢渗透行为的差异性大，在应力腐蚀机理方面，可能呈现出截然不同的失效行为，急需开展相关的研究。晶体在外载荷和腐蚀环境共同作用下，断裂机理主要是阳极溶解和氢致开裂，裂纹扩展方式主要是沿晶与穿晶两种，塑性变形则多以滑移与孪生机制来描述。非晶合金在低温范围内主要发生剪切塑性变形，容易沿单一剪切带直接发生脆性断裂，在拉伸载荷下和压缩载荷下，剪切断裂面与外加载荷轴的夹角不一致，并不服从"屈特加准则"[13]。目前，对于非晶合金应力腐蚀机理的研究并不全面[14]，相关作用机制仍需要更加深入和全面的了解。

7.1.2 残余应力对非晶涂层腐蚀的影响

非晶涂层制备和使用中，残余应力及外部载荷的作用更是一个不容忽视的问题。热喷涂时，喷射的材料与基体间存在较大的温差，涂层材料与基体的热膨胀系数不同，喷射时，熔融粒子发生结晶收缩，颗粒撞击到基体时要产生变形和硬化，涂层与基体间必然会产生残余应力。涂层中存在的残余应力对涂层的许多性能有着严重影响，例如界面韧性、结合强度、耐热循环能力、耐腐蚀性、抗疲劳性等，并且会引起涂层表面出现裂纹甚至剥落，还会使被覆盖的零件变形。

对晶体材料的残余应力的测试方法较多，而由于热喷涂制备的涂层的性能特点以及测试方法的一些特点和限制，对于测量涂层的残余应力的准确性存在着一定的难度。近些年学者对涂层残余应力的测试进行了大量研究。目前测试涂层残余应力的方法主要有衍射法、剥离法及曲率法，随后又出现一些更科学的测试方法，有细观方法、激光云纹干涉法、Raman应力法等，每个方法既有优点又存在一定的局限。根据对非晶涂层结构及性能有无机械损伤这一特点，残余测试方法分为无损法和破坏法两种。无损法顾名思义对涂层没有损害，可分为两种类型，一种是X射线衍射法、中子衍射法、拉曼光谱法等依据变化的物理性质和结构参数来测量残余应力；另一种是盲孔法、剥层法和套层法等，运用机械加工或其他加工方法来释放残余应力，通过测量产生的释放应变来计算残余应力。

残余应力对非晶合金硬度有一定影响，拉伸残余应力降低合金的硬度，而压缩残余应力则对合金硬度影响较小[15]。采用显微硬度压痕法[16]可以测量涂层的微区残余应力。该测试方法简单、方便，经验证准确性强，同时对材料本身并无破坏。测量显微硬度时发现含有残余应力的试样与不含残余应力的试样间的压痕大小及形状存在很大差异，存在拉应力的试样表面压痕周围产生凹陷；而含有压应力的试样，压痕周围发生凸起现象[17]。由此产生了利用试样表面的压痕面积比来测量微区残余应力的显微硬度法[18]。依据文献 [19，20]，残余应力的存在对施压过程中压痕周围金属的堆积量（即压痕面积比）比较敏感，因此，准确地测量压痕面积比是测定残余应力的最主要条件。为此，引入压痕面积比 c^2（$c^2 = A/A_{nom}$）参数来表征压痕周围的金属堆积量[20]。

上述公式中：A 为真实面积，其意义与普通硬度定义中的相同；A_{nom} 为投影面积，指不考虑压入过程中的凸起和凹陷现象时压痕的投影面积，见图 7-1。

为了简化计算过程，假设材料的应力与应变关系满足幂指数函数规律。且残余应力场满足二维等轴条件，得到残余应力 σ_{res}（应变 ε_{res}）与硬度 H 和 c^2 有如下关系[21]：

$$\varepsilon_{res} = \left(\frac{H}{3.4\sigma_0}\right)^{\frac{1}{n}} - 0.08 \tag{7-1}$$

$$\sigma_{res} = \sigma_0 |\varepsilon_{res}|^n \times \left(e^{\frac{c^2 - c_0^2}{0.32}} - 1\right) \tag{7-2}$$

式中，σ_0 是材料的强度系数；n 是材料的应变硬化指数；c 是有残余应力试样压痕面积比；c_0 是无残余应力试样压痕面积比。σ_0、n 均为材料的固有属性。一般认为，压痕的凸起和凹陷现象仅出现在硬度压痕的四周，在四个尖角处无此现象，或者可以忽略不计[22]。根据硬度 SEM 图，经作图后对压痕面积 A 和 A_{nom} 的测量计算出残余应力值。

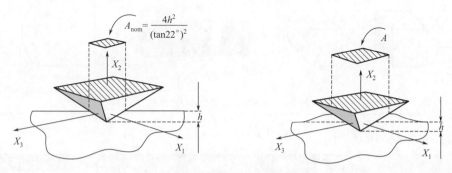

$$A_{nom} = \frac{4h^2}{(\tan 22°)^2}$$

图 7-1　A 和 A_{nom} 的简析[20]

残余应力作为影响腐蚀的力学因素的重要组成部分，在工业应用中引起了很大的关注。残余应力既会引起涂层内微裂纹的产生，降低结合强度，更会影响疲劳和腐蚀等使用性能。目前，国外研究者已经开展了一些探索性工作，获得共识的是残余应力影响材料的腐蚀行为，但有关残余应力对材料钝化的影响及与点蚀的关联性研究还不够深入。

7.1.3 外载荷和腐蚀耦合作用对非晶涂层性能的影响

非晶涂层在腐蚀介质中的磨损行为不同于纯磨损，材料在腐蚀介质中受到小而松散的流动粒子冲击，在表面出现磨损破坏，称为冲刷腐蚀，简称冲蚀。冲蚀实验表明，在 NaCl 介质中，非晶涂层冲蚀损害增大与 Cl^- 浓度增大之间存在一定的相关性，Cl^- 的腐蚀作用增加了冲蚀的过程，加剧了材料的冲蚀失重。在力学冲刷作用下，非晶涂层表面钝化膜稳定性不高，材料表面的钝化膜减薄，甚至破裂，冲刷和腐蚀强烈交互作用下加速了非晶涂层的腐蚀过程[23-26]。

非晶合金的无序结构极大地限制了人们对非晶微观结构的表征，也制约了对其动力学行为的理解和认识[14,27]。近期，球差矫正电镜（Cs-corrected TEM）和调幅动态原子力显微镜（AM-AFM）等尖端表征手段表明，非晶中空间结构异质性（spatial heterogeneity）是金属玻璃弛豫的结构起源[28,29]，而二十面体团簇结构单元的几何不稳定性（geometric frustration）是非晶形成的结构起源[30]。这些研究加深了人类对非晶体系动力学行为的认识。截至目前，对于非晶合金在腐蚀介质中变形行为的研究并不全面，腐蚀和力学在微观层面的相关作用机制仍需要更加深入和全面的了解。

7.2 残余应力作用下AC-HVAF非晶纳米晶涂层腐蚀行为

7.2.1 不同残余应力非晶涂层制备

（1）涂层制备

含不同残余应力基体试样尺寸见图 7-2 和表 7-1。采用 AC-HVAF 喷涂方法在 316L 基体上喷涂非晶涂层。

图 7-2　含不同残余应力试样示意图

● 表 7-1　含不同残余应力试样尺寸

试样标号	角度	h/mm	a/mm	b/mm	r/mm	面积/cm²
Cts0						
Cts1	$\alpha=110°$	2.6	5	3.51	6.11	1.17
Cts2	$\alpha=60°$	3.9	5	1.26	10	1.37

（2）实验过程

实验主要考察介质［H^+］变化、［Cl^-］变化及温度变化对非晶涂层腐蚀性能的影响。

① 动电位极化曲线测试

在 0.25mol/L HCl＋0.25mol/L NaCl 溶液中，测试 3 种非晶涂层动电位极化曲线，扫描速率为 0.167mV/s，扫描电位范围为开路电位－0.25～＋1.2V。

Cts1 非晶涂层在不同 H^+ 和 Cl^- 浓度腐蚀介质中动电位极化扫描测试。

Cts1 非晶涂层在 0.25mol/L HCl＋0.25mol/L NaCl 腐蚀介质中变换不同的温度，依次为 20℃、50℃、80℃，测试其动电位极化扫描。

② 循环极化曲线测试

Cts0、Cts1、Cts2 非晶涂层分别在 0.25mol/L HCl＋0.25mol/L NaCl 腐蚀介质中进行循环极化扫描测试（CP），扫描速度为 0.167mV/s，扫描电位范围为－0.25～＋1.2V。

③ 浸泡腐蚀电化学阻抗谱测试

将 Cts0、Cts1、Cts2 放入 0.25mol/L HCl＋0.25mol/L NaCl 腐蚀介质中进行浸泡，腐蚀周期为 6 天，每天测试其电化学阻抗谱，浸泡后试样经过酒精擦拭表面后用扫描电子显微镜（SEM）进行腐蚀形貌表征。

④ 涂层钝化膜稳定性测试

测试 Cts0、Cts1、Cts2 在 0.25mol/L HCl＋0.25mol/L NaCl 腐蚀介质中的 Mott-Schottky 曲线，测试频率为 1kHz。测试时在钝化膜形成电位区间内，沿阳极方向进行电位扫描，电位分别选择 0V、0.2V、0.4V、0.6V 和 0.8V。

非晶涂层在 0.25mol/L HCl＋0.25mol/L NaCl 腐蚀介质中形成的钝化膜的 XPS 全谱扫描及腐蚀后未经溅射表面典型的 Fe 2p、Cr 2p 和 Mo 3d 精细谱峰测试。测试时，条带的自由面经一系列型号砂纸细磨后，分别在测试溶液中 0.6V 电位下阳极极化 10^4s。

7.2.2 应力涂层非晶特征

（1）不同残余应力非晶涂层特征

图 7-3 为含不同残余应力非晶涂层的 XRD 图谱。由图可知，三种涂层 XRD 曲线分别在

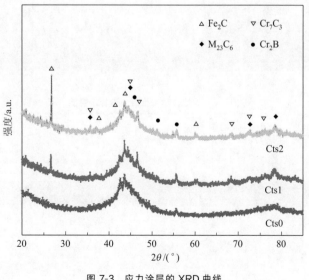

图 7-3 应力涂层的 XRD 曲线

$2\theta=45°$范围内显示出较宽的漫衍射峰，表明其近乎完全的非晶态结构。但三种涂层曲线中分别存在不同程度的细小尖锐的晶体峰，可以观察到含残余应力较高的 Cts1、Cts2 比 Cts0 中晶体峰相含量稍高。

图 7-4 为所制备不同残余应力涂层表面及侧面 SEM 形貌。由图可知，不同形状涂层表面喷涂较为均匀，有部分未熔颗粒。涂层与基体界面结合良好。

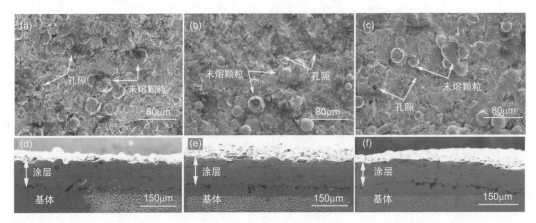

图 7-4　应力涂层表面 [(a)、(b)、(c)] 及侧面 [(d)、(e)、(f)] SEM 形貌
(a)、(d) Cts0 涂层；(b)、(e) Cts1 涂层；(c)、(f) Cts2 涂层

（2）残余应力表征

残余应力表征采用机械法，见图 7-5。残余应变 ε_{res} 和应力 σ_{res} 参考式（7-1）和式（7-2）。式中，H 是材料维氏硬度；σ_0 是材料强度系数，铁基材料 $\sigma_0=5$；n 是材料固有性质，$n=1$ 时材料完全弹性，$n=0$ 时则没有应变强化，本研究中铁基非晶涂层韧性差，$n=0.2$；c_0 是无残余应力时试样面积，$c_0=1$。

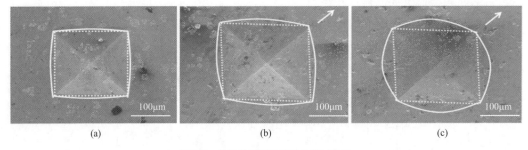

图 7-5　非晶涂层残余应力计算示意图

残余应力计算结果见表 7-2。

● 表 7-2　非晶涂层残余应力计算结果

序号	$\alpha/(°)$	a/mm	r/mm	硬度（HV）	c	残余应力/Pa
Cts0	0	10	∞	827±34	1.028	49.26±2.04
Cts1	110	10	6.11	711±25	1.273	1247.93±43.87
Cts2	60	10	10	601±28	1.308	1461.07±68.11

7.2.3 残余应力涂层电化学腐蚀行为

（1）残余应力涂层钝化行为

非晶涂层在不同条件下的动电位极化曲线见图7-6。图7-6（a）是含残余应力非晶涂层在0.25mol/L HCl＋0.25mol/L NaCl腐蚀介质中的动电位极化曲线。

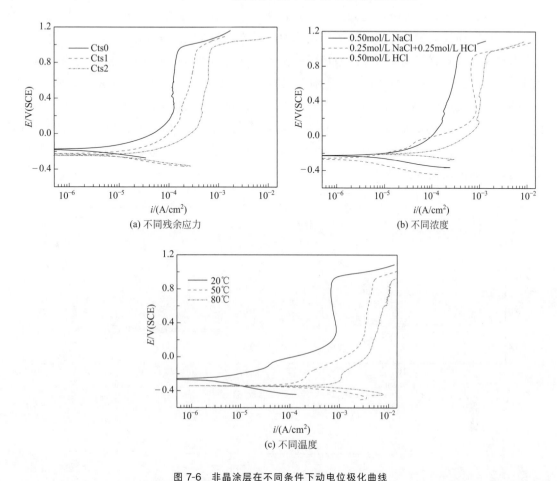

图 7-6　非晶涂层在不同条件下动电位极化曲线

从图中可知，Cts0涂层的自腐蚀电位最高，Cts1次之，Cts2最低，这就意味着涂层残余应力增大，自腐蚀电位降低，涂层发生腐蚀的倾向也随之增大。三种涂层钝化区维钝电流密度按照Cts0、Cts1、Cts2的顺序依次增大，由$1.5×10^{-4}$A/cm² 增大到$3×10^{-4}$A/cm² 和$7×10^{-4}$A/cm²。三种涂层的点蚀电位均为1.1V，与残余应力大小无关，基本无变化。

图7-6（b）是Cts1涂层在不同［H⁺］浓度腐蚀介质中的动电位极化曲线。可知，Cts1涂层在不同［H⁺］溶液中均呈现出明显的钝化行为，维钝电流密度对［H⁺］变化敏感，随着［H⁺］增大钝化电流密度升高，维钝电流密度从$2×10^{-4}$A/cm² 增大到$1×10^{-3}$A/cm²，涂层抵抗均匀腐蚀的能力降低。在三种介质中，Cts1涂层的点蚀电位均为1.1V，基本无变化。

图7-6（c）是Cts1涂层在0.25mol/L HCl＋0.25mol/L NaCl介质中随温度变化时的动

电位极化扫描曲线。由图可知，三种温度下 Cts1 涂层均呈现明显的钝化现象，20℃时 Cts1 的腐蚀电位明显高于其他两个温度，更难发生腐蚀。维钝电流密度随温度升高而增大，维钝电流密度从 $8×10^{-4}A/cm^2$ 增大到 $7×10^{-3}A/cm^2$，抵抗均匀腐蚀的能力降低，点蚀电位基本无变化。

（2）含残余应力涂层点蚀行为

循环极化曲线是外加电位达到某一给定值后自动反向扫描的电位-电流响应曲线，主要依据循环极化曲线的正向与反向扫描的极化曲线所形成的滞回环面积的大小来评价材料耐点蚀能力和钝化膜自我修复能力。滞回环面积越小，反向扫描与正向扫描曲线重合率越高，材料耐点蚀的能力就越强。图 7-7 分别是 Cts0、Cts1、Cts2 涂层在 0.25mol/L HCl＋0.25mol/L NaCl 腐蚀介质中的循环极化曲线。从图中可以看出，Cts0 涂层的滞回环面积最小，Cts2 涂层的滞回环面积最大，那就说明在同一腐蚀溶液中随着残余应力的增大，非晶涂层耐点蚀或是钝化膜自我修复能力越来越弱。较高的残余应力恶化了非晶涂层的点蚀阻力，增加了非晶涂层点蚀的倾向。

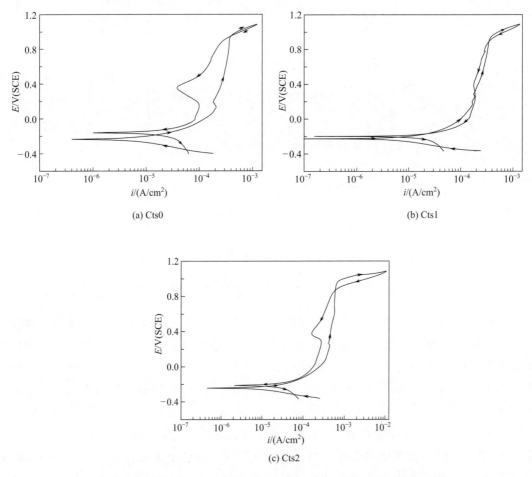

图 7-7　含残余应力涂层在 0.25mol/L HCl+0.25mol/L NaCl 溶液中的循环极化曲线

图 7-8 为三种涂层的恒电位 i-t 曲线。在同等条件下，残余应力值高的涂层 i-t 曲线上呈现出更多更明显的电流暂态峰。

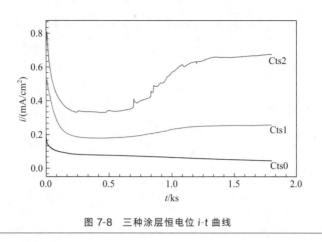

图 7-8　三种涂层恒电位 i-t 曲线

7.2.4　残余应力涂层浸泡腐蚀行为

（1）浸泡腐蚀 EIS 分析

为了反映含不同残余应力涂层长期浸泡腐蚀的行为，测试了含残余应力涂层随时间变化电化学阻抗谱，见图 7-9。阻抗图高频区域反映的是与阻挡层相关的性质（即电荷转移电阻），低频区域则反映的是与界面电阻相关的性质（如局部腐蚀）。为了更清晰体现在不同频

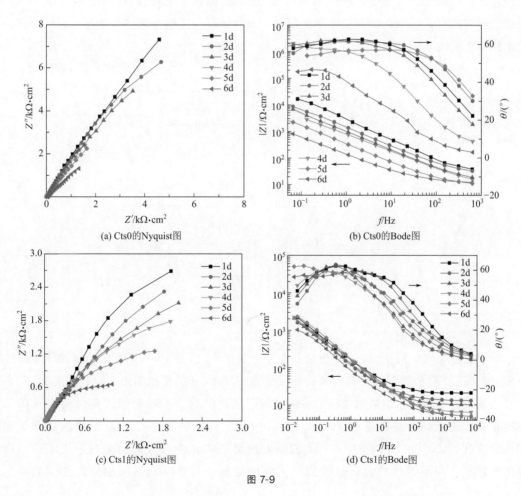

(a) Cts0的Nyquist图

(b) Cts0的Bode图

(c) Cts1的Nyquist图

(d) Cts1的Bode图

图 7-9

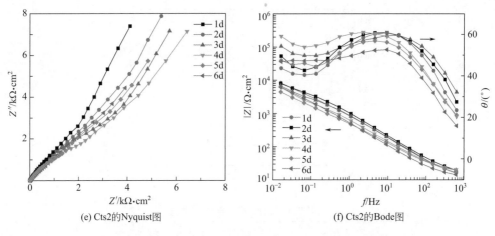

(e) Cts2的Nyquist图   (f) Cts2的Bode图

图 7-9　含残余应力涂层不同浸泡时间内的 Nyquist 图和 Bode 图

率范围内的频谱特性，测试结果分别以 Nyquist 图和 Bode 图的形式体现。所有的测试结果用图 7-10 对应的等效电路进行拟合，其中 Cts2 涂层的阻抗谱用图 7-10（b）所示等效电路，其余的均用图 7-10(a) 的等效电路。图 7-10 等效电路中：R_s 为溶液电阻，并联元件 CPE-c（涂层电容）和 R_p（孔电阻）代表涂层的介电性质，并联元件 CPE-d（双电层电容）和 R_t（金属/涂层界面电荷传递电阻）代表钢/涂层界面孔隙处的电荷传递性质，Z_w 为 Warburg 阻抗。经过拟合，基本在所有的频率范围内，拟合结果与实验结果吻合较好，说明所选的等效电路是正确的。

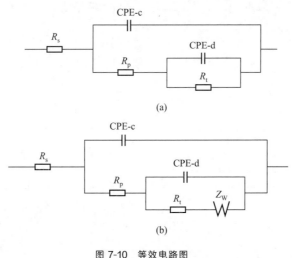

图 7-10　等效电路图

对于三种涂层，阻抗 $|Z|$ 和相位角 θ 在浸泡腐蚀 6d 后发生一定变化。从高频区域的 $|Z|$ 值来看，高的 $|Z|$ 值说明涂层具有高的反应抗力。经过 6d 的浸泡腐蚀，所有涂层的 $|Z|$ 值均随时间延长逐渐减小，说明腐蚀抗力均随时间延长而降低。一般低频区相位角出现第二个时间常数，可被认为是在浸泡腐蚀阶段点蚀的萌生和发展。只有 Cts0 涂层在低频区出现相位角变化，Cts1 和 Cts2 涂层在所有浸泡时间范围内均为两个时间常数，说明残余应力高的涂层，在浸泡腐蚀阶段，点蚀的萌生倾向增加。另外，低频区相位角数值的降低也

伴随着界面的腐蚀过程，相位角的减小意味着涂层电容特性的降低，表明涂层性质发生恶化。

（2）浸泡腐蚀形貌分析

为了进一步反映残余应力涂层浸泡腐蚀后表面的腐蚀形貌特征，将三个应力涂层进行腐蚀浸泡实验，腐蚀液为 0.25mol/L HCl＋0.25mol/L NaCl，时间为 6d，图 7-11 为三种非晶涂层浸泡后的扫描电镜（SEM）形貌特征。Cts0 涂层表面只观察到零星的小的黑色夹杂物和少量腐蚀产物，而 Cts1 及 Cts2 涂层表面除了腐蚀产物外，还存在大量的裂纹和少许的点蚀坑，Cts2 相较 Cts1 情况更严重些。这与上述电化学测试结构相一致，残余应力的增加在一定程度上加速了涂层均匀腐蚀的过程，也增加了涂层点蚀倾向。

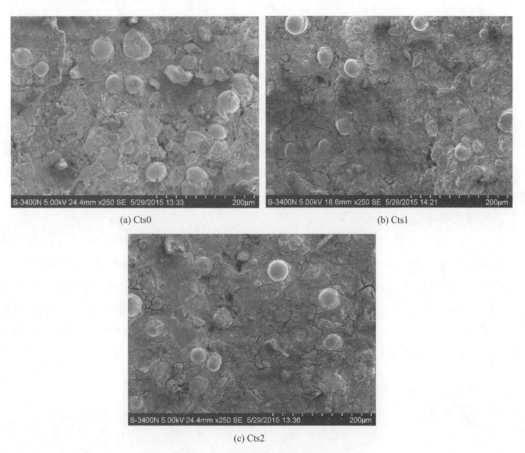

(a) Cts0

(b) Cts1

(c) Cts2

图 7-11　涂层浸泡腐蚀 SEM 表面形貌

7.2.5　应力涂层钝化稳定性

材料表面钝化膜的稳定性取决于膜层的结构（厚度、致密性）和膜层的成分。

（1）Mott-Schottky 曲线

涂层的 Mott-Schottky 曲线如图 7-12 所示。由图可知，三种涂层的 Mott-Schottky 曲线有着类似的形状。在 0.3V 到 1.0V 之间为线性区间，其他部分线性不明显。所有线性区的斜率均为正值，表示钝化膜在所测试条件下均为 n 型半导体膜。载流子密度（N_D）可以由线性区的斜率拟合得出。

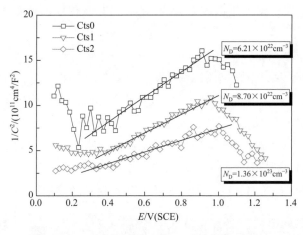

图 7-12　含残余应力涂层 Mott-Schottky 曲线

由图可以计算出，Cts0、Cts1 和 Cts2 三种涂层的 N_D 值分别为 $6.21 \times 10^{22}\,\mathrm{cm^{-3}}$、$8.70 \times 10^{22}\,\mathrm{cm^{-3}}$ 和 $1.36 \times 10^{23}\,\mathrm{cm^{-3}}$。载流子密度与膜层缺陷浓度之间存在一定关联。一方面，载流子密度越高，钝化膜的导电性越强，离子导电成为决定钝化电流密度最主要的因素。因此，高的载流子密度将引起高的钝化电流密度。另一方面，普遍的观点认为，载流子密度越低，钝化膜中缺陷数量越少，抵抗点蚀能力自然提高。可见，高的残余应力涂层具有高的载流子密度，膜层中缺陷数量多，是导致其具有较低点蚀倾向的内在因素。

（2）钝化膜成分分析

图 7-13 是残余应力非晶涂层 Cts0、Cts1 和 Cts2 在 $0.25\,\mathrm{mol/L\ HCl + 0.25\,mol/L\ NaCl}$ 中浸泡后表面钝化膜的 XPS 全谱扫描。由图可知，三种涂层的 XPS 全谱主要的谱线有 Fe 2p、Cr 2p、Mo 3d、Mn 2p、Cl 2p、W 4f、C 1s 和 O 1s 等。部分 C 元素是表面污染层存在的，以 C 1s 对应的结合能 284.6eV 为基准校对其他谱线位置。由图谱线峰强度可见，钝化膜的主要成分为 Fe、Cr 和 Mo 元素。谱峰强度随着应力的增大稍有增大。腐蚀后未经溅射表面的主要谱线的精细谱峰如图 7-14 所示。其中，Fe 2p 谱由两套彼此分开的 $2p_{3/2}$ 和 $2p_{1/2}$

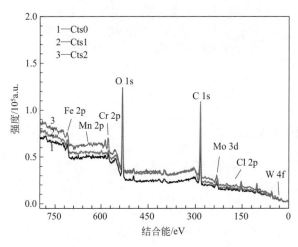

图 7-13　含残余应力涂层 XPS 全谱扫描

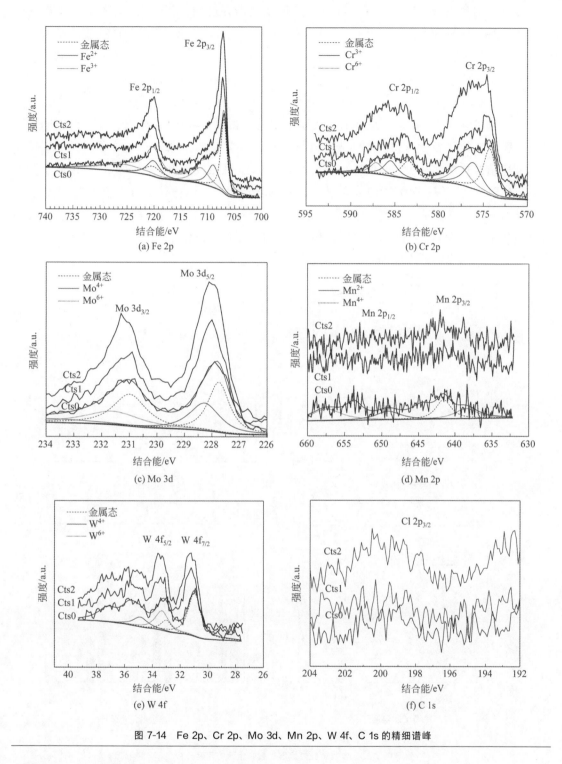

图 7-14 Fe 2p、Cr 2p、Mo 3d、Mn 2p、W 4f、C 1s 的精细谱峰

谱峰构成，每个精细谱峰还包含了金属态和氧化态（Fe^{3+} 和 Fe^{2+}）。Cr $2p_{3/2}$ 和 Cr $2p_{1/2}$ 谱峰由金属态 Cr 以及氧化态 Cr^{6+} 和 Cr^{3+} 构成。Mo 3d 谱由两套彼此分开的 $3d_{5/2}$ 和 $3d_{3/2}$ 谱峰构成，主要包含金属态 Mo^0 以及氧化态 Mo^{4+} 和 Mo^{6+} 子峰。Mn $2p_{3/2}$ 和 Mn $2p_{1/2}$ 的谱峰分别由金属态 Mn 以及氧化态的 Mn^{4+} 和 Mn^{2+} 谱峰构成。W $4f_{5/2}$ 和 W $4f_{7/2}$ 由金属态 W 以及

氧化态 W^{4+} 和 W^{6+} 谱峰构成。金属态 Fe、Mo 的谱峰强度相对其氧化态较高，说明钝化膜内层或界面上有部分未完全氧化的 Fe 和 Mo 存在。Fe、Cr、Mo 和 W 的精细谱峰形状类似，说明三种涂层钝化膜成分受残余应力的影响无明显差异。根据各元素金属态的精细谱峰可看出，钝化膜主要富含 Fe^{2+}、Cr^{3+}、Mo^{4+}、Mn^{2+} 和 W^{4+} 氧化物。

（3）钝化膜厚度分析

为了详细分析残余应力作用下的非晶涂层在同一腐蚀溶液中形成的钝化膜厚度的特征，对钝化膜中金属及各金属元素浓度分布进行分析。图 7-15 是三种涂层表面各组元的深度分析，每种元素的含量根据其峰值的面积计算，与基体相比钝化膜中的各个元素含量急剧下降。钝化膜厚度可根据氧元素的分布进行简单的定量确定，一般认为合金表面的 O 含量随深度急剧下降，O 含量下降到最表面层一半处可定为钝化膜厚度。由此可知，残余应力作用下的非晶涂层在上述腐蚀介质中的钝化膜厚度依次是：Cts0 为 1nm，Cts1 为 2nm，Cts2 为 3nm。高残余应力的涂层表面形成的钝化膜厚度稍厚。

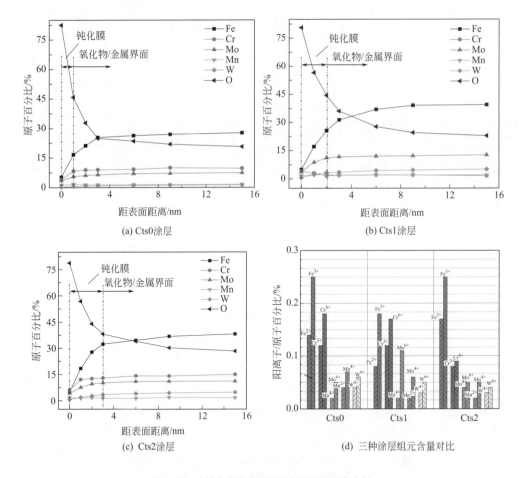

(a) Cts0涂层

(b) Cts1涂层

(c) Cts2涂层

(d) 三种涂层组元含量对比

图 7-15　含残余应力涂层表层各组元的深度分析

钝化膜层的结构和成分影响膜层的钝化稳定性。不同残余应力非晶涂层钝化膜层成分相当，可见，膜层的结构特征是影响涂层钝化稳定性的关键，其中，涂层残余应力高，载流子密度高，膜层中缺陷数量多，最终导致非晶涂层点蚀阻力降低。

7.3 恒载荷作用下AC-HVAF非晶纳米晶涂层腐蚀行为

7.3.1 恒载荷试样制备

（1）实验材料

采用四点弯梁实验，在外载荷作用下研究其腐蚀行为，如图 7-16 所示。电化学实验采用制定的电解池装置在型号为 CorrTest CS350 电化学工作站上进行。

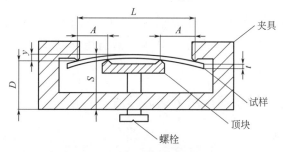

图 7-16 四点弯梁电化学腐蚀实验

四点弯梁试样所产生的最大应力出现在两个内支点之间，此区域内应力均匀分布。从内支点到外支点的应力呈线性下降，直至为零。图中 L 表示两个外支点间的距离，图中 A 表示内外部支点间的距离。两支点间试样凸形表面部分的应力计算公式如式（7-3）所示。

$$\sigma = \frac{12Ety}{3L^2 - 4A^2} \tag{7-3}$$

式中，σ 为最大拉伸应力，N/m^2；E 为弹性模量；t 为试样厚度，mm；y 为最大挠度（两外部支撑点之间），mm；L 为外部支撑点的间距，mm；A 为内外支撑点间距离，mm。

图 7-17 所示为非晶涂层在外载荷作用下腐蚀断裂实验装置。断裂试样包括光滑和缺口试样，缺口处在试样标距中间处。试样基体为 316L 不锈钢，在一侧喷涂非晶涂层，厚度为 $150\mu m$。

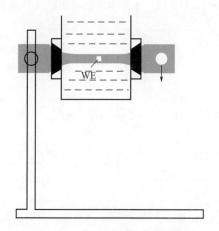

图 7-17 非晶涂层腐蚀断裂实验

（2）实验过程

实验溶液主要考察 H^+、Cl^- 浓度以及温度对非晶涂层电化学腐蚀行为的影响。H^+ 浓度变化测试介质有：0.5mol/L NaCl 溶液，0.3mol/L NaCl 和 0.2mol/L HCl 的混合溶液，0.25mol/L NaCl 和 0.25mol/L HCl 的混合溶液，0.2mol/L NaCl 和 0.3mol/L HCl 的混合溶液，0.5mol/L HCl 溶液；Cl^- 浓度变化测试介质有：0.25mol/L HNO_3 溶液，0.25mol/L HNO_3 和 0.25mol/L NaCl 的混合溶液，0.25mol/L NaCl 和 0.25mol/L HCl 的混合溶液；温度变化测试条件有 15℃、30℃、45℃、60℃、75℃；pH 值变化测试介质有中性、弱酸性、强酸性。

另外，当溶液为 0.5mol/L NaCl 溶液，温度为 15℃ 时，外载荷作用方式为恒载荷加载。载荷数值包括 200MPa、400MPa、600MPa、800MPa 以及 1000MPa。

恒载荷加载荷后，在 CS350 电化学工作站上进行电化学腐蚀参数测定。试样载荷断裂后，断口处放置 SEM 上进行观察，再进行 EDS 成分分析。

7.3.2 非晶纳米晶涂层恒载荷作用下腐蚀行为

（1）不同材料的影响

图 7-18（a）反映的是外加载荷 600MPa 时 316L 不锈钢与非晶涂层（AMCs）在 0.5mol/L NaCl 溶液中的极化曲线。可知，在施加一定外载荷时，316L 不锈钢和涂层均呈现出稳定的钝化特征，涂层点蚀电位（1.1V）明显高于 316L 不锈钢（0.2V），涂层抵抗局部腐蚀的能力强。但是，316L 不锈钢的维钝电流密度低，抵抗均匀腐蚀的能力要比涂层优越，涂层表面的空隙及氧化物夹杂等缺陷恶化了涂层的均匀腐蚀阻力。与不加载荷时相比，载荷的存在降低了 316L 不锈钢的点蚀电位（从 0.4V 降至 0.2V）。

图 7-18（b）是外加载荷 600MPa 时非晶涂层和 316L 不锈钢在 0.3mol/L NaCl ＋ 0.2mol/L HCl 溶液中的极化曲线。由图可知，在施加一定外载荷时，涂层呈现出稳定的钝化特征，316L 不锈钢在溶液中含有 H^+ 后点蚀电位由 0.2V 降低到 0V，涂层点蚀电位（1.1V）明显高于 316L 不锈钢（0V），涂层抵抗局部腐蚀的能力强。316L 不锈钢在 H^+、Cl^- 共同作用下耐腐蚀性能显著下降，钝化膜缺陷处快速被破坏，促进了点蚀的发生。与不加载荷时相比，载荷的存在降低了 316L 不锈钢的点蚀电位（从 0.5V 降至 0V）。

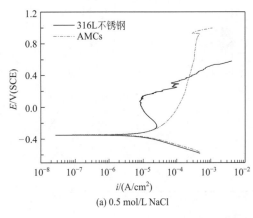

(a) 0.5 mol/L NaCl

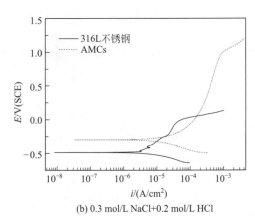

(b) 0.3 mol/L NaCl+0.2 mol/L HCl

图 7-18　恒载荷 600MPa 时不同溶液中极化曲线

（2）不同 H$^+$ 浓度的影响

图 7-19（a）反映的是外加载荷 600MPa 时涂层在不同 H$^+$ 浓度溶液中的极化曲线。

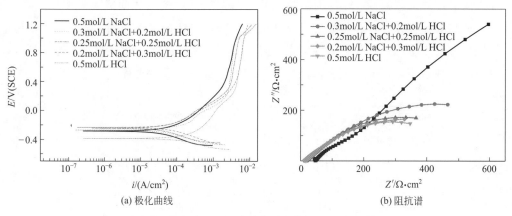

(a) 极化曲线　　　　　　　　　　(b) 阻抗谱

图 7-19　涂层在不同 H$^+$ 浓度溶液中的极化曲线和阻抗谱

在不同 H$^+$ 浓度溶液中，涂层均呈现出稳定的钝化特征，钝化区间为 0.3～1.1V，点蚀电位不变，对 H$^+$ 浓度的变化不敏感，说明涂层在不同 H$^+$ 浓度溶液中都具有稳定的抗局部腐蚀的能力。随 H$^+$ 浓度的增加，维钝电流密度增大，H$^+$ 使涂层表面酸化催化能力增强，恶化了均匀腐蚀阻力。图 7-19（b）反映的是非晶涂层在外加载荷 600MPa 时不同 H$^+$ 浓度溶液中测得的电化学阻抗谱（Nyquist 图）。从图中可知，涂层阻抗谱在测试频率范围内均呈现出单一的容抗弧特征。在高频区，容抗弧不是严格的半圆，有一定程度的偏移，这是由于电极工作表面与溶液之间的弥散效应所致。涂层在 0.5mol/L NaCl 溶液中容抗弧半径最大，阻抗最大，涂层耐蚀性最好。随 H$^+$ 浓度的增加，容抗弧半径减小，涂层的腐蚀倾向性增加，耐蚀能力降低，涂层腐蚀倾向性对 H$^+$ 浓度敏感。

图 7-20 是非晶涂层在外加载荷 600MPa 时在不同 H$^+$ 浓度溶液中测得的恒电位（500mV、1100mV）极化曲线。由图可知，在 500mV 时，随恒电位极化时间延长，腐蚀电流密度均有趋于稳定的趋势。非晶涂层此时处于钝化区间，i-t 曲线并未呈现出明显的电流暂态峰，说明非晶涂层表面膜结构无亚稳态点蚀的萌生和扩展。随 H$^+$ 浓度的增加，腐蚀电流密度增大。1100mV 恒电位极化时，涂层处于点蚀电位附近，随 H$^+$ 浓度变化，涂层腐蚀

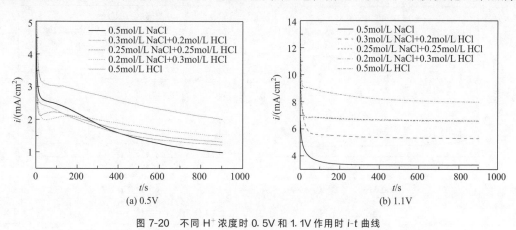

(a) 0.5V　　　　　　　　　　(b) 1.1V

图 7-20　不同 H$^+$ 浓度时 0.5V 和 1.1V 作用时 i-t 曲线

电流增加幅度明显高于500mV时的情况，此时钝化膜处于击穿的临界阶段，腐蚀倾向增加。

（3）不同Cl⁻浓度的影响

非晶涂层在外加载荷600MPa时在不同Cl⁻浓度溶液中的极化曲线见图7-21(a)。由图可知，载荷和Cl⁻存在时，非晶涂层自腐蚀电位下降，腐蚀倾向性增加。随着Cl⁻浓度的增加，维钝电流密度增加，抗均匀腐蚀能力下降。Cl⁻吸附在材料表面，快速穿透膜结构，增加了材料的腐蚀敏感性，促进了表面钝化膜的破坏，加速了腐蚀过程。

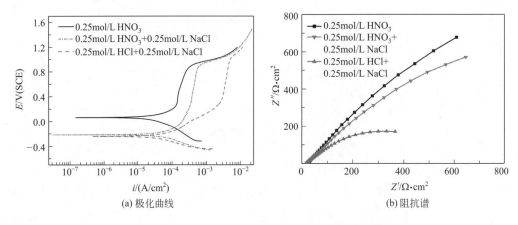

图 7-21 涂层在不同 Cl⁻ 浓度溶液中的极化曲线和阻抗谱

图 7-21(b) 反映的是非晶涂层在相同条件下测得的电化学阻抗谱。涂层阻抗谱在测试频率范围内均由单一的容抗弧组成。随Cl⁻浓度的增大，容抗弧半径逐渐减小，涂层的腐蚀倾向逐渐增加，耐蚀能力也逐渐下降。涂层在 HNO₃ 溶液中的容抗弧半径大，氧化性 HNO₃ 对材料表面膜结构有一定的保护作用，而非氧化性酸如 HCl 会破坏材料表面的膜结构。

图 7-22 是非晶涂层在外加载荷600MPa时在不同Cl⁻溶液中测得的恒电位（500mV、1100mV）极化曲线。由图可知，随着Cl⁻浓度的增加，腐蚀电流密度升高，无明显的电流暂态峰出现，材料表面膜结构状态较为稳定。在500mV电位下，材料表面处于钝化状态，腐蚀电流密度都趋向于稳定。随着Cl⁻浓度的增加，腐蚀电流密度增大，耐蚀性能下降。

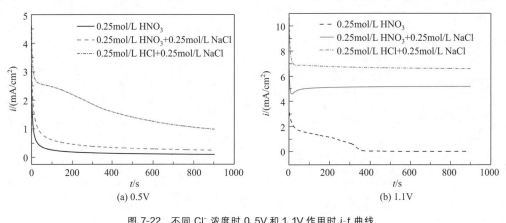

图 7-22 不同 Cl⁻ 浓度时 0.5V 和 1.1V 作用时 i-t 曲线

（4）不同载荷的影响

图 7-23（a）表示的是非晶涂层不同外加载荷条件下在 0.5mol/L NaCl 溶液中的极化曲线。由图可知，不同外加载荷时，涂层自腐蚀电位相差不大，点蚀电位约为 1.1V，涂层的抗局部腐蚀能力不变。随着外加载荷的增大，维钝电流密度逐渐增加，表面结构不稳定钝化膜破裂，再生成稳定的腐蚀产物膜时间变长，涂层抗均匀腐蚀的能力降低[31]。

相同条件下测得的电化学阻抗谱如图 7-23（b）所示。由图可知，随着外加载荷的增大，涂层的容抗弧半径逐渐减小，腐蚀倾向逐渐增加，耐蚀能力也逐渐下降，说明涂层的腐蚀倾向性对载荷的大小敏感。在 800MPa 以下，随着载荷的增加容抗弧半径减小幅度小，耐蚀性能下降得较慢；当加载达 1000MPa 时，容抗弧半径减小幅度大，涂层抗腐蚀性能明显下降。较高的载荷破坏了涂层表面膜的微结构，加速了 Cl^- 渗透吸附过程。

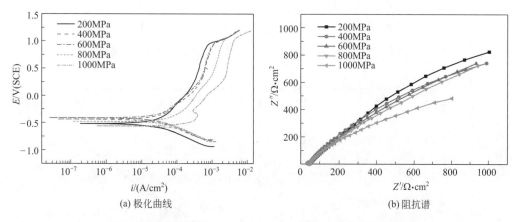

(a) 极化曲线 (b) 阻抗谱

图 7-23　涂层不同恒载荷时在 0.5mol/L NaCl 溶液中的极化曲线和阻抗谱

图 7-24 反映的是非晶涂层不同外加载荷条件下在 0.5mol/L NaCl 溶液中的恒电位（500mV、1100mV）极化曲线。由图可知，腐蚀电流密度随外加载荷的增加而增大，当载荷达到 1000MPa 时，腐蚀电流密度突然变大，说明在此时材料表面的腐蚀膜结构受到外力影响最为明显，Cl^- 在材料表面的吸附速率迅速增大。腐蚀电流密度随载荷的增加而增大，涂层耐腐蚀性能随载荷的增加而下降。在 1100mV 恒电位条件下，可以观察到一些微小的

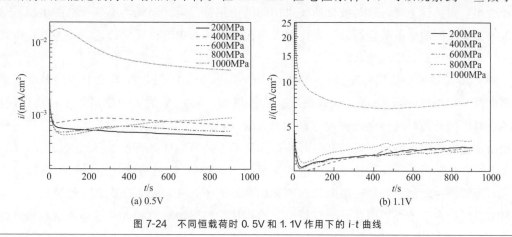

(a) 0.5V (b) 1.1V

图 7-24　不同恒载荷时 0.5V 和 1.1V 作用下的 i-t 曲线

电流暂态峰，材料表面钝化膜稳定性有轻微下降，说明外加载荷降低了涂层钝化膜的稳定性，增加了涂层的点蚀敏感性，降低了涂层的点蚀倾向。

（5）不同温度的影响

非晶涂层在外载荷 600MPa 时，于 0.5mol/L NaCl 溶液中不同温度下的极化曲线见图 7-25（a）。由图可知，温度升高对涂层抗局部腐蚀能力无明显影响。随着温度的升高，维钝电流密度逐渐增加，涂层抗均匀腐蚀能力对温度敏感。温度的升高不仅提高了电化学反应速率常数，而且加速了氧在溶液中的扩散来促进氧的去极化反应，Cl⁻ 对钝化膜的吸附作用会随着温度升高而增强，导致钝化膜易被破坏[32]。随着温度的上升，腐蚀速率明显提高，同时阳极电极反应可以用 Arrhenius 公式表示：

$$\ln K = -\frac{E_R}{RT} + B \tag{7-4}$$

式中，K 是阳极反应速率；E_R 是反应活化能。

根据上式可知，当温度升高，反应速率常数变大，阳极反应速率变大。表明温度变化对腐蚀速率有明显的促进作用，当实验温度升高，试样的耐蚀性能越来越差。

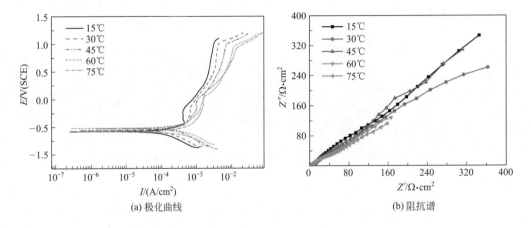

图 7-25　涂层不同温度时在 0.5mol/L NaCl 溶液中的极化曲线和阻抗谱

图 7-25（b）表示的是相同条件下测得的电化学阻抗谱。随着温度的升高，涂层容抗弧半径减小，耐蚀性下降，这与极化曲线得出的结论相符。阻抗谱线均不是严格的半圆，这是电极表面溶液间的弥散效应所致。温度的升高改变了体系中电极反应的速率，不改变电化学反应，影响电极表面反应的状态变量。

图 7-26 反映的是涂层在施加 600MPa 载荷后在 0.5mol/L NaCl 溶液中不同温度下测得的恒电位（500mV、1100mV）极化曲线。由图可知，500mV 时，涂层虽处于钝化区间内，但随着温度的升高，腐蚀电流密度逐渐增加。在 75℃ 时，观察到明显的电流暂态峰，材料表现出亚稳态点蚀的倾向，说明高温时非晶涂层的点蚀倾向性显著增加。1100mV 时，涂层处于点蚀电位附近，涂层腐蚀电流密度均明显高于 500mV 时的情况，涂层均匀腐蚀能力降低，点蚀敏感性增加。75℃高温时出现明显的电流值暂态峰，处于亚稳态点蚀阶段，高温状态材料点蚀倾向性增加。因此，可以得出，涂层抗均匀腐蚀能力和点蚀敏感性均对温度变化敏感。

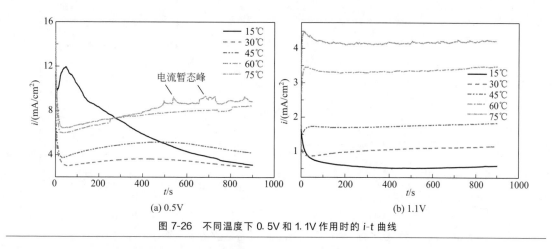

(a) 0.5V

(b) 1.1V

图 7-26　不同温度下 0.5V 和 1.1V 作用时的 i-t 曲线

7.3.3　非晶涂层恒载荷作用下腐蚀断裂行为

（1）不同加载时间腐蚀行为影响

图 7-27(a) 表示的是非晶涂层在恒载荷作用下在 0.5mol/L NaCl 溶液中加载时间不同时的极化曲线。可以看出，48h 曲线腐蚀电位稍高，其余腐蚀电位基本保持不变，反映出腐蚀倾向先增加后稳定不变。随着加载时间延长，涂层钝化电流逐渐增大，说明涂层的均匀腐蚀阻力随加载时间延长而降低。非晶涂层点蚀电位始终在 1.1V 左右。图 7-27(b) 是电化学阻抗谱。随着加载时间的延长，涂层容抗弧半径逐渐减小，说明其耐蚀性能恶化。

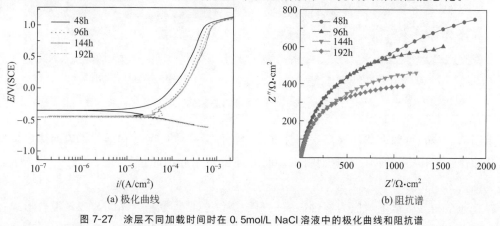

(a) 极化曲线

(b) 阻抗谱

图 7-27　涂层不同加载时间时在 0.5mol/L NaCl 溶液中的极化曲线和阻抗谱

图 7-28(a) 表示的是非晶涂层在恒载荷作用下在 0.2mol/L NaCl＋0.3mol/L HCl 溶液中的动电位极化曲线。图 7-28(b) 是电化学阻抗谱。可以看出，H^+ 引入后，涂层腐蚀规律与上述类似。区别在于，H^+ 的存在增加了所有涂层的钝化电流密度，降低了涂层的阻抗值，进而恶化了涂层的均匀腐蚀抗力。

（2）316L 不锈钢应力腐蚀

应力腐蚀破裂是指敏感金属在一定的拉应力和腐蚀介质环境共同作用下发生的腐蚀断裂过程，是最普遍最严重的金属破坏形态之一。它通常有或长或短的潜伏期，是一种与时间有关的滞后开裂，当开裂条件具备后，可能在很短时间内发生开裂。应力腐蚀破裂与材料、环境、应力状态等许多因素有关，其机理、影响因素极具复杂性。

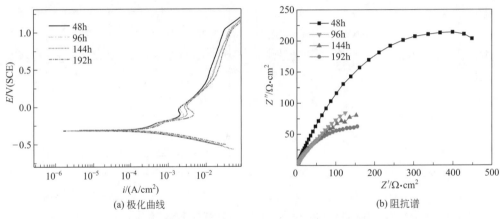

(a) 极化曲线　　　　　　　　　　　　　　(b) 阻抗谱

图 7-28　涂层不同加载时间时在 0.2mol/L NaCl+ 0.3mol/L HCl 溶液中的极化曲线和阻抗谱

图 7-29 是非晶涂层和 316L 不锈钢在 0.25mol/L NaCl+0.25mol/L HCl 溶液中拉伸后的断口宏观形貌。

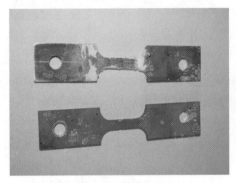
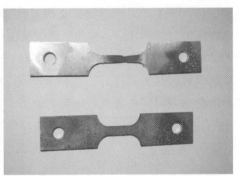

(a) 非晶涂层拉伸后断口　　　　　　　　　(b) 316L不锈钢拉伸后断口

图 7-29　拉伸试样断口宏观形貌

由图 7-29(a) 可知，非晶涂层在腐蚀介质中拉伸后基体长度略有增加，表面涂层呈均匀状多片脆性断裂形态；316L 不锈钢则出现明显伸长，在近中间位置断口截面附近有明显缩颈，见图 7-29 (b)。

在普通金相显微镜下，应力腐蚀破裂的显微裂纹一般呈穿晶、晶间或二者混合形式；裂纹常常既有主干又有分支，貌似落叶后的树干和树枝，同时，典型应力腐蚀破裂的宏观裂纹类似河流花样特征，有时带有少量塑性撕裂痕迹。应力腐蚀破裂裂纹横断面，其延伸多趋于直线状；裂纹一般较深，但宽度较窄，有时纵深为其宽度的几个数量级。裂纹扩展与受应力的方向相垂直。在某些情况下，宏观裂纹也可看到有分叉的特征。当分叉较多且不规则延伸时，还可呈现出各种宏观可见的花纹。在裂纹源及亚稳扩展区常呈黑色或灰黑色，在失稳扩展区的断口常有放射花样或人字纹，光亮色。图 7-30 是 316L 不锈钢在空气拉伸后断口的微观形貌。由图 7-30(a) 可见，316L 不锈钢的应力腐蚀破裂为典型的脆性断裂，在应力腐蚀破裂时无任何明显的塑性变形破裂断口形成，在断口处一般比较粗糙且有宏观可见条痕。在扫描电子显微镜下观察，316L 不锈钢应力腐蚀破裂断口呈蜂窝状 [图 7-30(b)]，腐蚀介质存在时，除了蜂窝状形态，还有部分黑色腐蚀产物形成 [图 7-30(c)]。

(a) 断口宏观形貌

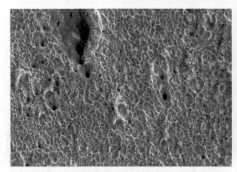

(b) 空气中拉伸断口

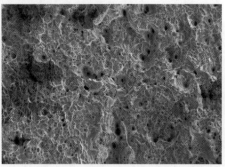

(c) 腐蚀介质中拉伸断口

图 7-30　316L 不锈钢在空气和腐蚀介质中拉伸后断口微观形貌

如上所述，应力腐蚀断裂起源于材料表面，且为多源，起源处表面一般存在腐蚀坑，且存在腐蚀产物，说明腐蚀促进了应力腐蚀的过程。

（3）非晶涂层恒载荷和腐蚀协同作用下断裂机理

图 7-31 是非晶涂层在不同腐蚀介质中的载荷断裂后表面断口宏观形貌。由图可以看出，涂层表面呈现均匀状多片脆性断裂形态，说明载荷对非晶涂层的断裂影响明显。在 0.5mol/L NaCl 溶液中，试样裂纹处有宏观可见的红褐色腐蚀产物，H^+ 对非晶涂层的断裂起到一定的腐蚀作用。

由表 7-3 可知，涂层断裂时间反映了涂层断裂敏感性，H^+ 对涂层的断裂有明显的促进作用，电化学腐蚀为主要作用，载荷是次要因素。在 0.2mol/L HCl 介质中，外加载荷从 75N 到 105N 后，试样断裂时间逐渐缩短，缩短时间近乎一半。断口宏观裂纹逐渐增长，105N 时试样表面破坏严重，裂纹数量较多，断裂较严重，断裂敏感性大。在不同 pH 腐蚀介质中，0.5mol/L NaCl 溶液中则不发生断裂，无裂纹生成；0.5mol/L HCl 酸中断裂时间最短，试样表面裂纹较深，断裂敏感性最大。在载荷为 75N 的 0.2mol/L H^+ 溶液中，0.2mol/L 冰醋酸的断裂时间比 0.2mol/L HCl 长，试样表面裂纹微弱不明显。

● 表 7-3　非晶涂层断裂试样断裂时间

不同腐蚀 介质及载荷	0.5mol/L NaCl， 75N	0.2mol/L HCl， 75N	0.2mol/L HCl， 90N	0.2mol/L HCl， 105N	0.3mol/L HCl， 75N	0.5mol/L HCl， 75N	0.2mol/L 冰醋酸， 75N
断裂时间/h	未断裂	293	209	154	204	171	379

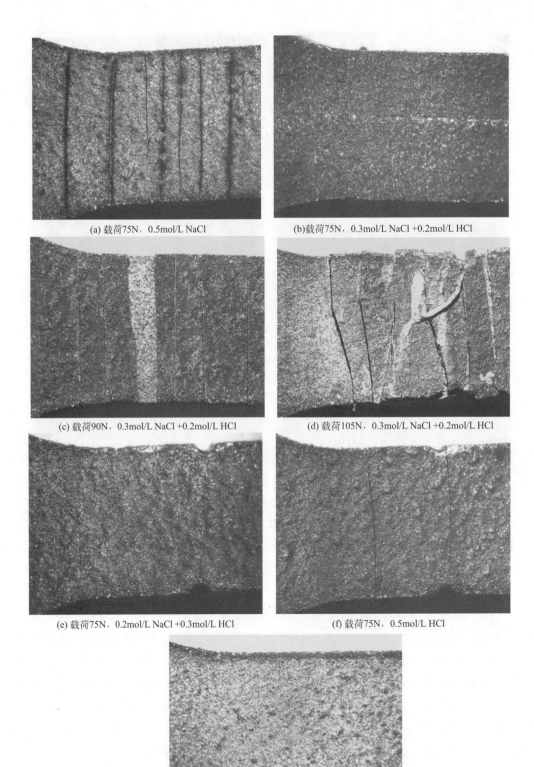

(a) 载荷75N，0.5mol/L NaCl

(b)载荷75N，0.3mol/L NaCl +0.2mol/L HCl

(c) 载荷90N，0.3mol/L NaCl +0.2mol/L HCl

(d) 载荷105N，0.3mol/L NaCl +0.2mol/L HCl

(e) 载荷75N，0.2mol/L NaCl +0.3mol/L HCl

(f) 载荷75N，0.5mol/L HCl

(g) 载荷75N，0.3mol/L NaCl +0.2mol/L 冰醋酸

图 7-31　涂层载荷断裂表面裂纹宏观形貌（放大倍数 20×）

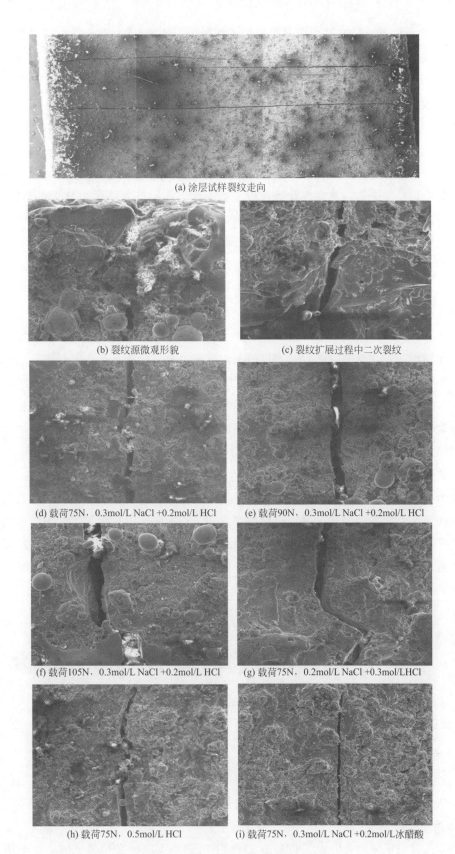

(a) 涂层试样裂纹走向

(b) 裂纹源微观形貌

(c) 裂纹扩展过程中二次裂纹

(d) 载荷75N，0.3mol/L NaCl +0.2mol/L HCl

(e) 载荷90N，0.3mol/L NaCl +0.2mol/L HCl

(f) 载荷105N，0.3mol/L NaCl +0.2mol/L HCl

(g) 载荷75N，0.2mol/L NaCl +0.3mol/LHCl

(h) 载荷75N，0.5mol/L HCl

(i) 载荷75N，0.3mol/L NaCl +0.2mol/L冰醋酸

图 7-32　涂层环境敏感断裂裂纹微观形貌

图 7-32 表示的是腐蚀断裂后非晶涂层的微观形貌。从图 7-32(a)～(c) 可以看出，涂层表面部分裂纹未完全扩散至边缘，说明裂纹萌生于试样边缘。在涂层边缘的缺陷部位，Cl^- 优先吸附，钝化膜溶解过程被加快，再钝化能力降低，这种局部腐蚀的形成在载荷作用下成为裂纹萌生源。涂层的断口呈无塑性变形和颈缩现象[33-35]。断裂裂纹走向较平直，与正应力垂直，涂层断面较为平齐，呈黑色，且裸露出部分未熔颗粒，具有典型脆性断裂特征。

裂纹源为试样边缘处的氧化物夹杂以及部分未熔颗粒，与基体结合较弱，外载荷作用下引起应力集中，使夹杂物与基体界面处产生显微裂纹，在一定条件下很容易引起裂纹延伸，在裂纹源附近、断口薄弱区域、未熔颗粒周围等位置有腐蚀产物形成，腐蚀促使了裂纹源的形成，受力学和电化学共同作用[36]。

裂纹开始扩展后并不是严格地按照直线形脆性脆裂方式扩展，而先沿最大断裂敏感的裂纹扩展方式，涂层的断裂过程较快。外加载荷和腐蚀协同作用下，裂纹穿过未熔颗粒和涂层熔覆层迅速扩展，最后导致涂层表面断裂。

由图 7-32(d)～(i) 可以得出，在 0.3mol/L NaCl＋0.2mol/L HCl 溶液中，非晶涂层裂纹周围存在腐蚀产物，走向较平直，裂纹沿未熔颗粒以及氧化物夹杂边界扩展。在载荷 75N 时，H^+ 的存在增加了涂层的腐蚀倾向，同时促进了涂层的断裂，H^+ 对非晶涂层的环境敏感断裂有一定的影响。腐蚀介质由中性、弱酸性到强酸性，涂层经历了无断裂、轻微断裂以及严重断裂三个阶段，裂纹宽度逐渐增加，表面腐蚀程度不同，说明 pH 值对非晶涂层的环境敏感断裂过程也产生一定的影响。

对于非晶涂层载荷腐蚀裂纹萌生溶解机理，一部分在拉应力作用下形成的钝化膜较薄，耐破裂能力差；另一部分应力集中使氧化物夹杂以及未熔颗粒的应力升高，容易遭到破坏导致钝化膜破裂。由非晶涂层载荷腐蚀极化曲线可知，外加阳极电位促进了阳极溶解过程，使电流密度升高，从而促进了应力腐蚀，可视为典型的阳极溶解机制。阳极溶解是断裂的控制过程，导致了应力腐蚀裂纹的裂纹源形成和扩展，一方面裂纹内外离子浓度的差异会形成电偶腐蚀；另一方面也会使该区域酸度增加。

7.4　动载荷作用下AC-HVAF非晶纳米晶涂层腐蚀行为

7.4.1　慢拉伸涂层制备

（1）实验材料

慢拉伸实验在慢应变速率拉伸实验机上进行。拉伸试样尺寸参考 GB/T 15970.7—2000，包括光滑和缺口试样，缺口开在标距中间，电化学测试在改进的电解池装置上完成，如图 7-33 所示。

拉伸非晶涂层试样制备时，先将基体 316L 不锈钢加工成标准拉伸试样，在基体一侧采用 AC-HVAF 喷涂铁基非晶涂层，涂层厚 $150\mu m$。

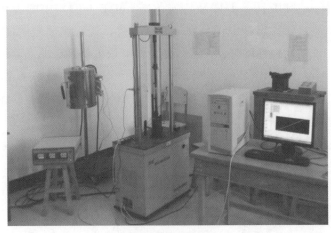
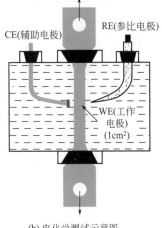

(a) 慢应变拉伸实验机   (b) 电化学测试示意图

图 7-33　慢应变速率拉伸实验机（带电化学测试）

（2）实验过程

实验主要考察 H^+ 浓度、Cl^- 浓度等对非晶涂层电化学腐蚀行为的影响。H^+ 浓度影响测试介质包括：0.5mol/L NaCl，0.25mol/L NaCl＋0.25mol/L HCl，0.5mol/L HCl；Cl^- 浓度影响测试介质包括：0.25mol/L HNO_3，0.25mol/L HNO_3 ＋ 0.25mol/L NaCl，0.25mol/L NaCl＋0.25mol/L HCl。

外载荷作用包括不同恒载荷和不同动应变速率对涂层腐蚀行为的影响规律，恒载荷包括：0N、600N、1200N 和 1800N，动应变速率分别为 10^{-6} mm/min、10^{-5} mm/min、10^{-3} mm/min、0mm/min。

恒载荷实验在 Instron8801 应力腐蚀实验系统中设定为分级加载，级数为 1，保持时间为 1000min，拉伸试验预定载荷为 0N、600N、1200N 和 1800N 四种。待加载到预定的载荷后，在 CorrTestCS350 电化学工作站上，进行电化学腐蚀参数测定。试样拉伸断裂后，断口处放置在 S-3400N 型扫描电镜上进行观察。

动应变速率实验同样在 Instron8801 应力腐蚀实验系统中设定，区别是以不同的应变速率进行应力腐蚀试验，应变速率分别为 10^{-6} mm/min、10^{-5} mm/min、10^{-3} mm/min、0mm/min。动应变加载时，采用电化学工作站进行腐蚀参数测定。

7.4.2　非晶涂层在动载荷作用下的腐蚀行为

（1）不同材料的影响

图 7-34 反映的是 316L 不锈钢与非晶涂层外加载荷 600N 时在 0.5mol/L NaCl 溶液中的极化曲线。施加外载荷时，316L 不锈钢和涂层均呈现出典型的钝化特征，其中 316L 不锈钢钝化区间为 $-0.25 \sim 0.45V$，由于外载荷和 Cl^- 共同作用下耐腐蚀性能显著下降，钝化膜上的缺陷处快速被高浓度 Cl^- 破坏，促进了点蚀的发生。涂层的钝化区间为 $-0.2 \sim 1.0V$，显然涂层的点蚀电位要比 316L 不锈钢高，抵抗局部腐蚀能力强。

（2）不同 Cl^- 浓度的影响

图 7-35 是非晶涂层在恒载荷 600N 时于不同 Cl^- 浓度溶液（0.25mol/L HNO_3、

0.25mol/L NaCl＋0.25mol/L HNO$_3$ 和 0.25mol/L NaCl＋0.25mol/L HCl）中的极化曲线。由图可知，随 Cl$^-$ 浓度增加，非晶涂层腐蚀电位呈现出降低趋势，说明腐蚀倾向增加；钝化电流密度则呈现出增加趋势，说明耐蚀性降低。并且，随着 Cl$^-$ 浓度增加，非晶涂层点蚀电位基本不变（约 1.1V），钝化电流则增幅较小（0：1.5×10^{-4} A/cm^2，0.25mol/L：1.8×10^{-4} A/cm^2，0.5mol/L：2×10^{-4} A/cm^2）。很明显，Cl$^-$ 浓度的升高增加了非晶涂层的腐蚀倾向，并降低了耐蚀性，恶化了非晶涂层的钝化稳定性。

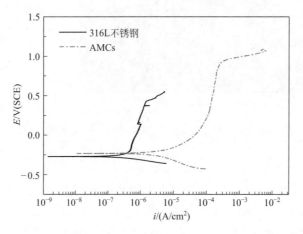

图 7-34　非晶涂层与 316L 不锈钢在 0.5mol/L NaCl 中的极化曲线

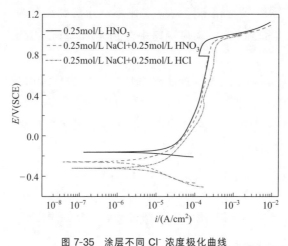

图 7-35　涂层不同 Cl$^-$ 浓度极化曲线

（3）不同载荷的影响

图 7-36(a) 反映的是不同恒载荷作用时非晶涂层在 0.5mol/L NaCl 溶液中的动电位极化曲线。由图可知，在 0.5mol/L NaCl 溶液中，随外加载荷的增加，非晶涂层腐蚀电位逐渐降低，钝化电流密度逐渐增加，说明外加载荷增加了腐蚀倾向，降低了耐蚀性。图 7-36(b) 是不同恒载荷作用时非晶涂层在 0.5mol/L HCl 溶液中的动电位极化曲线。由图可知，在 0.5mol/L HCl 溶液中，非晶涂层腐蚀规律与在 0.5mol/L NaCl 溶液中类似，随外加载荷的增加，腐蚀电位逐渐降低，钝化电流密度逐渐增加，外加载荷的增加同样增加了材料的腐蚀倾向，并降低了材料的耐蚀性。

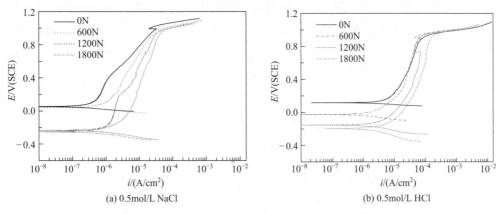

图 7-36 不同恒载荷涂层在 0.5mol/L NaCl 和 0.5mol/L HCl 溶液中的极化曲线

图 7-37(a) 反映的是不同恒载荷作用时非晶涂层在 0.25mol/L HNO₃ 溶液中的动电位极化曲线。由图可知，在 0.25mol/L HNO₃ 溶液中，非晶涂层腐蚀规律与在 0.5mol/L NaCl 和 0.5mol/L HCl 溶液中不同，施加外部载荷后，腐蚀电位升高，钝化电流密度反而降低，说明外部载荷降低了材料在 0.25mol/L HNO₃ 溶液中的腐蚀倾向，提高了耐蚀性。施加载荷后，随载荷增加，腐蚀电位逐渐降低，钝化电流则基本无变化，增加幅度不大，说明过大的外加载荷会稍微降低材料的腐蚀倾向，对耐蚀性影响不大。图 7-37(b) 是不同恒载荷作用时非晶涂层在 0.25mol/L HCl 溶液中的动电位极化曲线。由图可知，在 0.25mol/L HCl 溶液中，非晶涂层腐蚀规律与在 0.5mol/L HCl 溶液中类似，但与 0.25mol/L HNO₃ 溶液中的腐蚀行为不同。随外加载荷的增加，腐蚀电位逐渐降低，腐蚀倾向增加，同时钝化电流密度逐渐增加，耐蚀性降低。

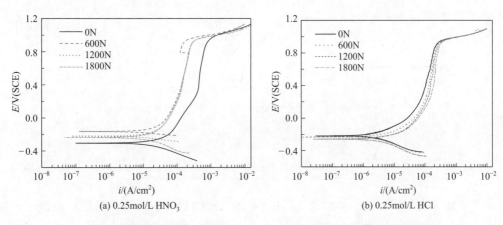

图 7-37 不同恒载荷涂层在 0.25mol/L HNO₃ 和 0.25mol/L HCl 溶液中的极化曲线

7.4.3 非晶涂层在动应变作用下的腐蚀行为

（1）不同 Cl⁻ 浓度的影响

图 7-38 是非晶涂层在应变速率为 10^{-3} mm/min 时于不同 Cl⁻ 浓度溶液（0.25mol/L HNO₃、0.25mol/L NaCl＋0.25mol/L HNO₃ 和 0.25mol/L NaCl＋0.25mol/L HCl）中的

动电位极化曲线。由图可知，随 Cl⁻ 浓度增加，非晶涂层腐蚀电位呈现出降低趋势，钝化电流密度则呈现出增加趋势，说明涂层的腐蚀倾向增加，则耐蚀性降低。就点蚀电位看，Cl⁻浓度增加，非晶涂层则基本不变（约 $1.1V$），说明在动应变作用下，非晶涂层具有较好的抵抗点蚀的能力。

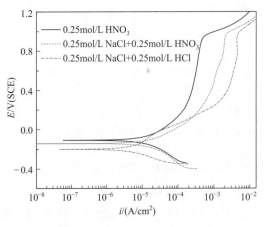

图 7-38　涂层不同 Cl⁻ 浓度极化曲线

（2）不同应变速率的影响

图 7-39(a) 反映的是不同应变速率时非晶涂层在 $0.5mol/L$ NaCl 溶液中的动电位极化曲线。

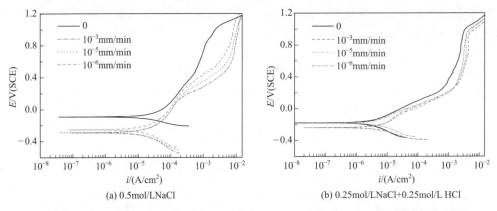

图 7-39　不同应变速率时在 0.5mol/L NaCl 和 0.25mol/L NaCl+0.25mol/L HCl 溶液中的极化曲线

由图可知，在 $0.5mol/L$ NaCl 溶液中，施加动载荷后，非晶涂层腐蚀电位降低，钝化电流密度增加，说明动载荷增加了材料的腐蚀倾向并降低了耐蚀性。另外，随应变速率增加，非晶涂层腐蚀电位逐渐降低，钝化电流密度逐渐增加，说明动载荷的增加，增加了材料的腐蚀倾向，降低了耐蚀性。图 7-39(b) 反映的是不同应变速率时非晶涂层在 $0.25mol/L$ NaCl+$0.25mol/L$ HCl 溶液中的动电位极化曲线。两种腐蚀溶液中 Cl⁻ 浓度相同，但 H⁺浓度不同。随应变速率增加，非晶涂层腐蚀电位逐渐降低，钝化电流密度则逐渐增加。在含有 $0.25mol/L$ H⁺溶液中，非晶涂层钝化电流密度增加幅度不是太明显，说明 H⁺在拉伸过程中，对非晶涂层的腐蚀具有一定的影响。

7.4.4 非晶涂层在慢拉伸作用下的腐蚀断裂行为

（1）316L 不锈钢应力腐蚀断裂机理

图 7-40 是非晶涂层和 316L 不锈钢在 0.25mol/L NaCl＋0.25mol/L HCl 溶液中拉伸后宏观断口形貌。由图可知，非晶涂层在腐蚀介质中拉伸后基体长度略有增加，表面涂层呈均匀状多片脆性断裂形态 ［图 7-40(a)］；316L 不锈钢则出现明显伸长，在近中间位置断口截面附近有明显缩颈 ［图 7-40(b)］。

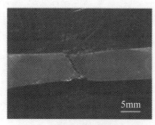 

(a) 316L不锈钢　　　　　　　　　　(b) 非晶涂层

图 7-40　316L 不锈钢和涂层拉伸试样断口宏观形貌

（2）非晶涂层动载荷和腐蚀协同作用下断裂机理

图 7-41 反映的是非晶涂层在腐蚀溶液中拉伸后表面及侧面断口的宏观及微观形貌。从表面看，非晶涂层裂纹起源于边界，与拉伸应力方向垂直，见图 7-41(a)。在拉伸载荷作用下，裂纹自侧面向涂层内部扩展，裂纹主要为一次裂纹，无分叉及二次裂纹形成，如图7-41(b) 所示。涂层表面有少许腐蚀产物形成，如图 7-41(c) 所示。

从涂层侧面看，涂层断口为典型的脆性断口，无蜂窝状等韧性断裂特征，裂纹自材料边缘裂纹源形成后，在拉伸载荷作用下穿过未熔颗粒和涂层熔覆层迅速扩展，在裂纹扩展过程中没有发生裂纹分叉，直到涂层断裂，见图 7-41(d)、(e)。

在裂纹源附近、断口薄弱区域、未熔颗粒周围等位置有腐蚀产物形成，腐蚀促使了裂纹源的形成，缺陷部位局部腐蚀的发生为裂纹的优先萌生提供了潜在区域。断裂裂纹的成分分析主要以 Fe、O 和 Cl 为主，说明断裂过程中 Cl^- 渗透进裂纹缝隙，促进了裂纹扩展，如图 7-41(f)、(g) 所示。外载荷和腐蚀联合作用下，裂纹穿过未熔颗粒和涂层熔覆层迅速扩展，在裂纹扩展过程中不发生裂纹分叉，没有二次裂纹形成，一直到涂层断裂。拉伸应力增加了缺陷部位局部腐蚀的敏感性，促进裂纹扩张，并扩大了侵蚀性阴离子 Cl^- 的扩散通道。

腐蚀与拉伸载荷的耦合作用，增加了非晶涂层的环境敏感断裂过程。断裂不是同时发生的，涂层的薄弱部位先发生断裂，最后导致涂层表面断裂。

由此可见，非晶涂层呈现出低的环境敏感断裂阻力，这主要归因于涂层的缺陷结构以及缺陷部位钝化膜的局部不完整性，载荷的存在加速了缺陷部位的局部腐蚀并诱导裂纹源的萌生，过大的载荷导致涂层发生脆性断裂。可以说，非晶涂层在载荷和腐蚀耦合环境中使用，具有一定的环境敏感断裂风险。如何提高非晶涂层的环境敏感断裂阻力，使其能安全服役于载荷和腐蚀耦合环境中，是一个值得关注的问题。

根据图 7-41 的断裂机理分析，可以推测非晶涂层力学和腐蚀耦合作用机理过程，见图7-42。

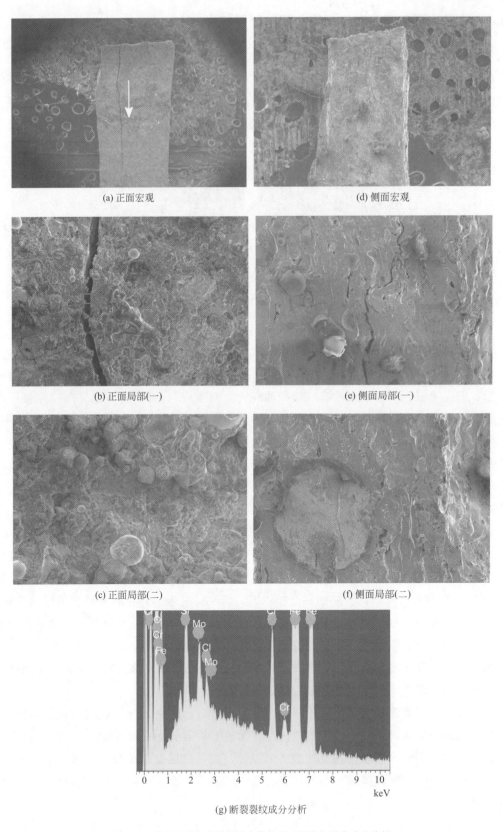

(a) 正面宏观

(d) 侧面宏观

(b) 正面局部(一)

(e) 侧面局部(一)

(c) 正面局部(二)

(f) 侧面局部(二)

(g) 断裂裂纹成分分析

图 7-41　非晶涂层在腐蚀溶液中拉伸断口形貌与裂纹成分分析

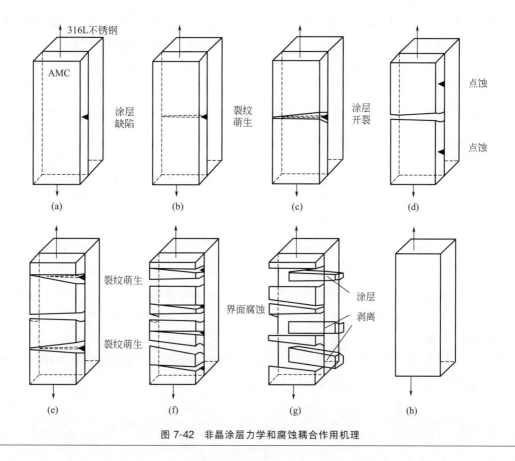

图 7-42　非晶涂层力学和腐蚀耦合作用机理

① 涂层孔隙、氧化物夹杂、未熔颗粒周围等存在缺陷部位，这些缺陷部位表面钝化膜不致密或容易破裂，尤其是位于涂层侧面与基体结合部位附近的缺陷。

② 局部腐蚀优先发生于这些缺陷部位，同时，在应力作用下萌生微裂纹。拉伸应力的作用增加了缺陷部位局部腐蚀的敏感性，加速了微裂纹的扩展，并扩张了侵蚀性阴离子的扩散通道。

③ 由于涂层脆性高于基体不锈钢，在垂直于拉伸应力方向，涂层上优先形成脆性主裂纹。

④ 应力进一步作用使得涂层沿主裂纹扩展并断裂，主裂纹外其他涂层与基体结合紧密。但在断裂后的两部分涂层侧面缺陷处，由于局部腐蚀作用还会优先发生，也是裂纹萌生的主要区域。

⑤ 微裂纹萌生并扩展。

⑥ 非晶涂层被均匀脆断成小片。

⑦ 局部腐蚀加剧了非晶涂层失效的进程。断裂后的非晶涂层完全暴露在腐蚀介质中，在腐蚀和载荷双重作用下，这些涂层很快剥落。

上述这些过程在沿应力垂直的方向连续发生，断裂层片状涂层断口呈现出脆性断裂特征。裂纹扩展主要作用来源于载荷作用，而不是腐蚀介质。然而，局部腐蚀不光为裂纹源的萌生提供了优先区域，而且促进了断裂后涂层与基体的剥落。这符合应力诱导局部腐蚀和裂纹尖端阳极溶解机制。

因此，含残余应力非晶涂层钝化电流密度对应力大小、$[H^+]$ 及温度敏感，随残余应力、$[H^+]$ 及温度增加，涂层钝化电流密度增加。残余应力的增加降低了涂层的抗均匀腐蚀抗力及抗点蚀抗力。载荷和 Cl^- 浓度升高增加了非晶涂层的钝化电流密度，涂层钝化稳定性降低，但涂层具有优异的抵抗点蚀能力。H^+ 浓度增加，涂层钝化稳定性降低，pH 值对非晶涂层的载荷腐蚀产生了促进作用。温度及加载时间的增加均会降低涂层的抗均匀腐蚀阻力和钝化稳定性。慢拉伸作用下，随 Cl^- 浓度、应变速率的增加，涂层钝化稳定性降低，对涂层的腐蚀具有一定的影响，仍具有良好的抵抗点蚀能力。

恒载荷时，非晶涂层裂纹扩展后并非沿直线形脆性开裂方式，在主裂纹周围会发生扩展并形成二次裂纹，外加阳极电位促进了阳极溶解过程，加速了环境敏感断裂过程，为典型的阳极溶解机制。动应变作用下，裂纹扩展过程不形成二次裂纹，裂纹无明显分叉。腐蚀与载荷的耦合作用，促进了非晶涂层的环境敏感断裂过程。非晶涂层在载荷和腐蚀耦合环境中呈现出低的环境敏感断裂阻力，主要归因于涂层的缺陷结构以及缺陷部位钝化膜的局部不完整性。在涂层缺陷部位优先形成局部腐蚀，载荷增加了局部腐蚀的敏感性，促进裂纹萌生和扩展，并扩张了 Cl^- 扩散通道，裂纹穿过未熔颗粒迅速扩展，最终导致表面断裂。腐蚀与载荷的协同作用，加剧了涂层的环境敏感断裂过程，非晶涂层具有一定的环境敏感断裂风险。

目前，对于非晶涂层在载荷作用下腐蚀行为的研究刚刚开始，关于腐蚀和载荷在微观层面的相互作用机制仍需要更加深入和全面的了解。

参考文献

[1] 赵国强，张松. 铁基非晶态合金涂层表面耐磨损及耐腐蚀性能 [J]. 稀有金属材料与工程，2016，45（4）：957-962.

[2] 汪明文，唐翠勇，陈学永，等. 铁基非晶纳米晶涂层的耐腐蚀及耐摩擦性能研究进展 [J]. 成都工业学院学报，2016，19（2）：56-60.

[3] 汪卫华. 非晶态物质的本质和特性 [J]. 物理学进展，2013，33（5）：177-351.

[4] Zhang C，Duan F，Liu Q. Size effects on the fracture behavior of amorphous silica nanowires [J]. Computational Materials Science，2015，99：138-144.

[5] 李岩，方可伟，刘飞华. Cl^- 对 304L 不锈钢从点蚀到应力腐蚀转变行为的影响 [J]. 腐蚀与防护，2012，11（33）：955-959.

[6] 李远. 316L 不锈钢在氯化钠溶液中的应力腐蚀研究 [D]. 哈尔滨：哈尔滨工程大学，2011.

[7] Puiggali M，Zielinski Ai. Effect of microstructure on stress corrosion cracking of an Al-Zn-Mg-Cu alloy [J]. Corrosion Science，1998，40（4-5）：805-819.

[8] Tsai T C，Chuang T H. Technical note：relationship between electrical conductivity and stress corrosion cracking susceptibility of Al7050 and Al7475 Alloys [J]. Corrosion，1996，52（6）：414-416.

[9] 张娟，魏成富，王在俊，等. 温度对 2A12 铝合金应力腐蚀开裂的影响 [J]. 材料热处理技术，2008，10：29-32.

[10] 刘智勇，董超芳，李晓刚，等. 硫化氢环境下两种不锈钢的应力腐蚀开裂行为 [J]. 北京科技大学学报，2009，31（3）：318-323.

[11] 关心，李岩，董朝芳，等. 高温水环境下温度对 316L 不锈钢应力腐蚀开裂的影响 [J]. 北京科技大学学报，2009，31（9）：1122-1126.

[12] 郝文魁，刘智勇，杜翠薇，等. 35CrMo 钢在酸性 H_2S 环境中的应力腐蚀行为与机理 [J]. 北京：机械工程学报，2014，50（4）：39-46.

[13] 张哲峰，伍复发，范吉堂，等. 非晶合金材料的变形与断裂 [J]. 中国科学，2008，4（38）：349-372.

[14] 王勇，李洋，吕妍，等. 应力作用下铁基非晶涂层腐蚀性能影响的研究综述 [J]. 化工机械，2016，43（3）：284-286.

[15] Wang L，Bei H，Gao Y F，et al. Effect of residual stresses on the hardness of bulk metallic glasses [J]. Acta Materialia，2011，59（7）：2858-2864.

[16] 陈超，潘春旭，傅强等. 采用显微硬度压痕法测量微区残余应力 [J]. 机械工程材料，2007，31（1）：8-11.

[17] Jang Jae-il，Son Dongil，Lee Yun-Hee，et al. Assessing weld-ing residual stress in A335 P12 steel welds before and after stress-relaxation annealing through instrumented indentation technique [J]. Scripta Materialia，2003，48（6）：743-748.

[18] Frankel J，Abbate A，Scholz W. The effect of residual stresses on hardness measurements [J]. Experimental Mechanics，1993，33（2）：164-168.

[19] Tsui T Y，Oliver W C，Pharr G M. Influence of stress on the measurement of mechanical properties using nanoindentation：Part Ⅰ：experimental studies in an aluminum alloy [J]. Journal of Materials Research，1996，11（3）：752-759.

[20] Tsui T Y，Oliver W C，Pharr G M. Influence of stress on the measurement of mechanical properties using nanoindentation：Part Ⅱ：finite element simulation [J]. Journal of Materials Research，1996，11（3）：760-768.

[21] Carlsson S，Larsson P-L. On the determination of residual stress and strain fields by sharp indentation testing Part Ⅰ：theoretical and numerical analysis [J]. Acta Materialia，2001，49（12）：2179-2197.

[22] Carlsson S，Larsson P-L. On the determination of residual stress and strain fields by sharp indentation testing Part Ⅱ：experiment investigation [J]. Acta Materialia，2001，49（12）：2193-2203.

[23] Wang Y，Xing Z Z，Luo Q，et al. Corrosion and erosion-corrosion behaviour of activated combustion high-velocity air fuel sprayed Fe-based amorphous coatings in chloride-containing solutions [J]. Corrosion Science，2015，98（9）：339-353.

[24] Wang Y，Zheng Y G，Ke W，et al. Slurry erosion-corrosion behaviour of high-velocity oxy-fuel (HVOF) sprayed Fe-based amorphous metallic coatings for marine pump in sand-containing NaCl solutions [J]. Corrosion Science，2011，53（10）：3177-3185.

[25] Zheng Z B，Zheng Y G，Sun W H，et al. Erosion-corrosion of HVOF-sprayed Fe-based amorphous metallic coating under impingement by a sand-containing NaCl solution [J]. Corrosion Science，2013，76（11）：337-347.

[26] 孙丽丽，王尊策，王勇. AC-HVAF 热喷涂涂层在压裂液中冲蚀行为研究. 中国表面工程，2018，31（1）：131-139.

[27] Zhang G A，Cheng Y F. Miero-electrochemical characterization of corrosion of precraeked X70 pipeline steel in a concentrated Carbonate/Bicarbonate Solution [J]. Corrosion Science，2010，52（3）：960-968.

[28] 张哲峰，伍复发，范吉堂，等. 非晶合金材料的变形与断裂 [J]. 中国科学，2008，4（38）：349-372.

[29] Zhu F，Nguyen H K，Song S X，et al. Intrinsic correlation between β-relaxation and spatial heterogeneity in a metallic glass [J]. Nat Commun，2016，7：11516.

[30] Hirata A，Kang L J，Fujita T，et al. Geometric frustration of icosahedron in metallic glasses [J]. Science，2013，341：376-379.

[31] 胡建朋，刘智勇，胡山山，等. 304 不锈钢在模拟深海和浅海环境中的应力腐蚀行为 [J]. 表面技术，2015，3：9-14.

[32] 黎渊博，高丽娜，王海博，等. Q235 钢板的脆性断裂失效分析 [J]. 热加工工艺，2013，42（23）：209-211.

[33] 隋荣娟. 奥氏体不锈钢应力腐蚀失效及其概率分析研究 [D]. 济南：山东大学，2015.

[34] 安帅. 不锈钢在饱和 CO2 盐溶液中应力腐蚀研究 [D]. 大连：大连理工大学，2015.

[35] 石来民. 激光喷丸处理 304 不锈钢板应力腐蚀试验研究 [D]. 杭州：浙江工业大学，2015.

[36] 李智慧，师俊平，汤安民. 金属材料脆性断裂机理的实验研究 [J]. 应用力学学报，2012，29（1）：48-53.

第8章 非晶纳米晶涂层夹杂相局域溶解计算

成分均匀和结构均匀性使得非晶合金在多数环境中具有比晶体材料更为优异的抗点蚀能力。由于非晶介稳材料的本性，在实验过程中捕捉到点蚀萌生过程难度要远高于晶体材料。非晶合金点蚀初始位置的"不明确"一直制约着人们对点蚀机理的认识。因此，从微观结构角度对非晶点蚀形核这一基本科学问题进行深入理解，建立微结构与点蚀的内在联系，可以弥补非晶涂层点蚀机理研究这一空白。含夹杂、氧化物缺陷的涂层结构增加了非晶涂层材料的点蚀倾向，澄清涂层中夹杂相的形成与演化规律是理解其局部腐蚀和调控其性能的重要手段。

本部分主要采用第一性原理和分子动力学方法，从原子尺度上理解非晶纳米晶涂层中氧化物夹杂相局部溶解机制，探讨氧化物夹杂相在点蚀萌生过程中的作用，进而为非晶涂层点蚀机理研究提供新思路。

8.1 第一性原理概述

材料是一个复杂的多粒子系统，可以通过量子力学对这个系统进行计算。但是由于系统的复杂性，我们多应用高性能计算机来分析计算材料。量子力学是反映微观粒子（分子、原子、原子核、基本粒子）运动规律的理论。广义的第一性原理计算指的是一切基于量子力学原理的计算。我们知道物质由分子组成，分子由原子组成，原子由原子核和电子组成。量子力学计算就是根据原子核和电子的相互作用原理去计算分子结构和分子能量（或离子），然后就能计算物质的各种性质。狭义的第一性原理又称从头计算，在计算薛定谔方程的过程中不需要经验参数，仅需要知道几个基本的物理参量如电子质量、原子的质量、原子的核电荷数、普朗克常数等就可以通过自洽计算求解体系的电子结构，从而获得材料各方面的信息。

第一性原理计算的目的是求解由若干原子核与电子所组成的多体薛定谔（Schrödinger）方程。但由于多体 Schrödinger 方程难以精确求解，因此必须引入合理的近似。Born 和 Oppenheimer 根据原子核的质量比电子的质量大 3～5 个数量级这一事实，提出了著名的绝热近似（又称 Born-Oppenheimer 近似）：假设原子核相对于电子的运动是不动的，而电子又能很快跟上原子核的运动，这样一来就可以把原子核的运动与电子的运动分开来求解。对于原子核的运动，用经典的牛顿方程就可以描述了，而对于电子的运动，则必须求解 Schrödinger 方程。通过求解薛定谔方程，可以得到电子电荷分布、态密度、能带结构等信息，也就是电子结构的信息[1]。一般来说，第一性原理的计算指的也就是原子结构的计算。

第一性原理计算可以分为两大类：基态计算和激发态计算。前者是通过优化电子结构，来确定原子构型的最低能量态。后者则涉及电子的激发过程。本论文中的计算属于基态计算。

第一性原理广泛应用于原子、分子、固体、固体表面、界面、超晶格材料、低维材料的电子结构和物理性质的计算，在保证计算结果准确性的前提下又节省时间能源，为材料性能的研究做出了巨大的贡献。随着最近几十年计算机技术的飞速发展，第一性原理的规模和效率都有了极大的提高。第一性原理的计算方法很多，如密度泛函理论、准离子方程、Car-Parrinello 方法等[2]。在这里主要利用第一性原理的密度泛函理论来计算。

8.1.1 密度泛函理论

采用基于密度泛函理论（density functional theory，DFT）的第一性原理方法是根据原子核和电子互相作用的原理及其基本运动规律，运用量子力学原理，从具体要求出发，经过一些近似处理后直接求解薛定谔方程的算法。DFT 方法是在绝热近似和单电子近似的基础上，仅使用普朗克常数、电子质量和电量三个物理常数，以及原子的核外电子排布，不借助其他经验参数，通过自洽计算求解薛定谔方程，得到体系总能量以及电荷分布，获得弹性常数、点及面缺陷的形成能等一些更加实用的量，因此 DFT 计算对于复杂多粒子系统组成的实际材料有着无可取代的地位。另外，DFT 计算也可以作为真实实验补充说明，通过计算可以使被模拟体系的特征和性质更加接近真实情况，与真实实验相比，DFT 计算还能更快地设计出符合要求的实验。密度泛函理论最早起源于 19 世纪 20 年代的 Thomas-Fermi 模型，但真正形成理论开始于 60 年代 Hohenberg 与 Kohn 的研究，其在 1964 年发表的研究结果奠定了密度泛函理论的基础。其后，Kohn 与 Sham 在 1965 年发表的论文将 DFT 理论推向了实际应用的水平，其提出的 Kohn-Sham 方法成为密度泛函理论的基本应用框架。Kohn 凭借其对密度泛函理论的贡献获得了 1998 年的诺贝尔化学奖。

量子力学的基本方程 Schördinger 方程的求解是很复杂的，解决这种复杂性的方法就是密度泛函理论的确定。量子理论是将波函数作为体系的基本物理量，而密度泛函理论则是通过电子密度函数来描述体系基态的物理性质。因为粒子密度只是空间坐标的函数，这使得密度泛函理论将 $3N$ 维波函数问题简化为三维粒子密度问题，粒子密度可以通过实验直接观测出来，使得结果更加直观简洁[3]。正是由于粒子密度在计算时的优势，使得密度泛函理论在第一性原理的计算中有更广阔的应用。密度泛函理论主要分为局域密度近似（LDA）和广义梯度近似（GGA）等。密度泛函在化学、物理、生命科学、材料、光谱学等领域的逐步应用，使其成为了一种研究手段的标准。反过来，随着对密度泛函使用的增加也大大促进了密度泛函的发展。

（1）Hohenberg-Kohn 定理

Hohenberg-Kohn 定理可以主要分为以下两种。

第一定理：不考虑自旋的全同费米子系统的基态能量是粒子数密度函数 $\rho(r)$ 的唯一泛函，也就意味着 $\rho(r)$ 是唯一决定非简并体系的基态性质。

第二定理：对于任何多电子体系来说，在粒子数不变的条件下，能量泛函对正确的粒子数密度函数取极小值，这个极小值也就是基态能量。也就是说在保证粒子数不变的条件下，通过计算能量对密度的变分来得到基态能量。

根据 Hohenberg-Kohn 定理，总能量的泛函形式公式定义如下：

$$E = E[\rho(r)] \tag{8-1}$$

$$E_V[\rho(r)] = T[\rho] + V_{ee}[\rho] + V_{ne}[\rho] = \int \rho(r)v(r)dr + F_{HK}[\rho] \tag{8-2}$$

式中，$T[\rho]$ 为动能泛函；$V_{ee}[\rho]$ 为电子间的相互作用能泛函；$V_{ne}[\rho]$ 为原子核对电子吸引力泛函。$V_{ee}[\rho] = J_{ee}[\rho] + E_{XC}[\rho]$，$E_{XC}[\rho]$ 为电子交换相关能泛函，也是密度泛函理论计算中的关键。

（2）Kohn-Sham 方程（LDA）

虽然 Hohenberg-Kohn 定理证明了粒子密度是求解基态物理性质的基本变量，该定理也提出了为了获得体系基态能量可以通过对电子密度变分来求解，但是对于如何确定动能泛函、粒子数密度函数和电子交换相关能泛函等相关问题，Hohenberg-Kohn 定理并没有给出合理的解释。Kohn 和 Sham 于 1965 年提出的方案才真正将密度泛函理论引入实际应用当中去。

Kohn 和 Sham 在 Hohenberg-Kohn 定理的基础上，提出了将体系的总能量分为电子之间的相互作用、电子的动能和系统外的外场三部分[4]。Kohn 和 Sham 指出可以用没有相互作用的体系动能来估算真实系统的动能，把相互作用能和库仑作用能的差值以及动能误差部分归结为一项，这一项称为交换相关能项，进而确定其近似形式，最后建立了 Kohn-Sham 方程。Kohn 和 Sham 假设不存在相互作用体系的电子密度与存在相互作用体系的电子密度相同，然后可以得到无相互作用体系的泛函形式：

$$F_{HK}[\rho] = T_S[\rho] + J[\rho] + E_{XC}[\rho] \tag{8-3}$$

式中，$T_S[\rho]$ 为无相互作用体系的动能泛函形式；$J[\rho]$ 为库仑作用泛函形式；$E_{XC}[\rho]$ 为交换相关泛函形式，其定义式如下：

$$E_{XC}[\rho] = T[\rho] - T_S[\rho] + V_{ee}[\rho] - J[\rho] \tag{8-4}$$

从上式可以看出，$E_{XC}[\rho]$ 由实际体系动能泛函与不存在相互作用体系动能泛函之差和电子相互作用与库仑作用泛函之差组成。因此，体系总能泛函形式可以如下定义：

$$E_V[\rho] = \int \rho(r)v(r)dr + T_S[\rho] + J[\rho] + E_{XC}[\rho] \tag{8-5}$$

将 $T_S[\rho]$ 和 $\rho(r)$ 表达式代入上式中，得到 Kohn-Sham 方程：

$$\hat{T}_S + \hat{V}_{eff}|\phi_i\rangle = \varepsilon_i|\phi_i\rangle \tag{8-6}$$

式中，$V_{eff} = V_{ne}(r) + \int \dfrac{\rho(r')dr'}{|r-r'|} + \dfrac{\delta E_{XC}}{\delta\rho(r)}$；$V_{ne}$ 为原子核对电子的吸引势能；$\int \dfrac{\rho(r')dr'}{|r-r'|}$ 为体系电子之间的库仑势能；$\dfrac{\delta E_{XC}}{\delta\rho(r)}$ 为交换相关势。

从上面可以看出，交换相关势是很难处理的一个部分。到目前为止，还没有发现合适的计算方法能够精确求解交换相关势的具体形式。Hohenberg-Kohn 定理与 Kohn-Sham 方程只是将多电子系统的基态问题在形式上面转化为了有效单电子问题，但是交换相关泛函的具体形式如何确定这一问题仍然存在。所以，找到交换相关泛函的准确形式才是解决问题的关键。在实际应用中，我们大多采用近似的手段来解决交换相关泛函问题，其中多采用局域密度近似和广义梯度近似来解决这一问题。利用近似的手段把交换相关泛函转化为其他形式，从而求解。下面将详细介绍这两种近似方法。

（3）局域密度近似

局域密度近似是密度泛函理论在实际应用中最简单有效的一种近似。它最早在 1951 年就被提出来并应用到实际中，甚至要更早于密度泛函理论。局域密度近似假定空间某点的交换相关能量泛函只与该点的电子密度在空间的取值有关，与其他的量都没有关系。有很多体现局域密度近似的方法，但是在实际的计算应用中最为成功的就是基于均匀电子气模型的泛函。局域密度近似认为可以把固体看成均匀电子气的极限，非均匀电子气也可以近似看作是局部均匀电子气的极限，那么交换相关泛函就变成了与电子密度的变化毫无关系，而只与局域电子密度密切相关。也可以说是空间中每一点的交换相关密度只与该点电子密度有关，而与空间中其余点的电子密度都没有关系。交换相关泛函就可以定义为下式：

$$E_{XC} \approx E_{XC}^{LDA} = \int \rho(r) \varepsilon_{XC} \rho(r) dr \tag{8-7}$$

目前，局域密度近似是应用最为广泛的近似理论。局域密度近似的基本理论思想是通过更均匀电子气的密度函数来得到非均匀电子气的交换关联泛函的具体形式，然后利用 Kohn-Sham 方程进行自洽计算。在 Hohenberg-Kohn-Sham 理论的基础上，多电子系统的基态问题在形式上就被转化成有效单电子的问题。但是要想有效求解单电子 Kohn-Sham 方程，必须要找到交换关联相互作用泛函的准确并且有效的表达形式。因此，交换关联相互作用泛函的有效且准确的表达形式在密度泛函理论中占有重要地位。

局域密度近似理论就是以均匀电子气模型为基础建立的近似理论，局域密度近似也是我们目前所了解到的近似泛函理论的基石，应用较为广泛[5]。局域密度近似理论虽然看起来很简易，但是得到的结果与实验值相比误差很小，这使局域密度近似理论在计算中得到了很好的应用。

（4）广义梯度近似（GGA）

局域密度近似是基于理想的均匀电子气模型建立的近似理论，而实际上电子密度通常是不均匀存在的，所以局域密度近似在计算中往往会存在误差。将电荷分布的不均匀性可能影响计算的精度这一点考虑进去，为了尽可能减少计算值与实验值的误差，有人提出了电荷密度梯度的概念，也就是用来描述不均匀程度的物理量。把电子密度梯度引入交换相关泛函的求解当中去，这称为广义梯度近似（GGA），交换相关泛函可以表示为：

$$E_{XC} = E_{XC}[\rho(r), \nabla \rho(r)] \tag{8-8}$$

在利用第一性原理计算时，值得我们注意的是，局域密度近似可以很好地计算出很多半导体以及一部分金属的基态物理性质，如原子和分子的键长键角、晶体的力学性质、晶格常数等。但是利用局域密度近似计算得到的结合能会普遍偏高，在计算金属的带宽和半导体的禁带宽度时，计算结果与实验得到的结果有很大的误差，这种偏差在确定导带底能的时候就会很困难。电子密度非常高时，交换能起主导作用，而广义梯度近似就可以更好地解决这一问题，广义梯度近似的非局域针对电子密度的非均匀性可以更有效地解决问题。额外要指出的是，广义梯度近似计算得到的结果并不总是优于局域密度近似的计算结果，因此找到精确且便于求解的交换关联泛函是很重要的。除了上面介绍的局域密度近似和广义梯度近似两种泛函外，还有一些其他的泛函近似模型。但是所有的泛函都只是在一定程度上的近似，都无法精确地表达交换关联泛函的准确值，目前为止还没有找到完全精确的交换关联泛函。

8.1.2　平面波与赝势方法

（1）平面波

目前，平面波方法是计算电子结构最常用的方法，也是第一性原理计算中常用到的方法。平面波方法可以通过快速的傅里叶变换，将波函数在正、倒空间中来回转换，以此来提高计算的效率与精度。在求解薛定谔方程时，最重要的部分就是选取合适的基函数，通过基函数来展开 Kohn-Sham 方程中的波函数[6]。常见的基函数主要包括平面波、原子轨道等，在这里主要介绍在本次计算中所利用的 MS 软件中所使用的平面波基组方法。

平面波基函数的解析形式相对于其他基函数比较好，而且不用考虑重叠积分，还可以加上更多的平面波用于改进它的性质。另外，平面波基函数有非局域性，它不受原子位置的影响。因此，计算中常常采用平面波基函数来展开 Kohn-Sham 方程中的电子波函数。原则上来讲，只有无数个平面波基函数才是完备集合，但在实际计算中，不可能采用无数个平面波，通常只是选取有限个基函数组成有限个方程。平面波基函数常常与赝势方法相结合，构成平面波赝势法。

（2）赝势方法

在平面波方法中多数都采用赝势方法，也就是我们常说的平面波赝势方法。在量子力学和固体物理的研究中，变换不同的化学环境条件时，原子核及内层电子的状态基本不变，而原子的价电子通常会发生很大变化至重新排布，所以我们更加关注价电子的变化。因此，当波函数与内、外电子波函数结合时，主要考虑价电子的波函数。

因此，有人提出在处理波函数时，将原子核和内层电子波函数相结合，主要考虑价电子的波函数[7]。但是在实际的能带计算中，由于越靠近原子核的区域，原子核对电子的吸引力越强，电子波函数振荡得越厉害，大大增大了计算误差。就此有人提出了赝势方法，所谓赝势，就是为了计算简便而建立的一种假想的"势"，然而赝势在实际中是不存在的。赝势方法假设原子的内层电子在原子的核心部分保持不动，将原子核和芯电子对价电子的库仑作用转换成只对价电子起作用的有效势场。引入赝势方法后，用较为平缓的波函数来替换原先振荡剧烈的电子波函数，这样大幅度减小了平面波截断能值，使计算过程更加简单。常用的赝势方法主要有模守恒赝势、超软赝势以及投影缀加波赝势等。这里主要介绍前两种赝势方法。

所谓赝势，指的是把虚拟的势用一个作用在价电子上的有效离子势来代替。其原因是当原子结合成分子或固体时，芯部电子和孤立原子时的状态基本不变，仅价电子发生重新分布。因此，可以将分子或固体中的原子看成由原子核和芯部电子组成的离子实和价电子所组成的。这样做的好处是：非常陡峭的原子核对价电子的库仑势和芯部电子势加在一起，用离子实势代替后，对价电子的作用势就变得比较平滑，因而更容易进行计算。作用势越平滑，对应的价电子波函数也越平滑，那么只需要较少的傅里叶级数项就能很好地描述价电子波函数，计算量也会相应地减少。赝势可以分为经验赝势、半经验赝势和第一性原理赝势。第一性原理赝势可以通过量子力学计算得到。第一性原理赝势的发展过程中比较重要的几个阶段分别是模守恒赝势、超软赝势和投影缀加波方法。

① 模守恒赝势

从密度泛函理论的观点，人们主要研究确定无任何附加的经验参数的赝势，也就是所谓的第一性原理从头算赝势[8]。模守恒赝势就是一种产生原子赝势的具体方法。

模守恒赝势的模守恒条件要求赝波函数和真实的波函数在原子芯区给出相同的电荷密度，这一限制条件使模守恒赝势对周期表 2p 元素、3d 元素和稀土元素不能有效地减少平面波基组的数量。因此，模守恒赝势方法的计算效率对不同的原子有可能相差很大。

② 超软赝势

超软赝势方法是通过对模守恒条件的弛豫而发展的一套方法。超软赝势的赝波函数通过定义附加电荷来达到模守恒条件，基本上是将被砍掉的较局域化的电子云补回去，而不需要遵守模守恒条件。超软赝势方法构造的赝波函数在原子芯区以外与全电子波函数一致，在原子芯区引入一个广义的正交条件，进而可以通过赝波函数计算得到用于自洽计算的真实电荷密度。超软赝势在过渡金属和第一行元素计算中已经成功得到应用。

8.2 分子动力学模拟概述

分子动力学模拟技术（molecular dynamics simulation），通常简称为 MD 计算，主要研究所构建的分子体系在设定条件下各种性质如何随时间的变化而改变，它运用经典力学方法来研究微观的分子的运动规律，从而得出所构建体系的宏观性质。由于科学技术的不断发展，人们对微观世界的了解愈来愈深刻，如纳米技术等，对微观世界的探索有时候不便于用常规的实验手段，这时候分子动力学便是很好的选择，这使得分子动力学具有广阔的发展空间和应用范围。随着计算机计算性能的不断提高，MD 技术已经越来越多地被应用于更庞大、更复杂的体系。目前市面上已经具有很多功能较强、使用方便的商业软件，例如 Material Studio（MS）、Lammps、AMBER、CHARMM 等。分子动力学模拟不单单可以获得原子运动过程的轨迹，更重要的是还可以观测原子在运动过程中的各类细节，从而获得有关的热力学信息和动力学信息。分子动力学是探索各种反应现象本质的一种强有力的计算机模拟方法，具有沟通宏观表象与微观结构的作用，可以对许多在理论分析和实验观察上难以理解的现象做出一定的解释。MD 方法不要求模型过分简化，可以基于分子（原子、离子）的排列和运动的模拟结果直接计算求和以实现宏观现象中的数值估算。可以直接模拟许多宏观现象，取得和实验相符合或可以比较的结果，还可以提供微观结构、运动以及它们和体系宏观性质之间关系的极其明确的图像。MD 以其不带近似、跟踪粒子轨迹、模拟结果准确的优势而备受研究者的关注，在材料、物理和化学等领域中得到广泛而成功的应用。

经典的分子动力学方法由 Alder 等于 1957 年提出并首先在"硬球"液体模型下应用，发现了由 Kirkwood 在 1939 年根据统计力学预言的"刚性球组成的集合系统会发生由液相到结晶相的转变"。后来人们称这种相变为 Alder 相变。Rahman 于 1963 年采用连续势模型研究了液体的分子动力学模拟。1972 年 Less 等发展了该方法并扩展了存在速度梯度的非平衡系统。1980 年 Andersen 等创造了恒压分子动力学方法。1983 年 Gillan 等将该方法推广到具有温度梯度的非平衡系统，从而形成了非平衡系统分子动力学方法体系。1984 年 Nose

等完成了恒温分子动力学方法的创建。1985 年针对势函数模型化比较困难的半导体和金属等，Car 等提出了将电子论与分子动力学方法有机统一起来的第一性原理分子动力学方法。

分子动力学首先构建体系中分子的牛顿运动方程，通过分子运动方程的解提取相关信息，从而获得我们感兴趣的性质。分子动力学模拟遵循波恩-奥本海默近似，对电子采用量子力学方法而原子核采用经典力学方法。

8.2.1 分子动力学基本思想

假设一个系统共由 N 个分子构成，系统的总能量（total energy）为所有分子的动能（kinetic energy）与系统的总势能（potential energy）的和。势能则是位置的函数 U（r_1, r_2, r_3, …, r_n）。一般来说，势能由分子与分子之间的范德华作用（VDW）与分子内部势能两部分构成，用公式可表示为：

$$U = U_{VDW} + U_{int} \tag{8-9}$$

系统的范德华作用可以近似地看成所有原子对之间的范德华作用的总和：

$$U_{VDW} = u_{12} + u_{13} + \cdots + u_{1n} + u_{23} + \cdots = \sum_{i=1}^{n-1} \sum_{j=j+1}^{n} u_{ij}(r_{ij}) \tag{8-10}$$

式中，r_{ij} 是原子 i 与原子 j 之间的距离。各类型内坐标势能的总和即为分子内势能。

根据经典力学知识可以得出，原子 i 势能梯度的负值即为所受的力：

$$F_i = -\nabla_i U = -\left(i \frac{\partial}{\partial x_i} + j \frac{\partial}{\partial y_i} + k \frac{\partial}{\partial z_i} \right) U \tag{8-11}$$

根据牛顿第二定律可以计算出原子 i 的加速度：

$$a_i = \frac{F_i}{m_i} \tag{8-12}$$

将式(8-9) 作对于时间的积分，可以据此推测出 i 原子在 t 时间后所处的位置与相关的速度。

$$\frac{d^2}{dt^2} r_i = \frac{d}{dt} v_i = a_i \tag{8-13}$$

$$v_i = v_i^0 + a_i t \tag{8-14}$$

$$r_i = r_i^0 + v_i^0 t + \frac{1}{2} a_i t^2 \tag{8-15}$$

式中，上标 0 表示这个物理量的初始值。

由此可以看出，分子动力学的最核心原理就是牛顿第二定律。在执行分子动力学计算的过程中，首先，要由体系中所有分子的位置信息算出体系的总势能；其次，算出各原子受的力，并由此计算出粒子的加速度；最后，利用有限差分法（finite difference method，FDM），即令 $t = \delta t$（很小的一段时间间隔），可以解出 δt 时间后原子的速度与所处的位置。将以上步骤进行循环，即可得到想要的时间内分子运动过程中速度、位置与加速度等信息。通过以上微观信息，我们可以经过数据处理后得到自己想要的微观与宏观性质。通常将各个时刻分子的位置叫作运动轨迹。

8.2.2 分子运动方程式的数值解法

由上一节可知，分子动力学计算的核心问题就是对牛顿运动方程求解，但是对于一个多粒子的系统是无法通过解析方法进行求解的，这时就要用到有限差分法。有限差分方法的原理是将整个时间过程划分为很多时间间隔很小的小段，即 δt，t 时刻时，作用于每个原子的力的总和即为这个原子对其他原子相互作用力的矢量和。得到力之后，可以计算粒子的加速度，根据 t 时刻的速度和位置，可以得到 δt 时间后粒子的速度与位置，对此过程进行反复迭代，即可得到所需时间内所有粒子位置与速度的信息，进而进行分析。常见的解法有 Verlet 算法、蛙跳（leap-frog）算法、速度 Verlet（velocity Verlet）算法。下面对常见的三种算法进行介绍。

（1）Verlet 算法

在分子动力学计算中，应用最普遍的是 Verlet 算法。这种算法最早由 Verlet 于 1967 年最先提出。

在 Verlet 算法中，要将粒子的位置利用泰勒公式（Taylor formula）进行展开，即：

$$r(t+\delta t)=r(t)+\frac{\mathrm{d}}{\mathrm{d}t}r(t)\delta t+\frac{1}{2!}\times\frac{\mathrm{d}^2}{\mathrm{d}t^2}r(t)(\delta t)^2+\cdots \tag{8-16}$$

$$r(t-\delta t)=r(t)-\frac{\mathrm{d}}{\mathrm{d}t}r(t)\delta t+\frac{1}{2!}\times\frac{\mathrm{d}^2}{\mathrm{d}t^2}r(t)(\delta t)^2+\cdots \tag{8-17}$$

将以上两式进行加和，得到：

$$r(t+\delta t)=-r(t-\delta t)+2r(t)+\frac{\mathrm{d}^2}{\mathrm{d}t^2}r(t)(\delta t)^2 \tag{8-18}$$

由经典运动定律可知，坐标的二阶导数为加速度，即 $\frac{\mathrm{d}^2}{\mathrm{d}t^2}r(t)=a(t)$。由此可以根据 t 时刻的位置和 $t-\delta t$ 的位置来计算出 $t+\delta t$ 时刻的位置信息，其中方程误差为 $(\delta t)^4$ 的量级。速度并没有出现在以上的公式中，在众多计算速度的方法中，较为简单的方法是将式(8-10)与式(8-11) 相减，即：

$$v(t)=\frac{\mathrm{d}r}{\mathrm{d}t}=\frac{1}{2\delta t}\big[r(t+\delta t)-r(t-\delta t)\big] \tag{8-19}$$

这表示 t 时刻的速度可以根据 $t+\delta t$ 与 $t-\delta t$ 时刻的坐标计算得到，速度误差的量级在 $(\delta t)^3$。

Verlet 算法原理较为简单易懂，且对存储空间的要求适中。但 Verlet 算法也有着自身的缺点：第一，速度表达式中含有 $1/\delta t$ 这一项，由于实际模拟过程中通常时间间隔会取得很短（大概为 1fs，$1\mathrm{fs}=10^{-15}\mathrm{s}$），这样较为容易出现误差；第二，由于速度表达式是根据坐标函数推出的，在下一步的坐标信息获得之前，无法计算出速度的数值；第三，起始时间即 $t=0$ 的时候，由于没有 $t-\delta t$ 的位置信息，需要加入其他的方法来进行计算。

（2）蛙跳（leap-frog）算法

蛙跳（leap-frog）算法由霍克尼（Hockney）于 1970 年提出。算法的第一步是利用 $t+\delta t$ 与 $t-\delta t$ 时刻速度的差分来表示速度的微分，$t+\delta t$ 时刻的速度表示为：

$$v\left(t+\frac{\delta t}{2}\right)=v\left(t=\frac{\delta t}{2}\right)+\frac{\delta t}{m}F(t) \tag{8-20}$$

同时原子位置的微分可以表达为：

$$\frac{r(t+\delta t)-r(t)}{\delta t}=v\left(t+\frac{1}{2}\delta t\right) \tag{8-21}$$

结合以上方程，可以得到 $t+\delta t$ 时刻坐标的表达式：

$$r(t+\delta t)=r(t)+v\left(t+\frac{1}{2}\delta t\right)\delta t \tag{8-22}$$

t 时刻的速度可表示为：

$$v(t)=\frac{1}{2}\left[v\left(t+\frac{1}{2}\delta t\right)+v\left(t-\frac{1}{2}\delta t\right)\right] \tag{8-23}$$

在执行过程中，首先假设 $t-\frac{1}{2}\delta t$ 时刻的速度和 t 时刻的位置均为已知，根据 t 时刻的位置计算出此时粒子所受的力与加速度，再由坐标的公式计算出 $t+\frac{1}{2}\delta t$ 时刻的速度，照此方法继续类推即可求解牛顿方程。

蛙跳算法与传统的 Verlet 算法相比具有两项明显的优点：第一，蛙跳算法速度项是显含的；第二，蛙跳算法只需要存储 $t-\frac{1}{2}\delta t$ 时刻的速度与 t 时刻的坐标两项信息，存储空间占用较小。但蛙跳算法有着一个明显的缺点：在一个时刻，不能同时获取位置与速度两项信息。

（3）速度 Verlet（velocity Verlet）算法

速度 Verlet 算法由斯沃普（Swope）于 1982 年提出。这种方法计算速度与坐标的方法为：

$$r(t+\delta t)=r(t)+v(t)\delta t+\frac{1}{2m}F(t)(\delta t)^2 \tag{8-24}$$

$$v(t+\delta t)=v(t)+\frac{1}{2m}\left[F(t+\delta t)+F(t)\right](\delta t)^2 \tag{8-25}$$

本算法需要将每个 δt 的位置、力与速度的信息都存储起来。相比这三种算法，速度 Verlet 算法无论是精度还是稳定程度都是最好的。

8.2.3　原子作用力的计算方法

在分子动力学模拟过程中耗费的时间绝大多数均来源于对原子间作用力的计算，所用时间可以近似看成与原子数的平方成正比。一般分子动力学模拟的体系原子数都比较大，所以在不影响正确性的情况下，对原子间作用力的计算方法采取简化是十分有实际意义的。一般来说，在计算短程力时，通常采用截断半径法，而计算如库仑力这样的长程力时，Ewald 求和法是较为理想的一种方法。下面对这两种方法进行介绍。

（1）截断半径法

截断半径法是一种可以减少工作量、提高效率的计算方法。截断半径法的核心思想是只考虑以截断半径 r_c 为半径的球体内原子间的相互作用，在此范围之外的原子间作用力不予考虑。这样就大大地简化了工作量，而且在计算如范德华力时这种方法是可信的，因为范德华力与 r^{-6} 成正比，在 $9\sim10\text{Å}$（$1\text{Å}=10^{-10}\,\text{m}$）的距离时已经很小，所以这种方法是可以的。

（2）Ewald 加和法

Ewald 加和法最早是 1921 年 Ewald 在研究离子晶体能量时提出的。此方法中，在计算粒子的相互作用时，不光考虑与盒子内的原子作用，同时考虑周期性单元中含有的镜像原子的作用。在所有计算经典相互作用的方法中，Ewald 加和方法是精度最高的方法，但是这会牺牲一定的计算时间，Ewald 加和法大概比计算无静电作用体系的时间要多 10 倍。Ewald 方法通常计算高带电量的体系或静电作用十分明显的体系。

8.2.4　周期性边界条件

在分子动力学模拟的过程当中，一般不会将模拟的体系中原子个数设置的特别大，这样虽然更加接近真实情况，但是由于我们应用的计算机的计算能力是有限的，所以模拟体系不会特别大，这样与真实情况相比就会出现"尺寸效应"，显然这对模拟的真实性与可信性是很不利的。

根据统计物理的观点，在足够长的时间里，足够多的微观粒子运动轨迹的统计平均就是体系的宏观性质。为了使模拟结果更加可信，这时就要采取周期性边界条件。

周期性边界条件具有减少计算量、使结果更加合理、维持体系密度的作用。周期性边界条件常见的有二维和三维两种情况。

（1）三维周期性边界条件

在模拟单相体系，如溶液或体积很大的固体时，就需要采用三维周期性边界条件，因为所构建的模拟单元在三个方向上所处的环境是相同的。但有一点是需要注意的，由于在计算相互作用时会采用截断半径，这就要求模拟的盒子边长必须大于截断半径的二倍，因为如果边长小于二倍的截断半径，粒子 i 就会与粒子 j 和 j 的镜像粒子同时作用，这显然是与实际情况不符的。

（2）二维周期性边界条件

有时在建模过程中会涉及两种不同的物质接触或建立表面或界面，这时就应该考虑二维周期性边界条件，即在两个方向上无限延伸，而另一个方向上受到限制。在计算分子作用力时，应用的方法是最近镜像法，即计算原子 i 与原子 j 的作用力时，若 i 与 j 的距离大于 i 与 j 的镜像粒子 j' 的距离，则计算时选取的为 i 与 j' 进行计算。

8.2.5　分子动力学积分步长的选取

前文介绍过分子动力学解牛顿方程的方法为有限差分方法，有限差分方法要求给定一个 δt，在分子动力学计算中称 δt 为积分步长。步长选择得太短或太长都会影响计算的精确性，甚至失败或出错。一般来说，积分步长通常不大于体系中最短运动周期的 $1/10$。通常来说，选取 1fs 作为积分步长是较为稳妥的，这适用于大多数体系的模拟，但有一些较为特殊的粒子需要通过实验或理论计算来确定其运动周期，从而获得合理的积分步长。

8.2.6　力场

用来表示原子或分子间相互作用的函数为力场，也叫势函数。力场的精确性与完备性直接决定了计算结果的可靠性与精确性。一般分子的总势能可以表示为非键结势能（U_{nb}）、键的伸缩势能（U_b）、键角的弯曲势能（U_{θ}）、二面角的扭曲势能（U_{ϕ}）、离平面振动势能（U_{χ}）、库仑静电势能（U_{el}）六项的总和。在分子动力学探索的初期，人们通常利用的是对势，即只考虑两个原子之间的相互作用。比较著名的对势有 Lennard-Jones 势（L-J 势）、Born-Maye 势、Morse 势、Johnson 势等。后期随着相关理论的完善与科研人员的努力，逐渐诞生了很多完备的力场。

（1）MM 力场

MM 力场是由 Allinger 等人发展的。根据发展的顺序依次为 MM2、MM3 等。MM 力场对原子进行了细致的分类，不同形态的原子被分配不同的力场参数。MM 力场适合有机化合物、带电离子和自由基。此力场的一般形式为：

$$U = U_{nb} + U_b + U_\theta + U_\phi + U_\chi + U_{el} + U_{cross} \tag{8-26}$$

其中 U_{cross} 为交叉作用项。

MM 力场中各项的具体形式如下：

$$U_{nb}(r) = a\varepsilon e^{-c\sigma/r} - b\varepsilon(\sigma/r)^6 \tag{8-27}$$

$$U_b(r) = \frac{k_b}{2}(r-r_0)^2 [1 - k_b'(r-r_0) - k_b''(r-r_0)^2 - k_b'''(r-r_0)^3] \tag{8-28}$$

$$U_\theta(\theta) = \frac{k_\theta}{2}(\theta-\theta_0)^2 [1 - k_\theta'(\theta-\theta_0) - k_\theta''(\theta-\theta_0)^2 - k_\theta'''(\theta-\theta_0)^3] \tag{8-29}$$

$$U_\phi(\phi) = \sum_{n=1}^3 \frac{V_n}{2}[1 + \cos(n\phi)] \tag{8-30}$$

$$U_\chi(\chi) = k[1 - \cos(2\chi)] \tag{8-31}$$

$$U_{el} = \sum_{i,j} \frac{q_i q_j}{4\pi\varepsilon r_{ij}} \tag{8-32}$$

（2）AMBER 力场

AMBER（assisted model building with energy minimization）力场是由 Peter Kollman 等建立的，适合应用于较小的生化分子。该力场所有的参数均来自计算值与实验值的对比。

（3）第二代力场

第二代力场比上述力场需要设置更多的力常数，在实验数据的基础上，还参考了量子计算的结果。根据参数可分为 CFF91、CFF95、PCFF 和 MMFF93 等。前三种力场被称为一致性力场（consistent force field，CFF）。

CFF91 力场不仅可以用来研究蛋白质、碳氢化合物等，也可用来研究小分子的相关性质。

PCFF 力场参考了 CFF91 力场，适合聚合物以及有机物进行模拟时使用。

CFF95 力场是 CFF91 力场的衍生产物，是针对聚碳酸酯、多糖这些生化分子设计的，适合在研究生命科学问题时应用。

MMFF93 力场是针对设计有机类药物而诞生的。此力场主要应用液态或固态的小型有机系统。

（4）COMPASS 力场

COMPASS（condensed-phase optimized molecular potentials for atomistic simulation studies）力场相对于以前的力场而言是一个重大的突破，它是第一个基于从头算理论（abinitio），可以精确地预测孤立态和凝聚态分子的结构、构象以及热力学性质的分子力场。相比于以前的力场，COMPASS 更加适用于凝聚态结构的模拟。COMPASS 的参数化并不同于以前力场单一地依赖实验数据或理论计算，而是先根据从头算理论得到初步的大致结果，再根据实验结果进行比对，进行优化。

8.2.7 系综简介

在执行分子动力学模拟时，开始时的构形（configuration）是非常重要的，良好的起始构形有助于体系快速达到热力学平衡，从而节约我们的计算时间。而不合理的起始构形想要达到热力学平衡则非常困难，甚至无法达到热力学平衡，从而导致模拟失败。起始构形最为理想的条件是与真实系统完全相同，但这显然是几乎不可能做到的。在建立起始构形时，最好是以模拟系统的 X 射线衍射结果为起始构形，这样可以使模型最大程度上接近真实体系。如果没有衍射图样，可以把能量最小化（energy minimization）后的构形作为起始构形，这样可以避免我们构建的模型出现高能区域，导致体系不稳定。

系综（ensemble）理论是由 Gibbs 于 1901 年创立的，属于统计力学（statistical mechanics）中的概念。系综是这样一些系统的集合，这些系统在一定的宏观条件下具有完全相同的结构、成分和性质，而且每个系统具有自己的运动状态，相互独立。

分子动力学模拟过程可以分为平衡态模拟与非平衡态模拟，现对模拟过程中常用的几种系综进行如下介绍。

（1）微正则系综

微正则系综也叫 NVE 系综，N 代表粒子数，V 代表体系的体积，E 代表能量，这三项在模拟过程中均不变。这代表它是一种不与外界交换能量、孤立的系综。

（2）正则系综

正则系综也叫 NVT 系综，N 代表粒子数，V 代表体系的体积，T 代表温度，这三项在模拟过程中均不变。NVT 系综要与环境进行能量交换以保证温度的恒定，最常用的办法就是利用热浴来进行恒温，常见的控温方法有 Andersen 热浴、Nose 热浴、Berendsen 热浴等。

（3）恒温恒压系综

恒温恒压系综又叫 NPT 系综，N 代表粒子数，P 代表压力，T 代表温度，这三项在模拟过程当中保持不变。NPT 系综恒温方法与 NVT 相同，即热浴，而恒压方法则采用压浴的方法。

8.3 氧化物夹杂相局域溶解第一性原理计算

8.3.1 非晶涂层点蚀机理

非晶合金高耐蚀性主要源自无晶界和位错等缺陷存在的非晶结构以及钝化膜中强耐蚀元素的富集[9]。非晶合金具有比晶态合金更高的抗点蚀能力，但非晶点蚀的形成机理尚无定论，通常认为点蚀的形成是一种局部失稳的过程。不同的是，feedback 模型、表面膜与金属界面上空位聚集引起钝化膜坍塌、Cl⁻团簇形成以及钝化膜上缺陷位置的存在等[10]众多模型，并没有解释清楚钝化膜和基体合金在点蚀过程中到底起什么作用。澄清钝化膜和基体合金在点蚀过程中的作用能够为点蚀形成机理提供依据，有助于理解非晶态合金高的抗点蚀能力的机理。

非晶态合金点蚀形核的原因与钝化膜/合金界面上缺陷的产生密切相关，该分析依据于晶态合金点蚀现象研究的实验和理论认识。如Maurice等[11]用改进的偏压STM技术透过氧化膜直接观察到界面上纳米尺度空位团簇的存在，并为界面上的空位向深层迁移提供了证据。非晶涂层由非晶相和少数纳米晶体相混合而成，涂层自身夹杂、缺陷以及环境中的Cl⁻是引发非晶涂层点蚀的重要原因。非晶涂层的内部夹杂区域通常被怀疑为点蚀萌生的优先位置，但点蚀的萌生位置也没得到统一的认识。Cl⁻引起钝化膜击穿以及点蚀的萌生过程复杂，或发生迁移与金属/膜界面发生作用引起点蚀[12]，或化学吸附在氧化物表面，参与反应并形成络合物，加速溶解过程的进行[13]，目前对于Cl⁻点蚀机理还不清晰。AC-HVAF法制备的非晶涂层质量高、组织均匀，点蚀最初的形核位置更是随机和不可预测的。

由于非晶介稳材料的本性，亚稳蚀点一旦形成生长速度十分迅速，实验很难捕捉到点蚀萌生过程。截至目前，对于非晶涂层点蚀还缺乏微小尺度的结构与成分信息，点蚀萌生区域也缺少直接的证据，对于氧化物夹杂促进腐蚀过程的机理更是很模糊。

8.3.2 夹杂相局域溶解

氧化物夹杂相及缺陷是导致目前AC-HVAF非晶涂层局部腐蚀敏感性增加的重要原因。微米尺度的夹杂相会损伤晶体材料的力学性能早已为人们普遍关注。钢中硫化物夹杂相是其点蚀的诱发源。点蚀破坏具有极大的隐蔽性和突发性，是材料科学与工程领域中的经典问题之一。

奥氏体不锈钢的点蚀起因于硫化锰中纳米氧化物（$MnCr_2O_4$，图8-1）夹杂相的局域溶解[14]，2205双相不锈钢夹杂相中MgO偏聚或CaO富集区域易产生亚稳态蚀坑[15]。即使这些夹杂相的尺寸减小至纳米级，仍可通过电化学途径损害材料结构[16]。总之，原子尺度的结构和成分信息，使人们对晶体材料点蚀机理的认识从先前的微米尺度提升至原子尺度。非晶合金虽具有比晶态合金更高的抗点蚀能力，高耐蚀性主要源自无晶界和位错等缺陷存在的非晶结构以及钝化膜中强耐蚀元素的富集。由于非晶介稳材料的本性，亚稳蚀点一旦形成生长速度十分迅速，因此在实验过程中捕捉到点蚀萌生过程难度要远高于晶体材料。非晶合金点蚀形核的原因与钝化膜/合金界面上缺陷的产生密切相关[17]，该分析依据于晶态合金点蚀现象研究的实验和理论认识。而非晶中二十面体原子团簇的几何不稳定性被证实是非晶形成的结构起源[18]，这解决了非晶结构无法有效进行实验表征的问题，促进了人们对非晶玻璃态转变和形变机制的微观认识。但非晶点蚀与微结构关联性的认识并不十分清楚。非晶涂层的内部夹杂区域通常被怀疑为点蚀萌生的优先位置，但点蚀的萌生位置也没得到统一的认识。Zr基金属玻璃点蚀萌生于剪切带起始源而不是结构的改变[19]，不锈钢基体和非晶相界面处形成的Fe_3O_4相则成为点蚀萌生的活性区域[20]。铁基非晶涂层点蚀研究表明，点蚀或存在于涂层氧化物界面处[21]，或起源于界面附近宽度约为100nm的非晶基体区域中（狭小的贫Cr区，图8-2）[22]。

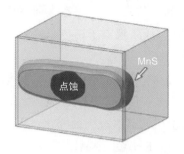
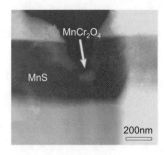

图 8-1　不锈钢中引起点蚀的 $MnCr_2O_4$ 敏感相[14]

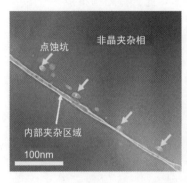
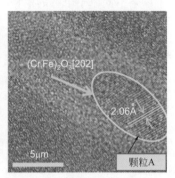

图 8-2　非晶涂层局域氧化物的 TEM 图像[21]

　　因此，小尺度氧化物夹杂相在非晶涂层点蚀萌生过程中的形成与作用值得关注，这将对改进在一定腐蚀介质条件下长期服役的非晶涂层的使役行为具有重要意义。通常，钝化膜的局部酸化理论[23]被认为是点蚀萌生的普遍理论。铁基非晶涂层在孔隙、夹杂（主要是氧化物）等区域钝化膜均匀性遭到破坏，引起局部腐蚀发生[24-27]。孔隙不仅降低涂层腐蚀阻力[28]，孔隙缺陷周围 Cr：Fe 原子比降低可以恶化钝化膜的稳定性[29]。但由于缺乏小尺度的直接的实验证据，非晶涂层不同氧化物夹杂相局域溶解及亚稳态点蚀萌生所对应的微区结构及点蚀机理特征尚不清晰。澄清氧化物夹杂相局域溶解在点蚀过程中的作用能够为点蚀形成机理提供依据，有助于理解非晶态合金高的抗点蚀能力的机理。值得注意的是，计算机模拟技术可实现对夹杂相局域溶解电子特征及原子运动各种微观细节的有力补充，如第一性原理（first-principles，FP）从原子层面出发，可分析组成相稳定性[30,31]和电化学腐蚀机理[32-34]；而分子动力学（molecular dynamics，MD）[35-37]则从分子层面出发，依靠经典力学，通过抽取不同状态下系统的样本计算构型积分，从而获得侵蚀性阴离子吸附或扩散过程的热力学量，二者结合可实现对夹杂相微观结构信息的有效获取。这些都为研究点蚀初期相关问题提供了新的思路。截至目前，对于非晶涂层氧化物夹杂相局域溶解还缺乏微小尺度的结构与成分信息，点蚀萌生区域也缺少直接的证据，对于夹杂相诱导点蚀过程的机理更是很模糊。

8.3.3　计算模型与方法

　　铁基非晶涂层的制备、组成和性能研究中，认为夹杂相主要为氧化物、碳化物等，而夹杂区域则主要存在氧化物 $(Cr,Fe)_2O_3$[38]，氧化物夹杂相可能成为非晶涂层发生局域溶解或者点蚀萌生的优先位置。第一性原理以量子力学为基本原理，可以从原子尺度分析材料电子结构并计算材料性能，获得材料微观结构的相关信息[39]。在本次研究中，利用第一性原理首先对（Cr，Fe)$_2$O$_3$氧化物夹杂相进行计算，从微观电子结构角度进行分析，为铁基非晶涂层的氧化物夹杂相的局域溶解提供理论背景。

通常，（Cr，Fe)$_2$O$_3$是以Cr$_2$O$_3$为基体，将Fe溶于Cr$_2$O$_3$的固溶体。由于（Cr，Fe)$_2$O$_3$的结构不好确定，且Fe和Cr原子半径相差较小，化学性质以及晶胞模型也相类似（如图8-3所示）。因此，将Cr替换为Fe并不会引起晶格过大的变化。本研究以Cr$_2$O$_3$为基体，采用将Cr替换为Fe的掺杂方法来建立（Cr，Fe)$_2$O$_3$的晶胞。Cr$_2$O$_3$的空间群为R-3C，晶格常数为$a=b=4.96$Å，$c=13.59308$Å，$\alpha=\beta=90°$，$\gamma=120°$，其晶胞中包含12个Cr原子，18个O原子。由于掺杂不同原子个数的模型较多，此处只列举掺杂一个Fe原子的模型。

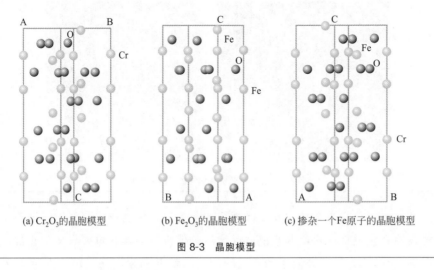

(a) Cr$_2$O$_3$的晶胞模型　　(b) Fe$_2$O$_3$的晶胞模型　　(c) 掺杂一个Fe原子的晶胞模型

图8-3　晶胞模型

基于第一性原理的密度泛函理论，采用Materials Studio软件的CASTEP模块，计算均采用广义梯度近似（GGA）下的PBE泛函进行校正。自洽场（SCF）循环收敛为$2.0×10^{-6}$eV/atom，自洽运算总能量收敛为$1.0×10^{-5}$eV/atom，力收敛为0.03eV/Å，应力偏差小于0.05GPa，公差偏移小于0.001Å，赝势法采用超软赝势[40]。计算中选取原子的价态电子：Cr 3p^{6}3d^{5}4s^1，Fe 3p^{6}3d^{6}4s^2，O 2s^{2}2p^4。

8.3.4 晶格结构

对建立好的晶胞进行截断能、k点的收敛性测试及几何优化。经几何优化后，掺杂体系的晶格常数及空间群的变化见表8-1。

● 表8-1　Fe掺杂Cr$_2$O$_3$体系的结构参数

体系(Cr：Fe)	$a/$Å	$b/$Å	$c/$Å	空间群
11：1	4.70	4.71	14.33	P1
9：3	4.74	4.74	14.21	P1
7：5	4.79	4.72	14.14	P1
5：7	4.81	4.69	13.74	P1
3：9	4.82	4.69	13.53	P1
1：11	4.76	4.76	13.29	P3

由表 8-1 可以看出，几何优化后，Fe 掺杂 Cr_2O_3 后，体系对称性降低，晶格常数和空间群发生变化，这是掺杂体系的常见情况。另外，Fe 替代 Cr 后，随掺杂浓度的变化晶格常数变化平稳，与真实的晶格常数比变化均小于 5%，进而也验证了所选参数的可靠性，确保了计算结果的准确性。

8.3.5　结构的稳定性

为了考察掺杂体系的稳定性，计算了掺杂体系的形成能，形成能的定义为：

$$E_{form} = E_{tot}[X] - E_{tot}[Cr_2O_3] - \sum E_i n_i \tag{8-33}$$

$E_{tot}[X]$ 和 $E_{tot}[Cr_2O_3]$ 分别为掺杂后和未掺杂时的 Cr_2O_3 的总能量，$n_i > 0$ 表示 n_i 为掺杂到体系中的原子个数，而 $n_i < 0$ 表示 n_i 为从体系中被替换掉的原子个数，E_i 为相应单原子的能量。形成能为负值时，体系能够稳定存在，并且体系形成能越低越稳定。

● 表 8-2　掺杂体系的形成能

原子个数比 (Cr : Fe)	形成能/eV
11 : 1	−1535.8
9 : 3	−4607.8
7 : 5	−7680.3
6 : 6	−6765.9
5 : 7	−5070.4
3 : 9	−3132.1
1 : 11	−2003.9

通过计算得知，Fe 原子和 Cr 原子的单原子能量分别为 −1725.9eV 和 −4800.9eV，Cr_2O_3 的总能量为 −36735.1eV。由表 8-2 可以看出，掺杂体系的形成能均为负值，掺杂结构均能稳定存在，在 Cr 与 Fe 原子比例在 7 : 5 与 6 : 6 之间（比例接近 1.134 时）出现极值，体系的形成能最小，掺杂体系最为稳定。

8.3.6　重叠聚居数分析

重叠聚居数可以用来分析原子间键合性质及成键强弱。掺杂不同个数 Fe 原子的重叠聚居数计算结果见表 8-3。通常来说，聚居数为正值则表明原子间存在共价键，负值表明原子间成反键，当聚居数为 0 时，表明原子间存在离子键[41]。

● 表 8-3　掺杂不同个数 Fe 原子的聚居数

掺杂情况	O-Cr 的成键聚居数
Cr_2O_3	18.72
掺杂 5 个 Fe 原子	10.76
掺杂 6 个 Fe 原子	9.28
掺杂 7 个 Fe 原子	7.78

由表 8-3 可以看出，O 与 Cr 之间的成键主要以共价键为主，随着掺杂 Fe 原子个数的增加，O—Cr 之间聚居数值逐渐变小，这说明与其形成竞争关系的 Fe 原子抑制了近邻原子间

的相互成键关系。因此，掺杂 Fe 原子与附近原子存在较强的共价键作用，使得掺杂后的结构更加稳定。

8.3.7 态密度分析

为了进一步了解体系的电子结构，利用 CASTEP 模块计算了不同结构的态密度。电子态密度可以表明电子态在能量空间中的分布[42]。掺杂不同 Fe 原子时体系的态密度见图 8-4。由于掺杂的原子数多且结果分析过程类似，此处只列举部分态密度图进行分析。

图 8-4 为计算所获得的态密度图。由图 8-4(a) 可以看出，当掺杂 1 个 Fe 原子时，Cr 的 3d 轨道在 $-9.09 \sim 4.37 \text{eV}$ 区间提供成键电子，Fe 的 3d 轨道在 $-9.11 \sim 4.11 \text{eV}$ 区间提供电子，Fe、Cr 的 4s、3p 与 O 的 2s 轨道作用较弱，均不参与成键。O 的 2p 轨道在 $-9.16 \sim 4.46 \text{eV}$ 区间提供成键电子，表明 Cr、Fe 的 3d 轨道与 O 的 2p 轨道参与成键。从图 8-4(b) 和图 8-4(c) 中可以看出掺杂不同个数的 Fe 原子，都是 Cr、Fe 的 3d 轨道与 O 的 2p 轨道参与成键。而 Cr_2O_3 中是由 Cr 的 3d 轨道与 O 的 2p 轨道参与成键。

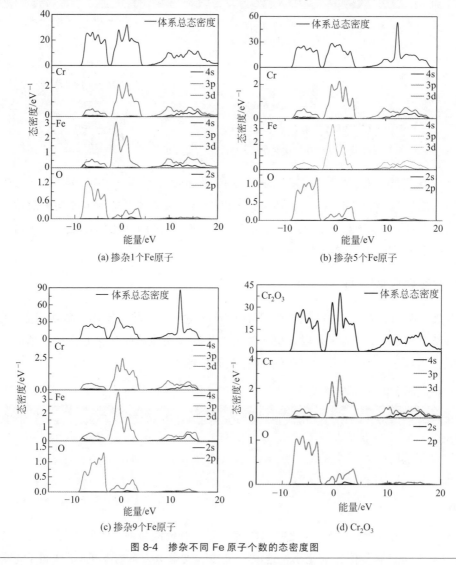

图 8-4　掺杂不同 Fe 原子个数的态密度图

图 8-5 为掺杂不同 Fe 原子个数的总态密度图。可知，当掺杂不同个数的 Fe 原子时，态密度的峰值不同。掺杂不同 Fe 原子个数的态密度值见表 8-4。从表 8-4 中可以看出，当替换 Fe 原子数目在 5～6 之间，成键峰及态密度达到最大值时对应的能量值均发生突变，表明有峰值（最小值）出现，而此时 Cr 与 Fe 原子比例接近 1.134，这与文献中提到的比例相符[38]。此时态密度达到最大值时对应的能量最低，即在能量低的区域分布的核外电子数相对较少，结构更趋于稳定。

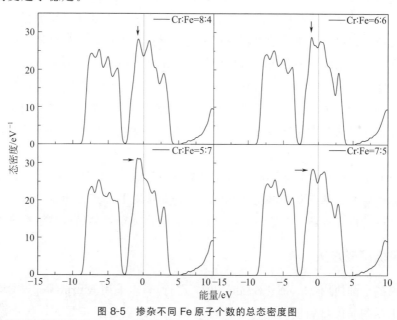

图 8-5　掺杂不同 Fe 原子个数的总态密度图

● 表 8-4　掺杂不同 Fe 原子个数的态密度值

Cr：Fe(原子个数比)	能量/eV	态密度成键峰值/eV^{-1}
8：4	−0.746	28.4
7：5	−0.807	28.2
6：6	−0.800	28.5
5：7	−0.790	31.2

因此，氧化物夹杂相 $(Cr,Fe)_2O_3$ 中掺杂不同个数的 Fe 原子，当 Cr 与 Fe 的比例接近 1.134 时，形成能出现极小值，结构最为稳定。掺杂后的 Cr 与 Fe 的比例接近 1.134 时，当态密度达到最大值时能量有最小值，在能量低的区域分布的核外电子数相对较少，结构最为稳定。在掺杂的晶胞模型中，Cr 与 O 之间以形成共价键为主，并且掺杂 Fe 原子与附近原子存在较强的共价键作用，使得掺杂结构稳定性增加。

8.4　氧化物夹杂相局域溶解分子动力学计算

非晶涂层氧化物夹杂相增加了其点蚀倾向，但非晶点蚀的形成机理尚无定论。非晶涂层的内部夹杂区域通常被怀疑为点蚀萌生的优先位置，Otsubo 等[43]利用光学原理观察在

1mol/L HCl 中 Fe-16Cr-30Mo-(C,B,P) 非晶涂层的局部腐蚀情况，发现点蚀优先发生于喷涂粉末连接处的孔隙处。另外，一些作者[44-46]认为在含 Cl⁻ 的介质中，铁基非晶涂层腐蚀的发生是由于孔隙、夹杂（主要是氧化物）等区域钝化膜均匀性遭到破坏，Cl⁻ 引起钝化膜击穿以及点蚀的萌生，但目前对于 Cl⁻ 点蚀机理还不清晰。Lu 等[47]也在铁基非晶涂层中发现了类似现象。此外，Zhang 等[48]对铁基非晶涂层的点蚀研究表明，由于氧化物的作用，点蚀起源于界面附近宽度约为 100nm 的非晶基体区域中（狭小的贫 Cr 区）。截至目前，对于非晶涂层点蚀还缺乏微小尺度的结构与成分信息，点蚀萌生区域也缺少直接的证据，对于氧化夹杂物局域溶解以及促进腐蚀过程的机理的了解更是很模糊。近年来，随着计算机硬件的不断完善和相关理论的不断完善，人们已经开发出许多有助于理解腐蚀机理的方法，如密度泛函理论（DFT）、分子动力学（MD）和蒙特卡罗（MC）模拟等，确定了腐蚀的反应机理和电子结构等大量相关参数，在原子水平上得到腐蚀离子与界面的相互作用。其中，MD 模拟为腐蚀粒子的扩散及对金属表面的吸附作用提供了详细的信息，已经成为研究复杂系统的有效工具。

在本次研究中，采用电化学实验与分子动力学（MD）模拟计算相结合的方法对氧化物夹杂相进行分析研究，从宏观测试与微观电子结构角度对非晶点蚀萌生位置及微观作用机制这一关键问题进行深入理解，为铁基非晶涂层的氧化物夹杂相的局域溶解提供理论背景。

8.4.1 计算机模拟方法

建模和模拟全部使用 Material Studio 2017 进行[49]。采用 Morphology 模块，利用晶体的内部结构来预测晶体材料的外部形态，得到氧化物的主要生长晶面，构建超晶胞表面体系[50]。液体体系的构建需要用到 Amorphous Cell 模块。利用 Amorphous Cell 模块构建500 个水分子与阴阳离子随机混合，建立一个具有三维周期性边界条件的无定形组织结构。将优化后的氧化物界面与液相层结合形成一个大的混合体系晶胞。

分子动力学（MD）方面利用 Forcite 模块的 Dynamics 任务模拟腐蚀粒子在非晶涂层钝化膜中的扩散行为[51]。模拟中使用 Universal 力场对体系进行优化，并通过 Forcite 模块对该体系进行 NVT 系综动力学模拟[52]，模拟温度为 298K，采用 Andersen 恒温器进行温度控制。长程静电相互作用采用 Ewald 方法，范德华作用的截断半径为 15.5Å，时间步长1fs，总模拟时间为 500ps，以确保系统达到平衡状态。

腐蚀性能测试电解质溶液分别是 3.5% NaCl、不同浓度（0.5%、1.0%、1.5%、2.0%）Na₂S 溶液及二者的混合溶液，且 pH＝7 的中性溶液。测试时主要包括动电位极化曲线、循环极化曲线和电化学阻抗谱。

8.4.2 电化学行为

为了反映非晶涂层的钝化性能，选择耐蚀性极佳的 316L 不锈钢作为对比。图 8-6 为316L 不锈钢、非晶涂层在 3.5% NaCl 和 0.5% Na₂S 溶液中的极化曲线。由图 8-6(a) 可知，在 3.5% NaCl 溶液中，316L 不锈钢及非晶涂层均出现明显的钝化区间。316L 不锈钢虽具有低的钝化电流密度，但钝化区间较窄，说明 316L 不锈钢在 3.5% NaCl 溶液中形成的钝化膜不稳定。而非晶涂层的钝化区间较宽，点蚀电位较高。而在图 8-6(b) 的 0.5% Na₂S

溶液中，316L 不锈钢的电化学行为主要表现为活化溶解，未出现明显的钝化。通过对比可知，非晶涂层的耐点蚀能力要明显强于 316L 不锈钢，但仍然避免不了点蚀的产生。

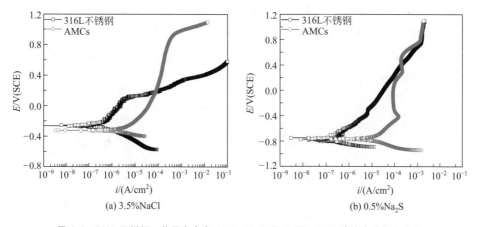

图 8-6　316L 不锈钢、非晶合金在 3.5% NaCl 和 0.5% Na₂S 溶液中的极化曲线

　　为进一步研究 Cl⁻ 与 S²⁻ 在非晶涂层中性环境下的电化学行为，测量了非晶涂层在不同浓度 Na₂S（1%、1.5%、2%）溶液和 3.5% NaCl 与不同浓度 Na₂S（1%、1.5%、2%）的混合溶液中的极化曲线及阻抗谱曲线。

　　图 8-7 为非晶涂层在不同浓度 Na₂S 溶液中的极化曲线及电化学阻抗谱。从图 8-7(a) 的极化曲线中可以看出，涂层的钝化电流密度与 Na₂S 浓度存在一定关联性，均随 Na₂S 浓度增加而增大。随 Na₂S 浓度增加，涂层的腐蚀电流密度由 10^{-6} A/cm² 增加到 10^{-5} A/cm²。因此，非晶涂层在 1% Na₂S 中耐蚀性最好，在 2% Na₂S 中耐蚀性最差。图 8-7(b) 为非晶涂层在不同浓度 Na₂S 溶液中的电化学阻抗谱，所有电化学阻抗谱曲线在高频区均出现半圆形的容抗弧特征，通常高的容抗弧半径反映出高的腐蚀阻力。从图中可以得知，随着 Na₂S 浓度的降低，容抗弧半径增大，其中 1% Na₂S 的容抗弧半径最大，腐蚀阻力大，耐蚀性好。这也与图 8-7(a) 极化曲线的测试结果相一致。

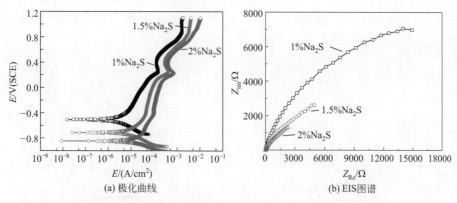

图 8-7　非晶涂层在不同浓度 Na₂S 溶液中的极化曲线及 EIS 图谱

　　图 8-8 为非晶涂层在 NaCl 与 Na₂S 混合溶液中的极化曲线及电化学阻抗谱。从图 8-8(a) 的极化曲线中可以看出，各条曲线的特征基本相似，这表明在不同浓度的 Na₂S＋3.5% NaCl 溶液中，非晶涂层也有着相似的腐蚀过程。随着 Na₂S 溶液浓度升高，极化曲线的变

化幅度并不明显，这表明 Na_2S 溶液浓度升高对腐蚀体系影响较小，说明 Cl^- 在腐蚀中占主导地位。随 Na_2S 浓度增加，3.5% $NaCl$＋1% Na_2S 溶液中涂层的腐蚀电流密度最小，耐蚀性相对较好。图 8-8(b) 为相应的电化学阻抗谱，所有电化学阻抗谱曲线在高频区均出现半圆形的容抗弧特征，且容抗弧半径相近。从图中可以得知，随着 Na_2S 浓度的降低，容抗弧半径增大，其中 3.5% $NaCl$＋1% Na_2S 的容抗弧半径相对较大，耐蚀性较好。这也与图 8-8(a) 极化曲线的测试结果相一致。

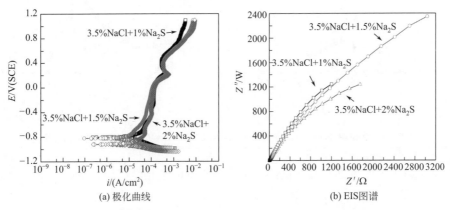

图 8-8　非晶涂层在 NaCl 与 Na₂S 混合溶液中的极化曲线及 EIS 图谱

循环极化曲线是外加电位达到某一给定值后自动反向扫描的电位-电流相应曲线，主要用于评价材料点蚀能力或钝化膜自我修复能力。图 8-9 为非晶涂层在不同浓度 Na_2S 溶液及在 NaCl 与 Na_2S 混合溶液中的循环极化曲线。从图 8-9 可以看出，3.5% NaCl 的加入使循环极化曲线整体向右下方偏移，自腐蚀电位逐渐降低，维钝电流升高，非晶的腐蚀倾向变大，均匀腐蚀增强。循环极化曲线中滞后环的存在表明发生了点蚀，滞后环越大，材料表面钝化膜被破坏越严重，自修复能力越差。S^{2-} 加入后滞后环的面积明显增大，这主要是由于在中性环境中 S^{2-} 的主要存在形式为 HS^- 和 H_2S，H_2S 能吸附到合金表面，同时在蚀坑内水解产生 H^+ 与 HS^-，从而降低蚀坑内的 pH 值，这有利于点蚀的自催化效应[53]，促进了点蚀的发展。随着溶液中 S^{2-} 浓度的增加，滞后环面积变化不大。说明在中性环境下 Cl^- 是诱发点蚀的关键因素。

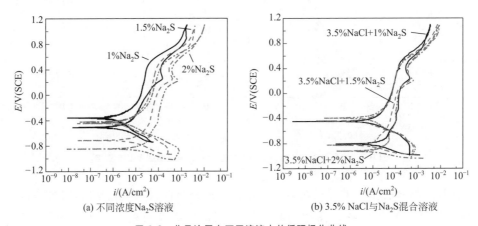

图 8-9　非晶涂层在不同溶液中的循环极化曲线

8.4.3 局域腐蚀形貌

图 8-10 为铁基非晶涂层在不同溶液条件下的三维微观腐蚀形貌。与图 8-10（a）对比，

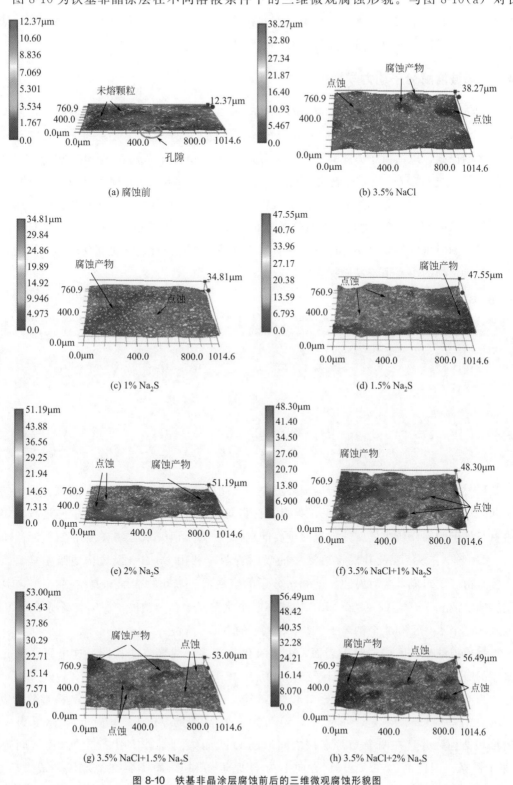

(a) 腐蚀前

(b) 3.5% NaCl

(c) 1% Na₂S

(d) 1.5% Na₂S

(e) 2% Na₂S

(f) 3.5% NaCl+1% Na₂S

(g) 3.5% NaCl+1.5% Na₂S

(h) 3.5% NaCl+2% Na₂S

图 8-10　铁基非晶涂层腐蚀前后的三维微观腐蚀形貌图

可以观察到铁基非晶涂层的表面都出现了不同程度的均匀腐蚀以及点蚀（蓝色部分为腐蚀坑）。随着 Na_2S 浓度的升高，腐蚀程度加剧，点蚀坑的深度及数量增加，并伴有大量的腐蚀产物生成。随着 NaCl 的加入，混合溶液中的铁基非晶涂层腐蚀程度明显加剧，点蚀坑的数量逐渐增多且深度明显增加，但表面附着的腐蚀产物减少了，这可能是 S^{2-} 腐蚀产生的产物为 Cl^- 提供了离子通道，进而促进了 Cl^- 的点蚀。

8.4.4 局域溶解分子动力学模拟

采用 Morphology 模块，利用晶体的内部结构来预测晶体材料的外部形态。在 MS 的 Forcite 模块所支持的力场中，Universal 力场参数的设定基于元素、元素的杂化及其化合性的最基本的原则，电荷赋予方式共有 3 种，分别为 use current、charge using QEq 和 charge using Gasteiger。能较好地支持氧化物模型的截断方式有 Atom Based 与 Ewald 两种方法。故共有 6 种组合方式，分别用 6 种方法对氧化物晶胞进行几何优化，得出最优组合。经比较后发现，当采取 Universal 力场、电荷赋予方式为 use current 方法、范德华力采取 Ewald 截断方式时预测所得的误差最小，可以实现对氧化物晶体的几何优化，进而实现形貌预测。模拟得到的氧化物的主要生长晶面见表 8-5。

● 表 8-5 氧化物主要生长晶面

氧化物	主要生长晶面	氧化物	主要生长晶面
MoO_3	(110)	Cr_2O_3	(001)
MoO_2	(011)	WO_3	(011)
Fe_2O_3	(112)	WO_2	(011)
FeO	(111)	Mn_2O_3	(200)
CrO_2	(110)	MnO_2	(110)
CrO_3	(110)	MnO	(111)

金属材料腐蚀的实质是金属与周围环境介质之间的相互作用，与吸附的腐蚀介质中的阳离子和阴离子密切相关[54,55]。可见，吸附是材料与腐蚀介质界面间优先发生的过程，也是解决材料处于腐蚀介质中的腐蚀现象的重要问题[56]。为了研究氧化物夹杂相在 3.5% NaCl 溶液、2.0% Na_2S 溶液及其混合溶液中的吸附现象，利用 Forcite 模块构建吸附模型[57]。整个体系由三层组成，含有腐蚀粒子和水分子的溶液层、氧化物表面和真空层[50,51]，其中利用腐蚀溶液 3.5% NaCl、2% Na_2S 构建 500 个水分子、6 个钠离子、6 个氯离子的 NaCl 溶液及 500 个水分子和 4 个钠离子、2 个硫离子的 Na_2S 溶液。

根据模拟的生长面构建吸附表面，由于氧化物较多，建模方法相同，这里只详细介绍 Cr_2O_3 的吸附模型。Cr_2O_3 晶体属于三方晶系 R-3C 空间群。图 8-11(a) 为 Cr_2O_3 的晶胞，黑色的为 O 原子、灰色的为 Cr 原子，包含 12 个 Cr 原子和 18 个 O 原子，晶格常数为 $a=b=4.953$Å，$c=13.578$Å，$\alpha=\beta=90°$，$\gamma=120°$。在晶胞的 (001) 方向上 O 原子为立方紧密堆积结构，并且在两个 O 原子层之间形成 O 八面体间隙，其中 2/3 的八面体间隙被 Cr 原子占据，因此晶胞在 (001) 方向上为 O 原子层和 Cr 原子层交替堆垛而成[58]。图 8-11(b) 为沿晶胞 (001) 方向上观察到的结构。图 8-11(c) 为 Cr 占据的 O 八面体间隙。图 8-11(d) 为 O 的八面体间隙。根据上述结构特点构建了如图 8-12 所示的计算模型。

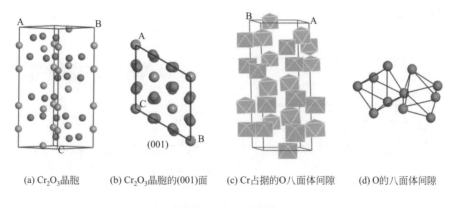

(a) Cr_2O_3晶胞　　(b) Cr_2O_3晶胞的(001)面　　(c) Cr占据的O八面体间隙　　(d) O的八面体间隙

图 8-11　Cr_2O_3 模型

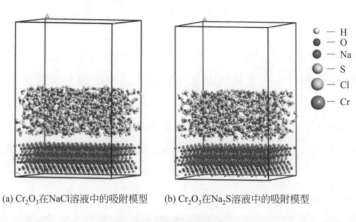

(a) Cr_2O_3在NaCl溶液中的吸附模型　　(b) Cr_2O_3在Na_2S溶液中的吸附模型

图 8-12　Cr_2O_3 的计算模型

体系平衡最重要的判定依据是温度和能量。通常，当温度在 10% 范围内上下波动时即可认为达到平衡态。图 8-13 为 Cr_2O_3 在温度为 298K 时不同腐蚀溶液中的能量与温度变化。可以看出，能量波动很小，温度波动范围稳定在 10% 以内，可以认为在数据采集的 500ps 内均为热力学平衡状态。其他氧化物也同样满足热力学平衡状态条件[54,59]。

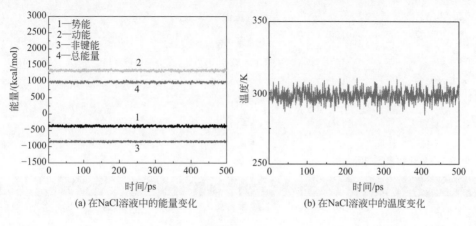

(a) 在NaCl溶液中的能量变化　　　　　　(b) 在NaCl溶液中的温度变化

图 8-13

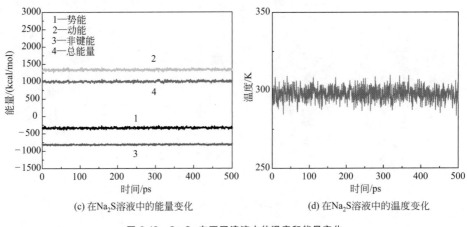

(c) 在Na₂S溶液中的能量变化   (d) 在Na₂S溶液中的温度变化

图 8-13　Cr₂O₃ 在不同溶液中的温度和能量变化

根据优化后的模型进行 Dynamics 计算，吸附能 ΔE 的计算公式[60,61]如下：

$$\Delta E = E_{total} - (E_{surface} + E_{ion}) \tag{8-34}$$

式中，E_{total} 为吸附后的体系能量总和；$E_{surface}$ 为基底的单点能；E_{ion} 为游离态离子的单点能。表 8-6 和表 8-7 为离子在氧化物表面的吸附能，吸附能为负值说明反应可自发进行，负值越大说明吸附的越牢固。从表中可以看出，所有过程均可自发进行，其中 Cr₂O₃ 的吸附能负值最大，说明 Cl⁻、S²⁻ 与 Cr₂O₃ 更容易发生吸附，结合更为牢固，更加容易形核发生腐蚀[62]。而 MnO₂ 与 Cl⁻、S²⁻ 的吸附能负值均较小，相互作用相对较弱，吸附不稳定，不易发生腐蚀。

● 表 8-6　Cl⁻ 在氧化物表面的吸附能

氧化物界面	E_{total}/eV	$E_{surface}/eV$	E_{ion}/eV	$\Delta E/eV$
MoO₃(110)	−1053.19	129.97	−1123.37	−59.79
MoO₂(011)	−1454.86	−286.87	−1129.64	−35.35
Fe₂O₃(112)	61706.99	62918.20	−1149.52	−61.69
FeO(111)	−1284.46	−110.86	−1139.32	−34.28
CrO₂(110)	−1303.83	−91.56	−1182.19	−30.08
CrO₃(110)	−1190.58	−80.94	−1069.57	−40.07
Cr₂O₃(001)	27348.32	27705.73	−292.47	−64.95
WO₃(011)	−1517.11	−375.11	−1088.56	−43.45
WO₂(011)	−1509.57	−277.78	−1179.16	−52.64
Mn₂O₃(200)	−1222.10	−92.56	−1097.59	−31.95
MnO₂(110)	−1355.21	−148.57	−1178.12	−28.52
MnO(111)	−1290.87	−109.22	−1151.60	−30.05

● 表 8-7　S²⁻ 在氧化物表面的吸附能

氧化物界面	E_{total}/eV	$E_{surface}/eV$	E_{ion}/eV	$\Delta E/eV$
MoO₃(110)	−1002.35	129.97	−1068.13	−64.20
MoO₂(011)	−1415.32	−286.92	−1091.23	−37.16

氧化物界面	E_{total}/eV	$E_{surface}$/eV	E_{ion}/eV	ΔE/eV
Fe_2O_3(112)	61750.13	62918.12	−1105.55	−62.44
FeO(111)	−1237.68	−110.88	−1091.38	−35.42
CrO_2(110)	−1227.40	−91.60	−1106.19	−29.62
CrO_3(110)	−1251.30	−80.96	−1128.37	−41.97
Cr_2O_3(001)	27373.52	27705.71	−266.47	−65.72
WO_3(011)	−1513.23	−375.19	−1089.41	−48.63
WO_2(011)	−1394.02	−277.83	−1067.65	−48.54
Mn_2O_3(200)	−1211.09	−96.53	−1082.68	−31.88
MnO_2(110)	−1256.79	−148.56	−1080.29	−27.94
MnO(111)	−1372.93	−109.24	−1232.34	−31.34

扩散系数（D）可以定量描述腐蚀粒子的扩散能力。D 值较大表明腐蚀粒子扩散能力较强，易于与金属氧化物表面发生吸附，反之较小的 D 值不易与金属表面发生吸附，腐蚀粒子穿透钝化膜引起点蚀的可能性更小[63]。为了定量描述腐蚀粒子的运动变化情况，对几种氧化物在含 Cl^-、S^{2-} 溶液中的扩散系数进行了计算。根据 Einstein 扩散定律[64]可知：

$$MSD = \langle |R_i(t) - R_i(0)|^2 \rangle \tag{8-35}$$

$$D = \frac{1}{6N_a} \lim_{t \to \infty} \frac{d}{dt} \sum_{i=1}^{N} \langle |R_i(t) - R_i(0)|^2 \rangle \tag{8-36}$$

当体系达到平衡态时，均方位移（MSD）相对于时间曲线斜率的 1/6，即为扩散系数 D。因此对平衡态模拟过程中的金属表面与腐蚀溶液的轨迹曲线进行 MSD 分析，取其斜率的 1/6 作为扩散系数。图 8-14 为 Cl^-、S^{2-} 在几种氧化物表面的扩散系数，可以发现对于不同氧化物的吸附模型，S^{2-} 的扩散系数均大于 Cl^- 的扩散系数，说明 S^{2-} 的扩散迁移能力强，对金属表面的吸附作用要强于 Cl^-。在一定条件下 S^{2-} 可能与 Cl^- 形成阴离子间的竞争吸

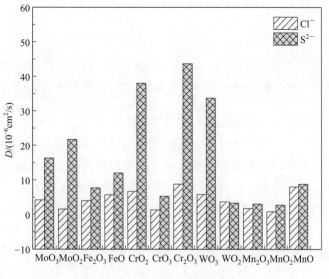

图 8-14　Cl^-、S^{2-} 在体系中的扩散系数

附。其中，无论 Cl⁻ 还是 S²⁻ 在 Cr₂O₃ 中的扩散系数均最大，结合吸附能的结论，说明 Cr₂O₃ 作为氧化物夹杂相，容易与腐蚀粒子发生吸附作用，是诱发点蚀的敏感相。

分别针对 NaCl、Na₂S、NaCl-Na₂S 混合溶液与 Cr₂O₃ 表面相互作用的 MD 模拟结果进行不同原子对的分析，得到相应的对关联函数 $g(r)$，见图 8-15。对关联函数（pair correlation function，PCF）又称为径向分布函数（radial distribution function，RDF）[65,66]。对关联函数的物理意义是指距离中心粒子为 r 处出现其他粒子的概率密度相对于随机分布密度的比值。一般来说，$g(r)$ 中化学键、氢键相互作用距离在 3.5Å 以内，非键相互作用（包括库仑力和范德华力）主要在 3.5~5Å 以内，大于 10Å 非键相互作用较弱。

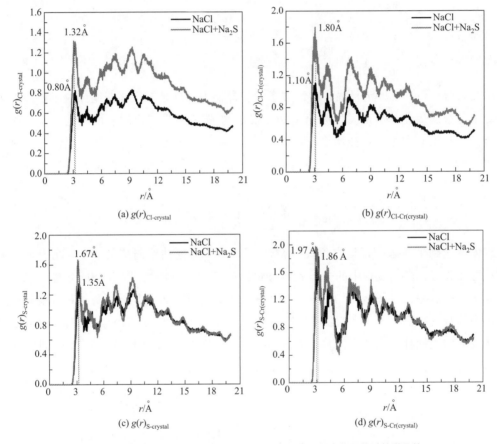

图 8-15　不同溶液条件下腐蚀粒子对 Cr₂O₃（001）面相互作用的对关联函数

为了更详细地探讨各原子对之间的相互作用机理，用 $g(r)_{Cl-crystal}$、$g(r)_{Cl-Cr(crystal)}$、$g(r)_{S-crystal}$ 和 $g(r)_{S-Cr(crystal)}$ 分别表示溶液中的腐蚀粒子与 Cr₂O₃（001）面及 Cr 原子之间的关联函数。所有对关联函数的计算设置均为每对原子距离范围为 0~20Å，每间隔 0.02Å 计算一次。从图 8-15(a) 和图 8-15(c) 可以看出，无论是在 NaCl、Na₂S 还是 NaCl 与 Na₂S 混合溶液中，$g(r)$ 在 3.5Å 内均出现了最强峰，表明 Cl⁻ 与 S²⁻ 的吸附作用是以形成化学键的化学吸附为主。图 8-15(b) 和图 8-15(d) 进一步计算了 Cl⁻ 和 S²⁻ 与 Cr 的关联函数，在 3.5Å 以内均出现了明显的峰值，说明 Cl⁻ 和 S²⁻ 主要是与 Cr 形成了化学键，破坏了钝化膜，形成了点蚀。在图 8-15(c) 和图 8-15(d) 中 $g(r)_{S-crystal}$ 和 $g(r)_{S-Cr(crystal)}$ 曲线趋势基本一致，说明 S²⁻ 的加入并没有过多地改变与 Cr₂O₃ 分子间的作用力。而图 8-15(a) 和

（b）中的 $g(r)_{Cl\text{-}crystal}$、$g(r)_{Cl\text{-}Cr(crystal)}$ 曲线则相差较为明显。因此 Cl^- 才是影响与 Cr_2O_3 作用强弱的主导因素，这也与电化学得到的结果一致。其中，混合溶液的峰值更高，形成的化学键更强。随着距离的增加，$g(r)$ 略有减小但仍有明显的峰值存在，说明在远程作用区域也形成了非键相互作用，分子间作用力还存在一定的物理吸附。

为了深入了解不同条件下离子与 Cr_2O_3 之间的作用机理，计算了 Cl^-、S^{2-} 及其混合溶液模型的浓度分布。图 8-16 为吸附模型中溶液区 Cl^-、S^{2-} 的浓度分布图。从图中可以看出，Cl^-、S^{2-} 与 Cr_2O_3 的作用方式不同，在 Cr_2O_3 内部（$Z<9Å$）及表面（$Z=9Å$）均存在 Cl^- 的浓度分布，而 S^{2-} 在 Cr_2O_3 内部不存在，主要浓度分布在 Cr_2O_3 表面上。这主要是因为一部分的 Cl^- 以渗透机制参与反应过程，Cl^- 半径小穿透性强，可以在局部区域优先与氧化物进行结合致使点蚀的发生。同时 Cl^- 还可以在金属氧化物界面发生反应，诱导发生局部腐蚀。

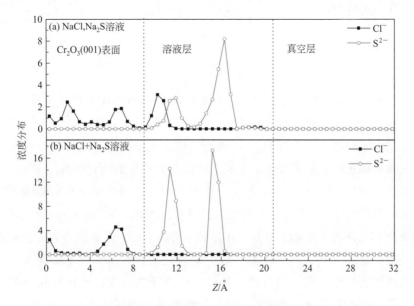

图 8-16　溶液区中 Cl^-、S^{2-} 的浓度分布图

（a）溶液区含有 Cl^- 或 S^{2-} 的浓度分布；（b）溶液区含有 Cl^- 和 S^{2-} 的浓度分布

8.4.5　氧化物夹杂局域溶解机理

综合电化学与 MD 模拟的计算结果，对不同溶液条件下 Cl^-、S^{2-} 对非晶涂层中点蚀萌生敏感相氧化物 Cr_2O_3 的腐蚀机理进行分析。图 8-17 分别为只含 NaCl、只含 Na_2S 以及两者混合溶液对 Cr_2O_3 的腐蚀机理图。

如图 8-17（a）所示，由于 Cl^- 半径小穿透性强，一部分的 Cl^- 通过渗透机制，优先与 Cr_2O_3 结合诱导点蚀的产生。同时 Cl^- 还可以在金属氧化物界面发生反应，Cl^- 与 Cr 结合形成氯化物（MCl_x），氯化物的形成会导致氧化物膜层的体积膨胀使膜层破裂，从而点蚀快速渗透到基体内部，发生局部腐蚀，这也与文献中[44,45]认为在含 Cl^- 的介质中，铁基非晶涂层腐蚀的发生是由于氧化物的存在致使 Cl^- 通过迁移或吸附方式引起钝化膜击穿以及点蚀的观点一致。从图 8-17（b）可以看出，S^{2-} 主要与 Cr_2O_3 表面之间发生化学吸附，Tang 等人[53]指出在中性环境中 S^{2-} 主要发生如下反应：

$$S^{2-}+H_2O \Longleftrightarrow HS^-+OH^- \tag{8-37}$$

$$HS^-+H_2O \Longleftrightarrow H_2S+OH^- \tag{8-38}$$

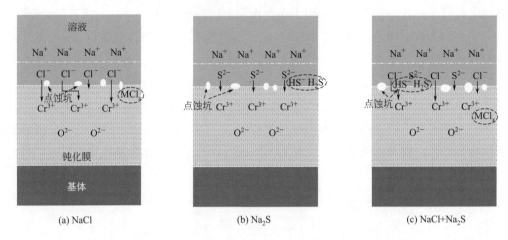

图 8-17　不同溶液中阴离子对 Cr_2O_3 的作用示意图

　　水解产生的 OH^- 与溶液中的 H^+ 结合生成 H_2O，不断消耗水解产生的 OH^-，从而促进水解反应向右进行，并伴有 H_2S 气体溢出。H_2S 吸附到非晶涂层表面与 Cr 结合生成硫化物，同时在蚀坑内水解产生 H^+ 与 HS^-，降低蚀坑内的 pH 值，这有利于点蚀的自催化效应，破坏钝化膜的保护性，加速点蚀的发展。在图 8-17(c) 的混合溶液中主要表现为 Cl^- 对钝化膜的破坏作用增强，Cl^-、S^{2-} 在参与反应的同时，二者之间又存在竞争吸附行为。从电化学及对关联函数的结果来看，S^{2-} 的加入并没有过多地影响与 Cr_2O_3 之间的分子作用力以及点蚀的倾向。也证明了在 Cl^- 与 S^{2-} 共存的条件下，Cl^- 才是影响非晶涂层点蚀程度的主要因素。文献中指出[67,68]，S^{2-} 迅速扩散生成硫化物，常温常压下硫化物通常是疏松多孔的，并不具有物理屏障作用，同时由于其具有阴离子选择性，致使钝化膜中缺陷空位较多，为 Cl^- 提供了进入非晶涂层的通道，进而导致腐蚀产物下的局部腐蚀[69]。

　　因此，非晶涂层在不同浓度的 Na_2S、NaCl 及混合溶液中均出现了点蚀现象。在 1%、1.5%、2% Na_2S 溶液中，非晶涂层的钝化电流密度随着 Na_2S 浓度的升高而增大。在加入 3.5% NaCl 后，非晶涂层的均匀腐蚀增强，但 Na_2S 浓度的变化对腐蚀体系的影响较小，Cl^- 在腐蚀中占主导地位。第一性原理与分子动力计算为氧化物夹杂相和不同离子之间相互作用机理的研究提供了微观手段。Cl^-、S^{2-} 与 Cr_2O_3 的作用方式不同，Cl^- 一部分与 Cr_2O_3 表面发生以化学键结合为主的化学吸附，另一部分以渗透机制参与反应过程，在局部区域优先与氧化物进行结合诱导点蚀发生。S^{2-} 则是与 Cr_2O_3 表面发生以化学键结合为主的化学吸附。在 Cl^- 与 S^{2-} 共存的条件下，Cl^- 才是影响非晶涂层点蚀程度的主要因素。这是由于 S^{2-} 反应生成的硫化物结合能力差并具有离子选择性，致使钝化膜中缺陷空位较多，为 Cl^- 提供了进入的通道，促使 Cl^- 在蚀坑内富集，加速点蚀的发展。

　　可以说，第一性原理与分子动力计算为氧化物夹杂相点蚀萌生敏感相的确立提供了有效的方法。非晶涂层现有的氧化物中，Cr_2O_3 的吸附能负值最大，并且腐蚀粒子在 Cr_2O_3 的 (001) 表面上扩散力最强。因此，在现阶段模拟的几种氧化物种类中，Cr_2O_3 是诱发非晶涂层点蚀萌生的敏感相之一，这只是冰山一角。非晶涂层中氧化物种类繁多，要想确定非晶涂层点蚀敏感相，第一性原理与分子动力计算、电化学测试技术结合高空间分辨的结构分析，这些研究手段相结合，才有可能为研究夹杂相微观信息和点蚀初期相关问题提供足够的证据。

8.5 非晶纳米晶涂层多尺度仿生结构调控和腐蚀性能

8.5.1 非晶纳米晶仿生疏水涂层构筑

从改良微结构角度对调控非晶涂层耐蚀性能这一基本科学问题进行深入理解，开辟了高耐蚀非晶涂层制备的新思路。在金属基体上构建超疏水表面是近年来表面防护技术的一个新兴领域。表面能及表面微结构是决定超疏水性的最关键因素，荷叶之所以"出淤泥而不染"，表面微纳米多尺度结构是其同时具有高表面接触角和低黏附性的重要原因[70,71]，如图 8-18 所示。研究开发具有超疏水性的金属表面微结构至关重要。传统金属材料由于自身晶粒尺寸及晶界效应导致难以在其表面构造理想的微纳复合结构，况且晶体材料的应用范围也受到其性能的限制。近年来，非晶合金表面是否具有超疏水性这一科学问题逐渐吸引了人们的关注。非晶合金在原子尺度上具有结构均匀性，成型极限小，不存在"晶粒效应"，在微纳尺度下仍能保持较晶态金属材料更加优异的力学性能[72]。因此，非晶合金被认为是制备微纳结构的理想金属材料。

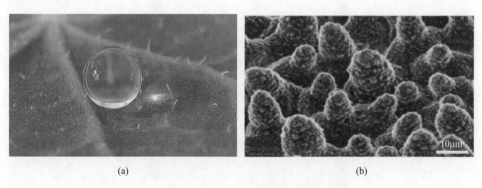

(a)   (b)

图 8-18　荷叶疏水效应[70]和表面微纳复合结构[71]

非晶合金在过冷液态区具有超塑性，选择低表面能非晶合金在不同尺度模具中成型无需化学修饰便可实现超疏水性，如 Pb 基金属玻璃深反应离子蚀刻[73]和热塑性成型[74]，呈现出比传统超疏水材料更优异的机械和耐蚀性。Zr 基金属玻璃建构蜂窝结构后经 HF 腐蚀出纳米孔洞可形成微纳复合结构[75]。但多数非晶合金表面能高，微米结构建构后需进行化学修饰方可获得超疏水表面，即所谓的二元协同作用。Ce 基金属玻璃经 HCl 腐蚀出微纳复合结构，需要低表面能氟硅烷修饰可实现超疏水表面[76]。Zr 基金属玻璃经电化学腐蚀后，在低表面能硬脂酸修饰作用下可获得疏水表面[77]。超疏水表面的化学稳定性和机械持久性是目前研究领域亟待解决的问题。近期研究表明，具有极强疏水功能的稀土氧化镧系（如氧化铈）可以弥补传统有机物修饰机械强度低、耐磨性低等不足，修饰后的疏水表面耐高温和耐磨损[78]。总之，建构多尺度仿生疏水界面是有效抑制非晶涂层点蚀和调控其耐蚀性能的有效途径，通过塑性成型和腐蚀法构筑微纳结构为非晶合金表面获得超疏水微纳几何结构提供了重要依据。

在制备非晶涂层时，热喷涂粉末粒径和喷涂工艺与涂层的组织形态、孔隙率、氧化物含量等密切相关，制备过程具有可控性。粉末粒径与非晶涂层的表面粗糙度密切相关，表面粗糙度直接影响涂层表面的疏水行为[79,80]。可以说，热喷涂工艺的灵活性为制备可控多尺度仿生结构表面提供了先决条件。热喷涂工艺影响涂层非晶/纳米晶相和氧化物夹杂相含量，这可能会影响涂层表面能，但纳米晶体相易被腐蚀，有利于涂层表面微纳复合结构的构建。AC-HVAF 喷涂又不同于传统的喷涂方法。现有的表面微纳结构缺乏系统的设计依据，其微纳结构的形状、尺寸及分布究竟如何影响表面疏水性能还不得而知。迄今为止，有关 AC-HVAF 非晶涂层表面疏水性的制备科学还依然贫乏，对于微纳结构影响非晶涂层疏水性能的规律和机理，亟待开展研究。

8.5.2　非晶纳米晶仿生疏水涂层耐蚀性能

将制备非晶纳米涂层表面进行氟硅烷低表面能物质再修饰。采用接触角测量仪对表面接触角进行表征（液滴大小均 9 μL）。通过对比表面接触角的大小，发现制备涂层的表面的疏水性发生明显改善（图 8-19），不论是抛光表面还是喷涂态表面，表面能修饰后涂层表面均表现为一定的疏水特征。

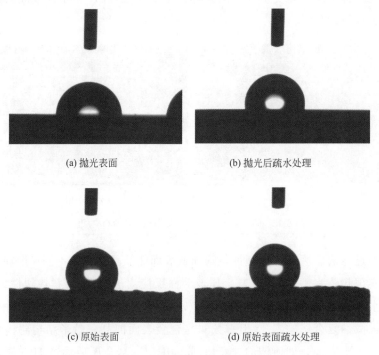

(a) 抛光表面　　　　　　　　　(b) 抛光后疏水处理

(c) 原始表面　　　　　　　　　(d) 原始表面疏水处理

图 8-19　非晶涂层表面疏水性能表征

采用电化学工作站测试疏水涂层的腐蚀性能，包括动电位极化曲线和电化学阻抗谱，见图 8-20。由图可知，疏水涂层钝化电流密度降低近 1 个数量级，抗均匀腐蚀能力明显提高。

疏水涂层浸泡12h后，阻抗谱容抗弧半径增加，耐蚀性增强。这反映了疏水处理提高了非晶涂层的耐蚀性。

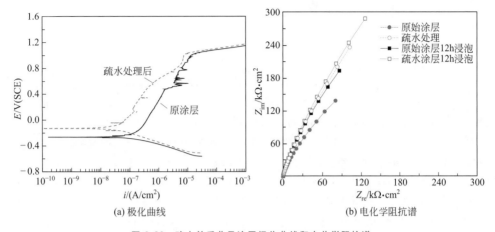

图 8-20　疏水前后非晶涂层极化曲线和电化学阻抗谱

表面修饰后非晶涂层表面的疏水性能明显增强，因此还需对修饰后涂层表面的耐蚀性进行分析。为了找出未经处理的涂层试样、经过刻蚀处理的试样以及刻蚀后进行表面修饰试样之间耐蚀性能的规律，判断仿生疏水微纳界面的耐蚀性能，本实验又对原始涂层试样、由3mol/L HCl 刻蚀 60min 的试样以及由 3mol/L HCl 刻蚀 60min 后表面修饰的试样进行了电化学测量。其极化曲线如图 8-21 所示。

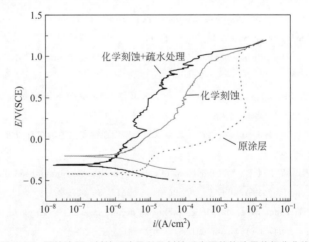

图 8-21　原始涂层、刻蚀后涂层以及刻蚀后表面修饰涂层的极化曲线

从图中可以看出，刻蚀后表面修饰的涂层试样的钝电流密度＜经刻蚀处理的涂层＜原始涂层，因此可以推测出涂层经过适当的化学刻蚀后其耐蚀性能会得以提高，而刻蚀后又经过表面修饰的涂层试样其耐蚀性能最好。

但对于粉末粒径分布、喷涂参数等影响非晶涂层微纳结构规律，非晶涂层成分和制备过程等关键工艺参数的优化，微纳结构非晶涂层的可控制备方法，以及腐蚀环境下仿生微纳结构与非晶涂层腐蚀之间的构效关系，微纳结构影响涂层钝化的微观作用机理等基本科学问题，还有待于进一步深入理解。

虽然本书对非晶纳米晶涂层腐蚀的宏观腐蚀规律研究已经比较系统，但对微观层次的研究也只是开个头，还远远不够，从原子和分子层面的研究也才刚刚开始，仍有很多基础的问题有待深入研究。广阔天地，大有作为。

参考文献

[1] 姚强. 若干新材料相稳定性及力学性能的第一性原理研究 [D]. 上海：上海交通大学，2008：10-15.

[2] 张凤春. 金属 Fe 与 H_2S、H 相互作用的第一性原理研究 [D]. 成都：西南石油大学，2013：3-8.

[3] 麻焕锋. 铁基材料物性的第一性原理计算 [D]. 成都：西南交通大学，2010：21-25.

[4] 闵婷，高义民，李烨飞. 第一性原理研究碳化铬的电子结构 [J]. 稀有金属材料与工程，2012，4（2）：271-275.

[5] 贺战文，张琰. 基于 CASTEP 软件对非化学计量比 TiC 的结构研究 [J]. 武汉轻工大学学报，2015，349（4）：24-30.

[6] Born M，Huang K. Dynamical theory of crystal lattices [M]. Oxford：Oxford University Press，1954：33-45.

[7] 丁聪，李艳，鲁安怀. 掺杂 Fe、Cd 闪锌矿电子结构的第一性原理计算 [J]. 岩石矿物学杂志，2015，34（3）：382-386.

[8] 汪广进. 过渡金属氧化物氧化还原催化机理的第一性原理研究 [D]. 武汉：武汉理工大学，2014：11-21.

[9] Naka M，Hashimoto K，Masumoto T. Corrosion resistivity of amorphous iron alloys containing chromium [J]. Journal of the Japan Institute of Metals and Materials，1974，38（9）：835-841.

[10] Williams D E，Newman R C，Song Q，Kelly R G. Passivity breakdown and pitting corrosion of binary-alloys [J]. Nature，1991，305：216-219.

[11] Maurice V，Despert G，Zanna S，et al. Self-assembling of atomic vacancies at an oxide/intermetallic alloy interface. Nature Materials，2004，3（10）：687-691.

[12] Garrigues L，Pebere N，Dabosi F. An investigation of the corrosion inhibition of pure aluminum in neutral and acidic chloride solutions [J]. Electrochimica Acta，1996，41（7-8）：1209-1215.

[13] Bogar F D，Foley R T. The influence of chloride ion on the pitting of aluminum [J]. J Electrochem Soc，1972，119（4）：462-464.

[14] Zheng S J，Wang Y J，Zhang B，et al. Identification of $MnCr_2O_4$ nano-octahedron in catalysing pitting corrosion of austenitic stainless steels [J]. Acta Materialia，2010，58（15）：5070-5085.

[15] 庞宗旭，朱荣，涂凯路，等. 含 Ce_2O_3 氧化物对改善双相不锈钢亚稳态点蚀的机理研究 [J]. 材料导报，2017，31（16）：81-88.

[16] Wang J，Zhang B，Zhou Y T，et al. Multiple twins of a decagonal approximant embedded in S-Al_2CuMg phase resulting in pitting initiation of a 2024Al alloy [J]. Acta Mater，2015，82（1）：22-31.

[17] Maurice V，Despert G，Zanna S，et al. Self-assembling of atomic vacancies at an oxide/intermetallic alloy interface [J]. Nature Materials，2004，3（10）：687-691.

[18] Hirata A，Kang L J，Fujita T，et al. Geometric Frustration of Icosahedron in Metallic Glasses [J]. Science，2013，341（6144）：376-379.

[19] Wang Y M，Zhang C，Liu Y，et al. Why does pitting preferentially occur on shear bands in bulk metallic galsses [J]. Intermetallics，2013，42（5）：107-111.

[20] Xu P，Zhang C，Wang W，et al. Pitting mechanism in a stainless steel-reinforced Fe-based amorphous coating [J]. Electrochimica Acta，2016，206（7）：61-69.

[21] Peng Y，Zhang C，Zhou H，et al. On the bonding strength in thermally sprayed Fe-based amorphous coatings [J]. Surface and Coatings Technology，2013，218（1）：17-22.

[22] Zhang C，Chan K C，Wu Y，et al. Pitting initiation in Fe-based amorphous coating [J]. Acta Materialia，2012，60（10）：4152-4159.

[23] Soltis J. Passivity breakdown, pit initiation and propagation of pits in metallic materials-Review [J]. Corrosion Science, 2015, 90 (1): 5-22.

[24] Wang Y, Xing Z Z, Luo Q, et al. Corrosion and erosion-corrosion behaviour of activated combustion high-velocity air fuel sprayed Fe-based amorphous coatings in chloride-containing solutions [J]. Corrosion Science, 2015, 98 (9): 339-353.

[25] Wang Y, Zheng Y G, Ke W, et al. Slurry erosion-corrosion behaviour of high-velocity oxy-fuel (HVOF) sprayed Fe-based amorphous metallic coatings for marine pump in sand-containing NaCl solutions [J]. Corrosion Science, 2011, 53 (10): 3177-3185.

[26] Zheng Z B, Zheng Y G, Sun W H, et al. Erosion-corrosion of HVOF-sprayed Fe-based amorphous metallic coating under impingement by a sand-containing NaCl solution [J]. Corrosion Science, 2013, 76 (10): 337-347.

[27] 孙丽丽, 王尊策, 王勇. AC-HVAF 热喷涂涂层在压裂液中冲蚀行为研究 [J]. 中国表面工程, 2018, 31 (1): 131-139.

[28] Zhang S D, Zhang W L, Wang S G, et al. Characterisation of three dimensional porosity in an Fe-based amorphous coating and its correlation with corrosion behaviour [J]. Corros Sci, 2015, 93: 211-221.

[29] Zhang S D, Wu J, Qi W B, et al. Effect of porosity defects on the long-term corrosion behaviour of Fe-based amorphous alloy coated mild steel [J]. Corros Sci, 2016, 110 (9): 57-70.

[30] Wu Z W, Li M Z, Wang W H, et al. Hidden topological order and its correlation with glass forming ability in metallic glasses [J]. Nat Commun, 2015, 6035 (6): 1-7.

[31] 段永华, 孙勇, 何建洪, 等. Pb-Mg-Al 合金腐蚀机理的电子理论研究 [J]. 物理学报, 2012, 61 (4): 299-303.

[32] 王勇, 张正江, 张旭昀, 等. 基于第一性原理的 Cr13 钢掺杂稀土 Ce 组织及 CO_2 腐蚀行为研究 [J]. 中国有色金属学报, 2015, 25 (7): 1858-1866.

[33] 王勇, 李明宇, 韩永强, 等. 非晶涂层氧化物夹杂相的第一性原理研究 [J]. 兵器材料科学与工程, 2018, 41 (3): 5-7.

[34] 张旭昀, 张正江, 孙丽丽, 等. 超硬 B-C-N 化合物晶体和电子结构的第一性原理研究 [J]. 人工晶体学报, 2013 (6): 1181-1186.

[35] Wang X X, Zhao J W, Yu G. Combined effects of the hole and twin boundary on the deformation of Ag nanowires: a molecular dynamics simulation study [J]. Acta Physico-Chimica Sinica, 2017, 33 (9): 1773-1780.

[36] Zhang X Y, Kang Q X, Wang Y. Theoretical study of N-thiazolyl-2-cyanoacetamide derivatives as corrosion inhibitor for aluminum in alkaline environments [J]. Computational and Theoretical Chemistry, 2018, 1131 (5): 25-32.

[37] Kang Q X, Wang Y, Zhang X Y. Experimental and theoretical investigation on calcium oxide and L-aspartic as an effective hybrid inhibitor for aluminum-air batteries [J]. Journal of Alloys and Compounds, 2019, 774 (2): 1069-1080.

[38] Zhang C, Chan K C, Wu Y. Pitting initiation in Fe-based amorphous coatings [J]. Acta Materialia, 2012, 60 (10): 4152-4159.

[39] 张旭昀, 郑冰洁, 郭斌, 等. Fe-N-Cr 电子及耐蚀性第一性原理研究 [J]. 材料导报, 2016, 30 (9): 155-163.

[40] 吴文鸿, 李玉新, 白培康, 等. Ti (C1-xNx) 的力学性能以及电子结构的第一性原理研究 [J]. 兵器材料科学与工程, 2016, 39 (4): 66-69.

[41] Bhargava R N, Gallagher D, Hong X, et al. Optical properties of manganese-doped nanocrystals of ZnS [J]. Phys Rev Lett, 1994, 3 (72): 416-419.

[42] 吉晓, 刘雅雯, 余晓伟. MoO_2 储锂性能及循环容量反常特性的第一性原理研究 [J]. 化学学报, 2013, 71: 405-408.

[43] Otsubo F, Kishitake K, Corrosion resistance of Fe-16%Cr-30%Mo-(C, B, P) amorphous coatings sprayed by HVOF and APS processes [J]. Mater Trans, 2005, 46 (1): 80-83.

[44] Guo R Q, Zhang C, Chen Q, et al, Study of structure and corrosion resistance of Fe-based amorphous coatings prepared by HVAF and HVOF [J]. Corrosion Science, 2011, 53 (7): 2351-2356.

[45] Zois D, Lekatou A, Vardavoulias M. Preparation and characterization of highly amorphous HVOF stainless steel coatings [J]. Journal of Alloys and Compounds, 2010, 504 (1): S283-S287.

[46] Zhang C, Guo R Q, Yang Y, Wu Y, Liu L. Influence of the size of spraying powders on the microstructure and corrosion resistance of Fe-based amorphous coating [J]. Electrochimica Acta, 2011, 56 (18): 6380-6388.

[47] Lu W H, Wu Y P, Zhang J J, et al. Microstructure and corrosion resistance of plasma sprayed Fe-based alloy coating as an alternative to hard chromium [J]. Journal of Thermal Spray Technology, 2011, 20: 1063-1070.

[48] Zhang C, Chan K C, Wu Y, et al. Pitting initiation in Fe-based amorphous coatings [J]. Acta Materialia, 2012, 60 (10): 4152-4159.

[49] Jua H, Kaic Z, Yan Li. Aminic nitrogen-bearing polydentate Schiff base compounds as corrosion inhibitors for iron in acidic media: a quantum chemical calculation [J]. Corrosion Science, 2000, 50 (3): 865-871.

[50] Ren J, Zhao J S, Dong Z G, Liu P K. Molecular dynamics study on the mechanism of AFM-based nanoscratching process with water-layer lubrication [J]. Applied Surface Science, 2015, 346: 84-98.

[51] Khaled K F. Adsorption and inhibitive properties of a new synthesized guanidine derivative on corrosion of copper in 0.5 M H_2SO_4 [J]. Applied Surface Science, 2008, 255 (5): 1811-1818.

[52] Xia S, Qiu M, Yu L, et al. Molecular dynamics and density functional theory study on relationship between structure of imidazoline derivatives and inhibition performance [J]. Corrosion Science, 2008, 50 (7): 2021-2029.

[53] Tang J W, Shao Y W, Zhang T, et al. Corrosion behaviour of carbon steel in different concentrations of HCl solutions containing H_2S at 90℃ [J]. Corrosion Science, 2011, 53 (5): 1715-1723.

[54] Xie S W, Liu Z, Han G C, et al. Molecular dynamics simulation of inhibition mechanism of 3, 5-dibromo salicylaldehyde Schiff's base [J]. Computational and Theoretical Chemistry, 2015, 1063: 50-62.

[55] Mendonca G L F, Costa S N, Freire V N, et al. Understanding the corrosion inhibition of carbon steel and of copper in sulphuric acid medium by amino acids using electrochemical techniques allied to the molecular modelling methods [J]. Corrosion Science, 2017, 115: 41-55.

[56] Bartley J, Huynh N, Bottle S E, et al. Computer simulation of the corrosion inhibition of copper in acidic solution by alkyl esters of 5-carboxybenzotriazole [J]. Corrosion Science, 2003, 45 (1): 81-96.

[57] Musa Y, Jalgham R T T, Mohamad A B. Molecular dynamic and quantum chemical calculations for phthalazine derivatives as corrosion inhibitors of mild steel in 1 M HCl [J]. Corrosion Science, 2012, 56: 176-183.

[58] Henderson M A. Photochemistry of methyl bromide on the α-Cr_2O_3 (0001) surface [J]. Surface Science, 2010, 604 (19-20): 1800-1807.

[59] Nathanael J, Hong S I, Mangalaraj D, et al. Large scale synthesis of hydroxyapatite nanospheres by high gravity method [J]. Chemical Engineering Journal, 2011, 173 (3): 846-854.

[60] Khaled K F. Electrochemical behavior of nickel in nitric acid and its corrosion inhibition using some thiosemicarbazone derivatives [J]. Electrochimica Acta, 2010, 55 (19): 5375-5375.

[61] Khaled K F. Corrosion control of copper in nitric acid solutions using some amino acids-A combined experimental and theoretical study [J]. Corrosion Science, 2010, 52 (10): 3225-3234.

[62] Oguzie E E, Enenebeaku C K, Akalezi C O, et al. Adsorption and corrosion-inhibiting effect of Dacryodis edulis extract on low-carbon-steel corrosion in acidic media [J]. Journal of Colloid and Interface Science, 2010, 39 (1): 283-292.

[63] Musa Y, Kadhum A H, Mohamad A B, et al. Takriff, experimental, theoretical study on the inhibition performance of triazole compounds for mild steel corrosion [J]. Corrosion Science, 2010, 52 (10): 3331-3340.

[64] Sokolov M, Klafter J. From diffusion to anomalous diffusion: a century after Einstein's Brownian motion [J]. Chaos: An Interdisciplinary Journal of Nonlinear Science, 2005, 15 (2): 26103.

[65] Zeng J, Shi W, Sun G, et al. Molecular dynamics simulation of the interaction between benzotriazole and its derivatives and Cu_2O crystal [J]. Journal of Molecular Liquids, 2016, 223: 150-155.

[66] Nymand T M，Linse P. Ewald summation and reaction field methods for potentials with atomic charges，dipoles，and polarizabilities ［J］. The Journal of Chemical Physics，2000，112 (14)：6152-6160.

[67] Sayed S M，Ashour E A，Youssef G I，et al. El-Raghy，SM，effect of sulfide ions on the stress corrosion behavior of Al-brass and Cu10Ni alloys in salt water ［J］. Journal of Matreials Science，2002，37：2267-2272.

[68] Lu T，Li Y，Yang Z，et al，Effect of sulfur and chlorine on fireside corrosion behavior of inconel 740 H superallo ［J］. High Temperature Materials and Processes，2017，37 (3)：245-251.

[69] Wang Y，Li M Y，Zhu F，et al. Pitting corrosion mechanism of Cl^- and S^{2-} induced by oxide inclusions in Fe-based amorphous metallic coatings ［J］. Surface Coating Technology，2020，385 (3)：125449.

[70] Blossey R. Self-cleaning surfaces-virtual realities ［J］. Nature Materials，2003，2 (5)：301-305.

[71] Ensikat H J，Kuru P D，Neinhuis C，et al. Superhydrophobicity in perfection：the outstanding properties of the lotus leaf ［J］. Journal of Nanotechnology，2011，2：152-161.

[72] 卢百平，李新波，朱志娟. 非晶合金表面超疏水性研究进展 ［J］. 功能材料，2016，47 (10)：10051-10058.

[73] Ning L，Wen C，Liu L. Thermoplastic micro-forming of bulk metallic glasses：a review ［J］. The Journal of The Minerals，Metals & Materials Society，2016，68 (4)：1246-1261.

[74] Ma J，Zhang X Y，Wang D P，et al. Superhydrophobic metallic glass surface with superior mechanical stability and corrosion resistance ［J］. Applied Physics Letters，2014，104 (17)：173701.

[75] Li N，Xia T，Heng L P，et al. Superhydrophobic Zr-based metallic glass surface with high adhesive force ［J］. Applied Physics Letters，2013，102 (6)：251603.

[76] Liu K S，Li Z，Wang W H，et al. Facile creation of bio-inspired superhydrophobic Ce-based metallic glass surfaces ［J］. Applied Physics Letters，2011，99 (26)：261905.

[77] 耿家伟. Zr 基块体非晶合金疏水性表面的构造 ［D］. 烟台：烟台大学，2017.

[78] Azimi G，Dhiman R，Kwon H M，et al. Hydrophobicity of rare-earth oxide ceramics ［J］. Nature Materials，2013，12 (4)：315-320.

[79] Zhang C，Wu Y，Liu L. Robust hydrophobic Fe-based amorphous coating by thermal spraying ［J］. Applied Physics Letters，2012，101 (9)：121603.

[80] Qiao J，Jin X，Qin J，et al. A super-hard superhydrophobic Fe-based amorphous alloy coating ［J］. Surface & Coatings Technology，2018，334 (1)：286-291.

作者简介

王勇，1979 年 11 月出生于山西省平陆县，东北石油大学材料系教授、博士生导师，黑龙江省级领军人才梯队后备带头人。2003 年毕业于大庆石油学院（东北石油大学）金属材料工程专业。2006 年 4 月硕士毕业留校任教。2012 年获中国科学院研究生院腐蚀科学与防护专业博士学位。2015 年获黑龙江省属普通本科高校战略后备人才出国研修资助，赴英国曼彻斯特大学腐蚀防护中心访问研究。2016 年同济大学材料科学与工程博士后工作站出站。

近年来主要从事材料腐蚀与防护、新材料与计算机模拟等方向研究，已发表学术论文 50 多篇，SCI 检索 20 余篇。主持国家自然科学基金、中国博士后科学基金、黑龙江省自然科学基金、黑龙江省博士后科研启动金等基金项目 10 多项，参与国家科技重大专项、中石油、中石化等科技攻关项目 30 多项，获得国家专利 4 项，获黑龙江省高校科技进步一等奖和中国腐蚀与防护学会优秀论文奖等 3 项。